精要速览系列

Immunology

Second Edition

免　疫　学

（第二版，中译版）

Peter M Lydyard, Alex Whelan, Michael W Fanger　编著

林慰慈　魏雪涛　薛　彬 等　译

科　学　出　版　社

北　京

图字:01-2009-2763

内 容 简 介

本书是目前国外畅销的优秀教材 *Instant Notes in Immunology* 的中译版。全书包括免疫系统组成、免疫发展机制、免疫系统功能和免疫技术等内容,以简洁的形式提供核心的免疫学知识,既全面概括了基本理论,又突出介绍了学科发展的前沿动态。

本书的编写形式与国内大多数教科书不同,风格独特、取材新颖;文字通俗易懂、简明扼要;插图简练、便于记忆;每个部分列出要点,重点和主线明确。本书为免疫学及有关生命科学专业的大学生设计,对初学的学生和高年级的学生都非常有用,是指导学生快速掌握免疫学基础知识的优秀教材。此外,本书对于相关专业的科研人员也具有较大的参考价值。

Peter M Lydyard, Alex Whelan and Michael W Fanger
Instant Notes in Immunology, 2e

ISBN1-8599-6039-1

图书在版编目(CIP)数据

免疫学/(英)利迪亚德(Lydyard, P. M.)等编著;林慰慈等译. —2 版. —北京:科学出版社,2010. 6
(精要速览系列)
ISBN 978-7-03-028056-5

Ⅰ.①免… Ⅱ.①利…②林… Ⅲ.①免疫学-双语教学-高等学校-教材 Ⅳ.①Q939. 91

中国版本图书馆 CIP 数据核字(2010)第 115957 号

责任编辑:刘 畅 / 责任校对:李奕萱
责任印制:张 伟 / 封面设计:耕者设计工作室

科 学 出 版 社 出版
北京东黄城根北街 16 号
邮政编码:100717
http://www.sciencep.com
北京厚诚则铭印刷科技有限公司 印刷
科学出版社发行 各地新华书店经销
*
2001 年 10 月第 一 版 开本:787×1092 1/16
2010 年 6 月第 二 版 印张:17
2023 年 11 月第九次印刷 字数:415 000

定价:69.80 元

(如有印装质量问题,我社负责调换)

译者名单

主译者

林慰慈（北京大学医学部教授）

魏雪涛（北京大学医学部副教授）

薛　彬（北京大学医学部教授）

审　校　龙振洲（北京大学医学部教授）

苏毅然、康春杰、张敏旭、刘姝、罗树生、林鹰等亦对本书的翻译、书稿录入与校对、资料收集有所贡献

前　言

免疫学成为一门科学大约始于1882年，当时Metchnikoff观察到海星被异种物质(玫瑰花刺)刺入后，用细胞(以后证实这些细胞为吞噬细胞)包被来应答这种刺激。免疫学研究的是机体防御侵入生物或内源侵害物(肿瘤)的方法，在过去40年中，尤其是近10年期间，随着分子相关技术的发展已得到迅速发展。目前进展较快的领域是为研究与诊断提供重要工具，以及为普遍存在的人类疾病提供治疗方法的领域。因此，免疫学是高校生命科学教学和医学研究的一个组成部分。

在第二版中我们做了如下改变：①引用最新资料，包括更多的图和表；②改进了资料的描述，以增强其连续性；③增加了关于"老化和性别"的章节，这些主题对免疫防御的全面理解是必要的。特别值得注意的是，这些改变显著地增强了资料描述的连续性，为免疫学起源介绍和教学提供了大量的信息。这样，更增加了本书修订的价值。

为了便于理解，我们将本书分为6个部分：①免疫系统的细胞和分子组分(A～D章)；②免疫发生涉及的机制(E～G章)——抗体和细胞应答及其调节；③免疫系统的作用(H～I章)——感染免疫和疫苗接种；④免疫系统的疾病和缺陷(J～L章)——变态反应、自身免疫、先天性和获得性免疫缺陷；⑤对肿瘤和移植的免疫应答(M，N章)；⑥性别和老化对免疫应答的影响(O，P章)。

最后，我们增加了关于"CD分子"和"细胞因子"的附录，以及一份包括专业术语的词条。这些素材为快速认知免疫学中重要的分子和概念提供了资源。

为了测试读者对本学科的理解，我们在书后列出125道附有答案的多选题。这些测试题在美国医师执照考试(National Boards，USMLE)第一阶段(Step1)及英国学位课程中使用。

感谢Michael Cole博士和Peter Delves博士的帮助，他们检查了原稿的各章节。特别是Paul Guyre教授对整部原稿的建议和支持极大地帮助了我们。还要感谢Randy Noelle教授允许我们使用他目前在教学中所用的图和表，感谢Eamon Sweeney教授给予的有益建议。最后要感谢我们的夫人们Meriel、Annette及Sharon在本书写作期间对我们的支持和理解。

缩 略 词

5HT	5′hydroxytryptamine	5-羟色胺
ADA	adenosine deaminase	腺苷脱氨酶
ADCC	antibody-dependent cell/cellular cytotoxicity	抗体依赖性(细胞介导)的细胞毒性
AFP	alpha-fetoprotein	甲胎蛋白
AICD	activation-induced cell death	活化诱导的细胞死亡
AIDS	acquired immune deficiency syndrome	获得性免疫缺陷综合征
AIHA	autoimmune hemolytic anemia	自身免疫性溶血性贫血
BALT	bronchus-associated lymphoid tissue	支气管相关淋巴样组织
BCR	B cell receptor	B 细胞受体
CEA	carcinoembryonic antigen	癌胚抗原
CGD	chronic granulomatous disease	慢性肉芽肿病
CMV	cytomegalovirus	巨细胞病毒
CRD	carbohydrate recognition domain	糖类识别域
CRH	corticotrophin-releasing hormone	促肾上腺皮质素释放素
CRP	C-reactive protein	C 反应蛋白
CTL	cytolytic/cytotoxic T lymphocyte	细胞毒性 T 淋巴细胞
CVID	common variable immunodeficiency	普通变异型免疫缺陷病
DAF	decay-accelerating factor	衰变加速因子
DAG	diacyl glycerol	二酰甘油
DC	dendritic cell	树突细胞
DHEA	dehydroepiandrosterone	脱氢表雄酮
DHEAS	dehydroepiandrosterone sulfate	脱氢表雄酮硫酸盐
DTH	delayed-type hypersensitivity	迟发型超敏反应
EAE	experimental allergic encephalomyelitis	实验性变态反应性脑脊髓炎
EBV	Epstein-Barr virus	EB 病毒(非洲淋巴瘤病毒)
ELISA	enzyme-linked immunosorbent assay	酶联免疫吸附试验
ER	endoplasmic reticulum	内质网
FDC	follicular dendritic cell	滤泡树突细胞
FRT	female reproductive tract	女性生殖道
GALT	gut-associated lymphoid tissue	肠道相关淋巴样组织
GC	germinal center	生发中心
G-CSF	granulocyte colony-stimulating factor	粒细胞集落刺激因子
GI	gastrointestinal	胃肠道
GOD	generation of diversity	多样性的产生
HAMA	human anti-mouse antibody	人抗鼠抗体
HBV	hepatitis B virus	乙型肝炎病毒
HEV	high endothelial venules	毛细血管后微静脉
HHV8	human herpes virus 8	人类疱疹病毒 8

HIV	human immunodeficiency virus	人免疫缺陷病毒
HLA	human leukocyte antigen	人类白细胞抗原
HPA	hypothalamus/pituitary/adrenal	下丘脑/垂体/肾上腺
HPV	human papilloma virus	人乳头瘤病毒
HSC	hemopoietic stem cell	造血干细胞
HTLV	human T cell leukemia virus	人 T 细胞白血病病毒
IDC	interdigitating cell	交错突细胞
IEL	intraepithelial lymphocyte	上皮内淋巴细胞
IF	immunofluorescence	免疫荧光
IFN	interferon	干扰素
IL	interleukin	白细胞介素
ITAM	immunoreceptor tyrosine-based activation motif	免疫受体酪氨酸活化模体
ITIM	immunoreceptor tyrosine-based inhibitory motif	免疫受体酪氨酸抑制模体
ITP	immune thrombocytopenic purpura	免疫血小板减少性紫癜
KAR	killer activation receptor	杀伤活化受体
KIR	killer inhibitory receptor	杀伤抑制受体
LAK	lymphokine-activated killer	淋巴因子激活的杀伤细胞
LCMV	lymphocytic choriomeningitis virus	淋巴细胞性脉络丛脑膜炎病毒
LFA	leukocyte function antigen	白细胞功能相关抗原
LGL	large granular lymphocyte	大颗粒淋巴细胞
LH	Langerhans cell	朗格汉斯细胞
LP	late proliferative	增生期后期
LPS	lipopolysaccharide	脂多糖
LRR	leucine-rich repeat	富亮氨酸重复序列
LS	late secretory	分泌期后期
LSC	lymphoid stem cells	淋巴样干细胞
MAC	membrane attack complex	膜攻击复合体
MALT	mucosa-associated lymphoid tissue	黏膜相关淋巴样组织
MBP	mannose-binding protein	甘露糖结合蛋白
MCP	membrane co-factor protein	膜辅助因子蛋白
M-CSF	monocyte/macrophage colonystimulating factor	单核细胞集落刺激因子
MDP	muramyl dipeptide	胞壁酰二肽
MHC	major histocompatibility complex	主要组织相容性复合体
MØ	macrophage	巨噬细胞
MS	multiple sclerosis	多发性硬化症
MZ	marginal zone	边缘带
NALT	nasal-associated lymphoid tissue	鼻相关淋巴样组织
NBT	nitroblue tetrazolium test	氮蓝四唑测定
NK	natural killer	自然杀伤细胞
NO	nitric oxide	一氧化氮
NSAID	nonsteroidal anti-inflammatory drugs	非甾体类抗炎药物
PAF	platelet-activating factor	血小板活化因子
PALS	periarteriolar lymphoid sheath	小动脉周围淋巴鞘
PCR	polymerase chain reaction	聚合酶链反应

PMN	polymorphonuclear cell	多形核细胞
PRR	pattern recognition receptor	模式识别受体
PS	phosphatidyl serine	磷脂酰丝氨酸
PSA	prostate-specific antigen	前列腺特异抗原
RAST	radioallergosorbent test	放射变应原吸附测定
RFLP	restriction fragment length polymorphism	限制性片段长度多态性
RIA	radioimmunoassay	放射免疫测定
RP	red pulp	红髓
SAA	serum amyloid protein A	血清淀粉样蛋白 A
SCF	stem cell factor	干细胞生长因子
SCID	severe combined immunodeficiency	重症联合免疫缺陷
SDS-PAGE	sodium dodecyl sulfatepolyacrylamide gel electrophoresis	十二烷基硫酸钠-聚丙烯酰胺凝胶电泳
SE	staphylococcal enterotoxins	葡萄球菌肠毒素
SLE	systemic lupus erythematosus	系统性红斑狼疮
SR	scavenger receptor	清除受体
SV	splenic vein	脾静脉
TAA	tumor-associated antigens	肿瘤相关抗原
TBII	thyrotropin-binding inhibitory immunoglobulin	促甲状腺素结合抑制免疫球蛋白
TCR	T cell antigen receptor	T 细胞受体
TGF	transforming growth factor	转化生长因子
TGSI	thyroid growth-stimulating immunoglobulin	刺激甲状腺生长免疫球蛋白
TIL	tumor-infiltrating lymphocyte	肿瘤浸润淋巴细胞
TLR	Toll-like receptor	Toll 样受体
TNF	tumor necrosis factor	肿瘤坏死因子
TSA	tumor-specific antigen	肿瘤特异抗原
TSH	thyroid-stimulating hormone	促甲状腺激素
TSST	toxic shock syndrome toxin	中毒性休克综合征毒素
VIP	vasoactive intestinal peptide	血管活性肠肽

细胞符号的图解

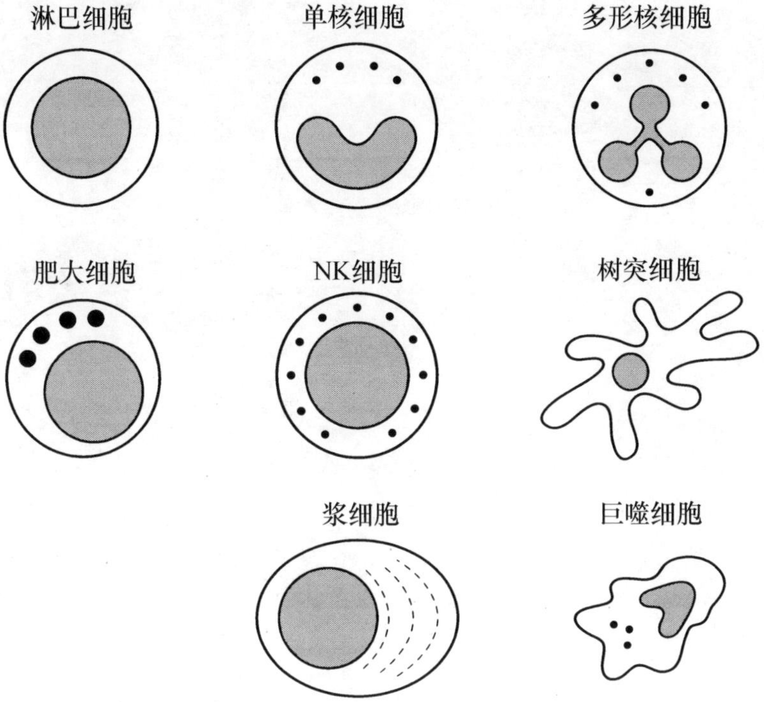

目　　录

A　免疫系统概论

A1　须知

要　点	
无处不在的危害物	传染性的微生物和较大的生物如蠕虫存在于我们的环境中。它们的范围包括从有益的微生物(如大肠杆菌)到能致命的主要病原体(如免疫缺陷病毒 HIV)。
相关主题	微生物世界(H1)

无处不在的危害物

微生物能通过直接释放消化酶并吸收营养和/或通过在活组织(细胞外)上生长而存活于动物和植物产物上,在这种情况下,它们仅仅浸泡于营养物中。其他微生物感染(侵袭和生活在)动物/人类细胞(细胞内),它们不仅在该处存活,也利用宿主细胞的能源复制。无论细胞外还是细胞内的微生物均能生长、繁殖和感染其他个体。侵袭人体的微生物和较大的生物(如蠕虫)有许多不同种类,其中一些是相对无害的,有些甚至是有益的(如在我们肠道中的大肠杆菌 *E. coli*);其他许多种类则引起疾病(人类病原体)。在侵入微生物和免疫系统之间存在持续的战斗(见 H2)。有些微生物甚至能致其宿主死亡,虽然大多数成功的微生物没有这一性质。表 A1.1 表示能感染人类的生物的范围。

表 A1.1　传染性生物的范围

蠕虫(helminth)	如绦虫、丝虫
原生动物	如锥虫、利什曼原虫、疟原虫
真菌	如念珠菌、曲霉属
细菌	如拟杆菌属、葡萄球菌、链球菌属、分枝杆菌
病毒	如脊髓灰质炎病毒、梅毒病毒、流行性感冒病毒、乙型肝炎病毒、HIV

A2　外部防御

要　点

微生物进入身体的屏障　微生物能主动地(侵入皮肤)或被动地(随进食和吸气)进入体内。它们必须穿越身体的屏障,如皮肤或分布在呼吸道、胃肠道和泌尿生殖道黏膜表面的上皮细胞。

分泌物　来自体表上皮表面①的分泌物,对保护机体以防微生物进入是重要的。汗、泪、唾液和胃液全都含有对抗微生物的物质,如酶、小肽(防卫素)、脂肪酸和分泌性抗体。

微生物的产物和竞争　非致病性细菌(共生的)移居于上皮表面,并通过释放对其他生物有毒的物质,利用必需的营养物质和占据微环境等方式,防止病原性细菌侵入。

相关主题　黏膜相关淋巴样组织(C3)　　微生物世界(H1)

注①:体表上皮表面主要是指人体能够与外界相接触的体表,如皮肤、眼结膜,以及各种腔道表面(呼吸道、消化道、泌尿生殖道等)。

微生物进入身体的屏障

微生物或寄生虫在侵袭宿主和引起感染之前,首先必须附着并穿透体表的上皮层。生物通过主动和被动的方式进入机体。例如,它们可以掘穴通过皮肤,或随食物摄取,或吸入到呼吸道,或通过开放的伤口侵入。实际上,大多数微生物利用了我们必须呼吸和进食的事实,通过呼吸道和胃肠道进入机体。无论它们如何进入,它们必须穿越身体屏障,如皮肤的死细胞层或衬于与外界接触的腔道(如呼吸道、泌尿生殖道或胃肠道)表面的活的上皮细胞层。事实上,微生物进入机体的主要通道就是这些管道。

在与外界接触面的许多细胞是分泌黏液的黏膜上皮细胞。除了提供身体屏障外,这些细胞在尽可能减轻感染方面还有另外的作用。例如,呼吸系统的鼻道和支气管的上皮细胞有纤毛(小茸毛样结构),纤毛向上扇动,帮助去除呼吸时进入的微生物。这是黏膜纤毛活动梯(图 A2.1)。

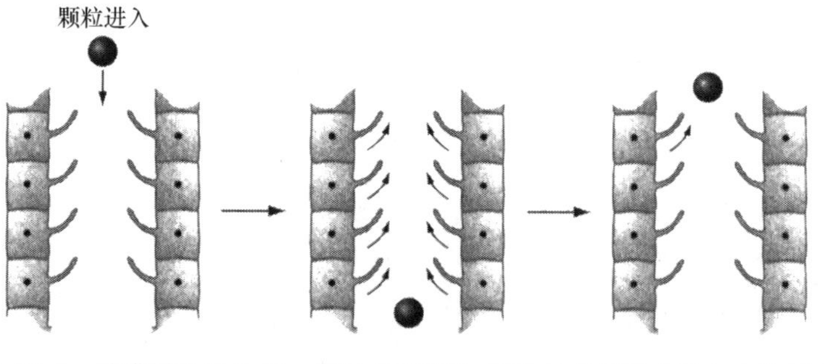

图 A2.1　黏膜纤毛活动梯。当吸入颗粒时,颗粒与支气管或鼻上皮的纤毛接触,纤毛向上扇动,以达到颗粒能被咳出或经喷嚏打出的位置

分泌物

上皮表面各种各样的分泌物在防御中是重要的(表 A2.1),因为它们有助于创造不利于微生物聚居的环境。已知有些物质可直接杀死微生物,如消化细菌细胞壁中黏蛋白的溶菌酶;另一些与微生物竞争营养物(如转铁蛋白,Fe),还有些干扰离子运输(如 NaCl)。由黏膜上皮细胞分泌的黏液(含有黏蛋白)包被上皮表面,使微生物难于与这些细胞接触和结合——而这是进入机体的先决条件。

眼泪、唾液和尿的冲洗作用也有助于防止微生物附着于上皮表面。另外,眼泪和唾液中的 IgA **抗体**防止微生物附着。这些抗体也穿过呼吸、胃肠和泌尿生殖道的上皮细胞而被分泌。

已知胃肠道、呼吸道的上皮和全身的吞噬细胞产生一些小肽，它们具有有效的抗菌性质（**肽抗生素**）。这些肽的分子质量为3～5kDa，包括杀菌肽、爪蟾抗菌肽和防卫素。它们是机体固有防卫机制的组成部分，并且在所有物种中是高度保守的，可能代表一种最原始的抗微生物的防御机制。虽然这些肽的作用机理不同，但它们抗革兰氏阳性菌和革兰氏阴性菌都是有效的。**杀菌肽**和**爪蟾抗菌肽**引起溶菌作用，其他干扰离子运输。细菌感染导致这些肽的分泌上调。

表 A2.1　上皮表面的分泌物

部位	来源	分泌的特殊物质
眼	泪腺（泪）	溶菌酶、IgA 和 IgG
耳	皮脂腺	油、蜡质分泌物、脂肪酸
口	唾液腺（唾液）	消化酶、溶菌酶、IgA、IgG、乳铁传递蛋白
皮肤	汗腺（汗）	溶菌酶、高 NaCl、短链脂肪酸
	皮脂腺	油性分泌物和脂肪酸（皮脂）
胃	胃液	消化酶（胃蛋白酶、凝乳酶）、酸（低 pH，1～2）

微生物的产物和竞争

正常的共生菌（**非病原菌**）在保护机体不受感染方面也是重要的。这些非病原微生物在皮肤上、口腔里、生殖道与胃肠道中均可发现。胃肠道含有数十亿与宿主有共生关系的细菌。这些细菌通过防止附着、竞争必需的营养物和释放抗菌物质[如**大肠菌素**（抗菌蛋白）和短链脂肪酸]而有助于阻止病原体移居该处。消化道菌群也履行这种管家职责，如进一步降解废物和帮助消化道运动。占据其他微生物进入部位（如咽喉和鼻道）的正常微生物菌群可能以类似的方式起作用。某些细菌如乳酸杆菌栖居于阴道，使其环境变酸（pH4.0～4.5），可能阻拦许多微生物的生长。

A3 免疫防御

要 点

免疫系统 免疫系统保护机体免受微生物和蠕虫的攻击。它通过特化的器官将进入机体组织的微生物滤出并与之发生反应[②]，以及运用血流中流动的分子和细胞“部队”对攻击快速应答。免疫系统衰退可能引起免疫缺陷，或对外来微生物的“过度反应”引起组织损伤(免疫病理)。免疫系统有复杂和精密的调节机制。

固有和适应性免疫 固有免疫系统是防御感染的第一道防线。它迅速地起作用，引起急性炎症反应，并对微生物有一定特异性，但无记忆。相反，适应性免疫系统需要较长时间才得以发展，是高度特异的，并且能记住以前曾遇到的微生物(即表现记忆)[③]。

固有和适应性免疫之间的相互作用 固有和适应性免疫系统通过直接的细胞接触及通过与化学介质、细胞因子和趋化因子的相互作用一起工作。此外，固有免疫系统的许多细胞因子和分子也被适应性免疫系统所利用[④]。

适应性免疫和克隆选择 具有免疫潜能的个体都有许多不同的淋巴细胞，每个细胞对不同的异种物质(抗原)都是特异的。当抗原进入个体时，带有该抗原受体的淋巴细胞搜寻并结合抗原，激发增殖和分化，产生抗原特异的细胞克隆。这些细胞及其产物与该抗原发生特异反应，以中和或清除抗原。在免疫应答后期，大量的抗原特异细胞负责与适应性免疫有关的记忆应答[⑤]。

T 细胞和 B 细胞及细胞合作 淋巴细胞有两种主要类型——T 细胞和 B 细胞。T 细胞在胸腺的影响下成熟，受抗原刺激时引起细胞免疫。B 细胞主要在骨髓的影响下成熟，并引起体液免疫，包括产生可溶性分子——免疫球蛋白的免疫。T 细胞和 B 细胞之间，以及 T 细胞与抗原呈递细胞之间的相互作用，对特异性免疫的发展是关键性的。

相关主题
适应性免疫系统(C)
抗体(D)
抗体应答的细胞基础(E3)
T 细胞应答——细胞介导免疫(F)
免疫应答的调节(G)
感染免疫(H)

注②：对进入微生物的滤出并与之反应是指机体能够识别进入的微生物，产生进行免疫防御的信号，激活相应的免疫组分，进行防御攻击，最后清除微生物。但是目前有些微生物具有抵抗人体免疫系统攻击的策略，因此可以躲避免疫系统的攻击而存活下来。

注③：固有性免疫系统对外源性感染的攻击往往是非特异性的，而且不需要特定抗原的介导，即任何一种微生物都可能受到攻击；而适应性免疫系统是针对微生物表面的抗原产生的应答，因此，初次接触抗原产生应答后，会保留一部分记忆细胞，当再次接触相同的抗原时，会迅速产生较强的免疫应答，清除具有该抗原的物质，因此这种应答是特异性的。

注④：固有免疫系统和适应性免疫系统主要是通过两个系统的免疫应答机理来区分的，二者不能截然分开，同时在产生应答的过程中，一些细胞和分子在两个系统中都发挥作用。

注⑤：当适应性免疫应答完成后，大量的抗原特异性细胞通过机体特殊机制清除，存留一部分记忆细胞。

免疫系统 免疫系统由若干不同类型的细胞、组织和器官构成。其中有许多细胞组成分离的淋巴器官或腺体(见 C2)。由于微生物袭击可出现在机体的很多不同部位，所以免疫系统有个在血流中流动的细胞“部队”以准备攻击无论自何处进入机体的侵入微生物。虽然免疫系统的许多细胞是彼此分离的，但它们通过细胞接触和由它们分泌的分子保持通讯，因此免疫系统被比作神经系统。再有，像其他的机体系统一样，免疫系统只在出毛病时才表现。免疫系统出毛病可导致严重的、有时不可抵抗的感染甚至死亡。功能障碍的一种形式就是**免疫缺陷**，由引起 AIDS(艾滋病)的人免疫缺陷病毒(human immunodeficiency virus，HIV)感染而引起。另外，免疫系统可能对微生物(或甚至对某种物质如花粉)过敏，而过敏本身可能引起严重的有时导致死亡的组织损伤。因此，免疫系统在产生救生应答和引起严重组织损伤反应之间必须达到平衡。这种调节作用通过免疫系统的细胞和分子，以及从外部通过非免疫细胞、组织及其产物来维持(见 G)。

固有和适应性免疫

微生物穿透外部防御后，与免疫系统的细胞或产物接触并开始战斗。若干细胞类型和防御分子通常存在于侵入部位或迁移(**归巢**)到该部位。这"第一道防线"是"**固有免疫系统**"。此防线在出生时就存在，并在整个个体生命中改变很小。固有免疫系统的细胞和分子对驱逐微生物的最初阶段负主要责任，并可能引起炎症(见 B4)。固有免疫系统中最重要的一些细胞是吞噬细胞，因为它们能吞噬和杀死微生物。

第二道防线是"**适应性免疫系统**"，当固有免疫系统应付微生物，尤其是不能清除的入侵微生物时，适应性免疫系统就开始起作用。两种系统之间的关键区别是适应性系统显示出更多的特异性和记住以前曾侵入机体的特定微生物。这导致微生物在其第二次和第三次进入时更迅速地被驱逐。固有和适应性免疫系统的细胞、分子和特征见表 A3.1。

表 A3.1 固有和适应性免疫系统

特征	细胞	分子
固有免疫		
迅速应答	吞噬细胞(PMN 和巨噬细胞)	细胞因子
有若干特异性	自然杀伤细胞	补体
无记忆	肥大细胞	急性期蛋白
	树突细胞	
适应性免疫		
缓慢启动		
高特异性	T 细胞和 B 细胞	抗体
记忆		细胞因子

固有和适应性免疫之间的相互作用

虽然为了方便和容易理解，时常将固有免疫和适应性免疫分开考虑，但重要的是要认识到它们常常一起起作用。例如，巨噬细胞有吞噬作用，但也产生有助于诱发适应性免疫应答的重要**细胞因子**(见 B2)。固有免疫系统的补体成分能被微生物直接激活，但也能被适应性免疫系统的分子——抗体激活。两种系统的各种细胞通过彼此直接接触，以及与化学介质、细胞因子和趋化因子相互作用共同起作用(见 B2)。这些化学介质或者能与细胞结合，或者作为短距离起作用的定域**激素**释放。两种系统的细胞都有许多表面受体：有些表面受体和细胞与血管内皮细胞壁的黏附有关(如白细胞功能抗原 LFA-1)，有些识别由细胞释放的化学物质(如补体、细胞因子和趋化因子受体)，另一些具有启动细胞的功能(如吞噬过程的活化)。

适应性免疫和克隆选择

所有有免疫能力的个体都有许多不同的淋巴细胞。其中每个细胞对不同的异种物质(**抗原**)都是特异的。此特异性基于每个淋巴细胞均有细胞表面受体，并且所有受体对特定抗原都是特异的。当这一抗原进入个体时，具有适当受体的淋巴细胞发现此抗原并与之结合，引发增生并分化成免疫效应细胞(即它们通过分裂产生大量细胞)。由此细胞**克隆**的所有成员对最初引发此应答的抗原均是特异的，并且它们或它们的产物能与该抗原或产生该抗原的细胞特异地反应并介导其消除。另外，在免疫应答后期，存在着大量对免疫抗原特异的细胞。这些细胞能对抗原的攻击快速地应答，引起与免疫有关的"**记忆**"。因此，个体通常不被同一生物感染两次，因为它们的免疫系统记得第一次的遭遇，从而保护该个体免受由同一生物引起的第二次感染。尤其重要的是，所有有免疫能力的个体均发育了足够的不同特异性的淋巴细胞，能与个体可能接触的每个抗原有效地反应。D3 详述此多样性是如何发生的。

克隆选择在 B 细胞系统的应用见图 A3.1，在 E3 中有更详细的介绍。尤其是当抗原进入某一个体时，带有该抗原受体的 B 细胞与之结合并使之内在化和接受 T 细胞的辅助(见 F5)。这些 B 细胞被引发增生，产生子细胞的克隆。其中的一些成为记忆细胞，另一些分化成能产生和分泌大量特异性抗体的**浆细胞**(见 C1)。

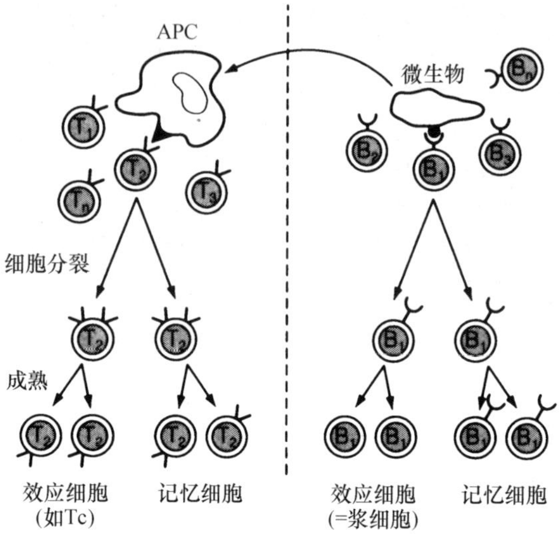

图 A3.1 克隆选择。抗原从一个大的 B 细胞和 T 细胞库中选择那些有其受体的细胞(如 T2 和 B1)，并刺激它们扩增和分化成记忆细胞及效应细胞。B 细胞能识别和结合天然抗原，而 T 细胞仅能发现抗原呈递细胞(antigen presenting cell，APC)上与 MHC 分子结合的抗原

T 细胞和 B 细胞及细胞合作

克隆扩增选择的淋巴细胞有两种主要类型——B 细胞和 T 细胞，它们各自引起不同的免疫形式。T 淋巴细胞在胸腺的影响下成熟，受抗原刺激时引起细胞免疫。B 淋巴细胞主要在骨髓的影响下成熟，在与抗原接触时，引起淋巴细胞群体增生并分化成**浆细胞**。这些浆细胞产生对抗原特异并能中和和/或消除抗原的体液因子(**抗体**，即**免疫球蛋白**)。

发展对抗原的免疫应答也需要细胞合作。T 和 B 细胞群及抗原呈递细胞在特异性免疫过程中相互作用，特别是 T 细胞的亚群调节(如辅助)体液和细胞的免疫应答。虽然对大多数抗原(尤其是蛋白)的免疫应答需要细胞合作，但某些抗原(**不依赖 T 的**)在 T 淋巴细胞缺乏时也能启动免疫应答。

A4 抗原

要 点

抗原的范围 抗原是诱导免疫应答的物质，它们包括蛋白质、碳水化合物、脂质和核酸。微生物有许多不同的、能被免疫系统识别的抗原。

抗原的结构 抗原分子可含有若干个不同的抗原决定簇，针对这些抗原决定簇能产生独特的抗体或T细胞应答。能产生抗体的最小单位(抗原决定簇)是3～6个氨基酸或5～6个糖残基。所有大分子均为多决定簇。抗体与构象性抗原决定簇结合(依赖于分子的折叠)，而T细胞受体识别线性氨基酸序列[⑥]。应将能刺激免疫应答的分子("免疫原")与那些同抗体反应但不能启动免疫应答的分子(半抗原或单独的抗原决定簇)区别开。

相关主题 B细胞受体复合物、辅助受体和信号发送(E1)
抗原的T细胞识别(F2) 移植抗原(M2)

注⑥：抗体与抗原决定簇的识别与结合是具有空间结构特异性的，也就是能够在立体结构上完全匹配，而T细胞的识别不需要这种空间结构，也就是即便是蛋白抗原的空间结构被破坏，或者发生蛋白质水解，但是T细胞依然可以根据特有的氨基酸序列给予识别，当然T细胞抗原识别时需要MHC分子的辅助。

抗原的范围

去除侵入生物的第一步是识别其为外来物，即非"自身物"(见E和F)。免疫系统因为侵入物有若干抗原而被发现。抗原是诱导免疫应答、引起淋巴细胞增生和产生针对该侵入抗原的特异性抗体的任何物质，通常包括蛋白质、碳水化合物、脂质和核酸。实际上，机体免疫系统能对任何物质进行应答。虽然在正常的健康个体中，免疫系统受到良好的调节，但在合适的条件下，甚至自身分子或细胞也能起抗原作用(见G)。

抗原的结构

在结构水平上，抗原对与其进行免疫应答的免疫系统必须是足够独特的。通常抗原(有抗原性的分子)具有几个独特的分子结构，每个都能引发免疫应答。因此，对抗原所产生的抗体或细胞并不直接抗整个分子，而是抗该分子的不同部分。这些"抗原决定簇"或"抗原表位"(图A4.1)是抗体或细胞能与之结合的抗原的最小单位。对蛋白质来说，

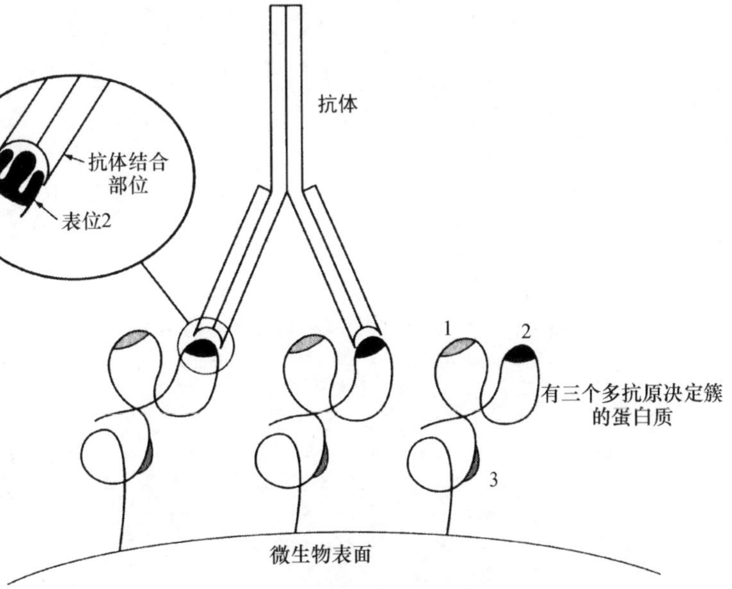

图A4.1 抗体要求的抗原决定簇(抗原表位)

抗体结合的单位大约为3～6个氨基酸，而对于碳水化合物，结合单位大约是5～6个糖残基。因此，多数大分子的每个分子都具有许多抗原决定簇，即它们是“多决定簇”。然而，这些决定簇在同一分子上可能是相同的，也可能是不同的。例如，都带有重复糖单位的碳水化合物有几个相同的决定簇，而大单链蛋白其3～5个氨基酸序列通常没有重复，因此将有许多不同的抗原决定簇。

虽然分子中残基的直线序列等于抗原决定簇，但是它与抗体结合部位的物理结构却主要是分子构象的结果。由于折叠，分子不同部分的残基可密集在一起，并可被B细胞受体或抗体识别为同一决定簇的部分(图A4.1)。因此，在多数情况下，针对分子的天然(自然的)构象产生的抗体将不能与变性的分子反应，即使其原始的序列没有改变。这与T细胞受体识别抗原决定簇的方式形成对比，T细胞受体识别必须是由MHC分子呈递的、直线形式的氨基酸序列(见F2;图A4.2)。

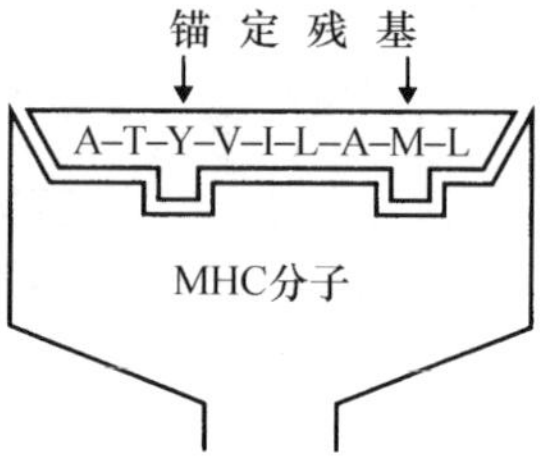

图A4.2 T细胞识别的直线形式的肽序列

实际上，微生物有许多不同的分子，因此可能有许多不同的抗原决定簇，所有的抗原决定簇都可以刺激免疫应答。然而，所有的抗原决定簇不是等同的，有些可引发强的应答，有些可引发弱的应答。这是由个体的健康程度、年龄和遗传决定的(见G4和G5)。

能被看做单个抗原决定簇的很小的分子没有能力引发抗体应答。这些**半抗原**，正如它们被称呼的一样，能共价地附着到大分子(**载体**)上，并在T细胞的辅助下，能以这种物理形式诱导抗体形成。因此，人们可以区分出能刺激免疫应答的分子(免疫原)和那些同抗体反应但不能启动免疫应答的分子(半抗原或单独的抗原决定簇)。

A5　血细胞生成——血细胞的发育

要　点

共同干细胞　免疫系统中大多数细胞类型是由共同的造血干细胞(hemopoietic stem cell,HSC)产生的。HSC在胎肝、胎脾、新生儿与成人的骨髓中被发现。它们分化成所有血液谱系功能上成熟的细胞。

基质细胞　直接与基质细胞(包括上皮细胞、成纤维细胞和巨噬细胞)接触,对特殊谱系的分化是必需的。黏附分子和细胞因子参与此过程。

细胞因子的作用　基质细胞产生许多细胞因子,包括干细胞因子(stem cell factor,SCF)、单核细胞集落刺激因子(monocyte colony stimulating factor,M-CSF),以及粒细胞集落刺激因子(granulocyte colony stimulating factor,G-CSF)。干细胞与基质细胞和M-CSF或G-CSF相互作用,分别导致单核细胞与粒细胞的发育[⑦]。

相关主题　固有免疫系统的分子(B2)

注⑦:虽然干细胞来源相同,但在不同的发育环境中,与不同类别的基质细胞接触,会分化形成不同类型的免疫细胞。当然在这个过程中,细胞因子是必不可少的促进发育的物质。

共同干细胞

免疫系统中包括的大多数细胞类型是由共同的造血干细胞(HSC)产生的,并通过分化过程发育成不同谱系功能上成熟的血细胞,如单核细胞、血小板、淋巴细胞等(血细胞生成:图A5.1)。这些干细胞是复制的自我更新的细胞,在早期胚胎生命期间可在卵黄囊里,以及其后在胎肝、脾和骨髓中发现它们。出生后,骨髓含有HSC。

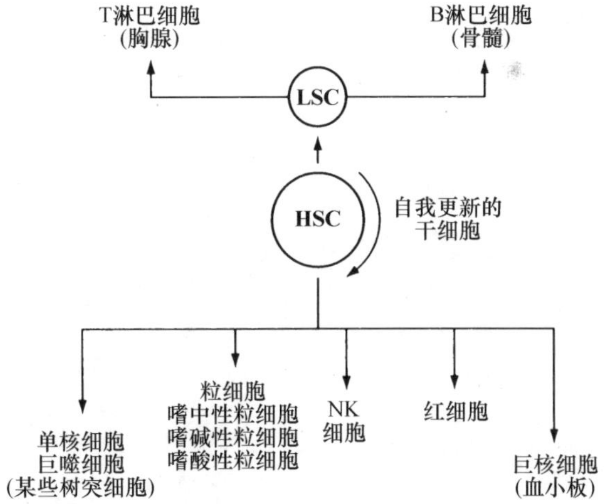

图A5.1　血细胞的起源(血细胞生成);LSC,淋巴干细胞(lymphoid stem cell);HSC,造血干细胞

从HSC分化的细胞谱系由HSC的微环境决定,并且需要与基质细胞接触及与特定的细胞因子相互作用。这些相互作用负责接通编码不同细胞类型的功能所需的分子的特异基因,例如,巨噬细胞和嗜中性粒细胞的吞噬作用和决定抗原特异性的淋巴细胞受体所用的那些分子。笼统说来,即为分化过程。

基质细胞

基质细胞,包括上皮细胞和巨噬细胞,是干细胞分化成特定谱系的细胞(如淋巴细胞)所必需的。基质细胞与干细胞直接接触。在胎肝及在胸腺与骨髓中,不同的基质细胞(包括巨噬细胞、内皮细胞、上皮细胞、成纤维细胞和脂肪细胞)产生发育成不同细胞类型的分离的转化灶,因而不同的转化灶将含有发育中的粒细胞、单核细胞或 B 细胞。细胞因子在这一过程中是必不可少的,黏附分子可能也起重要作用(图 A5.2)。

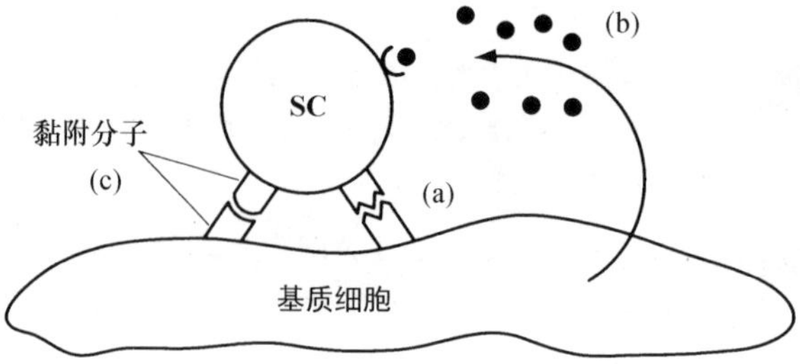

图 A5.2 基质细胞在血细胞生成中的作用。与细胞因子(如干细胞因子)结合的基质细胞(a)和释放的细胞因子(如 IL-7)(b),通过干细胞(SC)上特异的黏附分子(如 CD44)(c)附着于基质细胞的透明质酸分子上,决定干细胞的分化途径

细胞因子的作用

不同的细胞因子对 HSC 更新及其分化成功能上成熟的不同类型的血细胞是重要的。尽管过分简单化,但与 HSC 更新有关的过程主要依赖于 SCF、IL-1 和 IL-3。在其他细胞因子中,粒细胞与单核细胞的发育需要单核细胞集落刺激因子(M-CSF)和粒细胞集落刺激因子(G-CSF),两者都由基质细胞产生。因此,干细胞与基质细胞和 M-CSF 或 G-CSF 的相互作用分别导致单核细胞与粒细胞的发育(图 A5.3)。其他细胞因子对 T 细胞在胸腺中和 B 细胞在骨髓内特殊位置的早期分化是重要的。

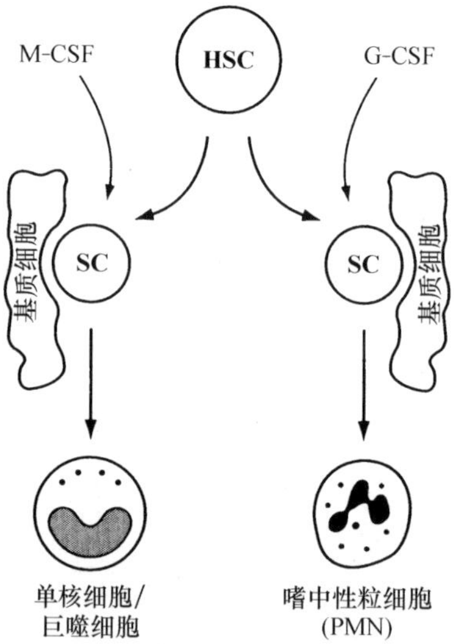

图 A5.3 不同细胞因子与基质细胞诱导不同的分化途径

(林慰慈 译)

B 固有免疫系统的细胞和分子

B1 固有免疫系统的细胞

要 点

吞噬细胞 大多数白细胞是被称为嗜中性粒细胞或多形核细胞(PMN)的游走吞噬细胞(或食细胞),它们巡查血流,以寻找侵入的微生物。其他主要的吞噬细胞是单核吞噬细胞系统的组成部分,包括单核细胞和巨噬细胞。单核细胞存在于血流中,而巨噬细胞(MØ)停留在组织中。这些吞噬细胞被吸引到感染部位(趋化性),与微生物结合(黏附),摄食(吞噬)并杀伤微生物,包被微生物的分子(如补体或抗体),增强对微生物的接触和摄食(调理作用)。

自然杀伤(NK)细胞 自然杀伤(NK)细胞遍及全身组织,但主要在循环中,并且对保护机体不受病毒和某些肿瘤的侵害是重要的。病毒感染引起细胞表面分子的改变,使NK细胞与受感染的细胞结合,并通过释放穿孔素和诱导细胞凋亡来杀伤受感染的细胞。另外,在与受病毒感染的细胞结合时,NK细胞分泌γ干扰素(IFNγ),可保护邻近的细胞免受病毒感染,并有助于激活T细胞介导的免疫。

肥大细胞和嗜碱性粒细胞 肥大细胞(在结缔组织中)和嗜碱性粒细胞(在循环中)均在骨髓中产生,并有类似的形态和功能。这些细胞被激活时脱粒,释放出引起血管舒张、增加血管通透性和白细胞迁移的药理介质。

树突细胞 有三种主要的树突细胞(朗格汉斯细胞、交错突细胞、滤泡树突细胞)。它们代表固有和适应性免疫系统之间的临界界面。它们的作用是通过先天受体来识别微生物抗原,并将它们加工的肽呈递给适应性免疫系统的T细胞。在淋巴样组织的特化区域,滤泡树突细胞保持未修饰的抗原,以便B细胞识别①。

固有免疫系统的其他细胞 形形色色的其他细胞,包括嗜酸性粒细胞、血小板和红细胞,在免疫防御中起作用。嗜酸性粒细胞是颗粒白细胞,它们通过释放毒素(主要是碱性蛋白)攻击和杀伤寄生虫。血小板活化时,释放活化补体的介质,导致吸引白细胞。红细胞可结合并去除小的免疫复合物②。

相关主题

抗体类别(D2)	细胞介导的免疫的前后关系(F6)
抗体的功能(D8)	微生物世界(H1)
抗原的T细胞识别(F2)	IgE-介导的(Ⅰ型)超敏反应:变态反应(K2)

注①:滤泡树突细胞主要保存抗原的原始空间结构,并不对其进行加工和分解,然后提供给B细胞识别。
注②:血小板活化所释放的介质主要是引导白细胞向血小板活化部位迁移,实施机体的防御措施。

吞噬细胞

吞噬细胞被特指为"吃"细胞(phageig——希腊语"吃"),它有两种类型:嗜中性粒细胞和巨噬细胞。嗜中性粒细胞因其核的多叶性时常被称为多形核细胞(polymorphonuclear,PMN)(图B1.1),是构成大多数血液白细胞的可游走吞噬细胞(大约每毫升血液含8×10^6个细胞)。它们的半寿期很短(几天),并在血流中经细胞凋亡(程序性细胞死亡)而死亡。其细胞内有颗粒,颗粒含有与杀伤微生物有关的过氧化物酶、碱性和酸性磷酸酶及防卫素(小抗菌肽)。这些粒细胞用中性染料染色,与用伊红(嗜酸性)或用碱性染料(嗜碱性)染色的粒细胞有不同的功能。PMN有对微生物释放的趋化因子,如胞壁酰二肽(muramyl dipeptide,MDP)和微生物激活的补体成分的受体(表B1.1)。它们的主要功能是经过血流巡查机体,以搜寻侵入微生物。因此,在急性炎症中它们是关键性的细胞。像免疫系统中包括的大多数细胞一样,这些吞噬细胞在骨髓中产生(见A5)。

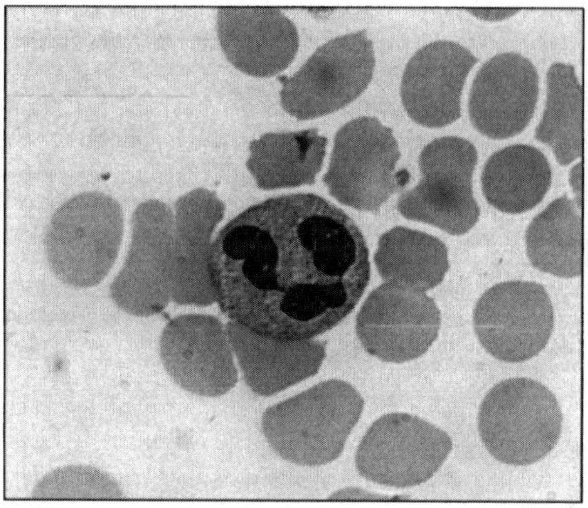

图 B1.1 血液中的多形核细胞(嗜中性粒细胞)。经 Mosby 许可,翻印自 *Immunology* 5 th edn.,1998,Roitt,Broitt,Brostoff and Male

表 B1.1 多形核细胞(PMN)的表面受体

表面分子	功能
Fc 受体	
CD16(FcγRⅢ),IgG 的 Fc 受体	与 IgG-抗原复合物结合(调理作用)
CD32(FcγRⅡ),IgG 的 Fc 受体	与 IgG-抗原复合物结合(调理作用)
补体受体	
C5aR	与 C5a 结合以吸引有活化补体的微生物
CRI(CD35)	与 C3b、iC3b、C4b 和与甘露糖结合的配体(调理作用)结合
CR3(CDⅡb/CD18)	与 C3b、iC3b 结合,得以去除补体包被的抗原和微生物(调理作用)
黏附分子	
LFA-1	与内皮上的 ICAM-1 结合,以便外渗
VLA4	与内皮上的 VCAM-1 结合,以便外渗

单核吞噬细胞系统(以前称为网状内皮系统)是广泛分布的、受组织约束的吞噬细胞系统,其主要功能是通过吞噬过程除掉微生物和死的体细胞。单核细胞(图 B1.2)是血液带有的主要的组织吞噬细胞、巨噬细胞的前体细胞。不同的器官/组织各自都有其单核细胞派生出的吞噬细胞的形式(表 B1.2)。

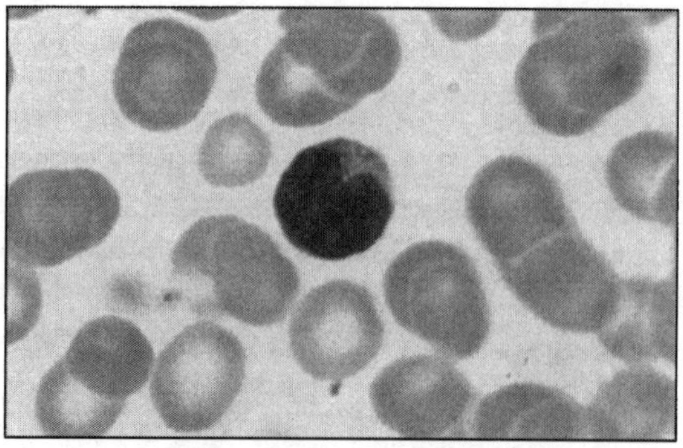

图 B1.2 血液中的单核细胞。经 Mosby 许可,翻印自 *Immunology* 5th edn.,1998,Roitt,Brostoff and Male

表 B1.2 单核吞噬细胞系统的细胞

细胞	定位
单核细胞	血流
肝巨噬细胞	肝
血管系膜(mesangial)细胞	肾
肺泡巨噬细胞	肺
小胶质细胞	脑
巨噬细胞窦	脾、淋巴结
浆膜巨噬细胞	腹膜腔

吞噬作用是个多步骤的过程(表 B1.3),并且是将微生物从机体去除的主要机制。它对抵御细胞外微生物是特别重要的。

表 B1.3 吞噬作用的阶段

阶段	事件	机制
1	吞噬细胞向微生物移动	趋化信号,如 MDP、补体(C5a)
2	微生物附着到吞噬细胞表面	与甘露糖、补体和/或 Fc 受体结合
3	导致吞噬体形成的微生物胞吞作用	表面膜的内陷
4	吞噬体与溶酶体融合	微管参与
5	杀伤微生物	依赖氧的杀伤,如 O_2^- 自由基;不依赖氧的杀伤,如髓过氧化物酶、NO

调理作用是使微生物易于吞噬的过程。一些被称为“调理素”(opsonin——希腊语,以使之更可口)的分子,通过包被微生物来做到这一点。它们帮助微生物附着于吞噬细胞上,也引发吞噬作用的活化。调理素包括补体成分 C3b 和抗体本身,后者在固有和适应性免疫系统之间起桥梁作用(见 B2 和 D8)。吞噬细胞用它们与 C3b 或与 IgG 抗体 Fc 区(Fc 受体,FcR)结合的表面受体(表 B1.4)分别附着到 C3b 或 IgG 包被的微生物上。

表 B1.4 单核细胞/巨噬细胞的表面受体

分子	功能
微生物的识别受体	
甘露糖受体	介导吞噬微生物和诱导适应性免疫应答
Toll 样受体	介导细胞因子产生和诱导适应性免疫应答
清除受体	结合细菌和酵母细胞壁的糖类和脂类
CD14	与(与 Toll 样受体 4 有关的)蛋白质结合的脂多糖(LPS)受体
Fc 受体	
CD16(FcγRⅢ)	与 IgG-抗原复合物和 IgG-包被的靶细胞结合,介导吞噬作用和细胞因子产生
CD32(FcγRⅡ)	与 IgG-抗原复合物和 IgG-包被的靶细胞结合,介导吞噬作用和细胞因子产生
CD64(FcγRⅠ)	与 IgG-抗原复合物和 IgG-包被的靶细胞结合,介导吞噬作用和细胞因子产生
CD89(FcαR)	与 IgA-抗原复合物结合,介导吞噬作用和细胞因子产生
补体受体	
CD35(CR1)	补体被激活时补体受体参与增强被 IgM/IgG 包被的微生物的吞噬作用
黏附受体	
CD18/11a、b、c(LFA-1、CR3、CR4)	促进与其他细胞相互作用的黏附分子
MHC 分子(HLA)	
MHCⅠ类(HLA A、B、C)	将肽呈递给 Tc 细胞
MHCⅡ类(HLA D)	将肽呈递给 Th 细胞

由于单核吞噬细胞有许多有效的细胞毒机制，所以这些细胞的杀伤一般是非常有效的。尤其是这些细胞含有许多不同的酶、阳离子蛋白和多肽(防卫素)，一起介导微生物的杀伤和消化。另外，活化时，这些单核吞噬细胞产生氧代谢物，包括超氧化物和一氧化氮，这两者在杀伤胞内病原体上都是起重要作用的。

自然杀伤细胞

自然杀伤(NK)细胞也称为“大颗粒淋巴细胞”(large granular lymphocyte，LGL)，与典型的淋巴细胞的不同之处在于它们较大，含有更多的细胞质，并有(电子)致密颗粒(图B1.3)。它们在骨髓中产生，并遍及全身的组织，但主要存在于循环中，占循环中总淋巴细胞组分的5%～15%(见C1)。它们有各种细胞表面受体(表B1.5)，包括IgG的Fc受体(FcγR Ⅲ)、被称为杀伤活化受体(killer activation receptor，KAR)和杀伤抑制受体(killer inhibitory receptor，KIR)的某些细胞表面分子的受体。

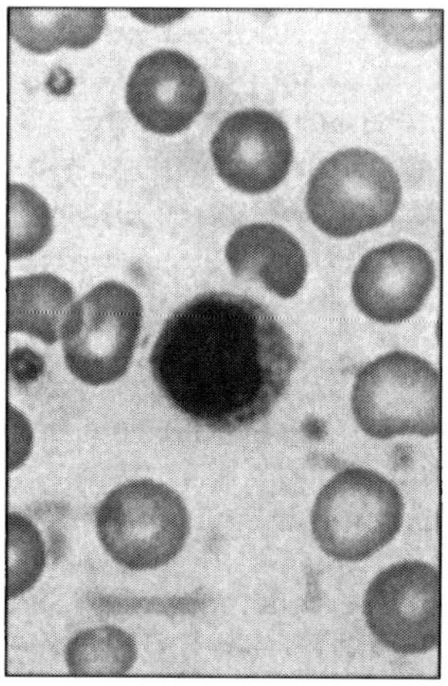

图B1.3　血液中的NK细胞。经Mosby许可，翻印自*Immunology* 4 th edn.，Boitt，Brostoff and Male

表B1.5　自然杀伤细胞上的表面受体

分子	功能
Fc受体	
CD16(FcγRⅢ)	与IgG包被的靶细胞结合并介导ADCC*
黏附/辅助分子	
CD2	与LFA-3结合
CD56(NCAM，neural adhesion molecule，神经细胞黏附分子)	
LFA-1	与ICAM-1结合
活化/抑制受体	
KIR(杀伤抑制受体)	含有ITIM并与和自身肽联合的MHCⅠ类样的分子结合，防止NK细胞杀伤自身细胞
KAR(杀伤活化受体)	与自身抗原(如自身细胞上的糖类)结合并与含有ITAM的其他分子联合。在被结合的KAR激活时(即KIR的约束不同时存在时)，它们引发NK细胞释放细胞毒性分子

* ADCC，抗体依赖细胞毒性；ITIM，免疫受体酪氨酸抑制模体；ITAM，免疫受体酪氨酸活化模体。

NK细胞的主要功能是杀伤病毒感染的自身细胞及某些肿瘤细胞。当NK细胞与未受感染的自身细胞结合时,其 KIR 给 NK 细胞提供阴性信号,阻止其杀伤自身细胞。这是由于 KIR 识别在 MHC-样分子(HLA-E)中呈递的 MHC Ⅰ类(见 F2)前导肽。然而,细胞受某些病毒感染,减少了 MHC 分子的表达,并因此降低在 HLA-E 中荷载的Ⅰ类肽,这样,得以通过 KAR 的活化作用诱导 NK 细胞杀伤受感染的细胞。这是一种重要的机制,使得 NK 细胞识别正常的自身细胞,并且不理会它们,而杀伤受感染的或恶性的自身细胞。

NK 细胞介导杀伤的机制与细胞毒性 T 细胞所用的机制是一样的(见 F5),并涉及将颗粒体内容物(穿孔素、粒酶)释放到受感染的细胞表面。穿孔素有与 C9(一种补体成分)类似的结构,它能在细胞膜中穿孔(见 B2 和 B8),以便粒酶(蛋白水解酶)进入细胞诱导细胞凋亡。NK 细胞像细胞毒性 T 细胞一样,也能通过它们表面 FasL 分子与受病毒感染的细胞表面 Fas 分子结合,诱导靶细胞凋亡(见 F5)。

IL-2 诱导 NK 细胞变成淋巴因子激活的杀伤(lymphokine -activated killer,LAK)细胞,LAK 细胞已被用于临床试验来治疗肿瘤(见 N5)。NK 细胞由于识别病毒感染的细胞而被活化时,分泌 IFNγ。这有助于保护周围的细胞免受病毒感染,虽然 IFNα 和 IFNβ 在这一作用中可能是更重要的(见 CB2)。另外,IFNγ 也能增强特异性 T 细胞针对受病毒感染的细胞的应答(见 F4 和 F5)。

肥大细胞和嗜碱性粒细胞

肥大细胞(图 B1.4)遍及周身,分布在接近血管的结缔组织中,特别是在呼吸、泌尿生殖和胃肠道上皮下的区域中。嗜碱性粒细胞是可以由碱性染料染色的粒细胞,以极低数量存在于循环中(不足颗粒白细胞的 0.2%)。嗜碱性粒细胞与肥大细胞在形态学上非常相似。两者的胞浆中均有大而独特的密电子颗粒,这些颗粒对它们的功能是非常重要的。与所有的粒细胞一样,嗜碱性粒细胞(很可能还有肥大细胞)由骨髓干细胞产生。

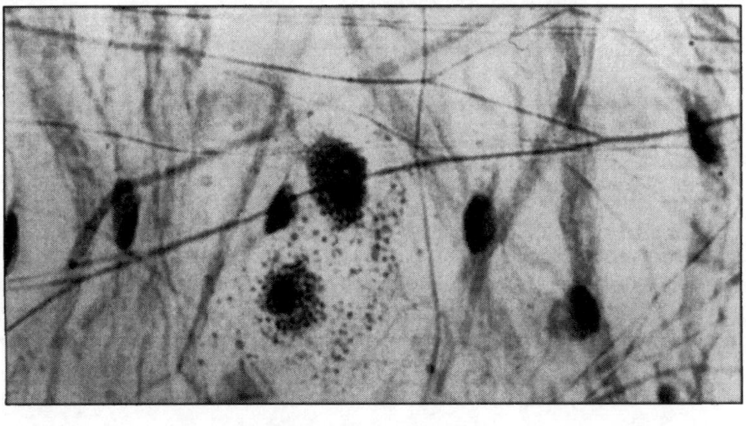

图 B1.4 肥大细胞。注意在胞浆中的大颗粒体,它含有药理介质。经 Morton 出版社允许,翻印自 *A Photographic Atlas for the Microbiology Laboratory*,1996,Leboffe and Pierce

肥大细胞/嗜碱性粒细胞可由下列原因刺激释放其颗粒:

- 它们与 C3a 和 C5a(过敏毒素)结合;
- 变应原与和它们细胞表面 FcεR 结合的抗变应原 IgE 结合,并引起 FCεR 交联;
- 与凝集素(与糖类结合的分子)结合。

刺激引起胞内颗粒与表面膜融合,其内容物通过胞吐作用释放到胞外。此释放几乎是瞬时的,并在急性炎症应答发展上是必要的(见 B4)。颗粒内容物包括种种预先形成的药理介质,而其他的药理介质是细胞受刺激时产生的(表 B1.6)。当大量的肥大细胞/嗜碱性粒细胞受刺激脱粒时,可能发生严重的过敏反应,而对于其温和形式,能引起

Ⅰ型超敏反应中所见的变态反应性症状。

表 B1.6　释放的主要介质及其效应

介质	效应
组胺	血管舒张，血管通透性
细胞因子	
* TNFα、IL8、IL5	吸引嗜中性粒细胞和嗜酸性粒细胞
PAF	吸引嗜碱性粒细胞

* TNFα，肿瘤坏死因子；PAF，血小板活化因子。

树突细胞

树突细胞(DC)因其许多表面膜褶而得名，膜褶看上去与神经系统的树突相似(图 B1.5)。这些褶使之能与免疫系统的其他细胞进行最大限度的相互作用。有三种主要类型的树突细胞(表 B1.7)：朗格汉斯细胞(Langerhans cell，LH)、交错突细胞(interdigitating cell，IDC)和滤泡树突细胞(follicular dendritic cell，FDC)。

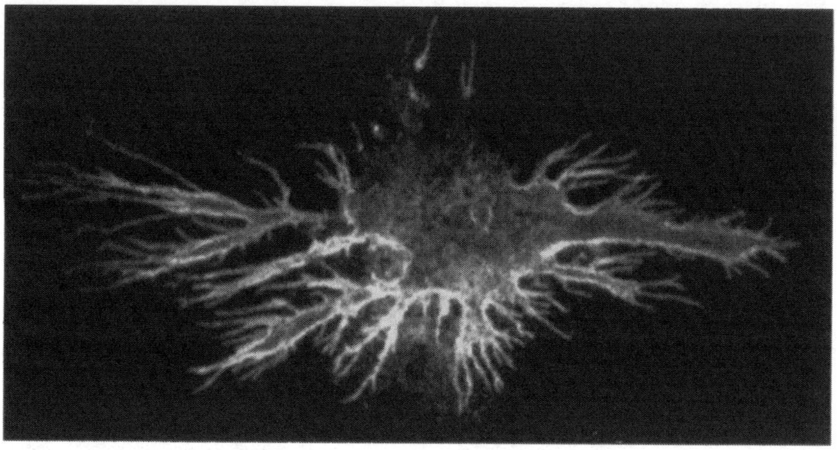

图 B1.5　树突状细胞。注意许多膜突起使之得以与淋巴细胞相互作用。表面用抗 CD44 染色(显白色，见 D7*)。CD44 是一种黏附分子，允许树突状细胞附着到结缔组织和其他细胞上(图蒙 M. Binks 博士特许使用)

表 B1.7　树突细胞

树突细胞类型	定位
朗格汉斯细胞(LH)	皮肤
交错突细胞(IDC)	淋巴结 T 细胞区
滤泡树突细胞(FDC)	淋巴组织的 B 细胞滤泡

DC 代表固有和适应性免疫系统之间最初的界面，因为它们通过固有受体识别微生物抗原和通过内源加工途径将肽抗原呈递给 T 辅助(CD4)细胞，从而能启动适应性免疫应答。

由于 T 细胞抗原受体只能识别与 MHC 分子联合的蛋白质“断片”，所以首先必须将蛋白质“加工”(切成短肽)。然后这些肽附着到 MHC 分子上(见 F2)以呈递到 DC 细胞表面。LH 和 IDC 有大量的将异种肽呈递给 T 细胞的表面 MHCⅡ类分子。虽然巨噬细胞能将抗原加工并呈递给 T 细胞，但 LH 和 IDC 在执行这一功能时更有效。

FDC 不表达 MHCⅡ类分子，它存在于淋巴组织的 B 细胞滤泡内，功能是将整体的

* 译注：原文 Topic V3 有误，应为 D7。

抗原控制在其细胞表面，以便被 B 细胞识别。现在认为这种相互作用不仅在 B 细胞受刺激时，而且当 B 细胞在初级滤泡内存活时也是重要的。

固有免疫系统的其他细胞

嗜酸性粒细胞是可用伊红染色的颗粒性白细胞。它们以很低的水平存在于循环中（占血液白细胞的 2%～5%），有某些吞噬活性，但主要负责不能被吞噬的大寄生虫（如血吸虫、蠕虫）的细胞外杀伤（见 H2）。它们通常通过表面 Fc 受体与抗体包被的寄生虫结合，并释放其颗粒内容物（脱粒）到寄生虫表面。颗粒含有杀伤寄生虫的过氧化物和毒素（主要为碱性蛋白）。颗粒中也存在组胺酶。这种抗炎症物质有在应答早期阻抑肥大细胞释放组胺的作用。

血小板既在血液凝固中起主要作用，又含有重要介质，当血小板在血管受损伤的部位被激活时，这些介质就释放出来。还认为由 IgG 和/或 IgE 抗体包被的寄生虫通过这些抗体类别的表面 Fc 受体激活血小板。释放的介质激活补体，补体转而将白细胞吸引到因外伤或寄生虫感染引起的组织损伤部位（见 B4）。

红细胞有与附着于小的循环免疫复合物上的与补体结合的表面补体受体。它们携带这些复合物到肝脏，在肝脏将这些复合物释放给吞噬它们的肝巨噬细胞。因此红细胞在持续感染和患某些自身免疫病时从循环中清除免疫复合物方面起重要的免疫学作用。

B2 固有免疫系统的分子

要 点

固有分子的免疫防御

在适应性免疫发生之前，有多种分子介导防御微生物。这些分子同各种微生物共有的特殊结构起反应，因此它们与许多不同的表达这些结构的微生物起反应。固有免疫系统的分子包括补体、急性期蛋白和细胞因子，尤其是干扰素和抗微生物的肽。其中，特别是补体系统的分子，对适应性免疫系统是极其重要的。

补体系统

补体系统由 20 多种互相依赖的蛋白质组成，它们在依次活化时，可介导防御微生物感染。由肝细胞和单核细胞合成的这些蛋白质，能通过**旁路途径**被微生物直接活化，并因此在固有免疫中起关键性的作用。这一系统也可以通过**经典途径**被与微生物结合的抗体(适应性免疫)活化。活化的补体系统能：①引发(急性)炎症；②将嗜中性粒细胞吸引到微生物攻击部位(趋化性)；③增强微生物对吞噬细胞的附着(调理作用)；④杀伤微生物。

急性期蛋白

急性期蛋白是一组异质性的血浆蛋白，它们在对抗微生物(主要是细菌)的固有防御中及减少由于感染、创伤、恶性肿瘤和由其他疾病引起的组织损伤方面起重要作用。急性期蛋白包括 C 反应蛋白(C-reactive protein，CRP)、血清淀粉样蛋白 A(serum amyloid protein A，SAA)和甘露糖结合蛋白(mannose-binding protein，MBP)。急性期蛋白主要在肝脏中产生，通常是微生物刺激的结果，或者对由活化的巨噬细胞和 NK 细胞释放的细胞因子 IL-1、IL-6、TNFα 和 IFNγ 应答时产生。这些蛋白质最大限度地活化补体系统和调理侵入微生物[③]。

细胞因子

细胞因子是在细胞间发送信号、诱导生长、趋化、活化、增强细胞毒性和/或调节免疫的小分子物质。如果它们主要由白细胞产生，则被称为白细胞介素；如果由骨髓细胞产生，则被称为单核因子；如果由淋巴细胞产生，则被称为淋巴因子；而如果它们引导细胞迁移，则被称为趋化因子。干扰素具有保护机体不受病毒感染、活化细胞和调节免疫的作用。

干扰素(IFN)

干扰素在应答病毒感染时产生并抑制蛋白质合成。Ⅰ型 IFN(IFNα 和 IFNβ)由许多不同的细胞产生。Ⅱ型干扰素(IFNγ)主要由 Th1 细胞和 NK 细胞产生，诱导 Th1 应答、增加抗原呈递、活化吞噬细胞和 NK 细胞以增强杀伤作用。

淋巴因子

淋巴因子是淋巴细胞的生长因子，并影响免疫应答的性质。IL-2 是由 T 细胞产生的 T 细胞生长因子。IL-3 对血细胞生成是重要的。IL-4 由 Th2 细胞和肥大细胞产生，并且是 Th2 细胞和 B 细胞的生长与分化因子。IL-5 也由 Th2 细胞和肥大细胞产生，并且对 B 细胞的活化和 IgA 的产生起重要作用。IL-10 由 Th2 细胞和巨噬细胞(MØ)产生，诱导 Th2 应答。

单核因子

单核因子对免疫防御和炎症有重要活性。IL-1、肿瘤坏死因子 α(TNFα)和 IL-6 能活化淋巴细胞、升高体温、激活和转移吞噬细胞和激活血管内皮细胞。TNFα 也活化巨噬细胞(MØ)。IL-8 是趋化 PMN 的。IL-12 激活 NK 细胞产生 IENγ。

趋化因子

趋化因子是许多类型的细胞在对感染或身体损伤应答时产生的小分子细胞因子。它们活化并引导表达相应趋化因子受体的效应细胞到组织损伤部位，并调节白细胞迁移到组织中。CC 趋化因子是趋化单核细胞的，而 CXC 趋化因子是趋化 PMN 的。

其他细胞因子

其他细胞因子包括集落刺激因子(colony-stimulating factor,CSF)可驱动髓系细胞发育、分化和扩增,粒细胞-巨噬细胞集落刺激因子(granulocyte-macrophage colony stimulating factor,GM-CSF)诱导祖代细胞定型为单核细胞/粒细胞譜系,粒细胞集落刺激因子(granulocyte colony stimulating factor,G-CSF)和单核细胞/巨噬细胞集落刺激因子(monocyte/ macrophage colony stimulating factor,M-CSF)分别诱导祖代细胞定型为粒细胞系和单核细胞系。转化生长因子β(transforming growth factor β,TGFβ)抑制巨噬细胞(MØ)活化和B细胞与T细胞的生长。肿瘤坏死因子(tumor necrosis factor β,TNFβ)具有细胞毒性。

其他分子

胶原凝集素(collectin)是一组糖结合蛋白,起促进清除和消灭微生物的调理素作用。由各种细胞产生的肽抗生素能根除细菌感染。

相关主题

外部防御(A2)
血细胞生长——血细胞的发育(A5)
固有免疫系统的细胞(B1)
固有免疫和炎症(B4)
淋巴细胞(C1)
基因、T辅助细胞、细胞因子和神经内分泌系统(G5)
抗原的T细胞识别(F2)
T细胞活化(F4)
克隆扩增与效应功能的发展(F5)
B细胞活化(E2)
对不同生物的免疫(H2)

注③:诱导急性期蛋白的产生一般经两条途径,一条是微生物的直接刺激,另一条是体内的其他过程(如肿瘤)激活了巨噬细胞和NK细胞,然后这些细胞释放IL-1、IL-6、TNFα和IFNγ等细胞因子,细胞因子进一步诱导急性期蛋白的产生。

固有分子的免疫防御

有许多固有免疫系统的分子在适应性免疫发生之前的时期内,在介导防御微生物上是重要的。虽然这些分子与微生物有关的特殊结构反应,但由于它们能同表达这些结构的许多不同的微生物反应,所以是非特异的。主要的分子是补体系统、急性期蛋白和细胞因子的那些分子,尤其是干扰素。大多数在固有免疫系统中起作用的分子也与适应性免疫系统有关。例如,补体系统能被抗体激活,细胞因子参与对引发T淋巴细胞应答必须的抗原呈递细胞的活化。由巨噬细胞释放的细胞因子在急性炎症中也起作用。由于两种系统是密切相关和协同的,所以对微生物的免疫应答是连续的。其他各种分子对固有免疫系统也是重要的,包括抗菌肽。

补体系统

补体系统是所有脊椎动物共有的保护系统(见D8)。人体中,补体系统由20种可溶性糖蛋白组成(通常称为C1、C2等,或称为因子,如因子B),其中许多由肝细胞和单核细胞产生。它们基本上存在于血液和其他体液中。在适当的引发下,这些补体彼此顺次地(即以如多米诺骨牌的方式)相互作用。这一分子"级联"事件包括某些补体成分裂解成活性片段(如C3被裂解成C3a和C3b),这种片段有助于下一个成分的活化,最终导致各种微生物的溶解和/或防御各种微生物。补体系统能通过**旁路途径**被某些与微生物有关的分子直接活化(图B2.1)或通过**经典途径**被与微生物或其他抗原结合的抗体活化(见D8)。

旁路途径通过C3与微生物上的某些类型的分子相互作用或通过自身分子(如CRP,见下文)与这些微生物反应而被激活。补体成分C3对这一相互作用是至关重要的,它裂解成C3a和C3b在补体系统活化时是无比重要的事件。更明确地说,旁路途径依赖于C3正常的持续的低水平分解(表B2.1)。C3的片段之一,C3b是非常活泼的,并且实际上能与任何分子或细胞共价地结合。假如C3b与自身细胞结合,则与此细胞(见D8)有关的调控分子使其失活,保护细胞免受补体介导的损伤。然而,假如C3b与一个微生物结合,则B因子被活化,并且其裂解产物Bb与微生物上的C3b结合。此C3bBb

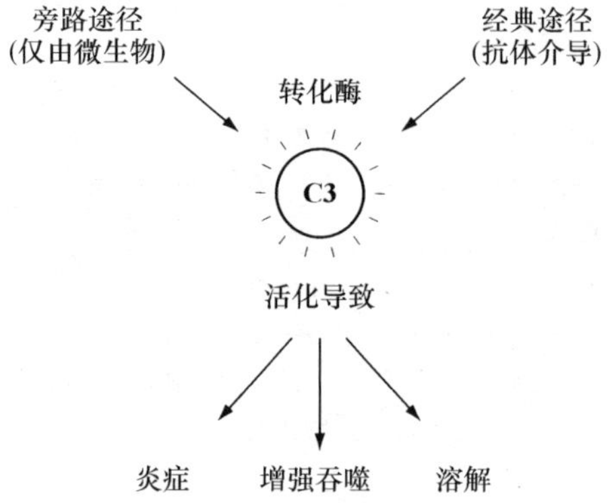

图 B2.1 补体系统

复合物(C3 转化酶)是有酶促活性的,并促进另外的 C3 分解成 C3b。同样重要的是产生的酶将 C5 裂解成 C5a 和 C5b,二者均有关键性的保护功能。C5b 对"膜攻击复合体"(membrane attack complex,MAC,C5b-C6-C7-C8-C9)的形成是关键的,MAC 介导微生物的溶解。在缺乏特异性免疫时,旁路途径对控制感染是重要的。因此,许多不同的生物因其作为活化旁路途径的结果而被处理和消灭。

表 B2.1 经旁路途径导致细胞溶解的补体活化顺序

微生物(M)+C3b	M-C3b
M-C3b+B 因子	M-C3b-Bb
M-C3b-Bb+C3b	M-C3b-Bb-C3b
M-C3b-Bb-C3b+C5	M-C3b-Bb-C3b-C5b+C5a
M-C3b-Bb-C3b-C5b+C6+C7	M-C3b-Bb-C3b-C5b-C6-C7
M-C3b-Bb-C3b-C5b-C6-C7+C8	M-C3b-Bb-C3b-C5b-C6-C7-C8
M-C3b-Bb-C3b-C5b-C6-C7-C8+C9	M-C3b-Bb-C3b-C5b-C6-C7-C8-C9 M 溶解

补体系统的主要功能是:

- 通过肥大细胞的直接活化引发(急性)炎症(C3a、C5a);
- 吸引嗜中性粒细胞(趋化性)到微生物攻击的部位(C5a);
- 增强微生物对吞噬细胞的附着(调理作用)(C3b);
- 杀伤激活膜攻击复合体的微生物(溶解)(C9)。

急性期蛋白

急性期蛋白在抗微生物(主要是细菌和原生动物)的固有防御和减少由微生物感染、创伤、恶性肿瘤和其他疾病,如类风湿关节炎引起的组织损伤中起重要作用。它们在组织修复时也是重要的。这些分子包括 C 反应蛋白(CRP)、补体成分、调理素蛋白如甘露糖结合蛋白(MBP)、金属结合蛋白和蛋白酶抑制剂。主要的急性期蛋白,CRP 和血清淀粉样蛋白 A(SAA)有类似的结构,并根据其亚单位的五边形联合而被称为正五聚蛋白(pentraxin)。CRP(根据它能与肺炎球菌的 C 蛋白反应被命名)由 5 个同样的经非共价相互作用而联合的多肽所组成。MBP 结合由微生物以不同于哺乳动物细胞的形式表达的糖蛋白或糖脂的甘露糖残基,其结合性质使之与种种病原体相互作用。

这些主要由肝脏产生的蛋白质既能再合成(如 CRP 在几小时内增加多达 1000 倍),也能以较低水平存在,并在感染后迅速增加(纤维蛋白原)。它们在肝细胞对活化的巨噬细胞和 NK 细胞释放的细胞因子 IL-1、IL-6、TNFα 和 IFNγ 应答时产生。IL-6 在增加急性期蛋白的产生上起重要作用。

急性期蛋白有几种功能(表 B2.2),最重要的是最大限度地活化补体系统和调理侵入的微生物,以及减少由这些微生物引起的组织损伤。CRP 与广泛种类的微生物结合,并在结合时经旁路途径激活补体,引起 C3b 在微生物上沉积(调理作用),并因此最终被表达 C3b 受体的吞噬细胞吞噬。与微生物结合的 MBP 也启动补体活化和随后由 C3b 介导的调理作用,但是,它也直接调理这些生物以便吞噬。此外,金属结合蛋白抑制微生物生长,而蛋白酶抑制剂通过中和由吞噬细胞释放的溶酶体酶减少组织损伤。

表 B2.2 急性期蛋白及其功能

蛋白质	功能
C 反应蛋白(CRP)	与细菌的磷酸胆碱结合,通过 C1q 激活补体,起调理素作用
血清淀粉样蛋白(SAA)	激活补体(通过 C1q)起调理素作用
甘露糖结合蛋白(MBP)	与细菌表面的甘露糖结合,附着于吞噬细胞 MBP 受体上(调理作用),经经典途径激活补体(见 D8)
补体成分	趋化性,调理作用和溶解(见 D8)
金属结合蛋白	除去微生物生长所需的必不可少的金属离子
纤维蛋白原	凝固因子
α1 抗胰蛋白酶,α1 抗糜蛋白酶	蛋白酶抑制剂

CRP 和 SAA(也有补体活化性质)与来自细胞的 DNA 和其他的核内物质结合,帮助它们自宿主中清除。患炎症疾病(如类风湿关节炎)患者血清中的 CRP 定量,被用作评价该疾病当前炎症活动性的方法。高水平的 CRP 表示高水平的疾病活动。

细胞因子

细胞因子是细胞对刺激应答时分泌的小分子物质。由于每种细胞因子时常诱发几种不同的生物学效应,它们可能对产生它们的细胞也有影响,并对细胞间信号发送起关键作用。许多不同的细胞释放细胞因子,但每种细胞类型仅释放其中某几种分子。细胞因子可诱导生长、分化、趋化、活化和/或增强细胞毒性。而且,受特定刺激释放的不同细胞因子有相似的活性,而许多细胞因子中有些又有相反的活性,这种情况并不罕见。因此,产生的生物学效应是所有这些活性的总和。

在某种程度上,细胞因子可按分泌它们的细胞群来分组。**单核因子**是由骨髓系的细胞(单核细胞、巨噬细胞)分泌的细胞因子,**淋巴因子**主要是由淋巴细胞分泌的细胞因子,即使某些细胞因子既由淋巴细胞也由骨髓细胞产生。**白细胞介素**(interleukin, IL)时常被用于描述由白细胞产生的细胞因子,虽然有些白细胞介素也由其他细胞群产生。一组小的与肝素结合的细胞因子(趋化因子)引导细胞迁移,并可能在对感染物或组织损伤应答时也激活细胞。**干扰素**是在各种细胞对病毒感染应答时产生的。

重要的是要注意到同一细胞因子可以由几种不同的细胞群产生。例如,IFNα 如果不是全部也大部分是由机体有核细胞对病毒感染产生应答时生成。IFNγ 不仅由 Th1 细胞也由 NK 细胞产生,IL-1 由巨噬细胞、B 细胞和非免疫角质细胞产生。许多不同细胞类型生成 IL-6,有几种生成 IL-4 等。然而同一细胞因子在不同细胞类型中能诱发不同的功能。例如,TNFα 能促进 B 细胞增殖,但在其他细胞群中则激活杀伤机制。IFNγ 激活巨噬细胞杀伤胞内的微生物,诱导 B 细胞将其抗体类别转换为 IgG 和诱导内皮细胞增加 MHCⅡ类分子的表达。

干扰素

干扰素是能介导防御病毒感染的促炎分子,因此在特异的体液和细胞免疫发生期间,对减少感染是特别重要的。可将它们分成两种类型,Ⅰ型 IFN(IFNα 和 IFNβ)和Ⅱ型 IFN (IFNγ,也称作免疫 IFN)(表 B2.3)。

表 B2.3 干扰素

	Ⅰ型(IFNα/β)	Ⅱ型(IFNγ)
染色体定位	9	12
起源	所有有核细胞,尤其是成纤维细胞、巨噬细胞和树突细胞	NK 细胞和 Th1,γδ 和 CD8 细胞
诱导物	病毒、其他细胞因子、某些细胞内细菌和原生动物	抗原刺激的 T 细胞
功能	抗病毒、增加 MHCⅠ类表达、抑制细胞增殖	抗病毒,增加 MHCⅠ类和Ⅱ类表达,激活巨噬细胞

IFNα 和 IFNβ 由许多不同的细胞应答病毒或细菌感染,尤其是在胞内微生物感染时产生。至少 12 种不同的、高度同源的 IFNα 起初由受感染的白细胞,以及上皮细胞和成纤维细胞产生。相反,单一种类 IFNβ 在正常状态时由成纤维细胞和上皮细胞产生。促炎细胞因子 IL-1 和 TNFα 是 IFNα/β 分泌的强诱导物,如同革兰氏阴性菌细胞壁来源的内毒素的作用。

IFNα 和 IFNβ 两者的受体是相同的,并在大多数有核细胞中发现。IFNα 和 IFNβ 与这一受体结合,诱发抑制性蛋白质合成,并阻止 mRNA 翻译和 DNA 复制,结果抑制蛋白质合成,并因此抑制病毒复制。另外,这些干扰素抑制细胞增生,增加 NK 细胞裂解活性和诱导增加 MHCⅠ类和Ⅰ类加工与呈递途径其他成分的表达,导致诱导抗原特异性细胞毒性 T 淋巴细胞(CTL)针对病毒感染的细胞应答。诱导 MHCⅠ类对保护未受感染的细胞以免被 NK 细胞杀伤也是重要的(见 B1)。动物研究证实了 IFNα/β 在抗病毒感染的固有防御中的重要性,在动物研究中,用 IFNα/β 的抗体处理病毒感染的小鼠引起死亡。

与 IFNα/β 广泛的、非特异的抗病毒活性相反,IFNγ 主要是适应性免疫系统的细胞因子,因为它不仅在对抗病毒活性方面是重要的,而且在调节特异性免疫的发展和活化免疫系统的细胞中起主要作用。主要由 Th1 细胞和 NK 细胞产生的 IFNγ 在诱导 Th1 免疫应答时起关键作用。因为,在特异性免疫应答发生的早期,IFNγ 参与诱导 Th0 细胞分化成 Th1 细胞,Th1 细胞产生更多的 IFNγ,并为 CTL 应答的发展与 IgG 抗体产生提供帮助。另外,应答 MHC 分子呈递的肽的 Th1 细胞或 CTL 产生 IFNγ,IFNγ 不仅局部地而且全身地起作用以激活单核细胞、巨噬细胞(MØ)和多形核(PMN)细胞,然后,这些细胞能更好地杀伤胞内病原体。尤其是,IFNγ 增加巨噬细胞和 PMN 上 IgG 的 Fc 受体的表达(见 D8),以及种类繁多的细胞的 MHCⅡ类表达。这增强了这些细胞的吞噬功能及专职的抗原呈递细胞的抗原呈递能力。IFNγ(它对巨噬细胞的功能是决定性的)增强巨噬细胞对胞内细菌和寄生虫的杀伤,可能是它刺激这些细胞产生活性氧和活性氮中间体的结果。

淋巴因子

由淋巴细胞和淋巴细胞亚群产生各种细胞因子(表 B2.4),其中许多是淋巴细胞的生长因子和/或影响免疫应答的性质。一个例子是 T 细胞产生的 IL-2,作为一种关键的自分泌生长因子,是 T 细胞,尤其是对于 Th0、Th1 细胞及 CTL 的增生所必需的。这些 T 细胞活化时[它们的抗原受体复合物与抗原呈递细胞(antigen presenting cell,APC)上 MHC 分子中的抗原肽相互作用],产生分泌性 IL-2,同时 IL-2 的受体与分泌性 IL-2 结合并受此 IL-2 刺激。当 IL-2 和/或其受体缺乏时,许多抗原特异性 T 细胞不扩增,严重地损害免疫应答。

表 B2.4 有代表性的淋巴因子和单核因子

细胞因子	产生的细胞	活性
IL-1	巨噬细胞、上皮细胞	激活血管内皮；组织破坏；增强效应细胞进入；发烧；淋巴细胞活化；转移 PMN；诱导急性期蛋白(CRP、MBP)
IL-2	T 细胞	T 细胞和 NK 细胞的增生
IL-3	T 细胞、胸腺细胞	造血细胞的增生与分化
IL-4	Th2 细胞、肥大细胞	B 细胞活化和增生；诱导 Th2、IgE 应答；和抑制 Th1 应答
IL-5	Th2 细胞、肥大细胞	嗜酸性粒细胞生长、分化；B 细胞活化，诱导 IgA 应答
IL-6	T 细胞、巨噬细胞	淋巴细胞活化；发烧；诱导急性期蛋白
IL-8	单核细胞、巨噬细胞 成纤维细胞、角质细胞	增加 PMN 的组织进入和趋化作用
IL-10	Th2 细胞、巨噬细胞	B 细胞活化；抑制巨噬细胞活性；诱导 Th2 和抑制 Th1 应答
IL-12	B 细胞、巨噬细胞	诱导 Th1 和抑制 Th2 应答；激活 NK 细胞
IFNγ	T 细胞、NK 细胞	巨噬细胞和 PMN 活化；诱导 Th1 和抑制 Th2 应答
TNFα	巨噬细胞、T 细胞	激活血管内皮；发烧；休克；增加血管通透性；诱导代谢物的转移

IL-3 参与各种细胞类型的生长与分化，因为在血细胞生成时，它与其他细胞因子协同活动。IL-4 由 Th2 细胞和肥大细胞产生，是 Th2 细胞和 B 细胞的生长和分化因子，并能诱导 B 细胞类别转换生成 IgE 抗体。IL-4 由于能诱导 Th0 细胞发育成 Th2 细胞，并抑制发生 Th1 应答，所以在影响免疫应答的性质上是重要的(表 B2.4)。这样，IL-4 不仅参与 B 细胞生长，还能影响 B 细胞及其后的浆细胞产生 IgE 抗体(见 D3)。IL-5 也由 Th2 细胞和肥大细胞产生，并且对 B 细胞活化和诱导 B 细胞类别转换生成 IgA 抗体是重要的。它在嗜酸性粒细胞的生长与分化中也有作用。由 Th2 细胞和巨噬细胞产生的 IL-10 或许通过增强 IL-4 产生和/或通过抑制巨噬细胞活性和产生 IL-12(一种 Th1 刺激细胞因子)，诱导 B 细胞的活化和 Th2 应答，以及抑制 Th1 应答。

单核因子

这组细胞因子(表 B2.4)有许多不同的对免疫防御起关键作用的局部和全身的活性。此外，这些促炎细胞因子是炎症的重要介质。特别是作为适当刺激(包括革兰氏阴性菌的摄食和随后被 LPS 活化)的结果，巨噬细胞分泌 IL-1、IL-6、IL-8、IL-12 和 TNFα。IL-1、TNFα 和 IL-6 有下述活性，包括：①增加体温和淋巴细胞活化，从而减少病原体复制并增加特异性免疫应答；②转移嗜中性粒细胞以便吞噬；③诱导释放急性期蛋白(CRP、MBP)，从而进行补体活化和调理作用。

IL-1 还激活血管内皮(为嗜中性粒细胞的趋化作用作准备)并诱导系统产生 IL-6。IL-8 增加嗜中性粒细胞的进入和趋化作用。它也通过整合蛋白质激活结合，促进嗜中性粒细胞与血管内皮细胞结合并迁移到组织中。像 IL-1 一样，肿瘤坏死因子 α(tumor necrosis factor α，TNFα)也激活血管内皮，并能增加血管的通透性。它激活巨噬细胞，并诱导其产生一氧化氮(nitric oxide，NO)。虽然 TNFα 由单核细胞与巨噬细胞产生，但也由某些 T 细胞产生。最后，IL-12 也由 B 细胞产生，它激活 NK 细胞，然后 NK 细胞产生诱导 Th0 细胞分化成 Th1 细胞的重要细胞因子 IFNγ(表 B2.4)。

趋化因子

这组 50 多种小而密切相关的细胞因子(分子质量为 8～10kDa)主要参与淋巴细胞、单核细胞和嗜中性粒细胞的趋化作用(表 B2.5)。它们由单核细胞/巨噬细胞产生，但也由其他细胞包括内皮细胞、血小板、嗜中性粒细胞、T 细胞、角质细胞和成纤维细胞产生。趋化因子根据其氨基酸序列的独特方位，尤其是保守的半胱氨酸残基的位置被分为 4 组。第一组有两个相邻的半胱氨酸(CC)；第二组有两个半胱氨酸但被另一个氨基酸隔开(CXC);第三组有一个半胱氨酸(C);第四组有两个半胱氨酸但被三个其他的氨基酸隔开。大体上,CC趋化因子如单核细胞趋化蛋白(MCP-1)是趋化单核细胞的,诱导它们迁移到组织中并成为巨噬细胞。而CXC趋化因子如IL-8是趋化嗜中性粒细胞的,诱导它们离开血液并迁移到组织中去。其中一些趋化因子也趋化T细胞。趋化因子在应答感染过程或身体损伤时产生,它们不仅引导细胞到感染/损伤发生的部位,也能增强它们处理组织损伤的能力。

表 B2.5 有代表性的趋化因子

类别	名称	来源	趋化吸引的活化细胞
CXC(α)	IL-8	单核细胞、巨噬细胞 成纤维细胞、角质细胞	幼稚T细胞、PMN
	NAP-2	血小板	嗜中性粒细胞
	MIP-1b	单核细胞、巨噬细胞 内皮细胞、PMN	CD8T细胞
CC(β)	MCP-1	单核细胞、巨噬细胞 成纤维细胞、角质细胞	记忆T细胞、单核细胞
	Rantes	T细胞	记忆Th细胞
C(γ)	Lymphotacin		淋巴细胞
CX_3C(δ)	Fractalkine		淋巴细胞、单核细胞、NK细胞

趋化因子的受体都是整合膜蛋白,这些蛋白质的特点是它们跨越细胞膜7次。这些分子与受体信号组成部分作用的G蛋白(鸟嘌呤核苷结合蛋白)偶联。虽然这些受体中的大多数可以与一种类型以上的趋化因子结合,但它们通常仅分布在特定的细胞群,使不同的趋化因子得以有选择活性。

已显示某些趋化因子(如IL8和MCP1)通过先与内皮细胞或胞外基质上的蛋白聚糖分子结合来起作用,然后在此固体表面上,它们与血液嗜中性粒细胞或单核细胞结合,以减缓这些细胞通过,引导其朝着趋化因子的源头向下一个趋化因子浓度梯度迁移。虽然每种分子在免疫防御和病理学上所发挥的作用仍有待弄清楚,但显然这些分子是激活并引导效应细胞群到感染和/或组织损伤部位以及控制白细胞在组织中迁移的强有力的物质。

其他细胞因子

在许多对免疫防御重要的其他细胞因子中,有几个是特别值得注意的(表B2.6)。一组集落刺激因子(CSF),包括粒细胞-单核细胞CSF(GM-CSF)、粒细胞CSF(G-CSF)和单核细胞CSF(M-CSF),能促进骨髓系细胞发育、分化与扩增(见A5)。GM-CSF诱导骨髓祖代细胞的扩增并将它们定型为单核细胞/巨噬细胞和粒细胞谱系,随后G-CSF和M-CSF分别诱导特异性定型为粒细胞或单核细胞谱系及其随后扩增。这些因子,尤其是G-CSF,由于它们能用于扩增对防御病原体极为重要的骨髓效应细胞群,所以在某些疾病情况中是重要的临床工具。

表 B2.6 其他细胞因子

细胞因子	产生的细胞	活性
GM-CSF	巨噬细胞、T细胞	刺激粒细胞、单核细胞和巨噬细胞的生长、分化和活化
G-CSF	单核细胞、成纤维细胞、内皮细胞	刺激PMN发育
M-CSF	成纤维细胞	刺激单核细胞和巨噬细胞发育
TGFβ	单核细胞、T细胞、软骨细胞	抑制细胞生长和炎症反应
TNFβ(淋巴毒素)	T细胞	对T细胞、B细胞和其他细胞的细胞毒性

TGFβ由包括单核细胞、巨噬细胞、T细胞和软骨细胞等在内的各种细胞产生，由于它能抑制巨噬细胞活化和B细胞与T细胞生长，所以在抑制免疫应答中起重要作用。TNFβ(淋巴毒素)是对各种细胞类型，包括无效慢性感染的巨噬细胞有细胞毒性的分子。

其他分子

胶凝集素(collectin)是一组结构上与补体成分C1q有关的糖结合蛋白。这些分子起调理素作用，并在感染的固有免疫应答中是重要的。它们包括甘露糖结合蛋白(一种急性期蛋白)和胶固素。胶凝集素受体存在于巨噬细胞上，因此易于清除和破坏微生物。胶凝集素也存在于肺与胃肠道的上皮细胞上。甘露糖结合蛋白也能由经典途径激活补体(见D8)，并因此参与宿主炎症、裂解和吞噬反应。

肽抗生素包括杀菌肽、爪蟾抗菌肽和防卫素，是机体抗微生物感染的固有防御机制的组成部分，并有很强的抗细菌活性(见A2)。

B3 固有免疫系统识别微生物

要 点

模式识别受体 固有免疫系统的受体与具有相似结构的生物种群相互作用，易于清除它们。这些模式识别受体(pattern recognition receptor，PRR)识别与某些微生物种群有关的分子模式，不仅作为防御微生物的第一道防线起作用，而且启动适应性免疫系统。

甘露糖受体 甘露糖受体在巨噬细胞、树突细胞和内皮细胞上表达，并且识别 Ca^{2+} 依赖的、甘露糖/岩藻糖模式。它介导微生物的吞噬作用并加工和呈递在 MHCⅡ类分子上的微生物肽，因此得以诱导特异的抗微生物的 T 细胞和 B 细胞应答。

Toll 样受体 Toll 蛋白或 Toll 样受体(toll-like receptor，TLR)是一种种系编码的细胞表面蛋白家族，它们识别和区别不同病原体种群的分子模式。它们不仅发送病原体存在的信号，而且激发在适应性免疫应答发展中重要的共同刺激分子和效应细胞因子的表达。

CD14 这种分子在巨噬细胞上表达，与革兰氏阴性菌的 LPS 结合，并促进消灭微生物和诱导分泌参与引发适应性免疫应答的细胞因子。

清除受体 巨噬细胞上的清除受体识别细菌和酵母胞壁上的糖类或脂类，以及损伤的、修饰的或凋亡的自身细胞，并介导它们的去除。

相关主题 固有免疫系统的细胞(B1) 微生物世界(H1)

模式识别受体

除了固有免疫系统的可溶性分子外，已证实许多新增加的细胞表面受体不仅作为防御许多传染性生物的第一道防线起作用，而且对适应性免疫应答的发展也是重要的。这些模式识别受体(PRR)没有 T 细胞和 B 细胞系统显著的特异性，但是在进化过程中已发展到能识别与某些种微生物有关的分子模式并易于去除具有类似结构的微生物种群。而且，有关受体表达在各种细胞上，其中一些对适应性免疫也是至关重要的。这些分子包括甘露糖受体、CD14 和清除受体，全部都在巨噬细胞上表达(图 B3.1)，以及最近证实的一个分子家族，即 Toll 样受体(表 B3.1)。还有可能发现另外的对固有免疫重要的细胞表面受体。

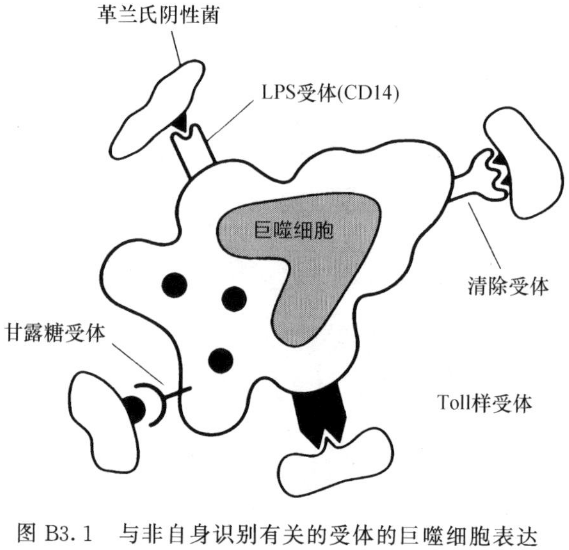

图 B3.1 与非自身识别有关的受体的巨噬细胞表达

表 B3.1　识别非自身的细胞表面受体

名称	特异性	细胞定位
甘露糖受体	甘露糖/岩藻糖结构	巨噬细胞、内皮细胞、树突细胞
Toll 样受体	LPS、肽聚糖、葡聚糖、磷壁酸 阿拉伯甘露聚糖	APC、B 细胞、巨噬细胞、其他
CD14	LPS	巨噬细胞
清除受体	糖类或脂质	巨噬细胞、树突细胞、内皮细胞

甘露糖受体

甘露糖受体是在巨噬细胞、树突细胞和内皮细胞的亚群上表达的 180kDa 跨膜受体。这种受体有 8 个糖类识别域(carbohydrate recognition domain,CRD),至少其中一些具有不同的模式识别模体,使得这一受体所识别的配体的数量及范围都十分广泛。其 Ca^{2+} 依赖的甘露糖/岩藻糖识别模式使得它能与通过黏膜表面进入的各种病原体相互作用(表 B3.2)。由于甘露糖受体在遍及全身的巨噬细胞上表达,它很可能是最先与微生物相互作用的先天受体之一(图 B3.1)。此外,这些受体甚至在适应性免疫应答被诱导之前就介导对微生物的吞噬和破坏作用。

表 B3.2　表达与甘露糖受体结合的配体的微生物

绿脓假单胞杆菌	结核分枝杆菌
白色念珠菌	卡氏肺囊虫
肺炎克氏杆菌	杜诺凡氏利什曼原虫

甘露糖受体除了有介导破坏多种生物的前线受体的作用外,还代表与适应性免疫系统重要的直接联系。这样,与甘露糖受体结合的微生物在核内体中被内在化和降解。来自微生物的肽负载到这些抗原呈递细胞表面(APC)显示的 MHCⅡ类分子上,以便适应性免疫系统的 T 细胞识别微生物决定簇,从而诱导针对微生物特异性的 T 细胞和 B 细胞应答。

Toll 样受体

Toll 蛋白或 Toll 样受体(TLR)是一个密切相关的蛋白质家族,这些蛋白质都有胞外的富亮氨酸重复(leucine-rich repeat,LRR)区和胞浆区,以介导各种效应基因的信号转导。已发现其中一种 TLR(TLR4)诱导 APC 上的细胞因子和共同刺激分子表达。这种蛋白质也结合 LPS 并诱导胞内信号发送。此外,在人类 B 细胞及树突细胞上发现了一种与 TLR 非常相似的分子——RP105。此分子在 B 细胞上的交联诱导共同刺激分子的表达和增殖。

因此,不同的 Toll 蛋白能识别不同病原体的分子模式和区分不同的病原体种群。事实上,现在认为不同的 TLR 可鉴别病原体的主要分子特征,包括肽聚糖、磷壁酸(革兰氏阳性菌)、LPS(革兰氏阴性菌)、阿拉伯甘露聚糖和葡聚糖。尤其重要的是,固有免疫系统的这些种系-编码分子不仅可以发送病原体存在的信号,而且还能激发共同刺激分子及效应细胞因子的表达,这样就为参与发展适应性免疫应答准备好细胞。

CD14

CD14 是巨噬细胞上与磷酸肌醇聚糖连接的细胞表面受体(表 B3.1),它与脂多糖(lipopolysaccharide,LPS——一种仅在革兰氏阴性菌,如大肠杆菌、奈瑟氏球菌属、沙门氏菌的细胞壁中发现的独特的细菌表面结构)结合。实际上这些微生物中 LPS 的核心糖类和脂质 A 是相同的,都是 CD14 结合的靶。革兰氏阴性菌的 LPS 与巨噬细胞的 CD14 和 TLR4 的结合,促进破坏微生物,以及诱导与激发一系列免疫应答有关的细胞因子的分泌。

清除受体

清除受体(SR)是一组介导微生物(包括革兰氏阴性和革兰氏阳性)及某些修饰的、损伤的或凋亡的自身细胞结合与内在化(胞吞作用)的跨膜细胞表面分子。这些分子在巨噬细胞、树突细胞及某些内皮细胞上表达，并且对聚阴离子分子和与这些分子相关的细胞有特异性。已证实至少 7 种不同的 SR 可能与微生物相互作用，包括 SR-A Ⅰ 和 Ⅱ、MARCO、SR-CL Ⅰ 和 Ⅱ、dSR-C1 和 LOX-1。已知 SR-A 对与细菌有关的脂多糖和脂磷壁酸质的脂质 A 成分有明显的特异性。另一个清除受体 LOX-1 不仅与氧化的 LDL (low-density lipoprotein，低密度脂蛋白)结合，以致可能在动脉粥样硬化形成中起作用，而且它还能识别某些微生物(如 *S. aureus* 和 *E. coli*)，并且在固有免疫中可能起重要作用。

B4 固有免疫和炎症

要 点

炎 症

炎症是机体处理物理或化学动因和微生物侵入造成损害的过程。根据应答的持续时间和占优势的炎症细胞类型,可将炎症分为两种类型。急性炎症通常是短期的,主要由 PMN 对感染因素启动应答的结果。慢性炎症可能持续几个月或几年,并且通常由微生物以生存的惰性状态[④]的持续存留引起。免疫细胞包括淋巴细胞、巨噬细胞和浆细胞。修复过程是所有炎症应答的重要部分。

急性炎症应答的引发

急性炎症最初是由组织、微生物自身或由其他细胞(包括肥大细胞和巨噬细胞)释放的炎症介质引起的。补体裂解产物 C3a、C4a 和 C5a 也诱发炎症。肥大细胞由于释放引起血管改变的组胺、其他的血管活性胺和促炎细胞因子,而成为急性炎症过程的主要部分。组织巨噬细胞通过它们的模式识别受体识别微生物,而在产生促炎细胞因子(包括 IL-1 和 TNFα)方面发挥作用。

血管改变

炎症介质引起内皮细胞紧密连接的改变,导致液体(抗菌蛋白、抗体等)和吞噬细胞(PMN)由血液转移到感染的部位。PMN 因识别在内皮细胞上显示的黏附分子而离开血液。这些黏附分子的表达是由巨噬细胞释放的促炎细胞因子诱导的。这一过程包括 PMN 活化后的捕获和滚动、伸展和外渗。

应答的终止和修复

一旦除去或控制侵入的损害(如微生物)、促炎细胞因子的抑制物(可溶性受体和抗炎细胞因子如 IL-4、IL-10 和 TGFβ),即可抑制炎症,并激活组织修复机制。巨噬细胞也产生在修复过程中很重要的胶原蛋白和生长因子。

相关主题

固有免疫系统的细胞(B1)
固有免疫系统的分子(B2)
抗体的功能(D8)
IgE-介导的(Ⅰ型)超敏反应:变态反应(K2)

注④:微生物的惰性状态主要是指微生物在机体内处于蛰伏的状态,没有微生物的大量增殖。

炎 症

炎症是机体处理来自物理或化学动因和微生物侵入造成损害的过程。炎症通过其主要征兆包括发红、发热、肿胀和疼痛而被识别。免疫系统的细胞有助于炎症应答。

根据应答的持续时间和占优势的炎症细胞类型将炎症分为两种类型。**急性炎症**通常是短期的,持续时间由几分钟到几天,并且是免疫细胞(主要是 PMN)对感染性动因(主要是细菌)启动应答的结果。**慢性炎症**可能持续几个月到几年,通常由微生物以生存或惰性状态的持续存留引起,并且涉及免疫系统的淋巴细胞、巨噬细胞和浆细胞。

炎症应答总是导致某些组织损伤。而且免疫系统的细胞在修复过程,以及随后成功地消灭微生物是很重要的。

除了物理、化学动因和微生物外,免疫机制本身也能引起炎症应答(超敏反应),如变态反应和肉芽肿性病变(见 K)。急性炎症的主要起因汇总于图 B4.1。

急性炎症应答的引发

急性炎症最初是由微生物、损伤的组织或其他细胞,包括肥大细胞和巨噬细胞释放炎症介质引起的(表 B4.1)。可能还包括补体裂解产物 C3a、C4a 和 C5a,因为它们激发肥大细胞释放组胺,从而诱发导致水肿的血管改变。而且 C5a 是趋化 PMN 的,C3a、C4a 和 C5a 增加嗜中性粒细胞和单核细胞对内皮细胞的黏附。组织巨噬细胞由于通过它们的模式识别受体(见 B3)识别与微生物有关的结构,在产生促炎细胞因子(包括 IL-1 和 TNFα)方面也起作用。

遍布全身的肥大细胞(见 B1)是急性炎症过程的主要部分,在这过程中当其受到刺激时,肥大细胞释放组胺和其他血管活性胺,从而引起急性炎症时见到的血管改变。由肥大细胞释放的其他促炎物质,包括 IL-1、TNFα、白三烯、PAF 和一氧化氮,其中一些

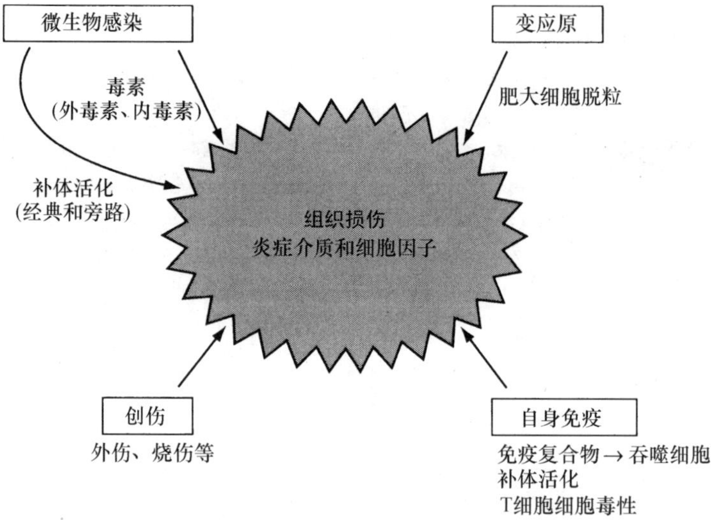

图 B4.1 急性炎症的原因。急性炎症应答的激活期可能由创伤、感染、变态反应和自身免疫反应引发，虽然自身免疫反应常常与慢性炎症有关。尽管引发的事件可能不同，但除了由 IgE 与肥大细胞相互作用引起的炎症应答可能是速发的和全身的之外，其他的炎症应答是类似的

引起血管扩张、水肿，以及增加嗜中性粒细胞和单核细胞对血管内皮的黏附(见下文)。血管活性胺，如组胺，也能对平滑肌收缩产生影响，因此在保卫机体抵抗肠道蠕虫方面很重要(见 H2)。虽然与启动急性炎症事件有关的炎症介质可能不同，但是在此过程中由于肥大细胞的密切牵连，它们在炎症过程中分享共同通路。

表 B4.1 微生物感染引起的炎症介质的来源

启动因素的来源	诱导机制
外毒素	**经组织损伤：** 前列腺素和白三烯对血管内皮有直接影响
	经由模式识别受体：
内毒素(来自革兰氏阳性菌)	直接作用于巨噬细胞以释放促炎细胞因子(经 Toll 样受体)，如 IL-1、IL-6、IL-12、IL-18、TNFα 和 IFNγ
脂肽等(来自革兰氏阳性菌)	直接作用于巨噬细胞以释放促炎细胞因子(经 Toll 样受体)
经旁路或经典途径获得的 C3a	引起肥大细胞脱粒

血管改变

由组织、肥大细胞和巨噬细胞释放的炎症介质，引起血管扩张(血管舒张)，进而增加血流和平滑肌收缩。这些炎症介质也引起血管内皮迅速改变和诱导增加细胞黏附分子表达，这有助于转移血液白细胞。总之，内皮细胞紧密联结发生改变，使得液体(含有抗菌蛋白、凝血因子和抗体等)和 PMN 从血流中转移到释放这些炎症介质的部位(图 B4.2)，以便于与微生物搏斗和/或修复损伤。血管舒张和增加血流引起发红、发热，而水肿(液体蓄积)引起肿胀。液体蓄积与组织损伤通过特异受体共同引起疼痛。总之肥大细胞在由受伤或由微生物感染引起的急性炎症中起主要作用(图 B4.2)。

PMN 由于识别内皮细胞上显示的黏附分子而离开血流。这些黏附分子的表达受巨噬细胞释放的促炎细胞因子诱导。特别是，由 IL-1 和 TNFα 引起增加急性炎症进展极为重要的黏附分子 ICAM1 和 VCAM1 的表达。在内皮细胞表面表达的黏附分子与它们在 PMN 上的反受体(配体)相互作用(如 ICAM-1 与 LFA-1 结合，VCAM-1 与 VLA-4 结合)。这一过程包括 PMN 的捕获、滚动，以及它们被活化后的伸展和外渗(图 B4.3)。

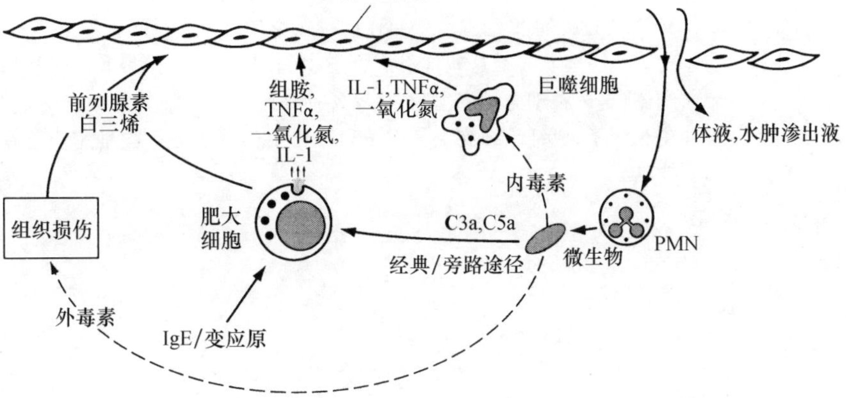

图 B4.2　急性炎症反应中的肥大细胞。微生物产物,或直接对血管和组织的物理损伤均导致介质如前列腺素和白三烯释放,这些介质像肥大细胞介质(如组胺)一样,能增加血管的通透性和血管舒张。肥大细胞在微生物激活补体(经典和旁路途径)后,经过 IgE/变应原复合物释放它们的介质。微生物内毒素也激活巨噬细胞释放有血管舒张性质的 TNFα 和 IL-1。介质的这种接二连三释放的结果,使内皮细胞间的紧密连接变松散,增加血管内嗜中性粒细胞(和单核细胞)的黏附,并使它们从血管迁移到能吞噬微生物的周围组织中去。血清蛋白(纤维蛋白原、抗体等)也进入组织,而蓄积的液体(水肿)在修复期间保护损伤区域

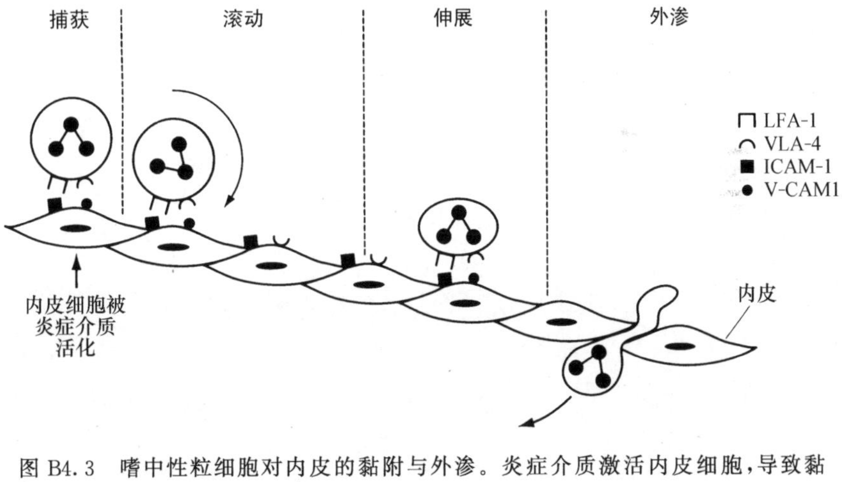

图 B4.3　嗜中性粒细胞对内皮的黏附与外渗。炎症介质激活内皮细胞,导致黏附分子(如 ICAM1 与 VCAM1)表达。这些内皮细胞分别捕获表达 LFA-1 和 VLA-4 的白细胞(如 PMN)引起它们滚动、伸展,并经内皮细胞间的紧密接合点挤出去(外渗)到释放炎症介质的组织内

应答的终止和修复

一旦除去或控制引起的损害(如微生物),抑制物就阻抑炎症,激活组织修复机制。促炎细胞因子的抑制物包括可溶性受体(如 IL-1、TNFα、IL-6、IL-12)、抗炎细胞因子(IL-4、IL-10 和 TGFβ)、止血和血栓形成系统的组分及糖皮质激素。

Th2 细胞因子 IL-4 下调 Th1 细胞产生的促炎细胞因子,而 TGFβ 是许多免疫功能的有效抑制剂。蛋白 C(止血和血栓形成系统中的一种组分)是抗炎症物质,并且通过抑制细胞因子(如 TNFα)起作用。糖皮质激素为众所周知的抗炎症物质,抑制几乎所有促炎介质产生(见 G)。其他激素,如 α 促黑激素(α-melanocyte-stimulating hormone,αMSH)退热、减少 IL-2 合成和前列腺素产生,而促肾上腺皮质素抑制巨噬细胞活化和

IFNγ合成。神经肽促生长素抑制素和血管活性肠肽(vasoactive intestinal peptide，VIP)通过抑制T细胞增生和迁移减轻炎症。

当炎症状态被这些抗炎症分子中和时，损伤开始修复。包括肌成纤维细胞和巨噬细胞(这两种细胞均产生胶原)等各种细胞修补组织。包括上皮生长因子、血小板-衍生生长因子、成纤维细胞生长因子和转化生长因子等巨噬细胞产物在修复过程中是很重要的。

(林慰慈 译)

C 适应性免疫系统

C1 淋巴细胞

要 点

特异性和记忆

淋巴细胞可形成适应性免疫应答特征的特异性免疫和免疫记忆。两种涉及适应性免疫应答的淋巴细胞类型是T细胞和B细胞，两者有类似的形态学。它们有特异的但又不同的抗原受体和与其他细胞相互作用所需的另外的表面分子①。

T淋巴细胞

大量的抗原特异T细胞在胸腺内由循环中源出于干细胞的T细胞前体产生。每个T细胞都有只对一种抗原特异的受体，并且是由多种遗传的种系基因经基因重排产生的。然后T细胞经选择去除那些自身高反应的细胞②。在这个过程中发育两种不同的T细胞。T辅助(Th)细胞又有两种类型(Th1和Th2)，表达CD4，并对B细胞生长与分化提供帮助。T细胞表达CD8，并识别和杀伤病毒感染的细胞。然后，功能上成熟的T细胞迁移到次级淋巴组织以介导保护作用。

B淋巴细胞和浆细胞

分化成B细胞的造血干细胞(hemopoietic stem cell，HSC)存在于胎肝内，出生后则在骨髓中。在骨髓中B细胞前体经编码B细胞抗原受体(抗体)的多种遗传的种系基因重排，因此产生许多不同的B细胞，每个都有对抗原独特的特异性。许多带有与自身反应的抗原受体的B细胞被消除。另外，两种有不同特性的B细胞(B1和B2)发育③。IgM是随IgD共同表达后，在B细胞上表达的第一个抗体。成熟的B细胞迁移到次级淋巴组织，它们在该处对外源抗原应答。在大多数有T细胞辅助的情况下，当受抗原激活时，它们在生发中心内增生并且成熟为记忆细胞或产生和分泌大量抗体的浆细胞。

相关主题

血细胞生成——血细胞的发育(A5)
B细胞受体复合物、辅助受体和信号发送(E1)
T细胞在免疫应答中的作用(F1)
抗原的T细胞识别(F2)

注①：与其他细胞相互作用主要是指T、B细胞在接收抗原时与抗原呈递细胞相互作用，B细胞可以直接通过B细胞受体与抗原呈递细胞提供的抗原结合，而T细胞则需要T细胞受体与抗原呈递细胞的MHC分子及抗原相结合。

注②：T细胞表面受体的重排发生在胸腺内，表面受体的不同区域重排具有一定的顺序。T细胞选择过程中去除那些自身高反应的细胞，主要是防止这些T细胞对机体自身组织和细胞产生免疫应答，诱发免疫病理损伤。

注③：B细胞亚类中的B2细胞就是常规B细胞，而B1细胞的发育早于常规B细胞，表面的标志也有别于B2细胞。

特异性和记忆

淋巴细胞在适应性免疫应答中负责特异性和记忆。它们在初级淋巴器官(见C2)中产生，在识别外源抗原并与之应答的次级淋巴器官/组织中起作用。有三种类型淋巴细胞——NK细胞、T细胞和B细胞，但只有T细胞和B细胞有真正的抗原特异性和记忆。NK细胞在前面详述过(见B.1)，并在抗病毒和某些肿瘤的固有防护中起作用。

T细胞和B细胞分别在胸腺和骨髓中成熟。在静止状态，T细胞和B细胞有类似的形态学，即均有少量细胞质(图C1.1)。它们有特异的但又不同的抗原受体，以及种种与其他细胞相互作用所需的另外的表面分子(表C1.1)，包括对它们的活化和移动进出机体组织所需的分子。移动进入组织和经由淋巴管返回血流(再循环)的这一能力是淋巴细胞的独特特征。

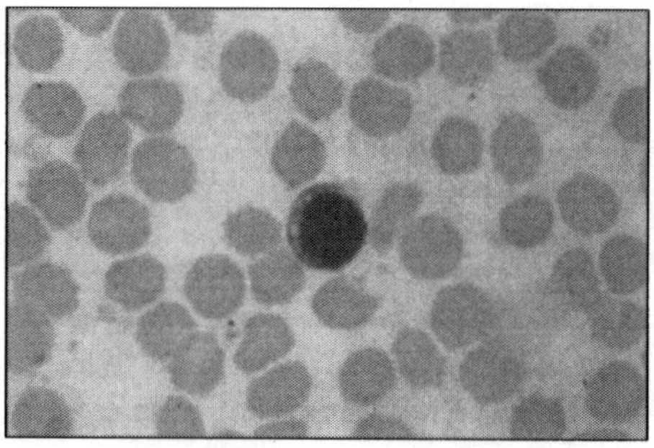

图 C1.1 血淋巴细胞。经 Mosby 许可，翻印自 *Immunology* 4th edn.，Roitt，Brostoff and Male

表 C1.1 人类 T 细胞和 B 细胞的特征

	T 细胞	B 细胞
成熟的部位	胸腺	骨髓
抗原受体	TCR	抗体
识别需要 MHC	是	否
特征"标志"	均有 TCR、CD3 Th-CD4 Tc-CD8	表面 Ig、CD19、CD20、CD21 CD79
在淋巴结中的主要定位	副皮质区	滤泡
记忆细胞	是	是
功能	防御细胞内的微生物 对 Ab 应答提供帮助	防御细胞外的微生物
产物	Th1-IFNγ、TNFα Th2-IL4、IL5、IL6 Tc-穿孔素	抗体(B 细胞成熟为浆细胞)

有两类 T 淋巴细胞——T 辅助(Th)细胞和 T 细胞毒性(Tc)细胞。所有 T 淋巴细胞都有决定它们特异性的抗原受体(TCR)(见 F2)和对它们的活化所必需的 CD3 分子(见 F4)。这些分子也用作鉴别 T 细胞的"标志"。B 细胞产生并利用抗体作为它们的特异性抗原受体。它们有与 CD3 类似的分子即 CD79，CD79 对它们的活化是重要的。B 淋巴细胞可成熟为产生和分泌大量抗体的浆细胞。

T 淋巴细胞

T 细胞的个体发生

胸腺是由胚胎生命期间第三和第四咽囊衍生出来，并(通过趋化分子)吸引循环中源出于骨髓造血干细胞(hemopoietic stem cell，HSC)的 T 细胞前体。在胸腺内，这些前体在胸腺基质细胞和细胞因子的影响下，分化成有功能的 T 淋巴细胞。尤其是在胸腺皮质内，前体(现为胸腺细胞)与在它们发育中至关重要的皮质上皮抚育细胞结合。在这一胸腺细胞增生的主要部位，细胞大约每 72h 完全更新一次，然后胸腺细胞移到髓质，它们在髓质经历进一步的分化和选择。每天胸腺中产生的大部分胸腺细胞经细胞凋亡而死亡，只有 5%～10%存活下来。对 T 细胞功能重要的分子，如 CD4、CD8 和 T 细胞受体在分化过程中的不同阶段产生(图 C1.2)。

胸腺的功能

胸腺作为初级淋巴器官的主要功能是：①产生足够数量(数百万)不同的 T 细胞，各自表达独特的 T 细胞受体(产生多样性)，这样，在每一个体内，至少有一些细胞对我们环境

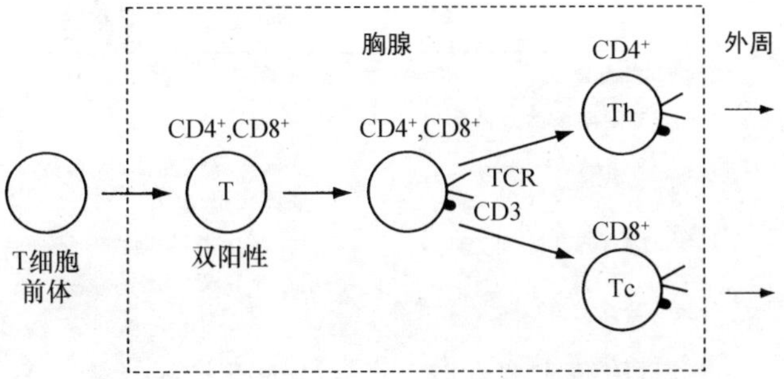

图 C1.2　$CD4^+$ 和 $CD8^+$ T 细胞在胸腺内的发育

中的每个外源抗原可能是特异的;②以将自身免疫应答的机会减少到最小的方式选择得以存活的 T 细胞。重要的是要注意到 T 细胞在胸腺内的发育是不依赖外源(外来的)抗原的。

胸腺内 T 细胞多样性的产生

数百万个每个带有对不同抗原特异性受体的 T 细胞都是由多种遗传的种系基因经基因重排而产生的。在胸腺中产生的每个 T 细胞都只有一种由其抗原受体编码的特异性。

阳性和阴性选择

T 细胞一旦在胸腺中产生,就用它们新产生的受体经受选择。带有与 MHC 分子较弱结合受体的 T 细胞被选择出来,而带有与 MHC 和自身抗原较强结合受体的细胞则经细胞凋亡(对自身的中枢耐受,见 G2)而死亡,并被有吞噬作用的巨噬细胞除去。

成熟的 T 细胞及其亚型

在选择过程中存活下来的 T 细胞,成熟为功能上截然不同的亚型(图 C1.3)。这些细胞迁移到外周淋巴组织,在该处它们完成它们功能上的成熟和提供保护,以防御侵入的微生物。有些 T 细胞至少暂时存留于组织的 T 细胞依赖区。T 细胞可用对特征分子如 T 细胞受体(TCR)或 CD3(表 C1.2)特异的单克隆抗体来鉴别。这些细胞起控制细胞内微生物和对 B 细胞(抗体)应答提供帮助的作用。两种不同种类的 T 细胞——T 辅助(Th)细胞和 T 细胞毒性(Tc)细胞,均参与这些功能。

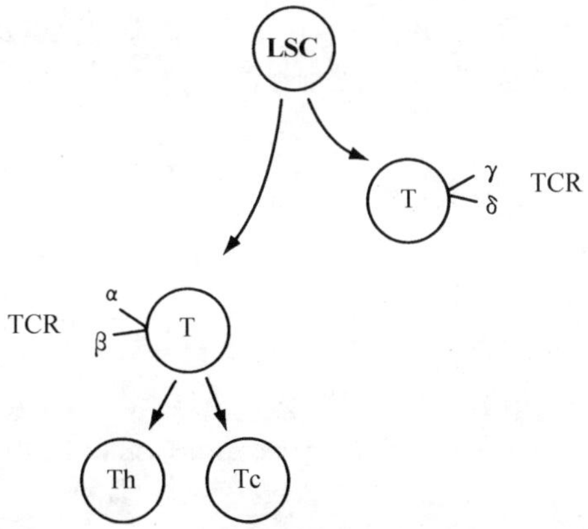

图 C1.3　αβ 和 γδT 细胞自淋巴干细胞(lymphocyte stem cell,LSC)的发育。在胸腺中产生具有不同 TCR(αβ 和 γδ)的两种类型的 T 细胞。典型的 T 细胞(Th 和 Tc)利用 αβ 作为它们的 TCR

表 C1.2 T 细胞的表面受体

表面分子	功能
T 细胞受体复合物	
TCR	抗原特异性受体(大多数 T 细胞利用 αβ 二聚体;有些利用 γδ 二聚体)
CD3(γ、δ、ε 和 ζ 链)	与 TCR 有关的信号复合物:在 TCR 与 MHC —肽复合物结合时,介导 T 细胞活化
亚型标志	
CD4(在 Th 细胞上)	与 MHCⅡ类分子结合并限制 Th 细胞仅识别 MHCⅡ类上呈递的肽
CD8(在 Tc 细胞上)	与 MHCⅠ类分子结合并限制 Tc 细胞仅识别 MHCⅠ类上呈递的肽
共同刺激分子	
CD28	与 B 细胞和 APC 的 CD80/CD86 结合并正调节 T 细胞活化
CTLA4	与 B 细胞和 APC 的 CD80/CD86 结合并下调 T 细胞活化
CD154(CD40L):在活化的 T 细胞上	与 B 细胞和 APC 的 CD40 结合;激发 APC 的活化和 B 细胞的活化与抗体类别转换
黏附分子	
LFA-1	与 ICAM-1 结合并促进与其他细胞,包括 B 细胞、APC 和靶细胞相互作用
CD2(LFA2)	与 LFA-3 结合并促进与其他细胞,包括 B 细胞、APC 和靶细胞相互作用
CD45RA(在幼稚 T 细胞上)	参与信号转导
CD45RO(在活化的/记忆 T 细胞上)	参与信号转导

Th 细胞通过向 B 细胞表面发送信号,以及通过产生对 B 细胞生长和分化都很重要的细胞因子对 B 细胞提供帮助。除 TCR 和 CD3 外,Th 细胞也表达细胞表面 CD4 分子,此分子与 MHC Ⅱ类分子结合(细胞被抗原激活所需的一种相互作用)(见 F2)。Th 细胞根据它们辅助产生不同免疫应答的能力被进一步再分为 Th1 和 Th2 细胞(见 F5),而不同的免疫应答又与它们的细胞因子谱有关。这些细胞在外周血中的平均百分率见表 C1.3。T 细胞毒性(Tc)细胞介导杀伤受感染的细胞,主要是由病毒感染的那些细胞。这些细胞除了表达 TCR 和 CD3 外,还表达细胞表面分子 CD8,该分子与 MHC Ⅰ类结合,并且对这些细胞与病毒感染的细胞有效相互作用是重要的。

表 C1.3 人外周血淋巴细胞群体

	T 细胞		B 细胞	NK 细胞
	Th	Tc		
淋巴细胞的百分率/%	55	25	10	10
功能性质	抗原特异性、产生细胞因子、记忆细胞、效应细胞		抗原特异性、产生细胞因子、记忆细胞、浆细胞(抗体工厂)	介导 ADCC、肿瘤监视、无记忆、裂解病毒感染的细胞和缺乏 MHCⅠ类分子的肿瘤细胞

B 淋巴细胞和浆细胞

骨髓和 B 细胞个体发生

B 细胞最初是在胎肝的微环境中由造血干细胞产生,出生后在骨髓中产生。骨髓作为初级淋巴器官的两个主要功能是:①产生大量的、每个都有独特抗原受体(抗体)的 B 细胞，因此总体上有足够的 B 细胞多样性以识别我们环境中所有的抗原(产生多样性)；②消除带有自身分子的抗原受体的 B 细胞。B 细胞发育的早期阶段(像 T 细胞发育的情况一样)是不依赖外源抗原的。成熟的 B 细胞离开骨髓，并经血流迁移到次级淋巴器官/组织，可在淋巴组织中疏松的团聚体(初级滤泡)内或在界限明确的增生灶(生发中心)内发现它们。

已确定两种 B 细胞(B1 和 B2)。B2 细胞正如所述在骨髓中产生(常规的 B 细胞)，并在 Th 细胞辅助下产生 IgG、IgA 和 IgE 抗体。然而，B1 细胞在个体发育中较早发生，主要表达由种系抗体基因编码的 IgM 抗体，成熟不依赖骨髓，一般识别微生物多聚糖/脂质抗原，并且是不依赖胸腺的(见 E2)。

抗原受体多样性的产生和 B 细胞的阴性选择

像 T 细胞受体一样，抗体是由多基因编码的。这些基因与 T 细胞抗原受体基因截然不同，在前-B 细胞阶段重排，来产生确定其抗原特异性的独特的细胞表面受体(见 D3)。由于在这些发育的细胞中，以数百万种不同的方式发生重排，而产生了许多各自都有不同特异性的 B 细胞。在缺乏异种蛋白时，会产生多样性，并产生大量的成熟 B 细胞，至少，其中某些对每种异种物质或微生物有特异性。对自身抗原有特异性的 B 细胞在它们尚未成熟时，即它们在其细胞表面已表达了 IgM，但尚未表达 IgD 时，经细胞凋亡诱导死亡(阴性选择)。像在胸腺中一样，大多数 B 细胞在发育期间，产生不能被装配或抗自身抗原的抗原受体而死亡。

活化的 B 细胞和浆细胞

B 细胞被抗原激活时，在大多数有 T 细胞辅助的情况下(表 C1.4)增生并且成熟为记忆细胞或浆细胞。记忆细胞只产生在其细胞表面表达的抗体，并且如果抗原再次进入，记忆细胞仍能与之应答。与之相反，浆细胞没有细胞表面抗体受体，更确切地说，这些细胞起抗体工厂的作用，它们产生和分泌大量与受刺激的亲本 B 细胞的抗原受体有同样特异性的抗体。浆细胞的形态学(图 C1.4)与它的主要功能——高速率糖蛋白(抗体)合成是一致的，包括广泛的内质网、线粒体和高尔基体。需注意的是，一个浆细胞只产生一种特异性、一种类型和一种亚型的抗体。

图 C1.4 浆细胞的超微结构。注意抗体产生所需要的广泛、粗糙的内质网。经 Mosby 许可，翻印自 *Immunology* 5th edn.，1998，Roitt，Brostoff and Male

表 C1.4 B 淋巴细胞的表面受体

表面分子	功能
B 细胞受体复合体	
抗体(在成熟 B 细胞上的 IgM 和 IgD)	B 细胞的抗原受体(BCR)
CD79a/CD79b(Igα/ Igβ)异二聚体	在 BCR 与抗原结合时,介导细胞的活化
辅助受体	所有这些分子均调节 B 细胞活化
CD19	影响 B 细胞活化
CD20	Ca^{2+} 通道
CD21(补体受体 CR2)	与 C3d、C3bi 结合
CD32(FcγRⅡ:IgG 的 Fc 受体)	与抗原复合的 IgG 结合
CD40	在与活化的 T 细胞的 CD40 配体(CD154)接合后,发送 B 细胞活化和抗体类别转换的信号
T 细胞活化所需的分子	
MHCⅡ类分子	将肽呈递给 Th 细胞
CD80/86(B7-1,2)	与 T 细胞的 CD28 结合,引发 T 细胞的活化
黏附分子	
ICAM-1	与 LFA-1 结合并促进与 T 细胞相互作用
LFA-3	与 CD2 结合并促进与 T 细胞相互作用

C2 淋巴器官和淋巴组织

要 点

初级和次级淋巴器官	胸腺和骨髓是初级淋巴器官，因为T细胞和B细胞在迁移到次级淋巴组织，如脾、淋巴结和黏膜相关淋巴样组织（MALT）之前，必须首先在这些器官/组织中成熟。
骨 髓	骨髓是产生所有造血细胞（包括淋巴细胞）的多能干细胞的主要来源。它是B细胞成熟的主要器官，并能产生胸腺淋巴细胞的前体细胞。
胸 腺	T细胞在胸腺中成熟和发育。未成熟的T细胞前体从骨髓移动到胸腺（以便成为胸腺细胞）。在胸腺，它们形成抗原特异性，受胸腺训育，然后成为成熟的T细胞迁移到外周淋巴组织。
脾 脏	脾脏含有T淋巴细胞和B淋巴细胞及许多吞噬细胞，并且是单核吞噬细胞系统的主要组成部分。其主要功能是保护机体以免受血源性感染的侵害，并且对B细胞对多糖抗原应答是特别重要的。
淋 巴 结	淋巴结位于淋巴管线上，并过滤淋巴。像脾脏一样，它们含有T淋巴细胞和B淋巴细胞及佐细胞，并且主要负责封固免疫应答，以防止外源抗原进入组织。
相关主题	抗体应答的细胞基础（E3） 中枢耐受和外周耐受（G2） 不同组织中的抗体应答（E4）

初级和次级淋巴器官

胸腺和骨髓是哺乳动物的初级淋巴器官。具有多样抗原受体的T细胞和B细胞在这些器官中产生。在经历选择过程后（见E3、E4和F3），它们迁移到次级淋巴组织——淋巴结、脾和与黏膜相关淋巴样组织（MALT）（图C2.1）。

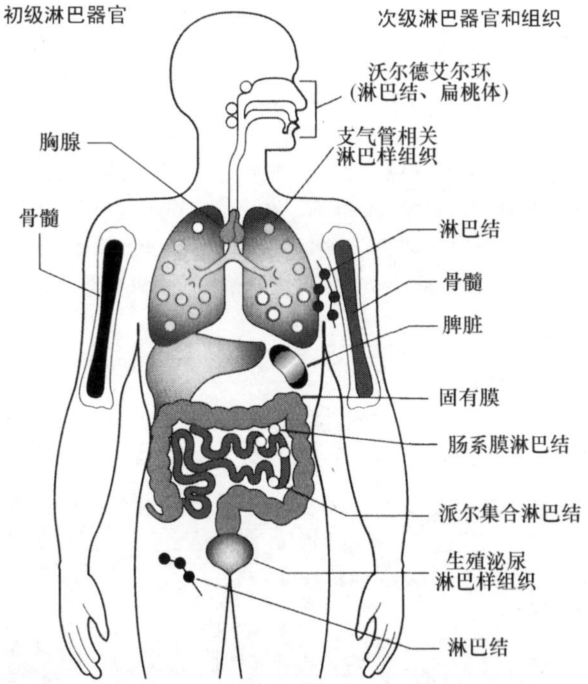

图C2.1 淋巴器官和组织。在初级淋巴器官（胸腺和骨髓）中产生的淋巴细胞迁移到它们应答微生物感染的次级器官和组织。黏膜相关淋巴样组织（MALT）与呼吸、胃肠和泌尿生殖道的亚上皮部位（固有膜）中的其他淋巴细胞一起，构成机体大部分淋巴组织

骨 髓

在胎儿发育早期，在卵黄囊的间充质中产生血细胞。当胎儿生长发育时，肝和脾接替这一任务。仅在胎儿发育的最后几个月，骨髓成为血细胞生成(血细胞形成)的主要部位。骨髓由填充在脂肪细胞之间的各种谱系和成熟度的造血细胞、薄的骨组织带(骨小梁)、胶原纤维、成纤维细胞和树突细胞组成。所有的造血细胞都起源于多能干细胞，多能干细胞不仅产生淋巴组织中见到的所有淋巴细胞，而且也产生血液中见到的所有淋巴细胞。

超微结构的研究显示造血细胞在它们最后释放到血液中之前，聚在它们得以成熟的血管窦周围。在小的桡动脉周围可见到淋巴细胞，而在实质深处发现大多数未成熟的骨髓前体。骨髓产生迁移到胸腺并且成熟为 T 细胞的所有淋巴细胞，也产生主要的常规 B 细胞群。B 细胞在骨髓中成熟，并在使它们通向外周淋巴组织之前，经历非自身选择，它们在外周淋巴组织中形成初级和次级滤泡，并可能在生发中心经受进一步选择(见 E3、E4 和 G2)。

胸 腺

胸腺是淋巴细胞丰富的、有两叶被囊的、位于胸骨后心脏上前方的器官。它对 T 细胞的成熟和发展细胞介导的免疫是必不可少的。事实上，术语“T 细胞”意味着胸腺(thymus)起源的细胞，并用来描述成熟的 T 细胞。胸腺的活性在胎儿期和儿童早期最大，然后在青春期萎缩，但是永远不会完全消失。它是由皮质和髓质上皮细胞、基质细胞、交错突细胞(interdigitating cell，IDC)和巨噬细胞组成。这些“佐细胞”在 T 细胞迁到次级淋巴组织之前，在迁移的 T 细胞前体分化及其“训育”(阳性和阴性选择)时是很重要的(见 F3)。

胸腺与内分泌系统可相互作用，如胸腺切除术导致垂体激素水平降低和性腺萎缩。相反，新生儿的垂体摘除术(去除脑下垂体)也引起胸腺萎缩。胸腺上皮细胞产生激素(胸腺素和胸腺生成素)，并与细胞因子(如 IL7)合作，可能对胸腺细胞发育和成熟为成熟的 T 细胞是重要的。

脾 脏

脾脏(图 C2.2)是一个大的、有被囊的、有海绵质内部(脾髓)的豆形器官，位于隔膜下，身体左侧。大的脾动脉遍布脾脏，这些动脉的分支被高度组织的淋巴组织(白髓)所包围。白髓在含有红细胞、巨噬细胞和浆细胞(红髓)的网状纤维的网眼内形成“岛”。与中央小动脉有密切联系的是“小动脉周围淋巴鞘”，是个主要含有 T 细胞和交错突细胞(IDC)的区域。鞘内含有主要由滤泡树突细胞(follicular dendritic cell，FDC)和 B 细胞构成的初级淋巴滤泡。在免疫应答期间，这些滤泡发展成生发中心(即变成次级滤泡)。含有巨噬细胞(MØ)和 B 细胞的边缘区将小动脉周围淋巴鞘与“红髓”分隔开(图 C2.2)。在小动脉周围淋巴鞘中的中央小动脉像树的枝条一样再分。枝条间的空间全

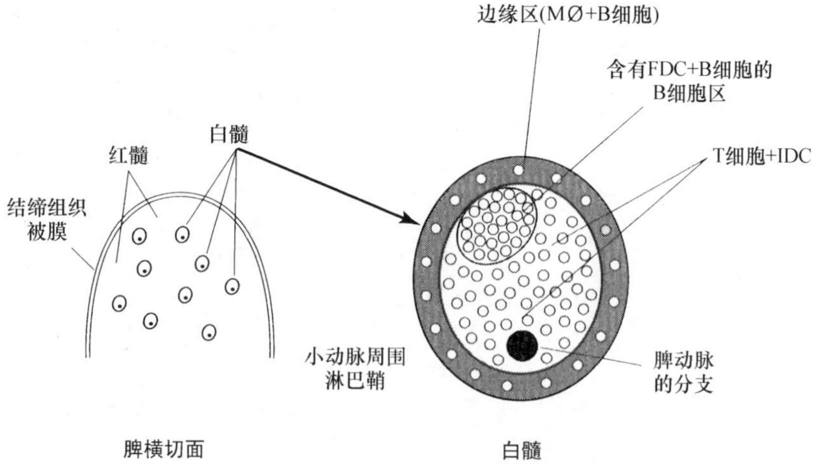

图 C2.2 脾脏内淋巴组织的结构

部被红髓，以及称之为脾窦的血管占据。脾脏是含有大量吞噬细胞的单核吞噬细胞系统的主要组成部分。与淋巴结不同，它既不含输入也不含输出淋巴管。

脾脏的主要免疫学功能是通过截留血源性微生物，并与之产生免疫应答来过滤血液。它也去除损伤的红细胞和免疫复合体。那些去除脾（脾切除）的个体对有荚膜细菌的感染有更大的易感性，并处于增加严重疟疾感染的危险中，这表明脾脏在免疫中有较大的重要性。此外，脾脏还起红细胞储蓄器的作用。

淋巴结

淋巴结（图 C2.3）是沿着淋巴系统，如腹股沟、腋窝和肠系膜的不同点上见到的小的实体结构。其大小介于 2～10mm 之间，形状为球形，并包有被膜。在被膜下是被膜下淋巴窦、皮质、副皮质区和髓区。皮质含有许多滤泡，并在抗原刺激时随生发中心而增大。滤泡主要由 B 细胞和滤泡树突细胞构成。副皮质（胸腺依赖）区含有大量 T 细胞和散在其中的交错突细胞。

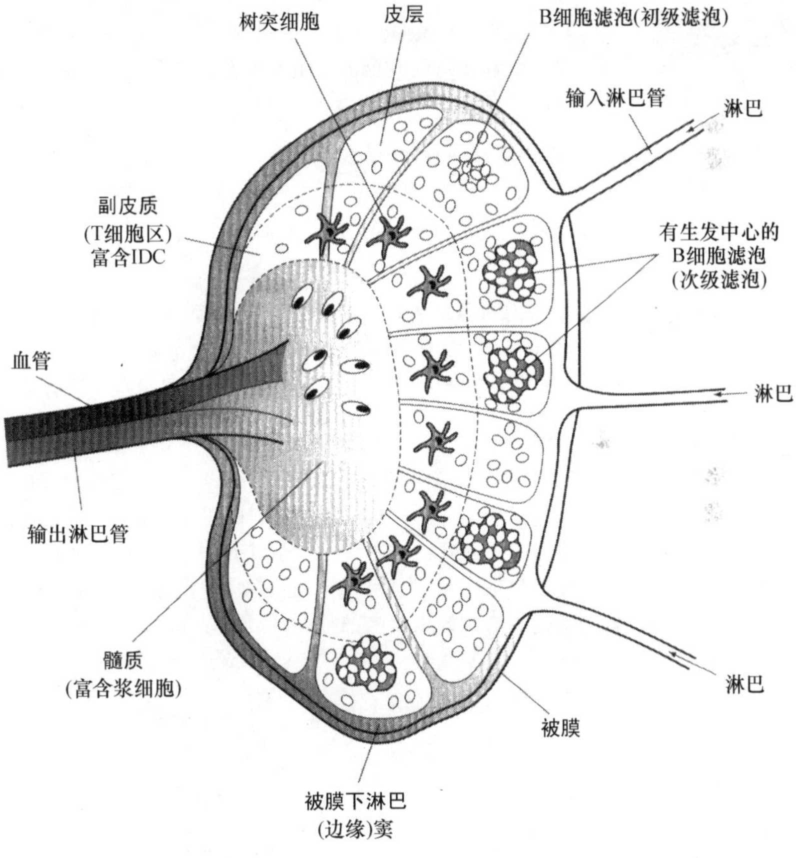

图 C2.3 淋巴结的结构

淋巴结的主要作用是过滤淋巴，然后产生针对截留的微生物/抗原的免疫应答。来自组织或淋巴链中居前淋巴结的淋巴经过输入淋巴管达到被膜下淋巴窦，然后进入皮质，包围滤泡，进入副皮质区后，进入髓质。然后，在髓质淋巴窦中的淋巴排到输出淋巴管，并由此通过较大的淋巴管回到血流。淋巴细胞经输入淋巴管从组织进入淋巴结，并通过在淋巴结副皮质区发现的被称为毛细血管后微静脉（high endothelial venule，HEV）的特殊的毛细血管后微静脉，从血流进入淋巴结。进入血流的 B 细胞迁移到皮质区，在皮质的滤泡（B 细胞区）中可见到 B 细胞。

C3　黏膜相关淋巴样组织

要　点

MALT　人体内的大多数淋巴组织(>50%)位于呼吸道、消化道和泌尿生殖道的内壁。因为这些地方是微生物进入机体内的主要部位。它们又再被分为 NALT、GALT 和 BALT。

NALT　鼻相关淋巴样组织(nasal-associated lymphoid tissue,NALT)包括位于咽喉、鼻通道,特别是扁桃体下面的免疫细胞。这些淋巴组织的结构虽无被囊但与淋巴结的结构类似,并且由主要是 B 细胞组成的滤泡构成④。

GALT　肠道相关淋巴样组织(gut-associated lymphoid tissue,GALT)由特化的上皮、抗原呈递细胞和上皮内的淋巴细胞组成的淋巴复合体(在回肠中亦称为派尔集合淋巴结)构成。这些结构出现在消化道的特殊区域。

BALT　支气管相关淋巴样组织(bronchus-associate lymphoid tissue,BALT)在结构上与派尔集合淋巴结和肠道的其他淋巴组织类似。它由淋巴样聚合体和滤泡组成,并沿肺叶的主要支气管分布。

相关主题　淋巴细胞运输和再循环(C4)　微生物世界(H1)
中枢耐受和外周耐受(G2)　与生殖道相关的免疫细胞和分子(O2)

注④:咽喉和鼻通道黏膜下的淋巴组织是散在的,而扁桃体中的淋巴组织是在器官内部的。

MALT

微生物进入机体的主要部位是黏膜表面,因此整个机体 50%以上的淋巴团与这些表面相关不足为奇。这些统称为黏膜相关淋巴样组织(mucosa-associated lymphoid tissue,MALT),包括 NALT、BALT、GALT 和与泌尿生殖系统有关的淋巴组织(见 O)。

NALT

鼻相关的淋巴系统是由在鼻后部(咽扁桃体和其他组织)的淋巴组织和与沃尔德艾尔环(腭扁桃体和舌扁桃体)有关的淋巴组织组成。这些淋巴组织的策略定位提示它们直接参与处理空气传播的微生物。它们的组成与淋巴结的组成类似,但无被膜亦无淋巴管。抗原和外源颗粒被捕获在 NALT 的淋巴上皮的隐窝深处,它们从此处被运送到淋巴滤泡(图 C3.1)。滤泡主要由被 T 细胞包围的 B 细胞组成,并且滤泡内的生发中心是抗原依赖的 B 细胞增生的部位。

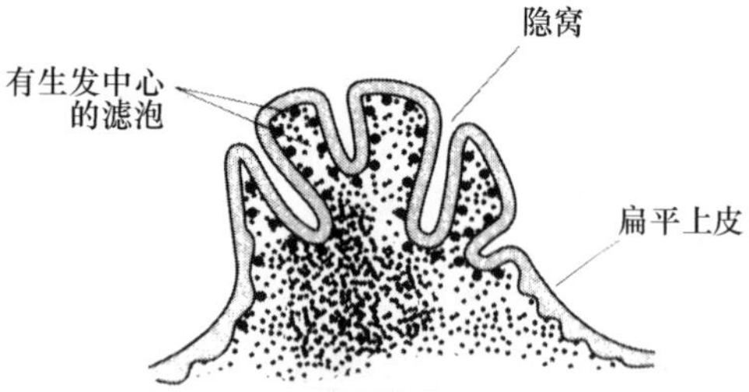

图 C3.1　扁桃体淋巴组织:隐窝内捕获的抗原被 M 细胞运送到上皮下区,在该处经过抗原呈递细胞刺激淋巴细胞

GALT

GALT 的主要作用是保护机体免受经肠道进入机体的微生物侵害。它主要由淋巴团聚体和在上皮细胞之间及在固有层内的淋巴细胞(intraepithelial lymphocytes,IEL,即上皮内淋巴细胞)组成。为了区别有害的侵入者或无害的食物,肠道有个"采样"机构,它分析每种已消化的(或在 BALT 和 NALT 情况下吸入的)东西。肠道的分析或抗原采样器由特异的上皮细胞(M 细胞)和密切联系的 APC(抗原呈递细胞)组成(图 C3.2)。

M细胞接纳外源分子，并把它们传给紧靠其下的APC细胞，APC按Ⅰ类和Ⅱ类MHC分子的相应关系将它们呈递给T细胞。辅助T细胞辅助激活B细胞，T细胞和B细胞都能迁移到GI道(gastrointestinal tract)的其他部分(包括唾液腺)和其他MALT部位，如哺乳动物的乳腺和呼吸与泌尿生殖道，并保护这些表面不受同种微生物的侵袭(见E4)。采集的抗原，既能诱导耐受也能诱导免疫，取决于抗原、APC及其状态和其他因素(见G3和I2)。

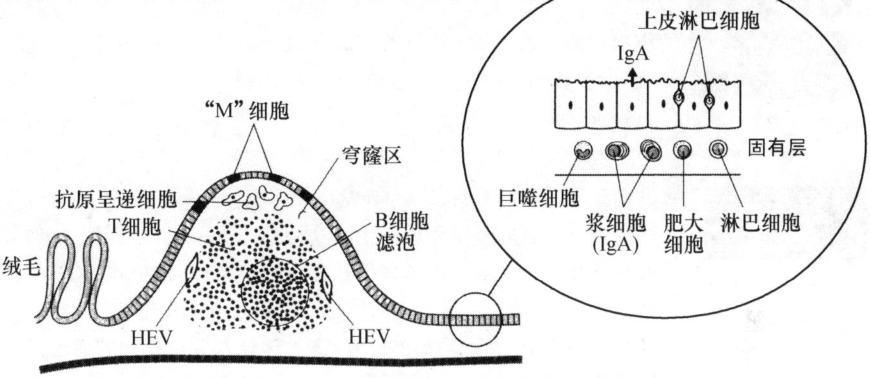

图C3.2　肠淋巴团聚体："M"细胞将肠腔内的抗原(luminal antigen)输入穹隆区，在该区抗原被抗原呈递细胞接纳、加工并呈递给经毛细血管后微静脉(high endothelial venule，HEV)进入该部位的T细胞。T细胞与抗原特异性B细胞相互作用，这些细胞经排放淋巴结迁移到肠道上皮下的部位(固有层)，但也定位在机体的其他管道，如呼吸道和泌尿生殖道中。插图：图中B细胞发育成分泌IgA的浆细胞，IgA经上皮细胞运输到肠腔。也存在CD4 T细胞和CD8 T细胞，而且更显著的是CD8 T细胞，在上皮细胞(IEL)之间，可频繁地看到后者。在固有层中也存在肥大细胞和巨噬细胞

特殊的上皮细胞和抗原加工细胞及淋巴细胞组合在一起，构成所谓的淋巴复合体。这些是在消化道的特殊区有规律地出现的定位结构，并且以回肠末端的派尔集合淋巴结为例证。正如最初所料，淋巴复合体不是均匀地分布于整个肠道中，而是集聚在几个区段(图C3.3)。

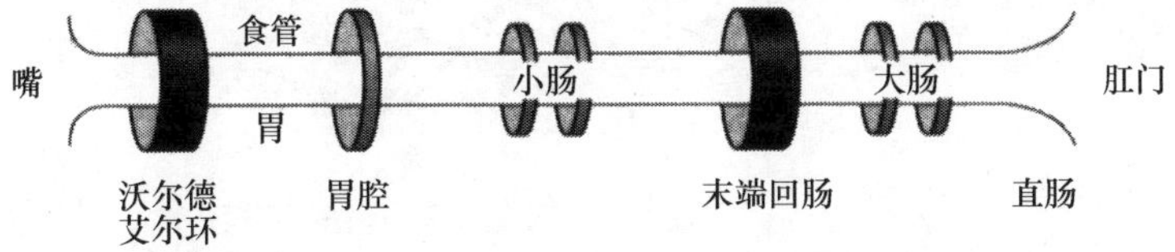

图C3.3　沿胃肠道的淋巴复合体：环容积表示淋巴组织的相对量

BALT

支气管相关淋巴样组织与派尔集合淋巴结类似。它主要由组成滤泡的淋巴细胞团聚体构成，滤泡在所有肺叶中均可见到，并且主要位于支气管的上皮之下。滤泡中大多数的淋巴细胞是B细胞。抗原采集通过衬于黏膜表面的上皮细胞，将抗原运输到下面的APC和淋巴细胞的M细胞的途径来实现。

C4　淋巴细胞运输和再循环

要　点	
淋巴细胞运输和再循环	分别由胸腺和骨髓中产生的T细胞和B细胞，经血流迁移到它们执行其功能的次级淋巴器官/组织中。它们不停留在一处，而是不停地在机体中循环，搜寻着抗原。
在MALT中的运输	在一种黏膜器官(如GALT)中受刺激的淋巴细胞能迁移到黏膜免疫系统其他部位(如哺乳动物的乳腺和唾液腺)的固有层，并保护这些表面不受同种微生物的侵袭。
淋巴细胞运输的机制	淋巴细胞表面有"归巢分子"(homing molecule)(黏附分子)，它们附着到血管内皮细胞，以便在不同的解剖位置离开血流。
相关主题	淋巴器官和淋巴组织(C2)　　黏膜相关淋巴样组织(C3)

淋巴细胞运输和再循环

在初级淋巴器官胸腺(T)和骨髓(B)中产生的淋巴细胞，经血流迁移到它们执行其功能的次级淋巴器官或组织中。由于这些细胞尚未遇到抗原，所以它们被称为"原初细胞"，并且不在一个次级淋巴器官中逗留，而是继续环绕机体再循环，直到它们识别出它们的特异性抗原(图C4.1)。它们经过**毛细血管后微静脉(HEV)**进入淋巴结，如果在淋巴结未被激活，则经过不同的淋巴管，进入胸导管并由此回到血流。不论记忆细胞还是原初细胞均可通过淋巴组织再循环。

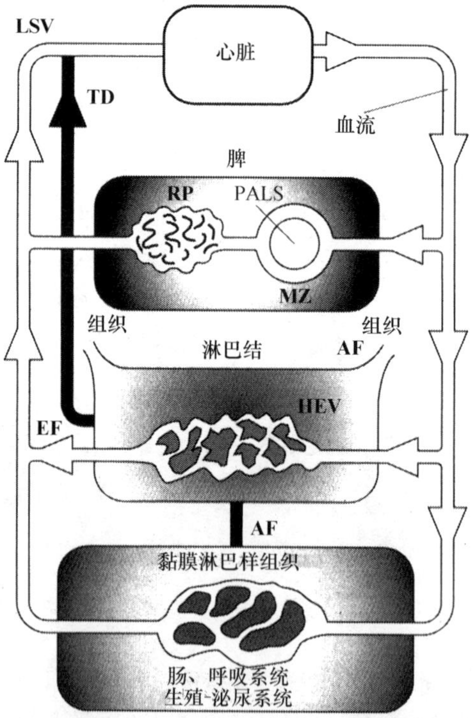

图C4.1　淋巴细胞再循环。淋巴细胞在血流中运行到脾脏，在此处它们经边缘区(MZ)进入小动脉周围淋巴鞘(PALS)，并经红髓(RP)再进入血流。淋巴细胞经副皮质区的毛细血管后微静脉(highendothelial vein，HEV)进入淋巴结，经输出淋巴管(efferent lymphatics，EF)通到淋巴系统，再经胸导管(thoracic duct，TD)通到左锁骨下静脉(left subclavian vein，LSV)。淋巴细胞通过HEV进入黏膜组织，经过引流淋巴结的输入淋巴管(afferent lymphatics，AF)返回。受MALT中微生物刺激的淋巴细胞迁移回到它们被刺激的黏膜组织。因此在肠中受刺激的淋巴细胞将迁移回到沿着肠道的固有层中的位置(和其他黏膜部位)，以保护机体免受特异微生物经此路线的攻击。箭头表示流动方向

T 细胞和 B 细胞迁移到淋巴结内的不同部位。T 细胞驻扎在副皮质区，而 B 细胞区域是淋巴滤泡。B 细胞必须横向穿过 T 细胞区才能到达滤泡。在脾脏，淋巴细胞经边缘区(marginal zone，MZ)的途径进入小动脉周围淋巴鞘(periarteriolar lymphoid sheath，PALS)，并通过红髓(red pulp，RP)中的脾静脉(splenic vein，SV)离开。淋巴组织是动态结构，在淋巴组织中 T 淋巴细胞和 B 淋巴细胞均不断地运输通过彼此的领域，并受抗原呈递细胞上的抗原的攻击。淋巴细胞也能被运输到特殊的组织，如 MALT 中去(见下述)。

在 MALT 中的运输

MALT 的独特特征之一是在一个部位受刺激的淋巴细胞能迁移到黏膜免疫系统的其他部位，以保护它们抗同种抗原或免受同种微生物的侵袭。因此，例如，在 GALT 中最初遇到抗原和受抗原刺激的淋巴细胞能经血液迁移到包括唾液腺、乳腺、呼吸和生殖道等的远处部位，并介导在这些 MALT 组织中的保护作用。

淋巴细胞运输的机制

淋巴细胞有“归巢”分子，“归巢”分子决定它们在何处退出血流。这些细胞表面**黏附分子**附着到 HEV 特化的内皮细胞的分子(**“地址素”**)上。然后淋巴细胞在内皮细胞之间穿过迁移进入组织(图 C4.2)。应注意的是不同的淋巴细胞表达不同特异性的黏附分子，这些黏附分子附着到机体特殊部位血管内皮细胞上的特异性表面地址素上。因此有些淋巴细胞表达与淋巴结 HEV 上的地址素结合的黏附分子，并归巢到淋巴结。而其他淋巴细胞表达仅与 MALT 的 HEV 上的地址素结合的黏附分子，以便这些细胞迁移到机体的 MALT 区(图 C4.3)。

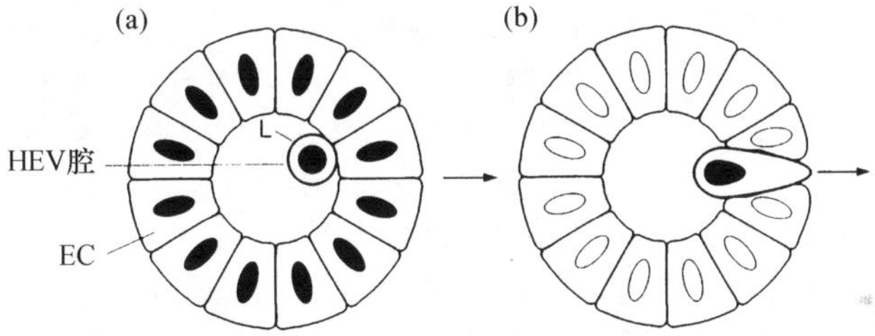

图 C4.2　淋巴细胞从血流经 HEV 的运输。(a)淋巴细胞(L)通过黏附分子附着于 HEV 的内皮细胞(endothelial cell，EC)上。(b)淋巴细胞在内皮细胞之间穿过，离开 HEV 进入淋巴结或 MALT

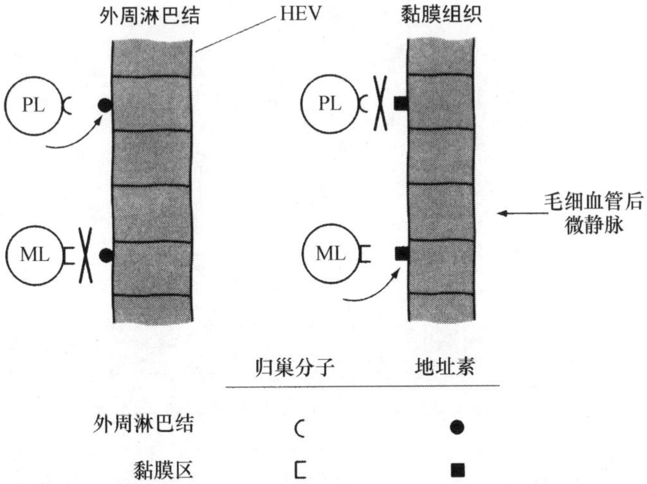

图 C4.3　归巢分子使淋巴细胞得以运输到特殊的解剖位置。进入外周淋巴结(peripheral lymph node，PL)的淋巴细胞有对 HEV 内皮细胞上的“地址素”特异的归巢分子。这些不同于黏膜组织中内皮细胞上的地址素。在 MALT(ML)中接触过抗原的淋巴细胞有它们自己的归巢分子，该分子允许它们与在黏膜部位 HEV 的内皮细胞上的地址素结合

C5 出生时的适应性免疫

要 点

新生儿体内的淋巴细胞	在新生儿的血液中，T 淋巴细胞和 B 淋巴细胞以略高于成人的数量存在，而且许多是有完全功能的。但是它们对某些抗原(如多糖类)进行免疫应答的能力可能有缺陷，这或许是由于某些细胞尚未成熟，或编码抗原受体的基因的顺序表达，或母体抗体所致[⑤]。
新生儿体内的抗体	母体 IgG 穿过胎盘(由 Fc 受体介导)，并在新生儿体内以高水平存在。IgG 直到出生时才由胎儿从头合成，IgA 在出生后 1～2 个月都未合成，而 IgM 在胎儿发育的后期产生。在哺乳期间，来自初乳和乳汁的母体 IgA 包被婴儿的胃肠道，并提供被动的黏膜免疫。
相关主题	抗体类别(D2) 原发性/先天性(遗传性)免疫缺陷(J2)

注⑤：新生儿 B 细胞功能的缺陷可能是由于：ⅰ B 细胞、辅助 T 细胞或者抗原呈递细胞尚未成熟，功能不全所致；ⅱ针对不同抗原的抗原受体的编码基因表达是有时间顺序的，如针对多糖类抗原的抗原受体表达比较晚；ⅲ新生儿体内母亲的抗体与抗原结合并将其清除，从而阻断了抗原诱发新生儿免疫系统的主动免疫。

新生儿体内的淋巴细胞

新生儿个体血液中存在略高于正常数量的明显成熟的 T 细胞和 B 细胞群(及 NK 细胞)。即使如此，出生时也可能缺乏对某些抗原进行免疫应答的能力。因此两岁以下的儿童通常不能产生对肺炎球菌多糖或流感嗜血杆菌的抗体。一般来说，对特异性抗原应答的能力取决于个体暴露于抗原的年龄。对特异性免疫的顺序出现有许多解释，包括：①编码每个抗原受体的基因的顺序表达；②某些 B 细胞或辅助性 T 细胞群或抗原呈递细胞(如巨噬细胞和树突细胞)尚未成熟；③存在能与抗原结合并去除它们的被动的母体抗体，因此干扰主动免疫的发育。

由于在生命的第一年中，与破伤风毒素结合的嗜血杆菌属多糖诱发保护性抗多糖抗体，所以这种新生儿的缺陷很可能是在 Th 细胞群方面。$CD4^+$ Th 群延迟成熟，可能造成 IgG 水平一般较低，从而导致短暂的低丙种球蛋白血症免疫缺陷(见 J2)。

新生儿体内的抗体

IgM 在胎儿发育的后期产生，而 IgG 直到出生时也未合成(图 C5.1)。IgA 在出生 1～2

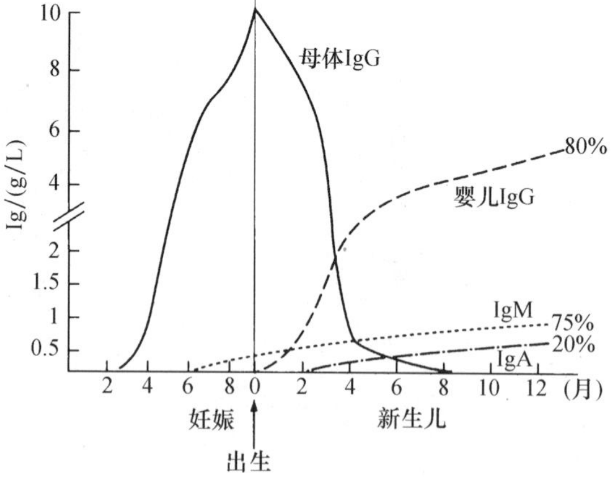

图 C5.1 母体 IgG 被主动运输穿过胎盘，并在婴儿的血液中蓄积，直到出生。然后此保护性的 IgG 因分解代谢而降低，大约在 6～8 个月龄时完全消失。婴儿重新合成 IgM 最初发生在妊娠 6～8 个月时，出生前后是 IgG 合成，以后是 IgA 合成。在 1 岁时，婴儿的 IgG、IgM 和 IgA 水平大约分别为成人水平的 80%、75%和 20%

月龄时才开始在血液中出现。然而，**母体的 IgG** 穿过胎盘，进入胎儿体内(由 Fc 受体、FcRn 介导)，并以高水平在新生儿体内存在。这种被动免疫部分代偿了婴儿由于免疫系统的某些组分可能尚未完全成熟而造成的最初合成抗体能力上的缺陷。而且，在哺乳期间，婴儿从初乳和乳汁中获得的母体 IgA 包被婴儿的胃肠道并提供被动黏膜免疫。正如上述所示，被动免疫可能有助于婴儿对某些抗原的无应答性反应，直到母体抗体被降解或用尽，并且不再干扰主动免疫的发育。

(林慰慈 译)

D 抗　体

D1　抗体结构

要　点

分子成分

抗体(常被称为“免疫球蛋白”)是以高特异性和亲和力结合抗原的糖蛋白。人类有5类化学上和物理上不同类别的抗体(IgG、IgA、IgM、IgD、IgE)①。

抗体单位

抗体有4条多肽链的基本单位——两条完全相同的轻(L)链和重(H)链,通过共价二硫键和通过非共价相互作用结合在一起。这些分子能被蛋白酶裂解,产生两个Fab片段(分子的抗原结合部分)和一个Fc片段(分子承担效应功能的部分,如补体活化)。无论H链还是L链都分成V区(variable region,可变区)和C区(constant region,恒定区),V区包含抗原结合部位,而C区决定抗原的命运②。

亲和力

抗体结合部位与抗原决定簇结合的牢固程度被称为该抗体亲和力(affinity)。结合越紧,抗体与抗原分离的可能性越小。当不同抗体与抗原决定簇结合时,对该决定簇亲和力的变化相当大。通过记忆应答产生的抗体,比初次应答中产生的抗体有更高的亲和力。

抗体效价和亲合力

抗体效价是与它能起反应的抗原决定簇的数量。抗体对一种抗原有多个结合部位,则显著增加其与颗粒(如细菌或病毒)上抗原的结合(亲合力,avidity)③。例如,IgG上的两个结合部位在中和病毒的效力上,比两个不相互连接的结合部位要高100倍。

相关主题

抗体类别(D2)
多样性的产生(D3)
B细胞受体复合物、辅助受体和信号发送(E1)

注①:通常在组织或者血液中发挥作用的抗体主要有IgG、IgA、IgM、IgE、IgD。IgD在B细胞表面表达,但是不会以抗体分子的形式进入到循环中。

注②:抗体分子的可变区可以与不同的抗原结合,结合后,通过抗体的恒定区激活不同的细胞或者分子,对抗原进行攻击和消除。

注③:affinity强是指单一抗体与抗原结合得更牢固;avidity强是指一个抗体的多个结合部位与细菌或者病毒表面的抗原结合,比多个不同的但只有一个抗原结合部位的抗体与这些抗原结合的能力强。

分子成分

抗体是以高特异性和亲和力与抗原结合的(它们紧紧地抓住)糖蛋白。它们是血清中最早被鉴定的分子,也被称作“免疫球蛋白”,是时常与抗体交换使用的术语。人类有5种化学上和物理学上不同类别的抗体(IgG、IgA、IgM、IgD、IgE)。

抗体单位

所有的抗体都有同样基本的4条多肽链单位:两条轻(L)链和两条重(H)链(图D1.1)。在此基本单位中,一条L链通过二硫键和非共价相互作用与一条H链结合。同样地,两条H链通过共价二硫键以及通过非共价亲水和疏水作用相互作用结合在一起。有5种不同种类的H链(称为μ、δ、γ、ε和α链),它们决定抗体的类别(分别为IgM、IgD、IgG、IgE和IgA)。还有两种不同的L链——κ和λ链,每条的分子质量为23kDa。每一抗体单位仅有κ或λL链,而非二者兼有。不同抗体类别的性质见表D1.1。

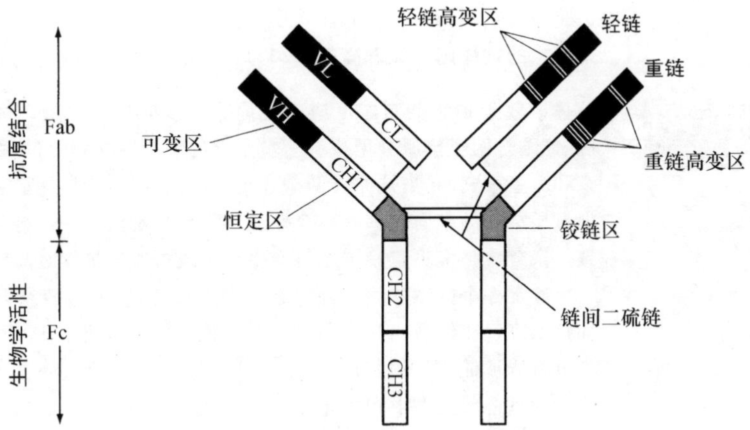

图 D1.1 免疫球蛋白 IgG:表示所有免疫球蛋白基本的四肽链结构

表 D1.1 人类免疫球蛋白的性质

	IgG	IgA	IgM	IgD	IgE
物理性质					
分子质量/kDa	150	170～420	900	180	190
H 链分子质量/kDa	50～55	62	65	70	75
生理性质					
正常成人血清水平/(mg/ml)	8～16	1.4～4.0	0.4～2.0	0.03	ngs
半寿期/d	23	6	5	3	<3
生物性质					
补体结合能力	+	－	++++	－	－
过敏性(Ⅰ型)超敏反应	－	－	－	－	++++
胎儿的胎盘转运	+	－	－	－	－

注:有 4 个 IgG 亚类(IgG1、IgG2、IgG3、IgG4),2 个 IgA 亚类和 2 种 L 链类型(κ 和 λ)。

H 链和 L 链每隔 90 个氨基酸残基都有链内二硫键,由此造成 110 个氨基酸的多肽环(功能域)。这些区域可称为 VH、VL、CH1 和 CH2 等(图 D1.1),具有特殊的功能性质(如 VH 和 VL 一起形成抗原结合部位)。这种结构是许多其他分子的特征,因此这种类型的分子属于免疫球蛋白基因超家族。

H 链 N 端半条链和整条 L 链一起组成被称为 Fab 片段的结构(图 D1.1),并且含有抗原结合部位。抗体实际结合部位由 H 链 N 端的 1/4 与 L 链 N 端的 1/2 结合组成。这些区域因其氨基酸序列从一种抗体到另一种有所不同,而被称为可变(V)区,并且含有涉及与抗原决定簇结合的氨基酸残基。抗体分子的大部分(H 链 C 端的 3/4 和 L 链 C 端的 1/2)是抗体分子恒定(C)区,并且同一类别和亚类的所有抗体都是相同的。这些 C 区不与抗原结合,但决定抗体分子的生物学性质,并因此决定经抗原结合部位结合的抗原的命运。但是 H 链 C 端的 1/2,即 Fc 区(结晶片段)起另外的作用,即与补体结合、嗜细胞(与某些类型细胞结合,如与巨噬细胞)等。抗体上也有糖类,主要在重链的 Fc 部分。

亲 和 力

与特定抗原决定簇应答时产生的不同抗体分子与决定簇结合的牢固性(即它们对抗原决定簇的**亲和力**)变化可能相当大。结合常数越高,抗体与抗原分离可能越小。显然,当抗原是毒素或病毒并且必须通过与抗体快速而牢固的结合来中和时,抗体群的亲和力是至关重要的。在抗原注入后不久形成的抗体通常对该抗原具有较低亲和力，而后来产生的抗体则有显著高的亲和力(association constant 结合常数，高 1000 倍)。

抗体效价和亲合力

抗体的效价是它能与之反应的抗原决定簇的最大数量。例如，IgG 抗体含有两个 Fab 区，能结合两个抗原分子或同一粒子上的两个同样的部位，因此有二价。效价对结合的亲和力是重要的，当抗原有两个或更多的结合部位时，能显著地增加抗体对细菌或病毒上抗原结合的牢固性。此结合效应(亲合力)是由每一结合部位结合强度的协同作用所致。亲合力是多决定簇抗原与产生对抗该抗原的抗体之间结合的牢固程度。

确定一个抗体群的亲合力是非常困难的，因为它涉及评估许多不同抗体和许多不同抗原决定簇组间相互作用的某些功能。即使如此，亲合力的重要性在数学上和生物学上都能被证实。例如，两个 IgG 结合部位(结合在同一分子上)一起工作，比两个不相连接的结合部位在中和病毒的效力上高 10～100 倍，并且，假如抗体有更多的结合部位，如 IgM(见 D2)，可能有百万倍的效力(图 D1.2)，这可以看成是抗体与微生物特殊的抗原决定族有一或两个结合部位。有一个结合部位的抗体能与生物体上的一个决定簇结合，也能与它分离。而当它分离时，即能分散掉。然而有两个部位的抗体，能结合生物体上两个同样的决定簇(每个生物的每个蛋白质或糖都有许多复本)。假如一个结合部位分离，另一个仍然可附着，并使第一个部位得以重新形成它与该生物的结合。因而由此推断，每个抗体分子结合部位越多，与生物形成的结合数也越多，因而它被分离的可能越小。因此，与抗原决定簇有较弱的固有亲和力的抗体，由于每分子有许多结合部位，在中和病毒或与微生物结合时，可能是极为有效的。

	Fab	IgG	IgM
结合部位	1	2	10
相对结合亲合力	1	100	1000 000

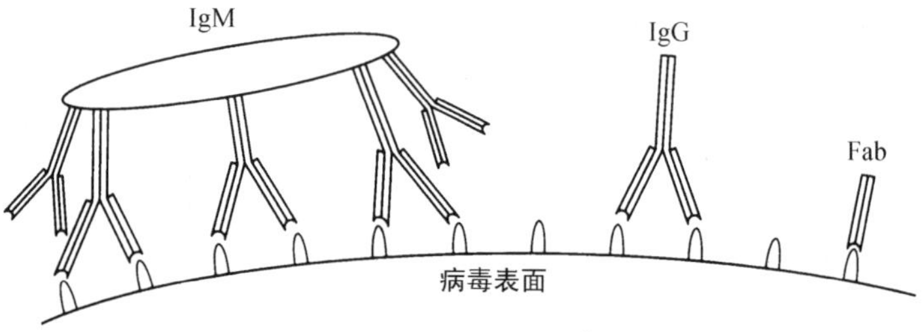

图 D1.2 中和病毒时的亲合力和抗体效价

D2 抗体类别

要 点

功能多样性 具有不同生物活性的不同类别抗体已分化出来，以处理具有不同性质和从不同部位（通过皮肤、胃肠道或泌尿生殖道）进入机体的抗原（如微生物）。

IgG IgG免疫球蛋白有4种不同亚类（IgG1、IgG2、IgG3、IgG4），对血源性的大多数传染性物质提供较强的免疫性，并且是唯一一种通过胎盘对婴儿提供体液免疫的抗体。

IgA IgA是抵抗通过黏膜表面（呼吸道、胃肠道和泌尿生殖道）进入体内的微生物的第一道防线。分泌性（二聚体）IgA由浆细胞局部合成，与上皮细胞上的多-Ig受体结合，并通过这些细胞转运到黏膜腔表面，在该处它们以多-Ig受体的组成部分（secretory component，SC，分泌成分）被释放。此抗体防止病原体在黏膜表面集聚，并介导它们的吞噬作用。

IgM IgM是B细胞上的抗原受体，并且是免疫应答时产生的第一个抗体。在循环中，IgM由共带有10个结合部位的5个4链单位组成。因此它与抗原有很高的亲合力，并且在处理病原体时，特别是在产生足够量的IgG之前的早期应答时，每个分子都是非常有效的。

IgD 这一免疫球蛋白主要起在B细胞上抗原受体的作用，并且当它遭遇抗原时，可能参与调节B细胞的功能。

IgE 变态反应主要与IgE有关。当抗原再次进入曾经致敏的个体时，该抗原与“武装”了的肥大细胞上抗原特异的IgE结合，引发涉及速发型超敏反应综合征（如枯草热和哮喘）的药理活性介质（如组胺）的释放。

相关主题

黏膜相关淋巴样组织（C3）
不同组织中的抗体应答（E4）
出生时的适应性免疫（C5）
IgE介导的（Ⅰ型）超敏反应：变态反应（K2）

功能多样性

不同的微生物有不同的生物学性质，并能通过不同途径（皮肤、胃肠道、呼吸道或泌尿生殖道）进入机体。可能5种不同的抗体类别（IgM、IgD、IgG、IgE和IgA，图D2.1）和它们的亚类至少已部分地进化成能保护机体以对抗从不同部位进入的和有不同性质的微生物。它们的功能和产生它们的部位有某些重叠，但通常不同的抗体类别有分工，例如，IgA是黏膜分泌物中最普通的抗体，而IgM主要在血浆中发现，并且二者在其所在部位都是非常有效的。

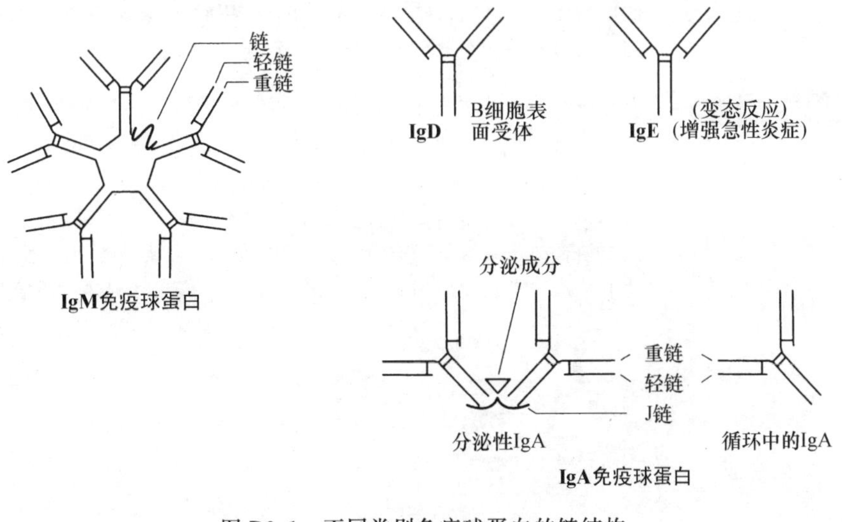

图D2.1 不同类别免疫球蛋白的链结构

IgG

IgG 类免疫球蛋白的分子质量为 150kDa，在血管中、血管外及分泌物中发现。IgG 是血液中最丰富的免疫球蛋白（表 D1.1），对大多数血源性传染性介质提供较强的免疫性，并且是唯一一种通过胎盘对发育中的胎儿、对初生婴儿提供被动体液免疫的抗体。IgG 有两条 H 链（称为 γ 链）和两条 κ 轻链或两条 λL 链。此外，有 4 种不同的 IgG 亚类（称为 IgG1、IgG2、IgG3、IgG4），各亚类的 H 链序列略有不同，在它们的功能活性方面有相应的差异。

IgA

此免疫球蛋白是在血清中存在、分子质量为 170kDa 的 4 条多肽链（两条 L 链和两条 H 链）的蛋白质。更重要的是，其在外分泌物诸如初乳、乳汁和唾液中存在的主要免疫球蛋白，在分泌物中它以 420kDa 二聚体形式存在（图 D2.1）。除了将它们与 IgG 或其他抗体类别区别开的 κ 或 λ 链和 IgA H 链（称为 α）外，分泌性 IgA 还含有另外两条多肽链——分泌成分（SC）和 J 链（连接链）。SC 是参与外分泌 IgA 的跨上皮运输的多 Ig 受体的组成部分，并稳定 IgA 以抵抗蛋白水解酶降解。组成分泌性 IgA 的两个 4 链单位是借助 J 链通过二硫键合成一体。大部分 IgA 由分布在乳腺和唾液腺，以及沿呼吸道、胃肠道和泌尿生殖道中的浆细胞内合成（见 E4），然后通过上皮细胞转运到黏膜腔。此抗体是防御微生物侵入黏膜表面的第一道防线。在 IgA 的两种亚类中，在黏膜中发现的主要是 IgA2 而不是 IgA1。

IgM

IgM 是由 B 细胞产生并在其表面表达的第一个抗体，是 B 细胞抗原的受体，也是血液中存在的可溶性分子。在 B 细胞表面的 IgM 分子表达为 4 链单位——两条 μH 链和两条 L 链。在血液中，IgM 由在 μ 链的羧基末端通过二硫键结合成一体的 5 个 4 链单位组成（图 D2.1）。J 链也与血液中的 IgM 联合，并在浆细胞分泌它时启动其亚单位的聚合作用。因为 IgM 的分子质量大小（900kDa），所以主要在血管内（即在血流中）发现它。由于 IgM 是在免疫应答时产生的第一个抗体，从它与抗原结合时的效率到合成足够量的 IgG 抗体为止都是特别重要的。虽然 IgM 抗体对抗原的结合部位的亲和力通常较低，但它们每个分子有 10 个结合部位，当它与某个微生物结合时，同一分子上的结合部位彼此能协同作用。因此 IgM 分子与微生物结合的总牢固性（亲合力）是十分高的，使得这类抗体在去除微生物时非常有效。

IgD

IgD 在循环中的含量很低（在成人血清中为 0.3mg/ml），其主要功能是作为 B 淋巴细胞上的抗原受体（图 D2.1），但当它遇到抗原时，也可能参与调节 B 细胞功能。因此 B 细胞既能表达 IgM，也能表达 IgD，并且二者对同一抗原都是特异的。当在 B 细胞上表达的 IgM 和 IgD 与它们特异的抗原相互作用时，抗原被内在化，并被加工和呈递给引发 B 细胞增殖和分化成浆细胞的辅助 T 细胞，从而启动体液免疫应答。

IgE

IgE 在血清中的水平非常低（ng/ml），但在增强急性炎症、保护机体免受蠕虫感染和变态反应时起重要的作用（见 B4、H2、K2）。抗体介导的变态反应主要与 IgE 有关。产生 IgE 的浆细胞受抗原刺激后，产生的 IgE 与肥大细胞上对 IgE Fc 区特异的受体结合。当抗原再次进入带有这种“武装”了的肥大细胞的个体时，它与肥大细胞上 IgE 分子的抗原结合部位结合，相互作用的结果引发肥大细胞释放药理学活性介质（如组胺）。因此 IgE 抗体是速发型超敏反应综合征如枯草热和哮喘的重要成分（见 K2，图 D2.1）。

D3 多样性的产生

要 点

抗体基因

在三群不连接的基因中发现了编码免疫球蛋白的DNA:一群编码κ轻(L)链,一群编码λL链,一群编码重(H)链。每一L链基因群都有许多不同的V基因片段和J基因片段的拷贝。此外在κ链群中有一个编码κ链恒定区的基因片段,而在λ群中有4个λ链C区基因片段[④]。不同抗体类别和亚类的H链基因组有许多不同的V、D和J基因片段的拷贝,每个恒定区有一个基因片段。

基因重排

在发育期间,单一B细胞随机地从它的H链基因群中选择一个V、一个D和一个J基因片段用于重排(易位)。接着,它从κ或λ基因群中选择一个V和一个J基因片段用于易位。然后这些基因片段重组,产生一个编码L链的结合部位的基因(VJ)和一个编码H链的结合部位的基因(VDJ)。

等位基因排斥

Ig DNA片段成功重排后,使细胞得以表达其H链的一个特殊V区和其L链的一个特殊V区,并对其他的H链和L链V区重排具有效的抑制作用(等位基因排斥)。因此,每一个B细胞及其子细胞将表达和产生具有同样特异性的抗体[⑤]。

H链和L链的合成与装配

L链和H链DNA成功重排后,初始L链和H链mRNA被转录,重新构成的V区基因和C区基因之间的RNA被剪接掉。翻译后,L链和H链多肽链在内质网(endoplasmic reticulum,ER)中结合,形成一个抗体分子,然后该抗体分子构成该B细胞的抗原特异受体。在浆细胞中,编码H链跨膜结构域的mRNA部分(该部分对它在B细胞上的膜表达是至关重要的)被剪接,并分泌产生的抗体[⑥]。

差别剪接和类别转换

成熟B细胞表达有同样特异性的IgM和IgD。初级转录物差别剪接和拼接的结果,产生两个mRNA(一个用于IgM的H链,而另一个用于IgD的H链),两个都与L链一起被翻译和表达在B细胞表面。B细胞类别转换成IgG、IgA或IgE,需要T辅助细胞上的CD154和B细胞上的CD40的相互作用,以及T辅助细胞产生的细胞因子(IL-4诱导转换成IgE,IL-5诱导转换成IgA;而IFNγ诱导转换成IgG1)。这些相互作用诱导VDJ基因片段易位到紧邻另一个丧失插入DNA的C区基因。于是初级转录物被剪接,得到新的H链的mRNA。

产生多样性的途径

抗体多样性(即产生不同特异性的抗体)在DNA水平上,是H链的多种系V、D与J基因片段和L链的V与J基因片段通过随机结合、不精确的连接和随后在形成的V区发生的体细胞突变造成的。在蛋白质水平上,多样性是L链和H链的随机选择和配对的结果。

B细胞的发育和选择

编码抗体V区不同部位的基因片段在祖B细胞阶段重排。最初发生重排的是编码H链的可变区基因。随着胞质中出现μ恒定区基因和IgM H链,V区被转录。在前B细胞阶段,编码L链可变区的基因片段重排。H链和L链结合并表达于未成熟的B细胞表面。在此阶段,对自身抗原有较高亲和力的B细胞被诱导经细胞凋亡而死亡(阴性选择)。存活的B细胞运输到次级淋巴器官,并通过与其特异抗原接触被选择得以扩增。在免疫应答期间,抗体对抗原的总亲和力随时间而增加。这部分地是由于表达较高亲和力抗体的B细胞能更成功地竞争抗原,因而高亲和力抗体在抗体库中的比率增高。

亲和力成熟 活化的B细胞的VH和VL基因突变可能产生更高亲和力的抗体,使这些细胞得以极成功地竞争抗原。这些细胞克隆扩增和分化成浆细胞,产生的抗体贡献给总抗体库。

相关主题 淋巴细胞(C1) 抗体应答的细胞基础(E3)
B细胞受体复合物、辅助受体和信号发送(E1)

注④:在轻链和重链的可变区基因表达时,最先出现表达的序列具有决定权,即这个序列表达后,其他的重排序列不再具有表达的机会,也就是由这个细胞衍生的后代细胞都仅仅表达第一个可变区序列,因此所有后代细胞与祖代细胞具有相同的可变区,产生具有相同的特异性的抗体。

注⑤:抗体与B细胞表面受体的基因编码来源于染色体上相同的部位,但是二者的区别是B细胞表面受体mRNA包括了受体分子重链的跨细胞膜结构区域,而在形成抗体时,这部分mRNA被剪接掉,因此抗体的结构与B细胞表面受体在细胞外的结构是一样的。

注⑥:在B细胞中,VDJ基因片段与C区基因片段在一个连续的DNA链上,当B细胞类别转换时,在表面分子和细胞因子的作用下,诱导VDJ基因片段与另一个C区基因连接到一起,而在VDJ基因片段与其他C区基因片段则被切除。

抗体基因

三群不连接的基因编码免疫球蛋白——一群编码κ链,一群编码λ链,另一群编码H链,分别在不同的染色体上(表D3.1)。染色体上的这些基因群内,各自都有许多编码区(外显子),编码区在DNA水平上重组,产生结合部位。在成熟的B细胞或浆细胞中,编码特异性抗体H链V区的DNA由连续不间断的核苷酸序列组成。相反,在种系细胞(或非B细胞)中,此V区DNA在不同的、彼此间被非编码DNA区分开的DNA片段(**外显子**)中存在(图D3.1)。编码H链V区的外显子是:V片段(大约编码最初的102个氨基酸)、D片段(编码2～4个氨基酸)和J片段(编码V区其余的14个左右氨基酸)。而L链仅有V片段(编码最初的大约95个氨基酸)和J片段(编码其余的13个左右的氨基酸)外显子。在每个基因群中,有30～65个有功能的V片段基因。D和J区是在染色体的V和C区之间,并且每个都有许多不同的基因,但是在数量上比编码V片段的基因少。因此,最终编码抗体结合部位的DNA片段不得不在染色体上移动越过一段距离(易位),以形成编码V区的DNA序列(基因重排)。

表D3.1 人类免疫球蛋白基因

Ig多肽	染色体
H链	14
κ链	2
λ链	22

编码L链和H链C区的DNA序列是3′端到V区基因,但被无用的J片段基因和非编码的DNA将它们分隔开。而且每一类别和亚类的每个基因群通常都有一个有功能的C基因片段。因此,H链基因群有9个有功能的C区基因,各自编码μ、δ、γ1、γ2、γ3、γ4、ε、α1、α2。L链基因群有一个编码κL链C区的基因片段,但有4个编码λL链C区的基因片段。

基因重排

在B细胞发育期间,单个B细胞随机选择一个V、一个D和一个J基因片段用于H链重排(易位)和选择一个V与一个J片段用于L链重排。随着去除间插DNA,编码V区部分的基因片段移到紧邻编码V区其余部分另外的基因片段处,产生编码完整V区的基因片段。B细胞基因重排需要两个重组活化的基因产物(RAG1和RAG2),它们似乎仅在发育的淋巴细胞中共同表达。这些酶在易位期间切断和再连接DNA,因此是形成多样性的关键。

H 链基因群是第一个重排的，开始几个 D 片段基因中的一个移动到紧邻于几个 J 片段基因中的一个 J 片段上，产生编码 H 链 V 区 C 端部分的 DJ 接合体。

然后 V 片段基因重排变成与 DJ 片段连续的，从而产生编码完整 H 链 V 区的 DNA 序列（VDJ）（图 D3.1）。此 VDJ 结合体是 5′端至 H 链 C 区基因群，其最近的一个 C 区基因群编码 μ 链。于是，形成从 VDJ 到 μC 区基因的初级 mRNA 转录物，之后，介于 VDJ 和 μC 区基因之间的间插信息均被剪切掉，产生完整的 μH 链的 mRNA。

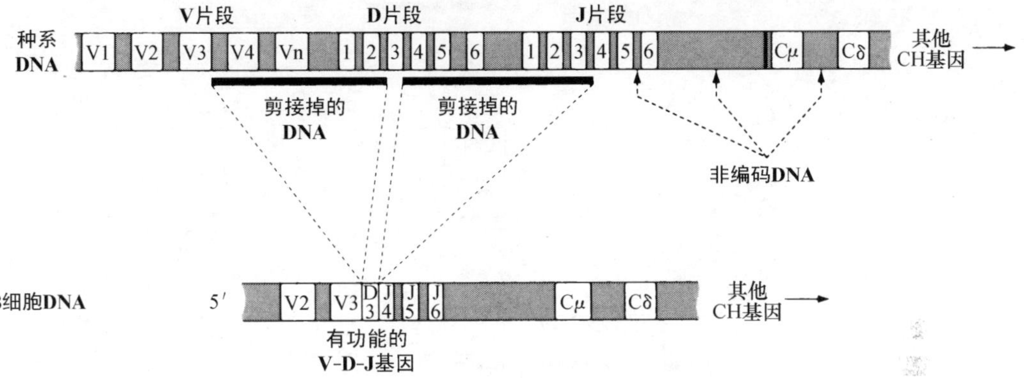

图 D3.1 H 链基因和易位。在种系和预定要成为 B 细胞的细胞中，H 链基因部位含有许多 V 片段基因。在发育的 B 细胞中，其中一个 V 片段与许多 D 片段中的一段重组，而该 D 片段已经与几个 J 片段中的一个片段重组，产生一个有功能的 VDJ 基因。在每个 B 细胞中，重排的基因被转录、剪接和翻译成一个 H 链蛋白

在 H 链成功地完成重排后，在 λ 或者 κ 基因群中（但不是二者），一个 V 区基因片段易位紧接到 J 片段基因处，产生编码完整 L 链 V 区的基因（VJ）（图 D3.2）。对 κ 链来说，编码 L 链 C 区的 DNA 序列是 3′端到 V 基因，但被无用的 J 片段基因和非编码的 DNA 分隔开[图 D3.2(a)]。对 λ 链来说，因为每个 J 片段基因都与不同的 Cλ 基因结合，V 基因片段易位到 J 基因片段，造成 V 区紧邻特殊的 Cλ 基因[如图 D3.2(b)所示的 Cλ2]。强调每个 B 细胞中两个 L 链基因群只用一个是很重要的。然后，形成从 VJ 至 L 链 C 区基因的初级 mRNA 转录物，之后，在 VJ 和 C 区基因之间的间插信息被剪接掉，产生完整 L 链的 mRNA。

等位基因排斥

成功重排 Ig DNA 片段后，约束细胞表达其 H 链的特殊的 V 区和其 L 链的特殊的 V 区，并排斥其他 H 链和 L 链 V 区重排。这一过程被称为**等位基因排斥**，并且是 B 细胞和 T 细胞抗原受体所独有的。假如异常重排出现在第一个染色体上，则此过程将继续，即如果该细胞在第一时间未予修正，则此过程不会停止。可是，假如该细胞重排得到修正或重排用的染色体已用尽，则此过程即停止。事实上，VH 基因在一个染色体上成功重排之后，就主动抑制其他 VH 基因片段进一步重排。同样地，VL 基因成功重排之后，就主动抑制其他 VL 基因片段进一步重排。

因此，每个 B 细胞产生的 L 链均含有由同样 VJ 区序列编码的 V 区，而产生的 H 链均含有由同样 VDJ 序列编码的 V 区。因此，每个 B 细胞表面表达的抗体全都有相同的特异性。此细胞及其全部子细胞均表达和产生具有这些 V 区的抗体。

H 链和 L 链的合成与装配

成功地重排 L 链和 H 链 DNA 后，L 链和 H 链 mRNA 即可产生并翻译成 L 多肽链和 H 多肽链，L 链和 H 链在内质网（endoplasmic reticulum，ER）中结合，形成抗体分子，抗体分子作为 B 细胞抗原特异受体被转运到浆膜。由于编码 H 链的基因也含有跨膜结构域的编码序列，所以产生的 H 链含有将抗体锚定在浆膜中的 C 端氨基酸序列。在浆细胞中，编码 B 细胞上膜表达重要的 H 链跨膜结构域的 mRNA 部分被剪接掉。因此，由浆细胞产生的抗体不与膜联合，反而被分泌出去。

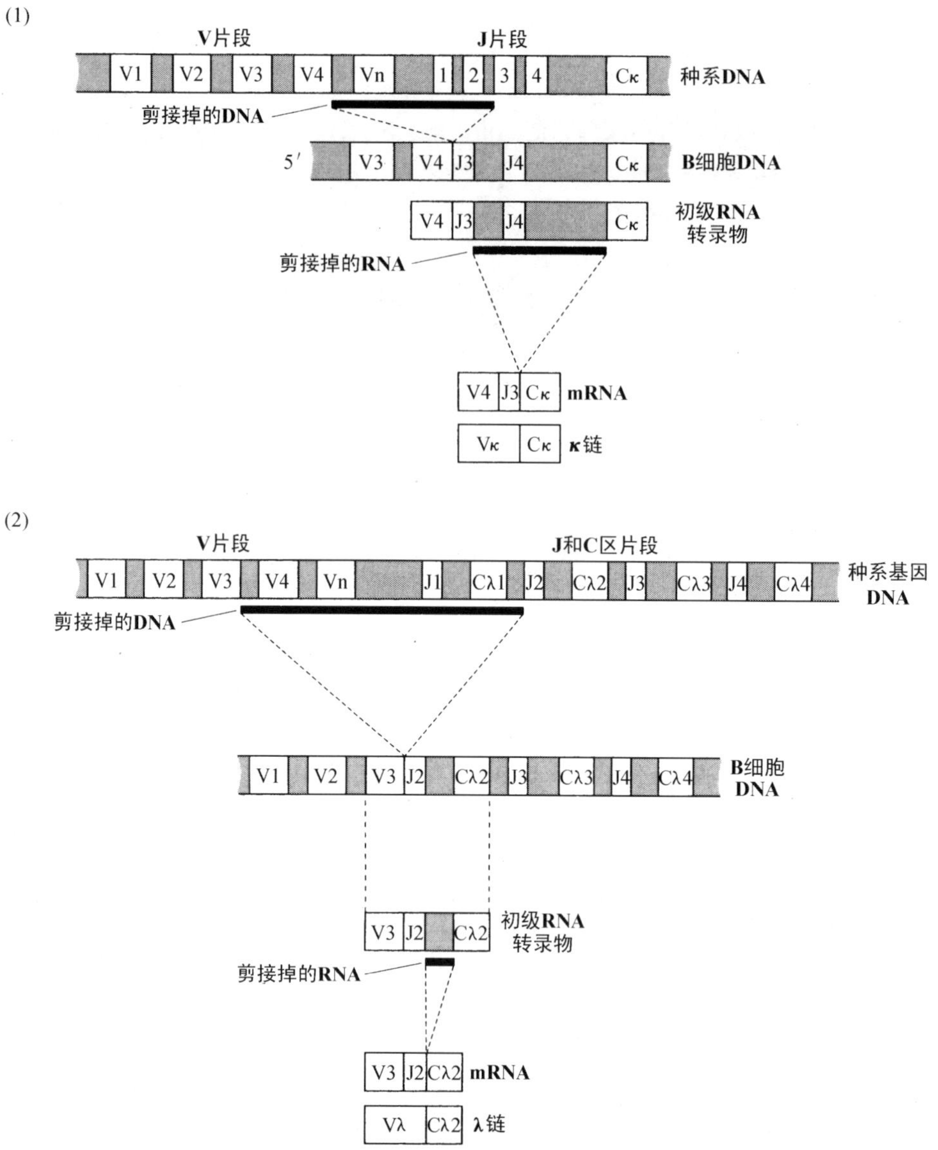

图 D3.2 L 链基因和易位。在 B 细胞分化期间和 H 链基因重排后，两条 L 链群中的一条重排。尤其是，或者是(1)种系 Vκ 基因与 J 片段基因结合，形成 VJ 结合体；或(2)种系 Vλ 基因与一个 J 片段 Cλ 基因结合体结合，形成 VJCλ 结合体。于是，重排的基因被转录成初级 RNA 转录物，接着，此转录物间插的非编码序列剪接掉，形成了 mRNA，然后被翻译成 L 链蛋白

差别剪接和类别转换

如上所述，B 细胞产生的第一抗体是 IgM。不久之后，B 细胞既产生 IgM，也产生 IgD 抗体，每一类别都有同样的 V 区，因此有同样的特异性。这是初级转录物的差别剪切和拼接的结果。尤其是，制成含有从 VDJ 区到 Cδ 区信息的初级转录物(图 D3.3)。这一转录物差别剪接产生两个 mRNA——一个形成 IgM H 链，另一个形成 IgD H 链。在成熟 B 细胞中，两者与 L 链一起均被翻译和表达在 B 细胞表面。

在 B 细胞表面上表达的 IgM 和 IgD 能转换成其他 H 链类别(IgG、IgA 或 IgE)。这一同种型(类别)转换需要 B 细胞受 T 细胞刺激，尤其需要 T 细胞的 CD40 配体(CD154)与 B 细胞的 CD40 结合。另外，T 辅助细胞产生的细胞因子影响发生类别转换的恒定区基因。Th2 细胞产生的 IL-4 诱导 B 细胞类别转换成 IgE；而由 Th2 细胞产生

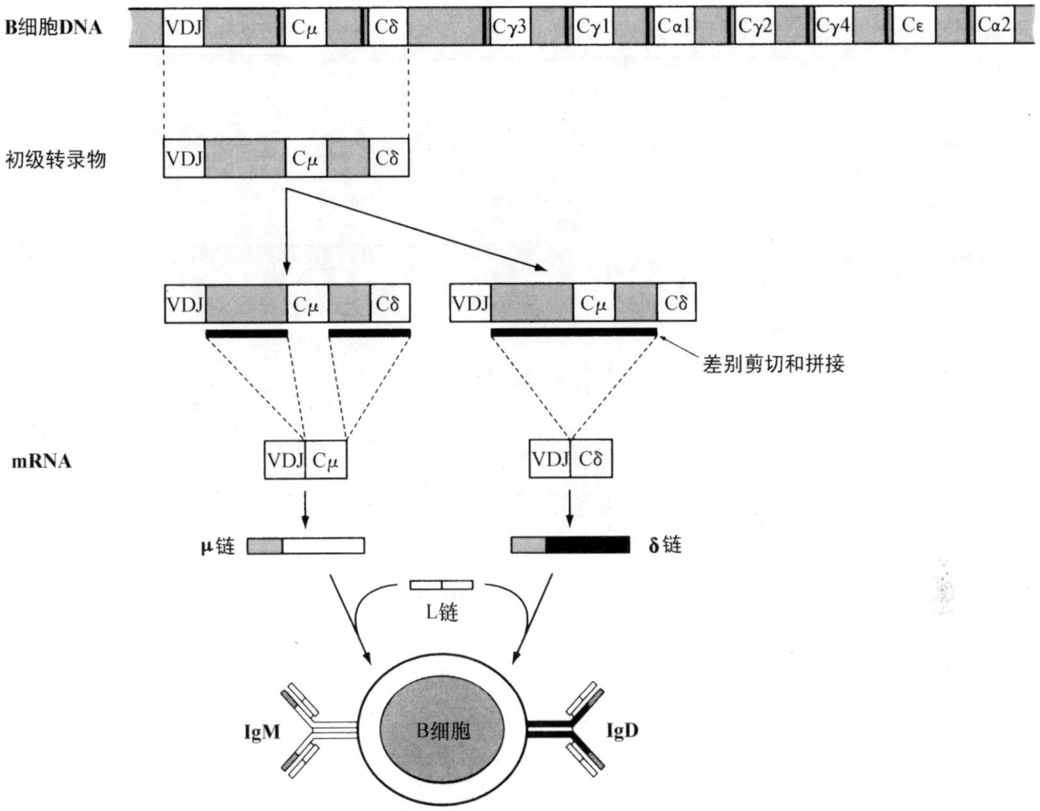

图 D3.3　IgM 和 IgD 在成熟 B 细胞上的表达

的 IL-5 诱导 B 细胞类别转换成 IgA，由 Th1 细胞产生的 IFNγ 诱导类别转换成 IgG1（图 D3.4），这些信号诱导 VDJ 易位及其 5′端插入到另一个恒定区基因中（图 D3.5）。类别转换受 5′端至 C 区基因重复 DNA 序列指导，并在这些转换区重组时发生。间隔 DNA 被切掉，在已发生类别转换的 B 细胞和由此 B 细胞衍生的浆细胞中重排的染色体上产生的 DNA，不再含有 Cμ、Cδ 或其他间隔的 H 链 C 区基因。初级转录物形成，并且剪接掉在 VDJ 编码区和新 H 链编码区之间的 RNA，从而得到新 H 链的 mRNA。

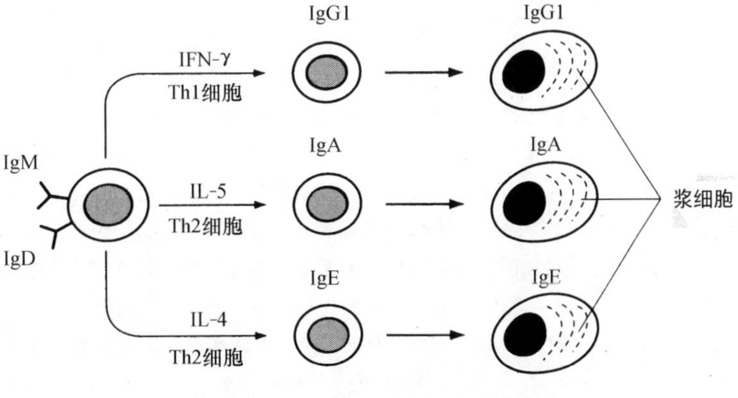

图 D3.4　抗体类别多样性的产生

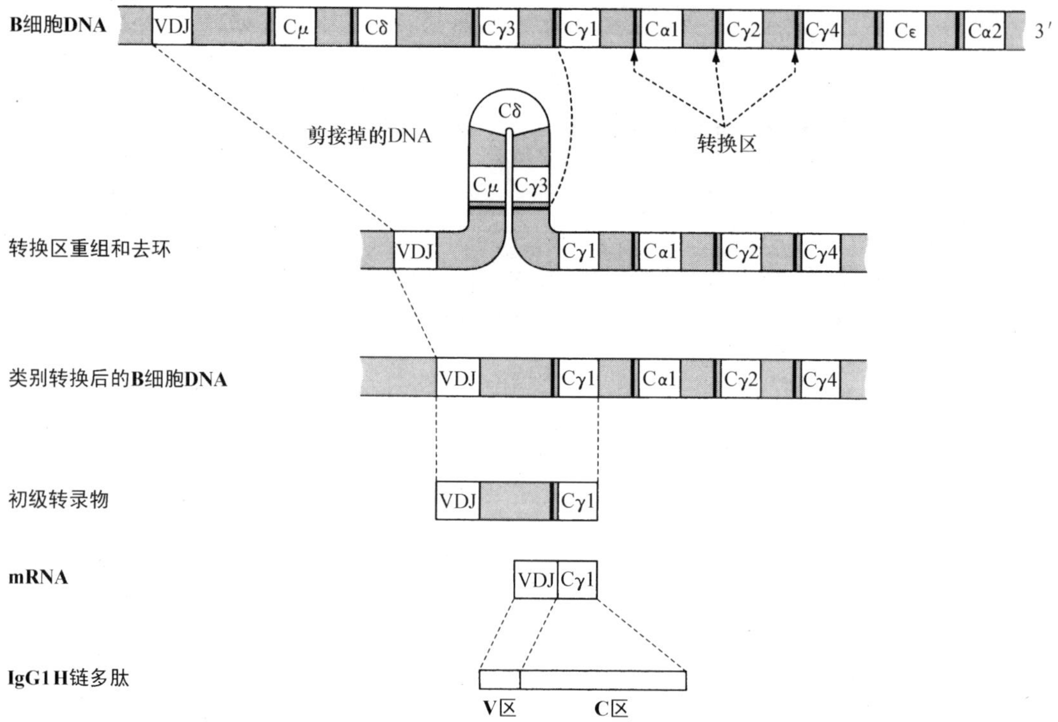

图 D3.5 类别转换

产生多样性的途径

Ig 多样性(产生具有不同特异性的抗体)由几个不依赖抗原的机制产生。另外,在曾受抗原刺激和接受 T 细胞辅助的 B 细胞中,Ig 基因经历突变事件增加,也可增加 B 细胞产生抗体的亲和力。总的来说,多样性由下述原因产生。

(1) 不依赖抗原的事件:

· 在 DNA 水平上,由于有多种系 V、D 和 J H 链基因,以及 V、J L 链基因;

· 在 DNA 水平上,由于 V、D 与 J 片段或 V 与 J 片段随机组合;

· 在 DNA 水平上,由于 V、D 与 J 片段的不精确连接;

· 在蛋白质水平上,由于不同 B 细胞 L 链和 H 链 V 区不同结合体的随机选择与配对。

(2) 依赖抗原的事件:

· 在 DNA 水平上,由于 V 区中体细胞突变可以造成更高亲和力抗体结合部位。

虽然组成 V 区基因的基因片段以有序的方式发生重排,但它们在每个 B 细胞中被随机选择。当这些事件在众多的细胞中发生时,结果产生数百万的每个都具有不同抗原特异性的 B 细胞。在 V 与 J(L 链)和 V、D 与 J(H 链)基因片段重组期间,由于组成 V 区的不同基因片段不精确连接,造成额外的多样性。例如,虽然一个 V 基因片段至一个 J 基因片段的易位可能随 V 片段最后密码子的全部三个核苷酸与 J 片段第一个密码子的全部三个核苷酸的连接而发生,但也可能是 V 片段 3′端的一个或两个核苷酸能取代 J 片段最初的一个或两个核苷酸。因此,发生重组的位置不同,可使形成抗体 V 区的抗原结合部位的氨基酸序列改变,从而改变其特异性。此外,B 细胞受抗原刺激后,其 L 链和 H 链 V 区 DNA 变得对体细胞突变特别敏感并使其亲和力成熟(见下文)。

任何 L 链均能与任何 H 链相互作用造成独特的结合部位,结果也会产生多样性。因此,例如,其结合部位有特殊 VJ 结合体的 L 链,能由许多不同的 B 细胞产生,并能与这些 B 细胞中的每个细胞产生的不同的 H 链(即它们的 VH 区有所不同)相互作用,造成许多不同的特异性。

总之，由有限数量的 V 区基因片段可创造出几乎无限的多样性。多样性几乎必定超过与微生物免疫原结合所需的多样性数量。可是产生的绝大多数不同的 B 细胞将永远不会遇到它们能结合的抗原，并因此不会受到刺激以进一步发育。然而，如此明显的浪费是有道理的，因为多样性产生的这一机制保证有 B 细胞，并从而有与实际上遇到的所有抗原反应的抗体。当遇到与此抗体结合的抗原时，B 细胞即引发分裂和产生细胞克隆，至少在开始时，每个细胞克隆均制造原先显示的抗体分子(克隆选择：见 A3 和 E3)。

B 细胞的发育和选择

编码抗体 V 区可变部分的基因片段在祖 B 细胞阶段重排(图 D3.6)。因为重排以数百万种不同的方式在这些发育的细胞中发生，所以产生许多各自不同特异性的 B 细胞。在缺乏异种蛋白时，会产生多样性，并产生大量成熟的 B 细胞，至少其中一些对每一异种物质或微生物有特异性。最初重排的基因编码抗体 H 链的可变区，它与分子的恒定区基因(尤其是编码 μH 链的基因)一起在分化过程中首先被转录，并在胞浆中出现。在这一阶段，编码 L 链可变区的基因在这些前 B 细胞中重排。转录的 H 和 L 链结合，产生有功能的 IgM 抗原受体，并在细胞(未成熟的 B 细胞)表面表达。在这期间，对自身抗原具有高亲和力的 B 细胞被诱导经细胞凋亡而死亡(阴性选择)。正如在胸腺中一样，大多数 B 细胞在发育期间由于产生不能装配的抗原受体或产生直接抗自身抗原的抗原受体而死亡(见 G2)。

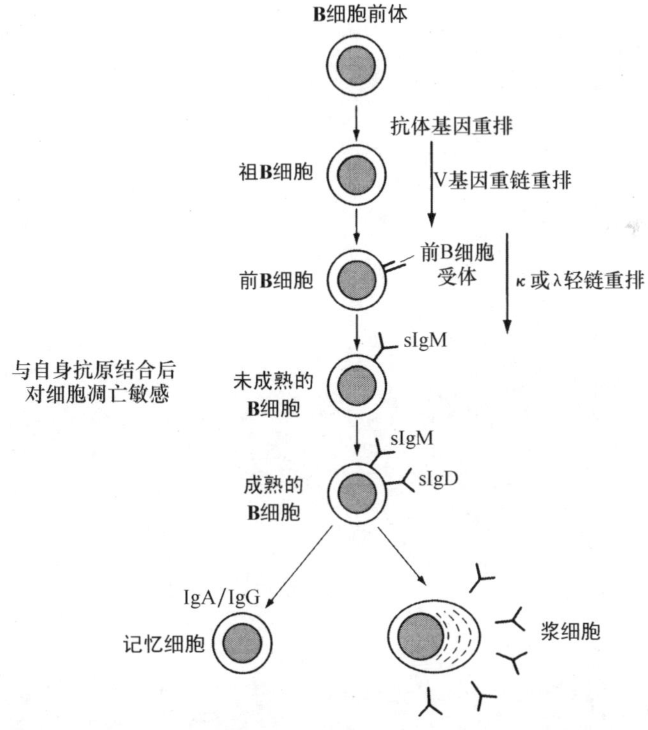

图 D3.6　B 细胞生活史。B 细胞前体发育成祖 B 细胞，祖 B 细胞开始重排它们的 H 链 V 基因。在前 B 细胞阶段，翻译的 H 链肽与替代 L 链(surrogate L chain，SLCh)一起装配，形成前 B 细胞受体。推测此受体的形成进一步介导 B 细胞发育。在前 B 细胞阶段期间，κ 或 λL 链基因随着 L 链的一种类别转录并翻译成蛋白质而重排。然后，κ 或 λL 链与新的 μH 链结合，取代替代 L 链，导致表达表面 IgM(细胞的功能性抗原受体)。这一未成熟的 B 细胞在与自身抗原接触时，易受细胞凋亡／无变应性的影响。成熟的 B 细胞除了 IgM 外还获得表面 IgD 并迁移到次级淋巴器官和组织，在次级淋巴器官和组织，它们通过增生并发育成为记忆细胞和浆细胞对外源抗原产生应答

在抗体对抗原应答期间产生的抗体总亲和力随时间而增加。例如,二次应答产生的抗体通常比初次应答产生的抗体对抗原有更高的亲和力(与抗原更紧密结合)。这部分是由于克隆选择和二次应答时比初次应答期间有显著多的与抗原结合的B细胞。假如抗原量不足以刺激所有能与抗原结合的B细胞,即当抗原有限时,具有最高亲和力抗原受体的B细胞将最成功地竞争抗原。这些细胞群受刺激,并成为产生较高亲和力抗体的浆细胞,因此增加总抗体库的亲和力。这些高亲和力的抗体在效应功能方面通常也比初次应答产生的抗体更有效。

亲和力成熟

在类别转换成IgG、IgA或IgE后,受抗原和T细胞刺激的B细胞的L链和H链V区DNA对体细胞突变特别易感。这引起DNA核苷酸改变,并因此引起由B细胞表达的抗体V区的氨基酸序列发生相应改变。结果,B细胞可能有不同特异性,并且不与原抗原结合亦不受其刺激。可是经常发生的是至少某些突变引起氨基酸改变,这种改变增加B细胞抗体与其抗原结合的牢固性。这些B细胞比原始的B细胞能更有效地竞争抗原并分化成产生高亲和力抗体的浆细胞(**亲和力成熟**),导致对该抗原的抗体总体亲和力全面增加。典型的抗体结合常数是$10^6 \sim 10^7\,M^{-1}$。用有限的抗原成功免疫后,其结合常数通常为$10^8 \sim 10^9\,M^{-1}$,还可高达$10^{12}\,M^{-1}$。

D4 同种异型和独特型

要 点

同种异型 同种异型是相同物种内不同个体的免疫球蛋白(Ig)的遗传标志[⑦]。假如将表达一种特定的同种异型 Ig 注射到不表达该同种异型 Ig 的个体中,可发生针对该同种异型的免疫应答。像血型一样,它们以孟德尔方式遗传,而且通常不具重要功能。

独 特 型 独特型是与抗体的抗原结合部位有关联的独特抗原决定簇,是由决定它们特异性的不同氨基酸序列产生的。

相关主题 抗原和抗体的调节(G4) 移植抗原(M2)

注⑦:同种异型是由于在免疫球蛋白编码基因的某个部位出现的基因多态性,因此会导致在免疫球蛋白氨基酸序列中某个部位出现氨基酸的区别,这种区别可以表现出抗原特异性,从而诱导免疫应答。但是这种氨基酸的差别,对于免疫球蛋白的功能没有什么影响。

同种异型

除了分为类别和亚类外,免疫球蛋白(Ig)也可通过存在称之为同种异型的遗传标志来归类。这些标志在不同的个体中是不同的,因此,当将它注射给缺乏该同种异型 Ig 的个体时,它是免疫原性的。像血型抗原(ABO)一样,它们是物种内不同个体的决定簇(物种中某些成员的 Ig 有此标志,另一些没有)。同种异型通常是 Ig L 链或 H 链恒定区少量氨基酸有差异的结果。例如,Km(*Inv*)标志是人类 κ L 链的同种异型,是在第 191 位置处有亮氨酸和缬氨酸差异的结果。Gm 标志是与 IgG H 链有关联的同种异型。同种异型严格地以孟德尔方式遗传,通常对抗体分子无重要功能。

独 特 型

与抗体分子结合部位有关联的抗原决定簇被称为独特型抗原决定簇,为 B 细胞同一克隆产生的所有抗体所独有。虽然所有抗体都有独特型决定簇,但是这些决定簇对不是由 B 细胞同一克隆得到的所有抗体是不同的。因此,个体中不同的独特型数量至少像特异性的数量那样多。当将独特型决定簇注入其他动物体内时,就产生针对这些独特型决定簇的抗体。事实上,人们自身的独特型可以被人们自身的免疫系统识别。与抗体(将此独特型称为 D)的结合部位有关的氨基酸序列,甚至在产生它的个体中也是免疫原性的。针对此独特型产生的免疫应答(抗 D)能消除产生具有此独特型抗体的 B 细胞,并因此降低抗体对最初引发产生此独特型抗原的应答。此外,抗独特型免疫应答(抗体或 T 细胞介导的)表达其自身独特型,此自身独特型转而能被识别为外源的,并且产生对此独特型的抗独特型免疫应答。Jerne(他与 Kohler 和 Milstein 分享 1984 年诺贝尔奖)阐述了网络学说,提出一系列独特型-抗独特型反应可部分地负责免疫应答的调节(见 G4)。

D5 单克隆抗体

要 点

单克隆抗体 用包括一种永生细胞(骨髓瘤细胞)与产生一种预定特异性抗体的B细胞融合的标准化程序来创建杂交瘤细胞,以生产单特异性的单克隆抗体(monoclonal antibody, mAb)。这些mAb是标准的研究试剂,许多都有重要的临床效用。

mAb的人源化和嵌合体 大多数已建立的mAb都是来自小鼠的,虽然作为研究和诊断工具是有用的,但用于治疗并不理想,因为它们对人类有免疫原性。这个问题已经通过将这些鼠的抗体人源化或制备完全的人类mAb来解决。

Fv库 通过随机融合来自B细胞重(H)链和轻(L)链可变(V)区基因,能产生容纳数量庞大结合特异性的Fv库,并成为制造特异的mAb的来源。

相关主题 淋巴细胞(C1) 抗体的肿瘤免疫治疗(N6) 免疫诊断(N4)

单克隆抗体

1975年Kohler和Milstein开发了产生预定的单特异性的单克隆抗体(mAb)的细胞株的方法(他们因此获得了诺贝尔奖)。这一方法已标准化,并应用于大规模制备对许多研究和临床工作有用的抗体。其基本技术包括将一种永生细胞(骨髓瘤细胞)与从免疫的动物和人得到的生成预定特异性抗体的B细胞融合(图D5.1)。产生的杂交瘤细胞是无限增殖的,并合成能大量制备的均一特异性的mAb。因此,mAb已成为标准研究试剂,并有广泛的临床应用。

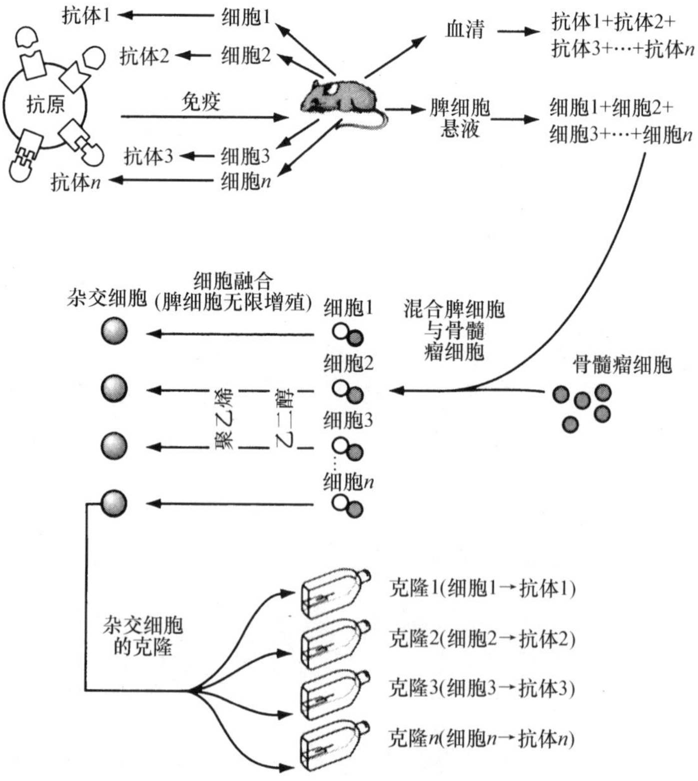

图D5.1 单克隆抗体的制备

mAb的人源化和嵌合体

绝大多数mAb是用小鼠开发的，虽然它们可作为研究和诊断的工具，但由于其至少部分对人类有免疫原性，所以不是理想的治疗剂。即引进患者体内的小鼠抗体将被患者的免疫系统识别为外来的，并发生人抗鼠抗体（HAMA）应答，而有损该抗体治疗用途。这一问题已用两种基本方法得到处理。

人源化抗体

鼠的mAb可通过基因修饰成更接近人的抗体（图D5.2）。特别是鼠的IgG H链和鼠的L链恒定区在DNA水平上可以用人的IgG1 H链和L链恒定区所取代，以创建只有可变区（V）是鼠的嵌合抗体。这显著地降低但并没有消除此抗体的免疫原性。另一种方法是将小鼠抗体VH和VL的V区测序，然后将这些链高变区的DNA序列插入人的IgG H链和L链基因中。这样产生的抗体95%是人的，仅结合区是源于鼠的。

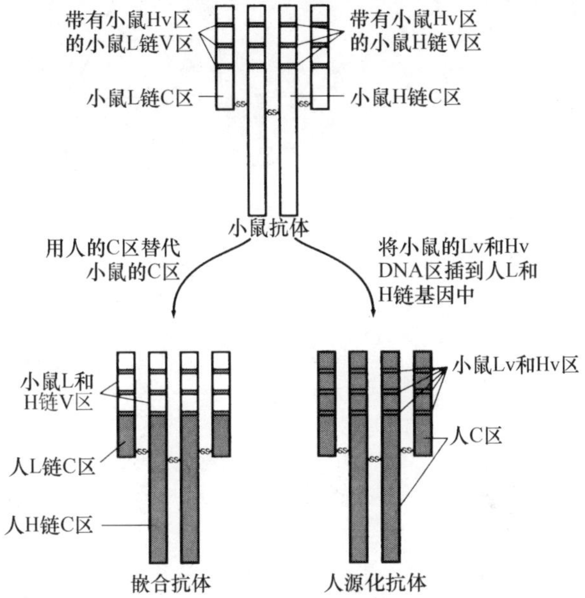

图D5.2 人源化和嵌合的小鼠单克隆抗体。嵌合的mAb是用符合人恒定区的基因替代鼠的L链和H链恒定区基因而产生。人源化的mAb通过将小鼠抗体的每个高变（HV）区基因序列插入人抗体的H链和L链的基因的相应部位而产生

完全的人类mAb

通过人的B细胞与骨髓瘤细胞融合已经制成了人的抗体，虽然这曾是十分困难的，并且通常在融合前需要用EB病毒（Epstein-Barr，EBV）无限增殖B细胞。这种方法由于使用病毒而不理想，产生的mAb的特异性是有限的，抗体的产量也很少。最近，通过用人免疫球蛋白基因取代小鼠免疫球蛋白基因，创建了产生人抗体的小鼠。因此，当小鼠被免疫时，它制造出对该抗原的完全的人类抗体，并且产生这些抗体的B细胞可与骨髓瘤细胞融合，产生制造人类mAb的杂交瘤。

Fv库

另一种制备mAb的方法涉及Fv库。该方法最初包括从大量B细胞中获得VH和VL区的mRNA。由此mRNA制备每个H链V区的cDNA，并与每个L链V区的cDNA连接（图D5.3），以产生所有结合体，并因此产生编码大量不同抗原结合部位（Fv区）的基因。这些基因被克隆到细胞中，以生产它们编码的抗体结合部位。例如，它们可被克隆到噬菌体（感染细菌的病毒）内，并对它们的特异性进行选择。因此，Fv能以复制的生命形式来表达，并被作为能生成特异性mAb的来源。

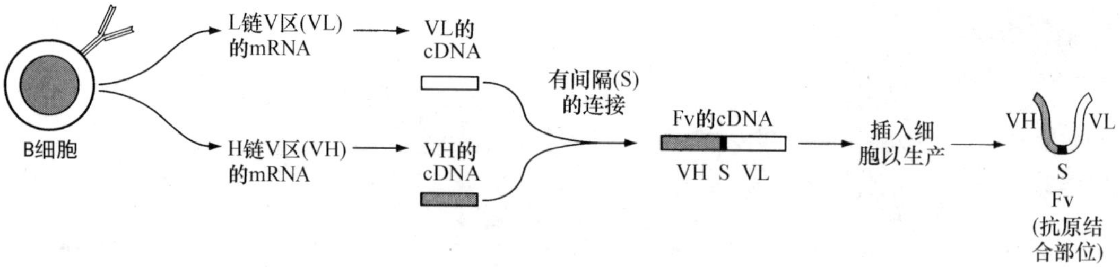

图 D5.3 Fv 制备。用聚合酶链反应从 B 细胞 mRNA 制备 L 链和 H 链 V 区的 mRNA。由此 mRNA 制备每一 H 链 V 区的 cDNA，并与每一 L 链 V 区的 cDNA 连接，两者之间有一间隔区。这一间隔区产生编码抗体的与抗原结合区的基因，此基因插入细胞内，以产生蛋白质，即 Fv，它就是抗体与抗原结合的部位

D6 抗原-抗体复合物(免疫复合物)

要 点

体外的免疫复合物 抗体(Ab)与多决定簇抗原(Ag)结合,形成抗原与抗体交错分子的晶格,晶格不断增加,直到形成大块的沉淀聚集物(等价)。在抗体过剩或抗原过剩时,很少形成晶格,而形成可溶性复合物。

体内的免疫复合物 抗原进入体内导致免疫应答,应答初期抗原过量。在几天内,随着抗体产生达到等价,形成的免疫复合物被吞噬细胞去除。抗原被去除后,B细胞刺激停止,作为正常的分解代谢的结果,血清中抗体浓度降低。

免疫复合物与组织损伤 抗原继续存在(微生物的或自身的)可能导致免疫复合物的不断形成,当免疫复合物"克服"吞噬系统时,便被沉积在组织中,导致主要由补体和嗜中性粒细胞介导的损伤(Ⅲ型超敏反应)[⑧]。

沉淀试验 如果有足够的抗原和抗体(等价),则抗体与抗原结合引起晶格形成和沉淀。这些反应是对抗原或抗体定性和定量测定(包括辐射免疫扩散和免疫电泳)的基础。

凝集试验 在不溶性颗粒(如细胞)的表面抗原与对其特异的抗体相互作用,引起颗粒凝集。凝集反应可用于确定血型;血清中存在抗细菌的抗体是曾经或目前正患感染的指征;在抗球蛋白试验(Coomb'test)中能检测针对红细胞的自身抗体。

相关主题

固有免疫和炎症(B4)
抗体结构(D1)
抗体类别(D2)
IgG 和 IgM 介导的(Ⅱ型)超敏反应(K3)
免疫复合物介导的(Ⅲ型)超敏反应(K4)
移植抗原(M2)

注⑧:当免疫复合物"克服"吞噬系统时,是指免疫复合物形成过多,超过了吞噬细胞能够清除的水平。

体外的免疫复合物

免疫原的每个分子有一个以上的抗原决定簇(是多决定簇)。因此用抗原免疫产生许多抗体群,每群针对蛋白质上的不同决定簇。由于一个抗体(IgG)分子可与两个抗原分子反应,以及一个抗原分子可与许多抗体分子反应,所以可以产生抗原和抗体交错分子组成的晶格或构架并沉淀下来。晶格形成的程度取决于抗原和抗体存在的相对量(图 D6.1)。当加入抗原的量增加时,沉淀物的量和沉淀物中抗体的量均增加,直到达到最大,然后随着进一步加入抗原而减少。当有足够的抗原和足够的抗体时,抗原抗体

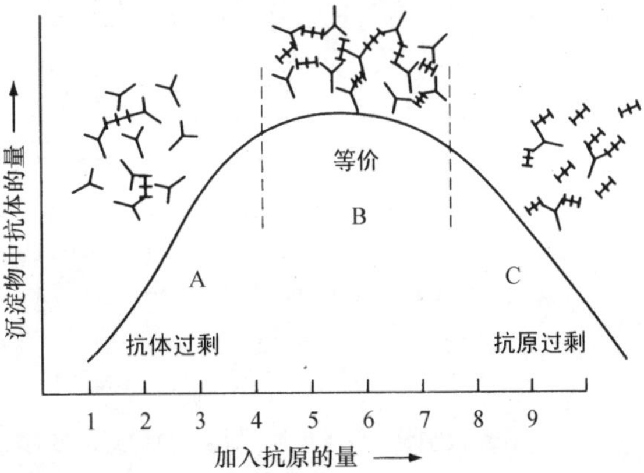

图 D6.1 免疫复合物形成和沉淀。将等量的某种蛋白质的抗体加到一系列管子中(1～9),然后将逐渐增加量的蛋白抗原相继加到每支管中。(A)抗体过剩区;(B)等价区,该区中所有的抗原和抗体都掺入到了沉淀物中;(C)抗原过剩区

的结合持续进行，直到形成大而不溶的聚集物沉淀（**等价**）。然而，在**抗原过剩**或**抗体过剩**时，很少形成晶格，而形成可溶性复合物。

体内的免疫复合物

在免疫应答期间这些反应在体内发生。最初，由于开始与抗原接触时，没有对该抗原的抗体而存在过量抗原。然而在几天内，浆细胞形成，产生对此抗原的抗体，并与抗原形成复合物（抗原过剩）。当更多的抗体生成时，则达到等价，形成大的抗原-抗体复合物。抗原-抗体复合物通过与吞噬细胞的 Fc 受体和补体受体相互作用而被去除。浆细胞在其短暂的生命中不断产生抗体，增加血清中的抗体浓度（抗体过剩）。然而，一旦去除抗原，则不再进一步刺激 B 细胞，也不再形成更多的浆细胞。这样，由于正常的分解代谢，血清中的抗体浓度开始降低。

免疫复合物与组织损伤

如果抗原持续存在（如某些感染性生物，像链球菌）或是自身抗原，则免疫复合物不断形成，并且可能由于制服吞噬系统而不易被清除。这可能导致免疫复合物沉积在组织中，引起损伤反应（Ⅲ型超敏反应，见 K4）。复合物激活补体和诱导急性炎症应答（见 B4）。免疫复合物直接与嗜中性粒细胞的 Fc 受体和补体受体相互作用，引起蛋白水解酶释放，从而损伤周围组织。

沉淀试验

如前所述，当既有足够的抗原又有足够的抗体时，抗原与抗体的结合继续进行直至形成不溶于水的大凝聚物并沉淀（等价）。晶格形成的大小取决于抗原和抗体存在的相对量。

晶格形成及沉淀是几种定性及定量检测抗原或抗体的基础。这些测定在半固体凝胶中进行，将抗原和/或抗体加到凝胶中打好的孔内，抗原与抗体发生扩散，直到二者量相等并沉淀下来。在**径向免疫扩散**中，将抗体（如马抗人 IgG）掺入到凝胶中，将抗原（如人血清）加到凝胶孔内。抗原呈辐射状扩散到孔外的凝胶中，并与抗体相互作用形成沉淀环，沉淀环的直径与抗原的浓度相关（图 D6.2）。还建立了类似的测定方法，即利用电压梯度（电泳）以加快抗原向含有抗体的凝胶移动的速度（火箭免疫电泳）。

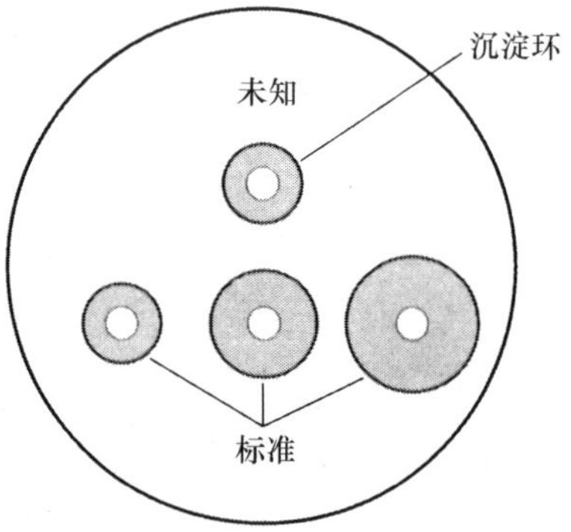

图 D6.2 通过在凝胶中沉淀测量抗原。将含有抗体的凝胶铺在玻璃或塑料表面上。在凝胶中打孔并填以抗原。抗原呈辐射状扩散到孔外，与凝胶中的抗体相互作用。起初形成可溶性复合物，但当更多的抗原扩散达到与抗体等量时，产生晶格和沉淀。沉淀环的直径与抗原的浓度相关，利用已知的标准，可定量抗原并与其他样品中抗原的水平进行比较

在**免疫电泳**中，将抗原（如血清）加到凝胶（无抗体）的孔内并进行电泳，电泳后在凝胶中切出一条槽，槽中加入抗体（如马抗人血清）。抗体横向扩散与扩散的抗原相遇，产生晶格和沉淀，以此来检测抗原的性质（图 D6.3）。

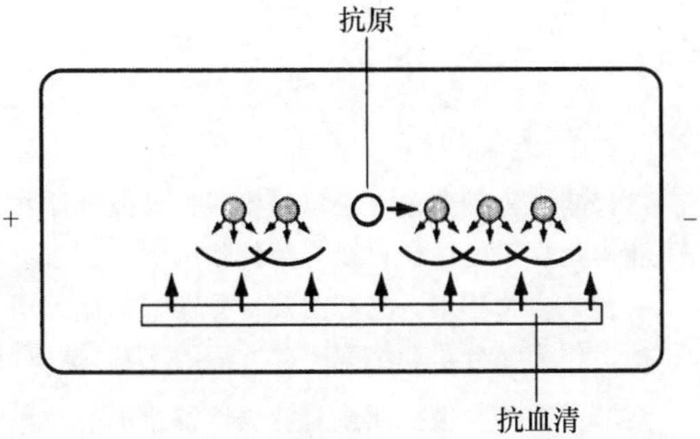

图 D6.3　用凝胶电泳法鉴定抗原。将抗原(如血清)加到凝胶的孔内,并经受电压梯度,各种抗原依据其电荷不同在凝胶中移动不同的距离。电泳后,将抗体(如马抗人血清)加到在凝胶中切出的槽内。此抗体从槽横向扩散,直到它们遇到电泳后从抗原所在部位扩散的抗原。再形成晶格和沉淀,并且根据已知成分标准物的免疫电泳可确定抗原的特性

凝集试验

凝集涉及不溶性颗粒(如细胞)的表面抗原与对这些抗原的特异性抗体相互作用(图 D6.4)。因此,抗体将不溶性颗粒联结在一起(凝集)。产生凝集作用的抗体量比引起沉淀所需的少得多,因此,为确定血型或测定血液中是否存在抗细菌的抗体用来作为感染这些细菌的指征时,可用凝集而不用沉淀。因为 IgM 有 10 个结合部位,而 IgG 有 2 个,因此 IgM 在凝集颗粒或细胞上更有效。

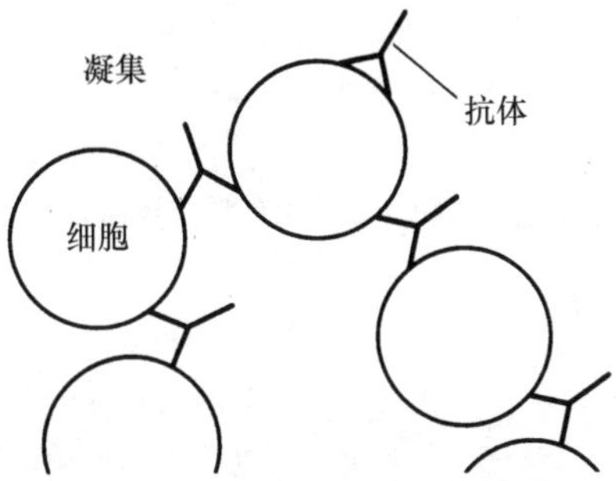

凝集：在加入抗体之前，抗原是不溶性的
沉淀：抗原起初是可溶的，抗体与抗原结合后产生晶格和使抗原成为不溶性的

图 D6.4　凝集

虽然经常用抗体本身来检测抗原的存在,但有时在通称为抗球蛋白试验(Coomb's test)中用第二抗体。在某些情况下,如当对一种给定的细胞类型产生自身抗体时,则此细胞将有与它们结合的人类抗体,并因此能通过引起这些细胞凝集的第二抗体(抗人免疫球蛋白的抗体)来鉴定。在**间接抗球蛋白的试验(indirect Coomb's test)**中,通过将患者的血清加到受试细胞(如红细胞)中,随后再加入抗人类抗体的抗体,来证实存在细胞表面抗原的循环抗体。

D7 免疫测定

要 点

抗体和测定 已经建立种种测定方法以提供对抗原或抗体特异的定性及定量检测，抗原与抗体的检测常用在重要的研究及有关的临床方面。在患者血清中存在某种生物的抗体，证明患者被该生物感染。具有明确特异性的抗体可用来检测患者是否患有与抗原相关的疾病。作为在分子和细胞研究方面的工具，抗体可对抗原进行定位和鉴定。

ELISA/RIA 溶液中的特异性抗原或对特异性抗原的抗体可通过放射免疫测定法（radioimmunoassay，RIA）或酶联免疫吸附测定法（ELISA）测定其是否存在及其浓度。吸附于固体表面的抗原捕获与之反应的抗体，并利用一种与第一抗体反应的带标记的第二抗体进行定量。这些测定可检测多种抗原和对给定抗原特异的同种型抗体的浓度，如与感染生物起反应的抗体浓度。

免疫荧光和流式细胞术 利用荧光显微镜和荧光分子标记的抗体可对表达特殊抗原（如与肿瘤相关的那些抗原）的细胞进行组织切片的检测。直接或间接免疫荧光技术可同时对几种不同的与细胞相关的分子进行定性和定量的评价。流式细胞术能快速分析悬液中的大量细胞，以提供细胞的分子指纹图谱。荧光激活细胞分选仪更为详细的研究分离细胞亚群。

免疫印迹 免疫印迹用于测定混合物中存在的分子。Western 印迹分析包括用十二烷基磺酸钠聚丙烯酰胺凝胶电泳（sodium dodecyl sulfate polyacrylamide gel electrophoresis，SDS-PAGE）分离分子，将它们转移到另外的基质上，用 ELISA 或 RIA 法检测感兴趣的分子。这种测定方法通常用于证实在患者血清中存在针对感染因子（如 HIV）的抗体。也可用免疫印迹法分析单个细胞的产物（如细胞因子）及其产生细胞的性质。

抗原和抗体的亲和纯化 与不溶性基质（如琼脂糖）偶联的抗体，特异性地结合其抗原，然后将抗原从抗体上洗脱下来，可得到比较纯的抗原。同样地，与不溶性基质偶联的抗原或蛋白 A 也可纯化抗体。

相关主题

抗体结构（D1）
抗体应答的细胞基础（E3）
微生物世界（H1）
免疫接种（I2）
免疫缺陷的诊断和治疗（J4）
IgE 介导的（Ⅰ型）超敏反应：变态反应（K2）
IgG 和 IgM 介导的（Ⅱ型）超敏反应（K3）
自身免疫病的诊断和治疗（L5）
免疫诊断（N4）

抗体和测定 已经较好地建立了检测抗原-抗体反应的方法，包括直接与生物学有关的那些方法（表 D7.1）。抗体与有生物活性的抗原（病毒、毒素、酶及激素）结合，可分别通过中和病毒感染、毒性、酶与激素活性来检测。沉淀和凝集对开发几种有用的测定方法也是适用的。

表 D7.1 抗原与抗体的结合作用

凝集作用	抗原颗粒 ＋ 特异性抗体，导致颗粒凝集
沉淀作用	可溶性抗原＋特异性抗体，导致晶格形成和沉淀
补体活化	溶液中的或颗粒上的抗原＋特异性抗体，导致补体活化
细胞溶解	细胞＋抗细胞抗体＋补体，可导致细胞溶解
调理作用	抗原颗粒＋抗体＋补体，增强单核细胞、巨噬细胞及 PMN 的吞噬作用
中和作用	毒素、病毒、酶等＋特异性抗体，可导致它们失活

以研究和诊断为目的已建立了种种其他检测方法以供抗原和抗体的定性和定量测定。由于免疫系统实际上可识别和记忆进入个体的所有抗原，所以证明患者血清中存

在某种生物抗体的测定方法就成为确定该患者曾接触过或被该生物感染过的标准方法（如患者血清中存在 HIV 抗体，通常意味着该患者已感染了 HIV）。换言之，具有明确特异性的抗体（如对与癌细胞相关抗原的抗体）能用于确定在患者体内存在与疾病相关的抗原。因为抗体可对抗原定位和鉴定，所以它们在分子与细胞的研究上也是极为重要的工具。

ELISA，RIA

患者血清中存在对特定抗原的抗体可用十分敏感的放射免疫测定法（RIA）或酶联免疫吸附测定法（ELISA）测定。这些测定方法（图 D7.1）在证明对感染因子如病毒、细菌等抗原产生的抗体上是特别有价值的。用这些测定方法的改进法也可检测是否存在特定同种型抗体。放射变应原吸附测定法（radio-allergo-sorbent test，RAST）使用对人类 IgE 放射标记的抗体作为检测配体，并得以测定对变应原特异的 IgE 抗体。ELISA 和 RIA 不仅对血清中，而且对水、食品及其他日用产品中的毒素、药物、激素、农药等提供非常特异和敏感的测定方法。根据这些方法能很容易地建立对几乎任何抗原或抗体的检测。

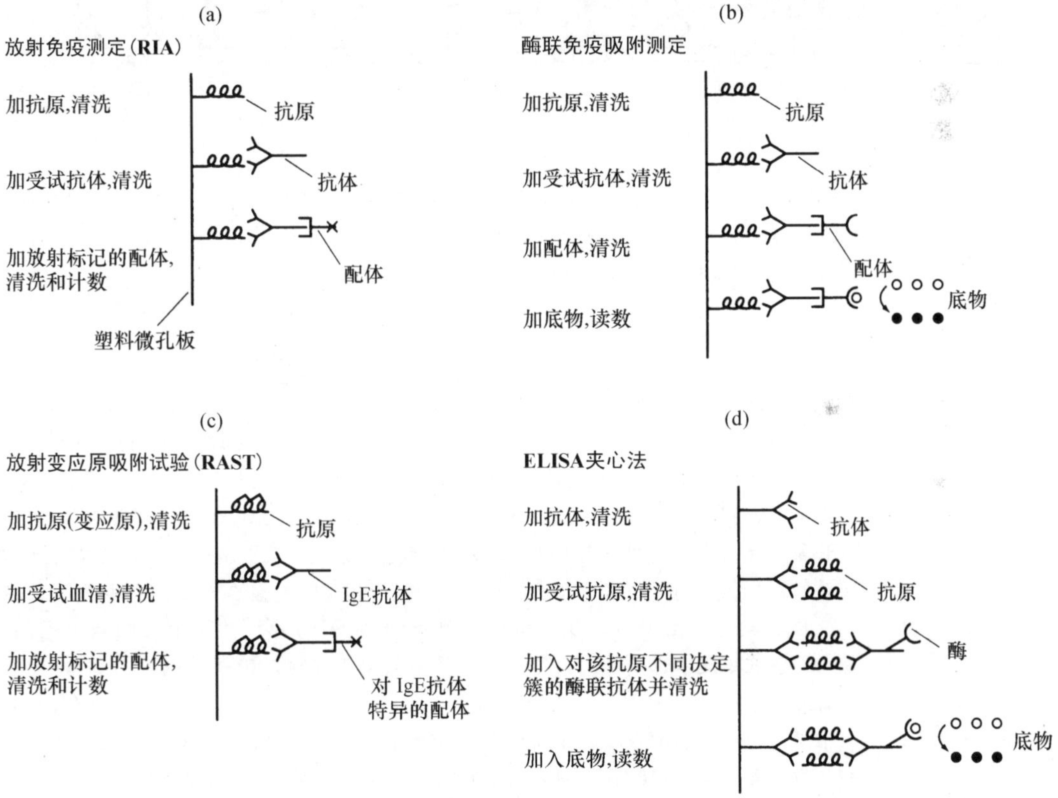

图 D7.1　(a)放射免疫测定法（RIA）。在微量滴定板的孔中孵育抗原，少量抗原被吸附。洗掉游离的抗原。加入受试抗体使之与抗原结合，洗掉未结合的抗体。留下与抗原结合的抗体通过放射性标记的配体（如对受试抗体同种型特异的抗体，或与 IgG 的 Fc 区结合的链球菌蛋白 A）来检测。(b)酶联免疫吸附测定法（ELISA）。这种方法，除其配体（如与受试抗原结合的抗体）与某种酶（如过氧化物酶）共价地偶联外，均与 RIA 法类似。此配体与受试抗体结合后，洗掉游离的配体，通过加入与酶作用的底物以产生有色的和可检测的终产物来检测结合的配体。(c)放射变应原吸附测定（RAST）。这种方法以 RIA 法测定抗原特异的 IgE，此 RIA 中，配体是标记的抗 IgE 抗体。(d)夹心法。本法除先将针对抗原的抗体吸附到微量滴定板的孔中并洗掉未结合的抗体外，按上述进行：先加入潜在来源抗原，并洗掉不被抗体结合的部分，然后加入对该抗原不同决定簇的酶联抗体，再清洗。通过改变所加底物的颜色检测抗原存在与否

免疫荧光和流式细胞术

虽然可用 ELISA 和 RIA 评价细胞上是否存在抗原，但用共价吸附的荧光标志物的抗体通常更为方便。此外，在大多数情况下用 mAb，因此对特定的分子及在该分子上特定的表位是高度特异的。这类测定可采用直接荧光标记抗原(直接免疫荧光)的抗体，或通过先将未标记的抗体与特定细胞一起孵育(如针对人 T 细胞的鼠 mAb)，然后洗去未结合的抗体，再加入与第一抗体起反应的第二荧光标记抗体(如抗鼠免疫球蛋白的山羊抗体)来进行。这种间接免疫荧光法(图 D7.2)有两个优点：①它有较高的灵敏度；②只需要标记一个抗体(第二抗体)，因为在所给的例子中，它能通过与对其他抗原的鼠抗体反应来检测。

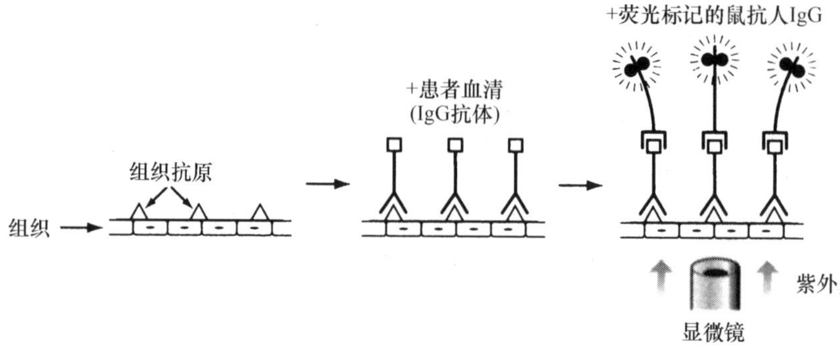

图 D7.2　自身抗体的间接免疫荧光测定。将患者血清加到组织切片上，自身抗体与特定的自身抗原结合。清洗后，加入针对人 IgG 的荧光抗体，并在荧光显微镜下观察。在该患者的抗体与组织自身抗原结合的部位显示绿色

针对细胞表面分子(如与肿瘤相关的表面分子)的荧光抗体在检测表达抗原的细胞组织切片时是十分有用的。这种测定方法通过将具有标记抗体(用直接免疫荧光)或未标记抗体的组织切片孵育后，加入标记的第二抗体，然后用荧光显微镜检查组织切片。这些显微镜用激发抗体上荧光标记波长的光照射组织，以使抗体发射不同波长的光。此发射的光能直接观察、照相甚至定量。而且，有可能同时用几种不同的抗体分析同一组织样品，因为每种抗体可用不同的荧光分子标记，每种荧光分子以不同于其他分子的波长发射光。也可能通过先透化处理细胞，然后用染色和荧光镜检来寻找胞内分子(如抗体)。因此，人们可用这种方法建立与某一组织相关的细胞的分子指纹图谱。

虽然荧光显微镜可以用于分析**单细胞悬液**，但另外一种技术上相当尖端的方法——**流式细胞术**也很常用。这种方法采用与用荧光显微镜所述的同一基本染色步骤，随之进行与单个细胞相关的荧光量的自动定量(图 D7.3)。特别是，将染色的细胞悬液送入分散这些细胞的流式细胞仪，于是细胞排成单一纵列通过聚焦的激光束，激光束激发任何与这些细胞有关的荧光标记。由荧光抗体染色的那些细胞发射被光学传感器检测和定量的光线，并且用计算机以直方图形式绘制荧光强度图。流式细胞仪每秒钟可分析 1000 个细胞，并提供关于每一细胞上特定种类分子数目的定量数据。它也能分析细胞混合物，并提供关于它们的大小和颗粒形状，还有它们特异分子表达的资料。这种仪器的某些形式(**荧光激活细胞分选仪**)也能将细胞分离成微滴，并把那些表达一定量特定抗原的细胞分选到分离的管中，进一步进行分析和培养。

免疫印迹

为了鉴定和分析抗原及评价单个细胞分子的表达，可将各种分离和检测方法结合起来。Western 印迹分析法包括在十二烷基磺酸钠(SDS)存在时，用聚丙烯酰胺凝胶电泳(PAGE)分离抗原，SDS 导致分子按大小分离。然后将这些分子转移到另一种基质(如硝酸纤维素)上，在基质上形成一种与在凝胶上同样的图形。然后，再加入对感兴趣的分子的酶联抗体，洗掉未结合的抗体，加入底物(见 ELISA)以显色。此测定方法可对混

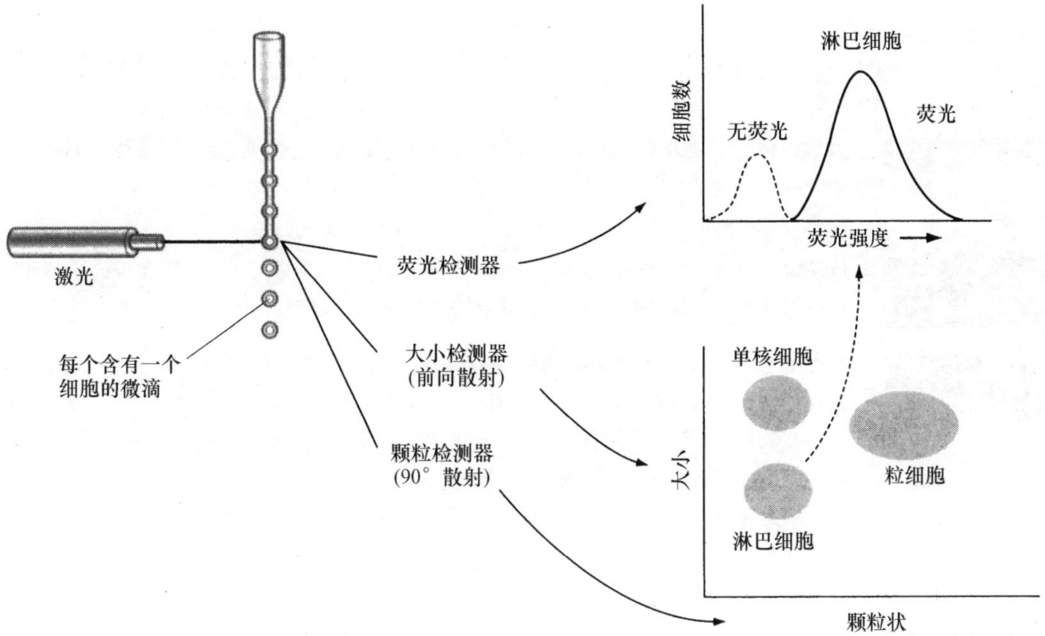

图 D7.3 流式细胞术。细胞用荧光抗体标记后，一次一个地通过激光束。光检测器测量荧光量，荧光量按直方图绘制，表明无荧光(未染色的)和有荧光(染色的)细胞的比例。其他检测器可同时测量散射的激光，用于产生可以辨别淋巴细胞、单核细胞和颗粒白细胞的"斑点印迹"

合物中的蛋白质做特异性鉴定，也常用于证实在患者血清中是否存在着对某种感染性因素(如 HIV)的抗体。

免疫印迹法像 ELISA 夹心法所述的一样，也用于测定在混合物中存在的分子。目前这种测定方法已被扩大用于分析单个细胞的产物。例如，测定细胞因子的产生，将对该细胞因子的抗体包被到具特殊培养孔的硝酸纤维素"底板"上(见 ELISA 夹心法)，洗掉未结合的抗体，然后将细胞接种到此抗体上面。孵育后，加入对细胞因子上不同决定簇的酶联抗体，清洗后，加入底物。无论产生这种细胞因子的细胞在哪里，它都将被第一抗体捕获，然后被第二抗体检测，其转化底物在硝酸纤维素上形成一个有色的斑点(因而取名 ELISPOT 测定)。也可在用荧光标记的细胞类型特异性抗体(如 T 辅助细胞的抗 CD4)和用不同荧光染料标记的抗细胞因子抗体将细胞染色后，用流式细胞仪测定产生细胞因子的细胞性质。

抗原和抗体亲和纯化

抗体的特异性不仅对建立许多研究和诊断测定是重要的，而且在某些情况下，也能通过与抗原相互作用而用于提纯或纯化。这是因为抗体与抗原的结合不形成共价键。与不溶解的基质(如琼脂糖)偶联的抗体可特异地结合其抗原，把它从其他分子的混合物中移出。洗涤后，去掉所有未结合的分子，在低 pH 和/或高离子强度下，由于抗原与抗体之间可逆的键断裂，而将抗原洗脱下来。因为通常使用这一方法不破坏抗原或抗体，所以有可能一步就获得比较纯的抗原。同样，与不溶解的基质偶联的抗原也可纯化介质或血清中的抗体。抗体也可根据它与从某些金黄色葡萄球菌菌株分离出的蛋白质(如蛋白 A)的结合而被纯化。与琼脂糖偶联的蛋白 A 结合 IgG 抗体，IgG 抗体可通过降低洗脱缓冲液的 pH 和/或增加洗脱液的离子强度而被洗脱，也不破坏抗体。用类似的技术，也可将具有特征的细胞表面分子(如 B 细胞的免疫球蛋白)的细胞亚群，从细胞混合物中分离出来(阳性选择)或去除(阴性选择)。

D8 抗体的功能

要 点

抗体单独的作用 假如抗体与毒素或病毒的生物活性的关键部分紧密结合并将其封闭，抗体就能单独地中和病毒与毒素。同样，抗体能抑制微生物侵入黏膜表面，在某些情况下，可诱导程序性细胞死亡(细胞凋亡)。

抗体在补体活化中的作用 IgG 和 IgM 抗体在与抗原结合时，能激活补体经典途径，导致表面具有该抗原的细胞溶解和/或吸引能吞噬表达该抗原的细胞的免疫细胞(趋化性)。

抗体与效应细胞的作用 吞噬细胞(PMN 和巨噬细胞)有各种各样的受体，包括补体成分 C3b 的受体、IgG Fc 区的受体(FcγR)和 IgA Fc 区的受体(FcαR)等。这些受体增强与抗体和/或补体调理的微生物结合、吞噬作用或 ADCC。抗原(如变应原)与已和肥大细胞上 IgE 的 Fc 受体结合的 IgE 相结合，导致脱粒，随后增强急性期炎症应答。

相关主题 固有免疫系统的细胞(B1) 固有免疫和炎症(B4)
固有免疫系统的分子(B2) 对不同生物的免疫(H2)

抗体单独的作用

在某些情况下抗体能单独中和并防御病毒和毒素。然而，其效力主要取决于抗体的特异性和亲和力，即它必须与毒素或病毒生物活性的关键部分反应，以及必须足够紧密地与毒素或病毒结合，以防止毒素或病毒与细胞表面受体相互作用(毒素或病毒通过细胞表面受体得以进入)。同样地，抗体(主要为 IgA)能与细菌结合，并抑制它们附着于黏膜上皮细胞。它们也能引起细菌凝集，因此防止细菌侵入黏膜表面(见 D2)。另外，对细胞表面某些分子特异的抗体能诱导程序性细胞死亡(细胞凋亡)。

抗体在补体活化中的作用

在许多情况下，抗体保护机体抗感染的能力通过或依赖补体系统而被极大地增强。如 B2 主题所述，补体系统是所有脊椎动物共有的保护系统。人体中，补体系统由一组 20 种以上可溶性糖蛋白组成，其中许多由肝细胞和单核细胞产生。这些分子基本上存在于血液和其他体液中，并可能大量存在，尤其 C3，是补体系统的关键分子。组分分子(C)包括 C1(C1q、C1r、C1s)、C2、C3、C4、C5、C6、C7、C8、C9，以及一组主要与旁路途径有关的分子，包括 B 因子和 D 因子(见 B2)。在适当的引发下，这些组分彼此有序地相互作用。这一分子"级联"事件包括某些补体成分裂解成活性片段(如 C3 被裂解成 C3a 和 C3b)，这种片段有助于紧接其后成分的活化，最终导致各种微生物的溶解和/或防御各种微生物。

当 IgG 或 IgM 类别的抗体(见 D1，表 D8.1)附着到抗原上时，激活补体**经典途径**，导致补体介导的附有抗原的微生物(或其他细胞)溶解。此外，补体活化也能导致吸引免疫细胞(趋化性)和活化补体包被的细胞的调理作用和吞噬作用(见 B2)。此途径也能被 Ag-Ab 复合物晶格激活。

表 D8.1 经经典途径导致细胞溶解的补体活化顺序

T(靶细胞)+A(抗体)	TA 复合物
TA+C1q、r、s	TAC1
TAC1+C4	TAC1、4b+C4a
TAC1、4b+C2	TAC1、4b、2b+C2a
TAC1、4b、2b+C3	TAC1、4b、2b、3b+C3a
TAC1、4b、2b、3b+C5	TAC1、4b、2b、3b、5b+C5a
TAC1、4b、2b、3b、5b+C6+C7	TAC1、4b、2b、3b、5b、6、7
TAC1、4b、2、3b、5b、6、7+C8	TAC1、4b、2b、3b、5b、6、7、8
TAC1、4b、2b、3b、5b、6、7、8+C9	TAC1、4b、2b、3b、5b、6、7、8、9 T 溶解

注：T，靶细胞；A，抗体。

活化顺序

形成能与首个补体成分(C1)结合的部位需要结合单个的IgM抗体或彼此接近紧密结合的两个IgG分子。接着,C1复合物(C1q、C1r、C1s)的C1q组分与联胞抗体的Fc区结合(图D8.1),引起C1活化,然后活化的C1催化C4和C2裂解,于是裂解片段(C4b和C2b)与细胞表面结合,形成新的联胞酶——C3转化酶(C4b+C2b)。然后C3转化酶将C3裂解成C3a和C3b。C3b与细胞表面结合,形成C4b、2b、3b复合物。C3裂解成C3a和C3b是补体系统活化中无比重要的事件。这可得到两种不同的裂解酶,C3转化酶是旁路途径的一种组分(见B2),另一个是经典途径的组成部分。断片之一的C3b是非常活泼的,并且实际上能与任何分子及与细胞共价结合。假如C3b与自身细胞结合,则与这些细胞相关的调控分子(见下述)可使它失活,保护细胞免受补体介导的损伤。

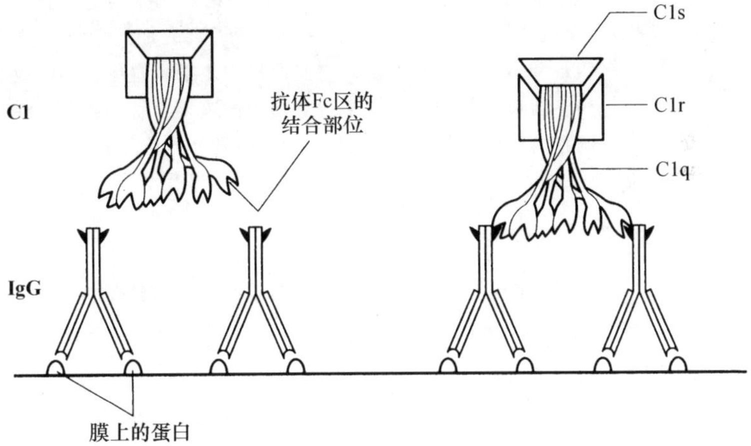

图D8.1 通过C1与抗体结合启动补体活化。邻近与膜上重复的抗原决定簇结合的IgG分子Fc区的CH2区,与C1的亚单位C1q相互作用,引起C1r和C1s亚单位活化,从而暴露酶活性位点

经典途径中的C4b、2b、3b复合物调控紧接其后补体成分C5、C6、C7、C8和C9与细胞表面的反应和结合(表D8.1)。更特别的是,C5b是形成“膜攻击复合体”(membrane attach complex,MAC)C5b－C6－C7－C8－C9的关键,MAC介导微生物的溶解。C5～9组分的活化顺序与旁路途径所述的相同(见B2),并且因C9复合物插入膜中形成孔,引起对膜的功能与结构的损伤。

补体系统的主要功能

经典途径有像旁路途径同样的生物活性和主要功能,包括:

- 通过直接活化肥大细胞引发(急性)炎症;
- 吸引嗜中性粒细胞到微生物攻击的部位(趋化性);
- 增强微生物对吞噬细胞的附着(调理作用);
- 活化膜攻击复合体杀伤微生物(溶解)。

对这些主要功能最重要的补体系统的组分分别是来自C3和C5的炎性肽C3a和C5a(过敏毒素)。C3a和C5b与肥大细胞的受体结合,使它们释放药理介质(脱粒)。例如,引起平滑肌收缩和增加血管通透性的组胺(见B2、B4和K4)。C5a还有趋化性,并吸引嗜中性粒细胞(PMN)到其生成的部位(如微生物攻击的部位)。它也引起PMN黏附、脱粒和激活呼吸暴发。

C3b及其分裂产物(和C4b)也很重要,它们起调理素的作用,标明吞噬细胞受体识别的靶位点。这些受体(如补体受体,CR1=CD35)在单核细胞/巨噬细胞、PMN和红细胞上表达。被 C5a 吸引到补体活化部位的 PMN，通过其细胞表面的补体受体发现 C3b 并与之结合，此相互作用极大地增强了这些细胞将微生物内在化的活性。因此补体不仅能导致微生物溶解，而且能吸引吞噬细胞并通过 C3b 识别这些细胞该吞噬什么。甚至连抵抗直接被补体裂解的生物也可被吞噬和杀伤。含有 C3b 的复合物与红细胞上 CR1 的结合，将免疫复合物穿梭般输送给肝和脾的单核吞噬细胞，使其易于被清除。

最后，C5b～C9(即 MAC)，特别是 C9 在靶细胞膜上产生“孔”。这些孔的孔径大约为 10nm，能使细胞内成分渗出和水分流入，从而引起细胞的解体(溶解)。

调节

补体系统是炎症和破坏的强有力介质，如果失控，将引起宿主细胞的广泛损伤。然而，补体成分在激活后迅速失去结合能力，将其膜损伤能力限制到紧邻活化部位附近。补体系统也受抑制/调节蛋白的严格调控。这些调节蛋白(表 D8.2)包括 C1 抑制因子、(凝血)因子 I、C4b 结合蛋白、H 因子、衰变加速因子(DAF)、膜辅因子蛋白(MCP)和 CD59(protectin，保护素)，它们保护宿主细胞避免在补体级联的不同阶段受到破坏或损伤。因为调节蛋白在许多宿主细胞的表面上而不在微生物上表达，所以它们将损伤限制在活化的部位，并且通常限制到引发补体活化的侵入微生物部位。

表 D8.2 补体系统的调节蛋白

蛋白质	功能
C1 抑制因子	与 C1r 和 C1s 结合，并防止 C4 和 C2 进一步活化
(凝血)因子 I	酶促使 C4b 和 C3b 失活
C4b 结合蛋白	与 C4b 结合，替代 C2b
H 因子	通过结合 C4b 替代 C2b 和 C3b
DAF	使 C3b 和 C4b 失活
MCP	促进 C3b 和 C4b 失活
CD59	防止 C5b、6、7 复合物与宿主细胞结合

活化与失活

因为活化的补体成分不稳定，也很容易被补体调节蛋白失活，所以补体的活性是短命的。因此补体活化就相当于它失活。即在个体中补体水平的降低可表明该补体消耗比产生快，说明补体慢性活化可能是由于体内抗原抗体复合物持续形成的结果。

抗体与效应细胞的作用

各种效应细胞都有抗体 Fc 区的受体。吞噬细胞(PMN、巨噬细胞和嗜酸性粒细胞)利用它们的 IgG 或 IgA 的 Fc 受体(Fc receptor，FcR；IgG 的 FcR 为 FcγR；IgA 的 FcR 为 FcαR)，增强抗体调理微生物的吞噬作用。另外，这些 FcR 能通过抗体依赖性细胞介导的细胞毒性(antibody dependent cellular cytotoxicity，ADCC)，介导细胞杀伤。PMN、单核细胞、巨噬细胞、嗜酸性粒细胞和 NK 细胞能直接杀伤抗体包被的靶细胞(图 D8.2)。即在出现 ADCC 作用时，靶细胞的溶解不需要内在化(虽然也可发生内在化)，但涉及毒性分子(如 TNFα，见 B2)在靶细胞表面释放。

经抗体介导的补体顺序(经典途径)活化，或经补体旁路途径被某些微生物活化产生的补体成分 C3b 也能通过吞噬细胞受体介导增强吞噬作用。肥大细胞和嗜碱性粒细胞有 IgE 的 FcR(FcεR)，FcεR 在与 IgE 包被的抗原或细胞结合时，能引发脱粒和随后增强急性炎症应答。通过此机制引起肥大细胞/嗜碱性粒细胞的过度刺激，导致病理反应(见 K2)。

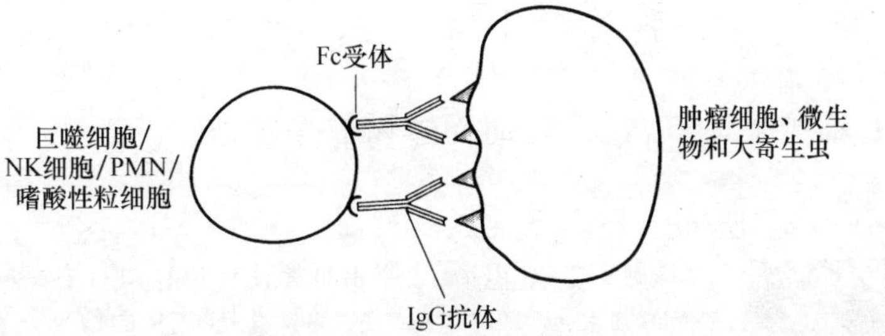

图 D8.2 抗体包被的靶细胞的抗体依赖性细胞毒性(ADCC)。几种效应细胞群有 IgG Fc 受体(FcR)。抗体包被的微生物通过这些受体吸附到巨噬细胞或 PMN 上,他们产生的交联导致有毒物质释放。这些细胞外的杀伤可能通过 FcR 或补体受体在调理的微生物被吞噬之前发生。在抗体包被的靶太大(如蠕虫)以致不能被吞噬时也会发生。嗜酸性粒细胞通过这种机制在杀伤蠕虫方面是特别重要的(见 H2)。巨噬细胞、PMN 和嗜酸性粒细胞也能利用 IgA 的 FcR 产生 ADCC。NK 细胞介导的病毒感染的细胞和肿瘤细胞的死亡能通过 ADCC 增强

(林慰慈 译)

E 抗体应答

E1 B细胞受体复合物、辅助受体和信号发送

要 点

B细胞受体(BCR)复合物 B细胞受体(BCR)复合物由抗原受体(Ig)和与之交联的另外两条多肽 Igα 和 Igβ(CD79a和CD79b)组成。Igα 和 Igβ 是 BCR 的信号分子,也是 Ig 装配与表达所必需的。

B细胞辅助受体 辅助受体,包括CD21、CD32和CD19,均与BCR复合物交联,特别是在BCR与一个或多个辅助受体通过抗原-补体/抗体复合物连接时。由Ig-Igα/Igβ复合物发送的信号根据其所连接分子的不同而增强或抑制①。

受体-配体相互作用 淋巴细胞为执行其功能必须被激活。淋巴细胞经其抗原受体与抗原的结合(信号1)是必要的,但尚不足以刺激它,并可能不发生反应。B细胞表面的辅助分子和共同刺激分子,对细胞-细胞相互作用和导致活化的信号转导事件(信号2)是需要的。

通过辅助受体发送信号 B细胞信号发送通过与BCR联合的Igα/Igβ复合物引发,并导致免疫受体酪氨酸活化模体(ITAM)磷酸化。随后是包括激酶和磷酸酶的一系列有序的生化事件。这些事件受辅助受体的信号调节。第二信使导致转录因子活化,并因此导致淋巴细胞功能的活化。

相关主题 固有免疫系统的细胞(B1) B细胞活化(E2)
淋巴细胞(C1)

注①:B细胞活化过程中,辅助受体除了在形成B细胞受体信号时发挥辅助作用外,还在其后的一系列信号转导过程中发挥调解作用,也就是辅助受体为B细胞受体信号的合理传递提供保证。

B细胞受体(BCR)复合物

如D2节中所述,B细胞上的抗原受体是免疫球蛋白。细胞最初产生IgM,然后产生IgD,二者均呈现在成熟的B细胞表面。这些Ig是跨膜分子,虽然每个分子的胞质区只有三个氨基酸长度,太短以致无法在抗原与抗体结合时向细胞发送信号。然而,这种膜结合的Ig与B细胞上的另外两条多肽Igα和Igβ联合(图E1.1)。这些小分子质量(20kDa)跨膜分子是BCR的信号分子。当IgM、IgD(或者B细胞上的其他Ig同种型)与抗原结合发生交联时,Igα和Igβ转导开始准备细胞以便与T辅助细胞产生相互作用的信号。Igα和Igβ对质膜上的免疫球蛋白从而对B细胞受体复合物的装配和表达也是必需的。

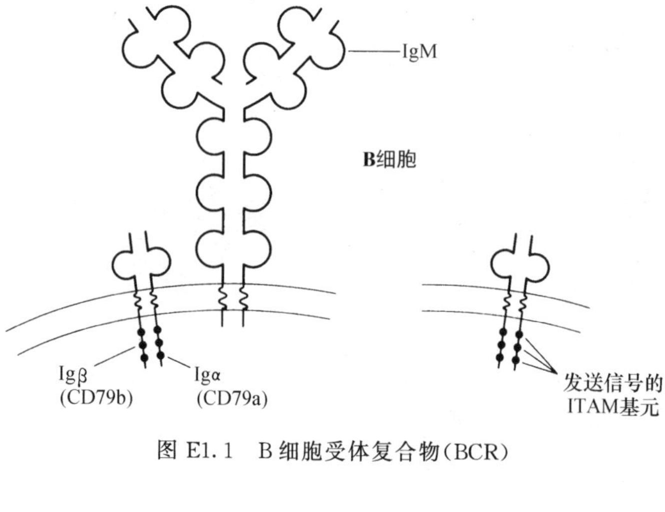

图E1.1 B细胞受体复合物(BCR)

B 细胞辅助受体

与 B 细胞受体复合物相关联的分子在发育早期表达，使 B 细胞表面有可能装配功能性抗原受体。对 B 细胞功能(包括它们呈递抗原的能力)起重要作用的其他分子，如 MHC Ⅱ类分子，也在 B 细胞生命早期发育。此外，在 B 细胞表面的辅助受体复合物能够依赖相连接的分子，增强或者抑制 Igα/Igβ 复合物的信号发送。这种辅助受体复合物包括 CD21(补体受体 2，CR2)、CD32(IgG Fc 区的受体，FcγR Ⅱ B)和 CD19(一种信号分子)。这些分子与 BCR 复合物联合，尤其是当 BCR 和辅助受体复合物与同一抗原相互作用时，即如果 BCR 也与同可溶性抗体和/或补体相互作用的同一抗原结合，则 CD21 和 CD32 将被接合，并通过这些信号分子，影响 Igα/Igβ 复合物的信号发送(图 E1.2)。

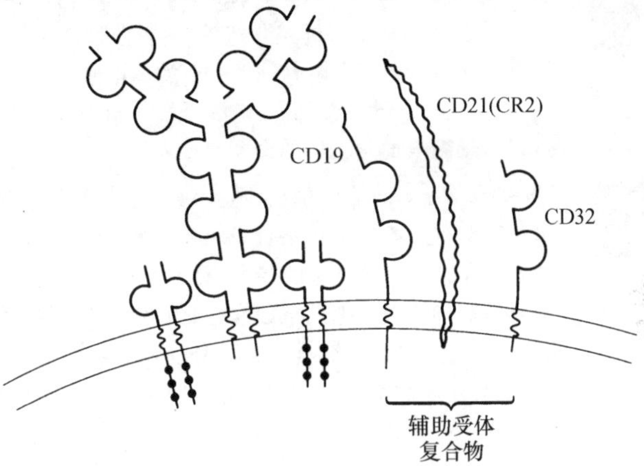

图 E1.2　BCR 复合物及其辅助受体复合物

受体-配体相互作用

淋巴细胞为了执行其功能必须被激活。在分子水平上，这意味着通过细胞表面受体相互作用接收细胞外的信息。然后，这个信号通过胞质传到核(信号转导)，诱发细胞增殖所需的基因转录，并且合成和释放效应分子，如细胞因子和抗体。虽然淋巴细胞通过其抗原受体与抗原结合(信号 1)对刺激细胞是必需的，但是如果没有同时提供信号 2，则刺激不够，并常常引起无反应性。当然，辅助细胞表面分子[如 B 细胞上的 B7-1 和 B7-2(CD80 和 CD86)、CD40 和 LFA-1]与它们在 T 细胞上的反受体结合是重要的，因为这些相互作用增加细胞-细胞相互作用的亲和力。此外，共同刺激分子(其中一些也是辅助分子)通过提供关键的第二信号(信号 2)调节导致活化的信号转导事件。B 细胞被激活有时需要 T 细胞，有时不需要 T 细胞。多聚体抗原能直接刺激 B 细胞，而对蛋白质抗原的应答则需要 T 细胞的辅助。

通过辅助受体发送信号

B 细胞上的抗原受体没有足够长的胞质内尾部，以及发挥信号分子作用的氨基酸组成。因此，B 细胞信号发送是通过与 BCR 相关联的 CD79a/b 开始的。这些分子具有免疫酪氨酸活化模体(ITAM)，模体被激酶磷酸化后启动活化过程。与导致 T 细胞活化的早期事件相似，B 细胞受体复合物的分子与膜上称为“脂筏”(见 F4)的胆固醇富集区内涉及磷酸化的酶联合。然后，一系列有序的生化事件通过激酶和磷酸酶而发生，这些事件受来自其他辅助受体细胞表面分子的调节。第二信使产生，它最终负责核内转录因子的活化，以及淋巴细胞效应功能所需要的细胞周期蛋白和分子的产生。细胞因子诱导活化的 B 细胞增殖及进一步分化。

E2 B细胞活化

要 点

两类B细胞 两类B细胞可以根据它们在增生和分化时是否需要T细胞的辅助而区别开来。B1细胞是不依赖T细胞的，主要产生分泌性IgM抗体，并且一般识别微生物的多聚糖/脂质(不依赖胸腺的T-I)抗原。B2细胞(常规的B细胞)是依赖T细胞辅助的，并且主要负责发展IgG、IgA和IgE抗体介导的免疫。

不依赖胸腺的(T-I)抗原 虽然B细胞对大多数抗原的应答需要T细胞的辅助，但被某些抗原的活化却例外②。这些不依赖T细胞的抗原有两种类型，两种均主要产生低亲和力的IgM抗体。Ⅰ型抗原是细菌多糖促细胞分裂原，它激活B细胞而不依赖它们的抗原受体。Ⅱ型抗原是线形的、不易降解的抗原，如肺炎链球菌多糖。这些抗原存留在巨噬细胞表面，并通过与B细胞表面的受体的交联直接刺激B细胞。

依赖胸腺的(T-D)抗原 Th细胞诱导B细胞产生抗体，转换产生抗体的同种型，并经受亲和力成熟。大多数抗原与B细胞上抗原受体结合，提供一个信号，而Th细胞产生的细胞因子和在同源B细胞上互补的表面分子的接合，提供引起B细胞活化的第二信号。Th细胞识别抗原特异的B细胞表面上的抗原肽，因为B细胞能经过膜Ig特异地捕获抗原，并将它的肽酶与MHCⅡ类分子联合。Th细胞一旦经TCR激发，就表达CD40L，再经B细胞的CD40表面受体激发B细胞活化。激活的B细胞经CD28与T细胞相互地共同刺激，使T细胞产生IL-2、IL-4和IL-5，结果使T细胞和B细胞均克隆扩增和分化。

导致B细胞活化的生化事件 在B细胞与抗原相互作用之后，Igα/Igβ分子通过其胞质内尾部的免疫受体酪氨酸活化模体(ITAM)递送第一信号。B细胞受体复合物的辅助受体(CD21和CD19)调节这些起始信号。若C3d与特异抗原结合，则CD21可与C3d结合，并提供B细胞活化时的附加阳性信号。B细胞上的膜受体抗体通过T-I抗原发生交联，诱导辅助受体成簇，这些成簇的辅助受体导致多信号用以增强激酶网络和产生IgM的B细胞活化。接触T-D抗原的B细胞在其CD40与Th细胞的CD40L结合时，接受到第二信号。这一信号与细胞因子(如IL-2、IL-4等)一起，诱导B细胞增殖和分化，形成浆细胞和记忆细胞。

相关主题
淋巴细胞(C1)
抗原和抗体的调节(G4)
B细胞受体复合物、辅助受体和信号发送(E1)
抗原的T细胞识别(F2)
基因、T辅助细胞、细胞因子和神经内分泌系统(G5)
原发性/先天性(遗传性)免疫缺陷(J2)

注②：一般的抗原需要与淋巴细胞表面的受体(B细胞受体或者T细胞受体)结合后，才能进一步激活淋巴细胞，诱发淋巴细胞发生一系列变化，产生免疫应答。但是对于T-I抗原，不需要通过与B细胞表面受体结合就可以激活细胞，产生其后的反应。

两类B细胞 两类B细胞可根据它们在增殖和分化时是否需要T细胞的辅助而区别开来。B1细胞在个体发育早期出现，主要产生由种系抗体基因编码的分泌性IgM抗体，它是在骨髓中自主成熟的。这些细胞一般识别微生物的多聚糖/脂质抗原，是不依赖T细胞的(T-I)，即在对抗原应答时，不需要T细胞辅助来增殖和分化。

B2细胞是常规的B细胞，主要负责产生体液(抗体)介导的免疫。它们在骨髓中产生，并且是依赖T细胞的(T-D)，即它们在对抗原的应答时，需要T细胞辅助来增殖和分化。B2细胞最终发育为产生IgG、IgA和IgE抗体的浆细胞。

不依赖胸腺的(T-I)抗原

虽然 B 细胞对大多数抗原的应答需要 T 细胞辅助，但当 B 细胞被某些抗原活化时却不需要。在大多数情况下，这些 B1 细胞识别并对不依赖 T(T-I)的抗原产生应答，并主要产生低亲和力的 IgM 抗体。然而依赖 T(T-D)的抗原产生更高亲和力的其他类型抗体。T-I 抗原有以下两类。

1 型抗原

细菌多糖在足够高浓度下有能力活化大多数 B 细胞，而不依赖其特异性抗原受体。它们通过促有丝分裂组分，绕过从抗体受体开始的早期生化途径进行活化。B 细胞集中多糖抗原，并在足够高的浓度下驱使其活化(图 E2.1)。

2 型抗原

某些不易降解的、在分子上有相应空间表位的线型抗原，如肺炎球菌多糖，能以不依赖 T 细胞的方式直接刺激 B 细胞。这些抗原存留在脾边缘区和淋巴结被膜下的巨噬细胞表面，并通过与 B 细胞表面受体交联直接刺激 B 细胞(图 E2.1)。尽管活化不依赖 T 细胞，但 T 细胞产生的细胞因子能增强这些应答。

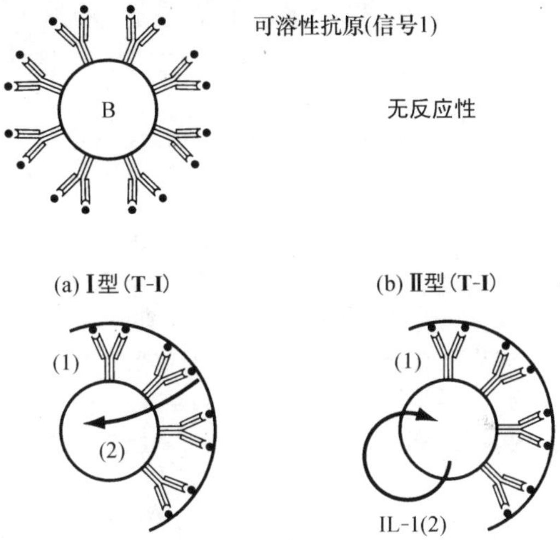

图 E2.1 B 细胞通过不依赖 T 细胞的抗原活化。可溶性抗原与 B 细胞抗原受体(抗体)相互作用，导致无反应性(只有信号 1)。信号 2 由 I 型抗原的促有丝分裂组分(箭头)(a)和经 II 型抗原的 IL-1 的自分泌活性(箭头)(b)提供

依赖胸腺的(T-D)抗原

对大多数抗原来说，抗体的产生需要 T 细胞参加。尤其是 Th 细胞诱导 B2 细胞增殖、分化和产生抗体。此外，Th 细胞诱导产生抗体的类别转换和亲和力成熟。为完成这一任务，Th 细胞产生关键的细胞因子，并直接接合同源 B 细胞，以及通过细胞表面受体引发其活化。这种 T 细胞、B 细胞合作是必要的，因为大多数(非多聚体)抗原与大多数 B 细胞上的抗原受体结合提供第一信号，在没有第二信号时，该信号是一个无反应性信号，即关闭 B 细胞。由 Th 细胞产生的细胞因子和互补性表面分子的接合，为 B 细胞提供了导致其活化必不可少的第二信号(图 E2.2)。

更准确地说，因为 B 细胞能经膜(m)IgM 和(m)IgD 特异性地捕获抗原，所以 Th 细胞识别在抗原特异性 B 细胞表面的抗原肽。B 细胞的这一捕获、加工和呈递特异抗原的特征，使其在通过清除受体和其他受体正常地接纳抗原的抗原呈递细胞中，成为独一无二的(见 B3)。然后抗原被胞吞，通过外源加工途径降解，产生的肽和Ⅱ类 MHC 分子联合(图 E2.3；见 F2)。具有肽-MHC 复合物特异性 TCR 的 Th 细胞经 TCR-MHC 相互作用和通过黏附分子的接合，识别并结合 B 细胞。

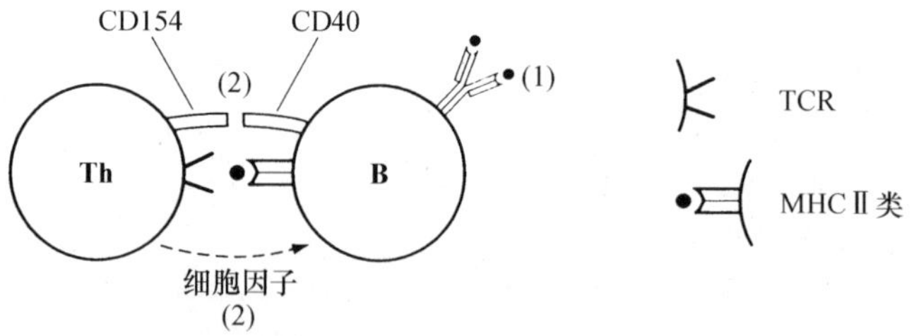

图 E2.2 B细胞的T细胞活化。T细胞经CD154(CD40配体)与CD40连接，也经细胞因子给B细胞提供第二信号

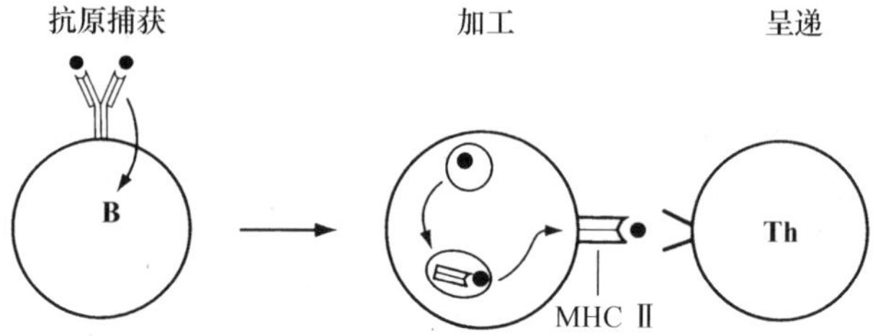

图 E2.3 B细胞通过T细胞辅助的活化作用。捕获的可溶性抗原被加工和呈递给Th细胞，进而Th细胞为B细胞活化提供所需的第二信号

一旦经TCR引发，Th细胞表达CD40配体(CD40L，B细胞表面CD40的配体)，这种Th细胞经CD40表面受体，引发B细胞活化(图E2.4)。结果，活化的B细胞经CD28相互地共同刺激Th细胞。此时，T细胞和B细胞均被刺激。然后T细胞产生细胞因子，包括IL-2(Th细胞自分泌生长因子)、IL-4和IL-5(活化B细胞的生长和分化因子)。结果，T细胞和B细胞均克隆性地扩增和分化。B细胞CD40与T细胞CD40L的连接也是很重要的，因为它使B细胞免于在生发中心死亡(见E3)。

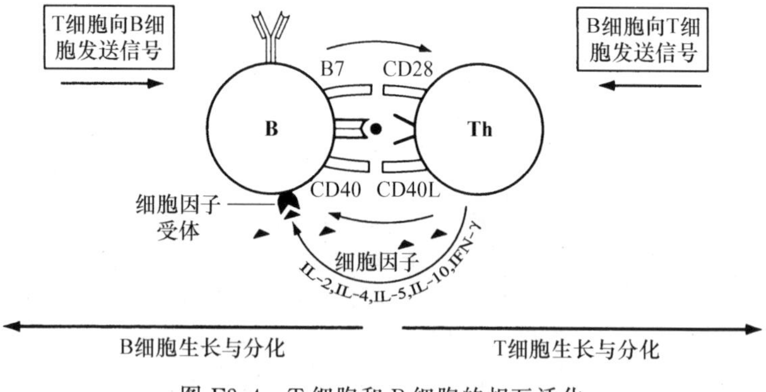

图 E2.4 T细胞和B细胞的相互活化

导致B细胞活化的生化事件

在B细胞上的跨膜表面免疫球蛋白抗原受体，像T细胞上的TCR一样，具有本身不能转导信号的短的胞质内尾部。因此，与B细胞抗原受体接合时，与这些受体相关联的其他分子介导信号发送。尤其是B细胞受体复合物(见E1)的CD79a和b含有免疫受体酪氨酸活化模体(ITAM)，ITAM在活化早期阶段被磷酸化，并引发B细胞信号级联。B细胞受体复合物的其他成员(图E2.5)调节由抗原结合介导的起始信号，并增强细胞-细胞相互作用强度。例如，CD21(结合C3d的补体受体)由于和与抗原联合的C3d结合，在B细胞活化时，可提供附加的阳性信号。与T细胞活化时一样，B细胞中的这些过程由磷酸酶和激酶介导。一种激酶(btk)的重要性是通过观察其编码基因的突变导

致 B 细胞缺乏(Bruton 氏无丙种球蛋白血症，见 J2)所表明。

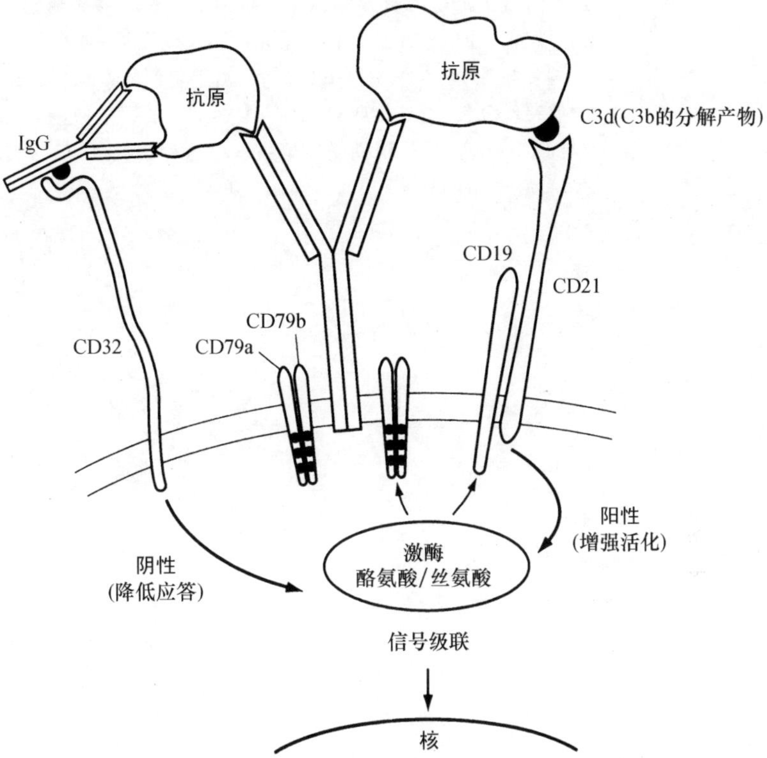

图 E2.5　B 细胞经 BCR 和辅助受体复合物的活化。抗原的附着导致几种激酶的活化及 Igα 和 Igβ 的胞质内的链在其 ITAM 上被磷酸化。CD21 和与补体(C3d)结合着的抗原结合，以阳性方向经 CD19 调节信号发送，而 CD32 和与抗原结合着的 IgG 抗体，与抗原受体相互作用，提供一个阴性信号(见 N6)

像 T 细胞一样，B 细胞活化需要两种信号。可溶性抗原单独与抗体受体结合(信号 1)导致细胞凋亡。实验中利用 B 细胞上 sIgM 的抗体可以看到这一点。当存在 Th 细胞 CD40L 与 B 细胞表面 CD40 相互作用提供的 B 细胞活化的第二信号时，诱导细胞增殖。这也是类别转换需要的。Th 细胞产生的其他细胞因子诱导相应的对 B 细胞分化成浆细胞或记忆细胞重要的信号(图 E2.6)。在 B 细胞开始活化和随后类别转换成

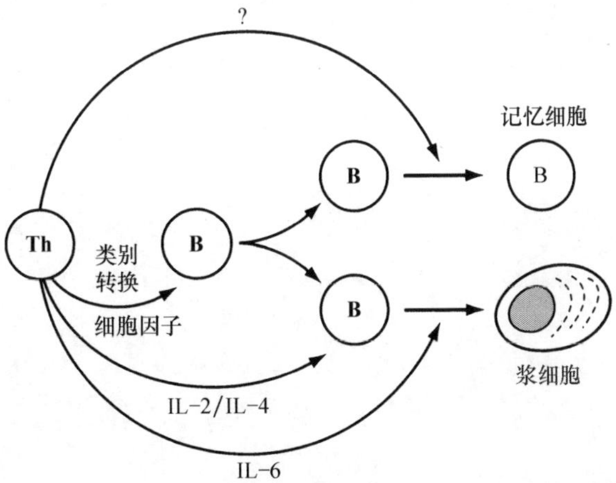

图 E2.6　细胞因子在 B 细胞成熟为记忆和浆细胞时的作用

IgG之后，B细胞很容易受 FcγRⅡ(CD32)和B细胞抗原受体的伴随结合的调节。特别是，与附着于IgG的特异性抗原结合能够抑制这些细胞进一步活化。结果，CD32向B细胞传送阴性信号并且阻止其活化（“负反馈”：见G4）。

T-I抗原，它们不诱导IgG应答（由于它们的CD40分子不被连接），经T-I 1型抗原的“促有丝分裂”组分接收第二信号。经T-I 2型抗原的第二信号是通过重复的抗原单位与BCR结合，导致辅助受体聚集。在这种情况下，信号转导与导致T-D B细胞活化的那些完全不同。

E3　抗体应答的细胞基础

要　点

B细胞的选择与活化	进入个体的抗原特异地与有该抗原受体的B细胞结合。在有T细胞辅助时，这些B细胞克隆扩增，其中一些分化成产生对启动应答的抗原特异性抗体的浆细胞。
初次应答和记忆应答	初次接触抗原时，发生导致产生IgM抗体的初次免疫应答。通常在4～5d内接着发生IgG免疫应答。这种应答是自限的，并且当没有刺激B细胞的抗原时即停止。当抗原再次进入时，产生更多已分化成效应更强的抗原特异性记忆B细胞，导致更迅速的应答，且通常引起IgG抗体产生。
多克隆应答	由单一细胞产生的抗体是同质的，但是对于一种给定抗原的应答，涉及许多产生不同特异性的抗体的细胞，因此，总的说来是非常异质的(即多克隆的)③。而且，一种抗体对一种微生物应答的效力可能依赖于这种异质性。
交叉反应应答	有时发现相似的或完全相同的抗原决定簇可与完全不相同的分子或细胞结合。这种交叉反应在下述情况是重要的：①在防御有交叉反应抗原的生物时；②在带有与正常的自身抗原产生交叉反应的抗原的感染性生物所诱发的自身免疫病中(如诱发风湿热的链球菌感染)④。
相关主题	淋巴细胞(C1)　克隆扩增与效应功能的发展(F5) 抗体类别(D2)　基因、T辅助细胞、细胞因子和神经内分泌系统(G5) B细胞活化(E2)

注③：一种抗原可以具有多个抗原决定簇，因此对于一个抗原的不同抗原决定簇可以产生不同的抗体，这就是所谓的针对一个抗原的多克隆抗体。

注④：交叉反应往往是外源性感染微生物诱导机体出现自身免疫损伤的基础。

B细胞的选择与活化

当抗原被引入个体后，具有该抗原受体的B细胞与之结合，使之内在化至内体中，并加工和在MHCⅡ类分子上呈递给辅助T细胞(见E2)。这些B细胞被激发增殖，产生大量的子细胞克隆。其中一些扩增克隆的细胞用作记忆细胞，其他的分化并成为产生和分泌大量特异性抗体的浆细胞(见E2)。例如，当抗原5(Ag5)进入人体(图E3.1)，超过10^6的B细胞有机会与之作用。只有很少的B细胞(如B5)具有这种抗原特异性受体。B5结合Ag5，使之内在化、加工和呈递到该B细胞表面的MHCⅡ类分子上。具有对MHCⅡ类分子上来自Ag5的肽特异性受体的T辅助细胞与此复合物结合，刺激该B细胞克隆地扩增，并分化成记忆B细胞和产生Ag5可溶性抗体的浆细胞。此外，T细胞与B细胞的直接作用，诱导依赖辅助细胞类型(Th1与Th2)及其分泌的细胞因子的类别转换，将导致IgG、IgA或IgE类抗体产生(见D3，G5)。

初次应答和记忆应答

当抗原(如微生物)被引入以前未遇到过该抗原的个体时，将在4～5d内形成**初次**免疫应答(图E3.2)。这种应答最初引起IgM产生，然后产生IgG或直接针对该抗原的其他抗体同种型，并且有一段持续时间和抗体同种型谱，这取决于引入抗原的量和抗原进入的方式。产生的抗体与存留的抗原作用，形成被吞噬细胞清除的复合物和/或沉淀物。浆细胞在其短暂的生存期(3～4d)持续制造抗体。如果开始即引入足够的抗原，则能存在抗原特异性B细胞的再刺激，其后形成更多的浆细胞，并因此增加抗体的产量。最终，当所有的抗原被去除后，再没有残留刺激B细胞，抗体应答将达到其高峰，并且由于抗体正常速率代谢的结果，循环中的抗体浓度将开始下降。

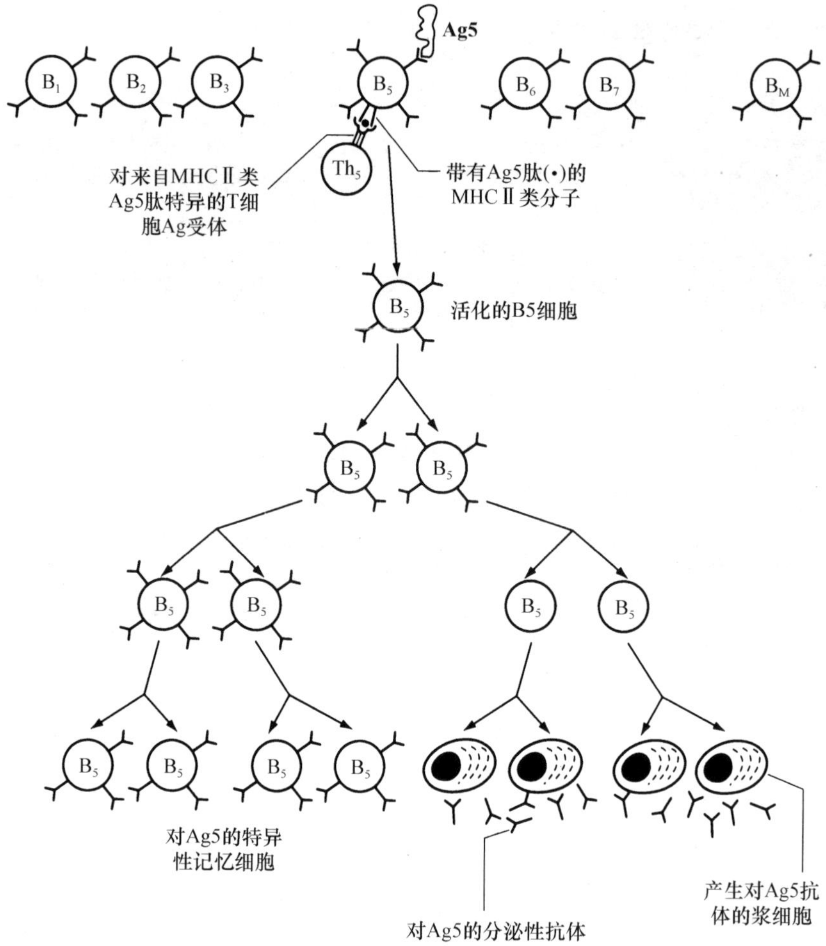

图 E3.1 克隆选择,记忆细胞和浆细胞

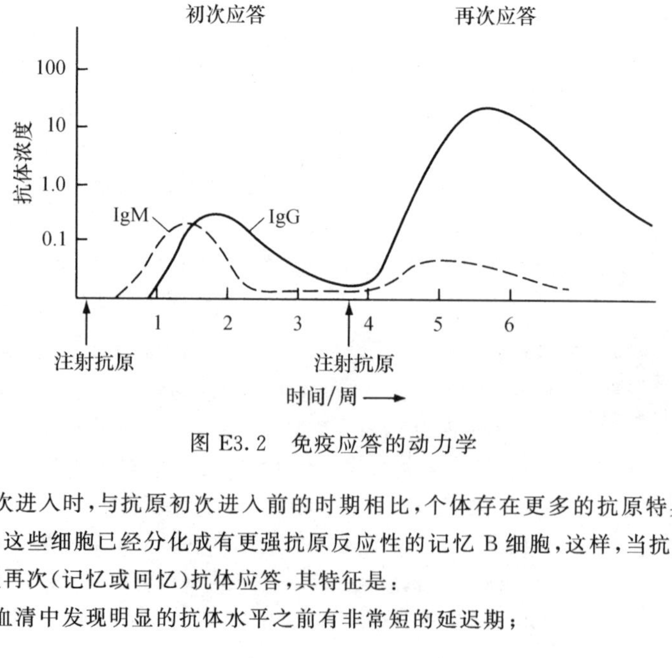

图 E3.2 免疫应答的动力学

当抗原再次进入时,与抗原初次进入前的时期相比,个体存在更多的抗原特异性 B 细胞。而且,这些细胞已经分化成有更强抗原反应性的记忆 B 细胞,这样,当抗原再次引入时,发生再次(记忆或回忆)抗体应答,其特征是:

· 在血清中发现明显的抗体水平之前有非常短的延迟期;

- 存在更多的浆细胞；
- 抗体产生速率更高，并且因此出现非常高的血清抗体浓度；
- 主要产生 IgG 类别的抗体；
- 高亲和性抗体。

多克隆应答

尽管由单一细胞及其子细胞产生的抗体是相同的（同质的或单克隆的），但是对于某种给定抗原的应答包括许多不同细胞的克隆，因此，总的说来，是非常异质的（多克隆的）。考虑到抗原决定簇的大小、分子上决定簇的数目和微生物上不同分子的数目，对微生物的总应答会产生大量不同的抗体（图 E3.3）。甚至针对单一抗原决定簇的抗体也是异质的，表明即使对单一明确的抗原决定簇，免疫系统也能够产生许多不同的抗体。这种异质性对抗体的许多保护性功能是必需的（见 D8）。

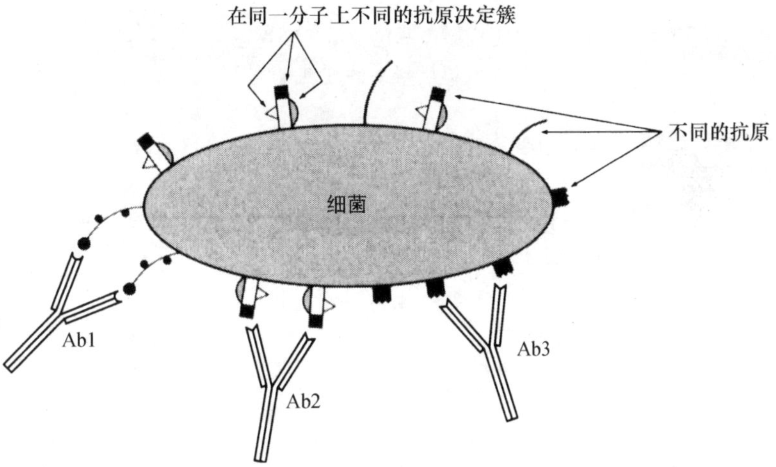

图 E3.3 针对细菌的异质性抗体应答

交叉反应应答

有时发现一个相似或完全相同的抗原决定簇与完全不相同的分子或细胞联合，称为交叉反应。因此，在大多数个体中存在与它们自己血型抗原不同的针对血型糖类的抗体，这是在某些微生物上存在糖类抗原的结果，这些抗原与血型抗原如果不是完全相同的，也非常类似。这种微生物的感染引起机体产生直接针对该微生物的抗原决定簇（包括这些糖类抗原）的抗体（表 E3.1）。

表 E3.1 临床上有关交叉反应的例子

免疫原	交叉反应抗原	重要性
破伤风毒素	破伤风毒素	抗细菌毒素
脊髓灰质炎病毒的 Ssbin 减毒株	脊髓灰质炎 脊髓灰质炎病毒	抗致病性脊髓灰质炎病毒
各种微生物	A 型或 B 型红细胞糖类	输血
β-溶血性链球菌	心脏组织抗原	风湿热

在某些情况下，对某种微生物形成的免疫力可防御另一种有交叉反应抗原的生物感染。许多疫苗由于通过：①致病性强和无致病性的生物品系；②毒性分子和它们的无毒性衍生物表达出相似或相同的抗原决定簇而是有效的。对大量不同分子的自然或先天抗体可能是同样现象的结果。此外，某些种类的自身免疫性疾病是由于带有与正常自身抗原起交叉反应的抗原的微生物感染所致。A 型 β-溶血性链球菌感染，由于产生链球菌抗原决定簇抗体而能导致风湿热。由于链球菌抗原与心脏组织分子类似，这样抗体可能不仅与微生物，而且也与心肌细胞反应，并造成损伤（见 K3 和 L3）。

E4 不同组织中的抗体应答

要 点

血 液

进入血液的抗原被脾巨噬细胞、树突细胞和B细胞捕获和收纳。这些细胞加工抗原并将存在于MHCⅡ类分子上加工后的抗原呈递给诱导B细胞分化和类别转换为IgG的T辅助细胞[⑤]。

黏 膜

进入黏膜区的抗原接触黏膜区下面的B细胞，再依次与诱导类别转换为IgA或IgE的Th2细胞相互作用。生成的浆细胞产生二聚体IgA，IgA可与上皮细胞的多聚Ig受体结合，并被转运到其介导保护作用管腔中[⑥]。

淋 巴

进入组织的抗原经淋巴被引导到淋巴结，在淋巴结中，APC将其加工并呈递给对抗原特异性B细胞提供帮助的T细胞。

作为B细胞成熟部位的生发中心

生发中心是B细胞在次级淋巴组织内增殖的转化灶，B细胞发育中的三个重要过程，即记忆细胞的形成、类别转换和抗体亲和力的成熟均发生在该处。因此，对抗原有较高亲和力受体的B细胞经选择、存活、增殖，其中一些成熟为记忆细胞，另一些成熟为浆细胞。

相关主题

淋巴细胞(C1)	黏膜相关淋巴样组织(C3)
淋巴器官和淋巴组织(C2)	淋巴细胞运输和再循环(C4)

注⑤：巨噬细胞、树突细胞将抗原在细胞内加工，并将加工后的抗原结合到MHCⅡ类分子上，然后将二者共同转移到细胞外表面；B细胞将抗原聚集在表面，并将其与表面MHCⅡ结合，然后呈递给T辅助细胞，活化的T辅助细胞进一步诱导B细胞分化，促进B细胞转换抗体分泌的类型。

注⑥：IgA是由位于管腔上皮层下的B淋巴细胞分泌，然后通过上皮细胞转运，将IgA运送到上皮层外，即可以直接与外界相接触的部位，发挥保护作用。

血 液

消除抗原的位置和机制很大程度上依赖于其进入的途径。当进入血流时，抗原最终被脾脏捕获。脾脏的巨噬细胞和树突细胞胞吞抗原、加工，并将抗原片段(抗原决定簇)呈递在MHCⅡ类分子上。T辅助细胞识别这些MHC-肽复合物，并对呈递相同抗原的B细胞提供帮助。这些T辅助细胞也诱导类别转换形成IgG。

黏 膜

当穿透黏膜上皮时，抗原与在黏膜区下的淋巴细胞(包括在派尔集合淋巴结中的那些淋巴细胞)接触。与在脾脏中一样，B细胞通过起抗原特异性受体作用的细胞表面抗体与抗原相互作用。T细胞与经B细胞加工并呈递的抗原相互作用，刺激体液免疫应答。在这种情况下，T辅助细胞群是Th2细胞，它通常诱导B细胞类别转换产生IgA，但有时也产生IgE。二聚体IgA(主要是IgA2亚型：见D2)由浆细胞释放，与上皮细胞的多聚-Ig受体结合，并经细胞转移到其发挥主要保护作用的腔道(图E4.1)。

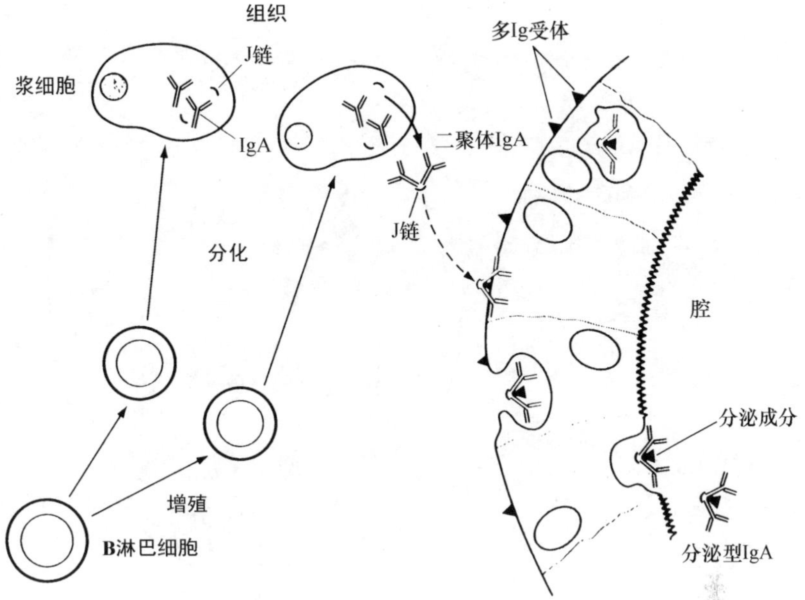

图 E4.1　IgA 穿越上皮的转运

淋　巴

进入组织的抗原经淋巴被引导到淋巴结，在淋巴结中，B 细胞、巨噬细胞和树突细胞再捕获、加工抗原并将其呈递给 T 细胞，以启动特异性免疫应答。抗原还可被真皮中的树突细胞(朗格汉斯细胞)收集，加工并携带通过淋巴管至引流淋巴结，在那里被呈递给 T 辅助细胞。B 细胞和 T 细胞聚集在淋巴结的不同部位，B 细胞在滤泡，而 T 细胞在副皮质区。每个滤泡的中心是生发中心，由迅速分裂的 B 细胞组成。

作为 B 细胞成熟部位的生发中心

生发中心是在次级淋巴组织中独特的、良好限定的增殖灶，B 细胞成熟的三个重要过程——产生记忆细胞、抗体类别转换和抗体亲和性成熟均在此发生(图 E4.2)。在次级淋巴组织(例如淋巴结和脾脏)中的初级 B 细胞滤泡是由 B 细胞聚集组成的。当初级滤泡中的 B 细胞受抗原刺激，并且也受 T 细胞的辅助时，B 细胞增殖，与滤泡中的树突细胞(FDC)联合，并开始形成生发中心。生发中心是由少数活化的 B 细胞形成的。这些 B 细胞开始失去其表面 IgM 和 IgD，并且转换成 IgG(通常是在脾脏和淋巴结)或 IgA(通常是在黏膜组织)。这时，可变区基因出现高突变，在这些 B 细胞表面出现氨基酸序列轻微不同的受体。其中一些更改的受体不能与激发它们的同一的抗原结合，因此具有这些受体的 B 细胞将不会受这种抗原的再刺激。然而，一些受体将能够与这种抗原更强地结合，经常发现它以抗原/抗体复合物的形式结合在 FDC 表面。因此，具有对该抗原高亲和性受体的 B 细胞受到选择(它们对于抗原竞争最好)、存活、增殖，并且一些成熟为记忆细胞停留在生发中心的外层，或者加入再循环的淋巴细胞库。其他细胞成熟为浆细胞，其中每个细胞只能合成和分泌一种类别的特异性抗体(见 D3)。

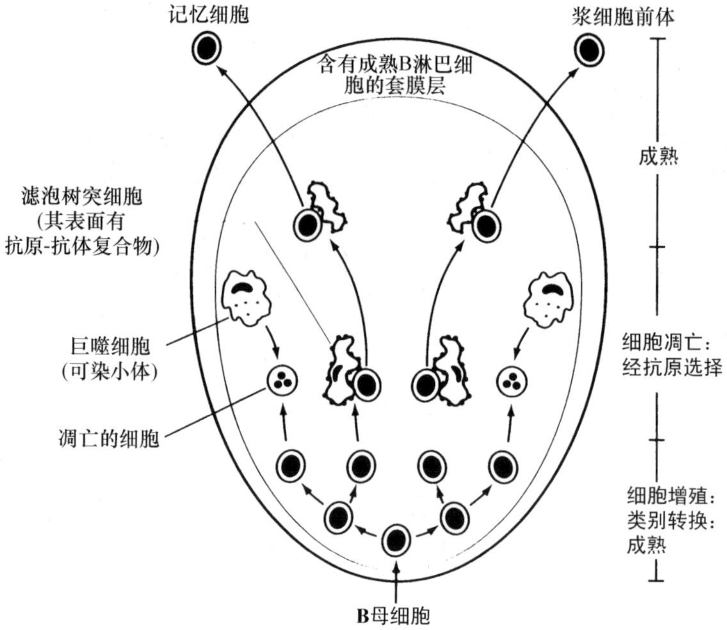

图 E4.2 B 细胞在生发中心(GC)中成熟。在初级滤泡中,由 T 细胞辅助而活化了的 B 细胞(B 母细胞)开始增殖和引发生发中心形成。在增殖期间,细胞经历其抗体 V 基因的体细胞突变和类别转换。表达对同一抗原具有同样或更高亲和性的新抗原受体的 B 细胞将被选择,以增殖和分化。那些带有不能与该抗原结合的新受体的 B 细胞将经细胞凋亡而死亡,并被可染小体巨噬细胞(tingible body macrophage)吸收。那些具有对所显示的抗原有高亲合性抗原受体的 B 细胞得以存活,作为记忆细胞或浆细胞前体离开生发中心,浆细胞前体依其细胞的 Ig 类别,或在 GC 外部成熟为浆细胞,或经血流离开,在骨髓、淋巴结、脾脏和黏膜相关淋巴组织,以及它能被诱导的次级淋巴部位中,成熟为浆细胞

(魏雪涛 译)

F　T细胞应答——细胞介导的免疫

F1　T细胞在免疫应答中的作用

要　点

概　论

T细胞参与保护使我们免受细胞内微生物(病毒和某些细菌)的侵害和辅助B细胞应答。特殊的T细胞抗原受体(TCR)识别那些已被加工成肽,并且与MHC分子结合的蛋白质抗原。辅助($CD4^+$)T细胞识别在树突细胞、巨噬细胞和B细胞上的MHCⅡ类分子中的肽抗原。细胞毒性($CD8^+$)T细胞识别MHCⅠ类分子中的肽。T细胞库在胸腺内产生和进行存活选择。肽抗原被TCR识别,引发导致编码细胞因子及其受体(如特异性T细胞克隆扩增所需的IL-2)基因转录的信号。Th1细胞产生效应分子,如活化巨噬细胞的IFNγ。Th2细胞产生对B细胞增殖很重要的IL-4。

相关主题

细胞介导的免疫的前后关系(F6)　　对不同生物的免疫(H2)

概　论

细胞介导的免疫是由于T细胞的直接作用,这把它与由抗体介导的免疫(体液免疫)区别开来。这些术语是由发现对某些抗原的免疫性能通过细胞(假如它们是同一纯系的)或抗体传递给其他动物而推论的。T细胞已进化到保护我们不受细胞内微生物(病毒和某些细菌)的侵害,以及辅助B细胞(抗体)应答抵抗细胞外微生物。T细胞通过监察机体细胞对外源抗原进行防御。

宿主细胞中的外源抗原被破碎成线性肽(加工),并通过在它们细胞表面上表达的主要的组织相容性复合体(MHC)显示。与识别抗原的三维空间的抗体不同,T细胞受体(TCR)仅识别与MHC分子结合的线性抗原,即T细胞不能直接识别或结合微生物或其未加工的分子。辅助($CD4^+$)T细胞识别由树突细胞、巨噬细胞和B细胞表达的MHCⅡ类分子中的肽抗原。细胞毒性($CD8^+$)T细胞识别与MHCⅠ类分子结合的肽。对CD4和CD8的不同的需求与CD4和CD8分别附着于MHCⅡ类和MHCⅠ类分子的非多态(非变异的)部分的事实有关。

抗原与这两类MHC分子中任何一类的可变部分联合,都是将蛋白质加工成肽所用的细胞通路的结果。每个T细胞仅识别一种特异的异种肽,为此必需产生大的TCR库。这在正常的胸腺发育期间发生,T细胞在胸腺中受"教育",即生存选择,或如果发生自身反应则被消除。有两种T辅助细胞,每一种在免疫应答中具有不同功能的T辅助细胞,都受其细胞因子谱支配。Th1细胞辅助巨噬细胞除去细胞内微生物,并辅助细胞毒性T细胞发育以杀死病毒感染的细胞。Th2细胞主要涉及辅助B细胞发育成记忆细胞和产生抗体的浆细胞。

T细胞为执行其功能必须被激活。经TCR识别肽抗原尚不足以激活该细胞,在信号转导事件中需要附属分子与辅助受体一起参与。信号发送导致编码细胞因子及其受体的基因转录,如IL-2为特异性T细胞的克隆扩增所需。活化巨噬细胞的效应分子如IFNγ由Th1细胞产生。IL-4由Th2细胞产生,并对B细胞增殖很重要。在活化期间也诱导参与CD8细胞杀伤的酶和分子。

F2　抗原的T细胞识别

要　点

抗原的T细胞受体(TCR)　抗原的T细胞受体(TCR)仅在T细胞膜上被发现,它由两条多肽链(α和β)组成。这些糖蛋白像Ig中的一样,每个都由恒定区和可变区组成,并且α和β链的可变区共同构成抗原结合部位。某些功能还不清楚的T细胞表达由γ和δ链组成的TCR。这些细胞有某些αβ T细胞的特征,但它们对非常规(非传统意义上)抗原,如热休克蛋白和磷脂有较广的特异性。

T细胞受体复合物　T细胞受体复合物由抗原受体——αβ或γδ二聚体,再加上CD3构成,而CD3是由γ、δ与ε链(由两条ζ链组成的不相连的信号发送部分)组成的信号发送复合物①。T细胞上的CD4与APC上的MHCⅡ类的非多态区结合,限制Th细胞仅识别MHCⅡ类分子上呈递的肽。细胞溶解T细胞上的CD8与MHCⅠ类的非多态区结合,限制该细胞仅杀伤在MHCⅠ类中呈递肽的细胞。

MHC分子的结构　两类(Ⅰ类和Ⅱ类)多态性MHC基因编码人类白细胞抗原(HLA),HLA能与肽结合,并因此是抗原呈递的关键。Ⅰ类基因(HLA-A、-B、-C)编码一条与β微球蛋白结合并能在所有有核细胞表面上表达的多态性重链。重链有一个用于T细胞识别的肽"结合槽"(binding groove)。Ⅱ类基因(HLA-D)编码两条不同多态性的多肽链(α和β链)组成的分子(HLA-DP、-DR和-DQ),两条链均有助于肽结合槽形成。

与MHC结合的肽的特性　MHCⅠ类和Ⅱ类分子的多态性区域是这类分子的肽结合区,并分别结合8～10个和10～20个氨基酸残基的肽。肽链上的锚定残基与Ⅰ类和Ⅱ类分子槽中的残基结合,并且因不同的MHC等位基因而变化。这至少形成对免疫应答的遗传控制的一个基础②。

MHC分子的细胞分布　MHCⅡ类分子在B细胞、树突细胞和巨噬细胞上表达,这些细胞是对$CD4^+$辅助性T细胞活化有效的抗原呈递细胞(APC)。MHCⅠ类分子在所有有核细胞上表达,使细胞溶解T细胞识别带有胞内病原体的感染细胞。细胞因子调节MHCⅠ类和/或Ⅱ类分子的表达。

Ⅰ类分子加工途径　与MHCⅠ类分子结合的肽来源于感染宿主细胞的病毒。在胞质溶胶中产生的肽(如来自病毒蛋白)与移动到表面的MHCⅠ类分子联合(内源途径),并被$CD8^+$细胞毒性T淋巴细胞(CTL)识别。

Ⅱ类分子加工途径　一些病原体在巨噬细胞的囊泡内复制,另一些从环境中被胞吞至内吞泡内(外源途径)。在这两种情况中,来自与这些微生物有关蛋白降解的肽,主要在MHCⅡ类分子上呈递给$CD4^+$辅助T细胞。

相关主题

抗原(A4)　　T细胞库的形成(F3)
淋巴细胞(C1)　　移植抗原(M2)

注①:在T细胞受体复合物中,αβ或γδ二聚体主要是与抗原结合的部位,γ或δ与ε链构成的CD3分子与信号的发送相关联,同时在αβ或γδ二聚体的跨膜部位还有一个两条ζ链组成的结构,内伸到胞浆内,该二聚体也是T细胞受体发送信号所需要的结构。

注②:锚定残基是与特定的MHC结合的,但是锚定残基后面的氨基酸序列是可以变化的。这样不同的抗原,在经过加工后,暴露的锚定残基如果相同那么就可以与同样的MHC分子结合。如果处理后的抗原的锚定残基与所有的抗原呈递细胞的MHC都不相容,那么机体就不会针对该抗原产生免疫应答,这也是为什么有些微生物可以躲避机体的免疫系统并对机体造成损伤的一个原因。

抗原的 T 细胞受体(TCR)

TCR 的多样性像 Ig 受体一样多,但与 B 细胞抗原受体(Ig)不同,抗原的 TCR 仅在 T 细胞膜上而未在血清和其他体液中发现。T 细胞根据它们利用 α 和 β 链或 γ 和 δ 链以构成它们的 TCR 而划分为两种不同的类群。两类都在胸腺中生成。

α/βT 细胞

α/βT 细胞是"常规的"T 细胞,它在胸腺中经历阳性和阴性选择(见 F3),并组成人体的大多数外周 T 细胞。这些 α/βT 细胞在次级淋巴组织中完成其功能上的成熟,并提供保护以免受侵入微生物的侵害。一些 T 细胞至少暂时地存在于组织的 T 细胞依赖区。这些细胞起控制胞内微生物并对 B 细胞(抗体)应答提供帮助的作用。两种不同的 α/βT 细胞,T 辅助细胞(Th)和细胞毒性 T 细胞(Tc),均参与这些功能。

这些细胞的 TCR 由两条多肽链(α 和 β)组成,其分子质量分别为 50kDa 和 39kDa。这些糖蛋白每个都由像 Ig 那样的恒定区和可变区构成,并且 α 和 β 可变区一起构成 T 细胞抗原结合部位(图 F2.1)。然而,正如前面所指出的,TCR 不像抗体,它不识别天然抗原,而只能结合在 MHC 分子上呈递的加工了的抗原。编码 TCR 多肽的基因是 Ig 超家族的成员。

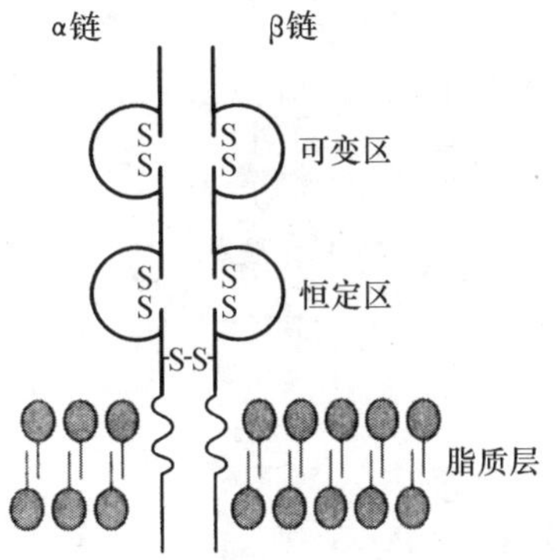

图 F2.1 T 细胞抗原受体 αβ 二聚体

γ/δT 细胞

γ/δT 细胞在形态上与含有细胞内颗粒的 NK 细胞(见 C1)相似,并代表一个胸腺细胞亚群和一小群外周 T 细胞。他们表达由具有与 α/βTCR 类似的 V 和 C 区的 γδ 链组成的 TCR。与有高度特异性识别结构的"常规"α/βT 细胞不同,这些细胞似乎对非常规抗原,如热休克蛋白和磷脂的识别有较广泛的特异性,而且不与 MHC 分子联合即可识别它们。然而,由于这些细胞在胸腺中产生,有 T 细胞受体并表达 T 细胞相关分子,所以认为它们代表固有和适应性免疫之间的过渡状态。虽然这些表达 γ/δTCR 的 T 细胞的功能还不十分清楚,但是时常在上皮表面发现它们,并可能通过细胞毒活性和细化因子产生将微生物控制在这一位置。

T 细胞受体复合物

T 细胞受体复合物由抗原受体(αβ 或 γδ 二聚体),以及 T 细胞信号发送和识别时几个另外的重要多肽联合组成。尤其是 TCR 与信号发送复合物 CD3 联合,CD3 本身由包括也是信号发送复合物组成部分的 γ、δ 和 ε、ζ 链的几个多肽组成(图 F2.2)。T 细胞上的两个其他分子(CD4 和 CD8)在 T 细胞识别抗原时也起作用。CD4 与 MHCⅡ类的非多态区结合,限制 Th 细胞仅识别由 MHCⅡ类分子呈递的肽(图 F2.3)。同样地,细胞毒性 T 细胞上的 CD8 与 MHCⅠ类的非多态区结合,限制这些杀伤细胞仅识别在 MHCⅠ类分子呈递肽的细胞。

MHC 分子的结构

虽然 MHC 编码的分子最初是根据它们在移植排斥中的作用而分类的,但实际上它们已引申到向 T 细胞呈递外源抗原。在人类 6 号染色体上密切联系的两类(Ⅰ类和Ⅱ

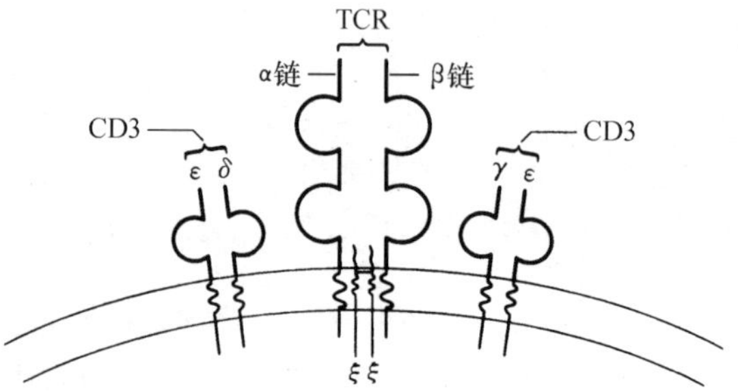

图 F2.2 TCR 复合物由抗原受体(αβ 或 γδ 二聚体)与 T 细胞信号发送和识别时的几种另外的重要多肽联合组成。TCR 的信号发送复合物由 CD3-γ、δ 和 ε 多肽链,以及一个 ζ 链的分离的同源二聚体构成

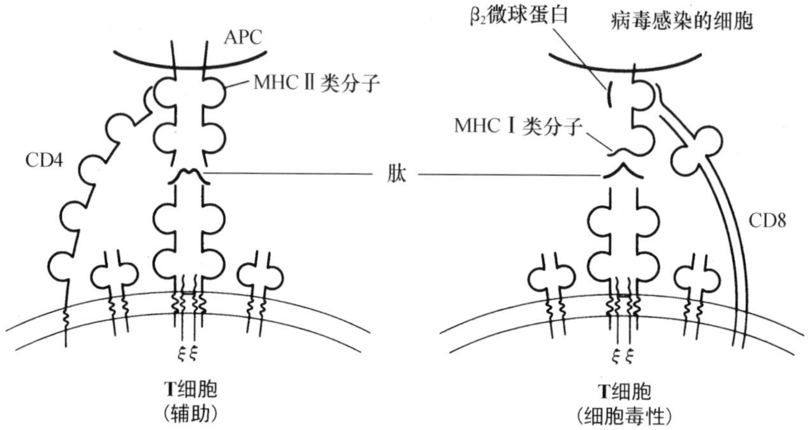

图 F2.3 MHCⅠ类和Ⅱ类分子与各自的 CD8 和 CD4 识别。T 辅助细胞上的 CD4 与 MHCⅡ类分子的非多态区结合;细胞溶解 T 细胞上的 CD8 与 MHCⅠ类分子的非多态区结合

类)MHC 基因,编码作为抗原呈递关键分子的人白细胞抗原(HLA)。MHC 的每个亚区都有许多基因的替代形式。在 MHCⅠ类和 MHCⅡ类分子中的这一高度多态现象,不是由于该个体产生多样性(像 Ig 分子的情形一样),而是由于物种中存在 MHC 的许多替代形式或等位基因(见 M2)。由于在不同人种群中,决定簇的分布是可变的,所以这些不同的等位基因,不是完全随机遗传的。而且在种群中这些等位基因是遗传的。位于同一染色体上 MHC 内的每个基因座编码的等位基因的组合被称作单元型(单倍体,与二倍体相反)。由于 MHC 内的基因是密切联系的,所以单元型通常完整的遗传。

Ⅰ类基因(HLA-A、-B、-C)

Ⅰ类基因编码在所有有核细胞表面上以两条多肽链表达的Ⅰ类分子。仅 H 链由 MHC 编码,并且含有因群体中 MHCⅠ类分子的许多等位基因形式而造成的序列变异性区域。这说明了 HLA 表型超过 3500万的原因(见 M2)。轻链,$β_2$ 微球蛋白(与 κ 和 λIg 轻链不同),不表现多态性,并在 15 号染色体上编码。这些分子的 H 链有一个形成肽结合槽的区域,这样,Ⅰ类分子合成后,它能与某些种类的肽相互作用并结合。在这一结合中,仅 H 链参与,而 $β_2$ 微球蛋白稳定此分子,并使它能够表现在细胞表面(图 F2.4)。

Ⅱ类基因(HLA-D)

Ⅱ类基因编码 B 细胞、巨噬细胞、树突细胞及精子和血管内皮细胞上发现的结构糖蛋白。HLA-D 区可再分成几套编码不同 HLA-DP、HLA-DR 和 HLA-DQ 等Ⅱ类分子的

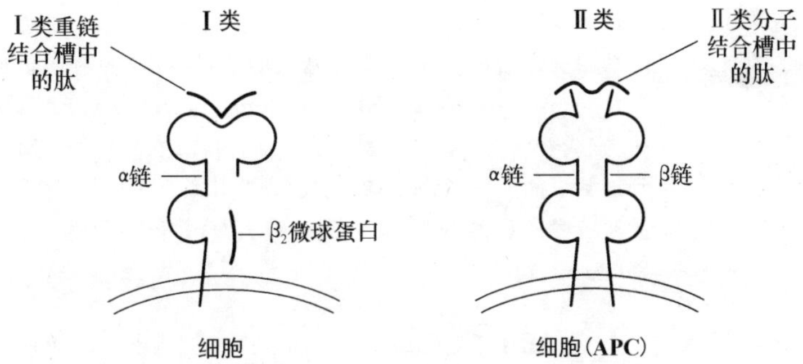

图 F2.4　与肽结合的 MHCⅠ类和Ⅱ类分子

基因。Ⅱ类分子是由两条不同的多肽链(即 α 和 β 链异源二聚体)组成。两条链均由 MHC 编码,而 β_2 微球蛋白不参与。与 MHCⅠ类分子一样,MHCⅡ类分子的许多等位基因形式(见 M2)也是多态性的,并且也能与肽结合。在这种情形中,Ⅱ类分子的 α 和 β 链均有助于结合槽形成(图 F2.4)。

与 MHC 分子结合的肽的特性

MHCⅠ类和 MHCⅡ类分子的肽结合区域,对于 MHC 分子的每个等位基因型都是不同的。即在"结合槽"中有特定的一个等位基因型与另一个等位基因型不同,并因此一个个体与另一个个体也不同的氨基酸残基。多态性的残基在每个分子的肽结合槽内与抗原肽接触。与 MHCⅠ类和Ⅱ类分子结合的肽短,大小从 8～10 个氨基酸残基(MHCⅠ类)到 10～20 个氨基酸残基(MHCⅡ类)。肽固定在 MHC 分子上的肽的部位是**锚定残基**(见图 A4.2)。在 MHC 结合槽中的肽残基对 MHC 分子的每个等位基因型是同样的。因此,MHC 分子的每个等位基因型,只能与具有特定的锚定残基的肽结合。这样,由于 MHC 分子是随遗传而定的,所以人们可能不能与特定的,如来源于病毒的肽结合。如果此人的 MHC 分子不能与由特定病毒产生的肽结合,那么它们将不能对那个病毒进行 CD8 应答。这至少形成了对免疫应答的一个遗传控制的基础。也就是说,由个体遗传的 MHC 分子最终决定该个体对那些肽诱发 T 细胞介导的免疫应答,并且在群体水平上,多态性至少增加某些个体生存的机会。

MHC 分子的细胞分布

MHCⅠ类和Ⅱ类分子在细胞上有不同的分布(表 F2.1),直接反映了那些细胞所起的不同的效应功能。而且,在某些条件下(如细胞因子活化)MHCⅠ类和/或Ⅱ类分子的表达可能被诱导或增强(如活化的 T 细胞成为Ⅱ类分子阳性的 T 细胞)。表达 MHCⅡ类分子的细胞(B 细胞、树突细胞和巨噬细胞)是活化 $CD4^+$ 辅助 T 细胞的有效的抗原呈递细胞。相反的,MHCⅠ类分子实际上在除了红细胞以外的所有人体细胞上表达。MHCⅠ类分子在所有有核细胞上的表达使免疫系统得以监测这些受胞内病原体感染的细胞,并容许通过Ⅰ类分子限制的 CTL 破坏它们。值得注意的是红细胞上缺乏 MHCⅠ类分子,所以引发疟疾的疟原虫的生长不受抑制。

表 F2.1　MHCⅠ类和Ⅱ类分子的表达

组织	MHCⅠ类分子	MHCⅡ类分子
T 细胞	＋＋＋	－
B 细胞	＋＋＋	＋＋＋
巨噬细胞	＋＋＋	＋＋
树突细胞	＋＋＋	＋＋＋
嗜中性粒细胞	＋＋＋	－
肝细胞	＋	－
肾	＋＋	－
脑	＋	－
红细胞	－	－

Ⅰ类分子加工途径

在很大程度上，与MHCⅠ类分子结合的肽片段来源于感染宿主细胞的病毒(图F2.5)。降解的病毒蛋白(8～10个氨基酸的肽)经特殊的转运蛋白(与抗原加工有关的转运蛋白，transporters associated with antigen processing，TAP)运送到内质网。在这个胞内空间中，线性肽与MHCⅠ类分子结合(内源途径)，然后MHCⅠ类分子-肽复合物被运送到细胞表面。一般说来，在胞质(即胞质溶胶)中产生的与MHCⅠ类分子联合肽(如细胞质溶胶微生物的情况)移动到细胞表面，并能被表达CD8的细胞毒性T细胞(CTL)识别(表F2.2)。

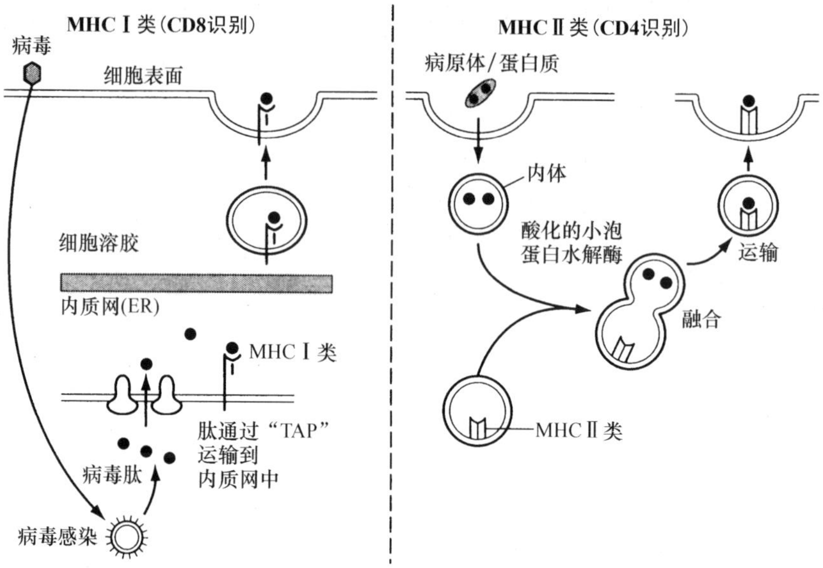

图F2.5 产生与MHCⅠ类和Ⅱ类分子结合的肽的途径的比较

表F2.2 MHCⅠ和Ⅱ类分子加工途径

	胞质病原体	胞内病原体	胞外病原体
降解处	细胞溶胶	酸性小泡	酸性小泡
呈递肽的物质	MHCⅠ类	MHCⅡ类	MHCⅡ类
将肽呈递给	CD8T细胞 (细胞毒性)	CD4T细胞 (辅助)	CD4T细胞 (辅助)
对APC的影响	细胞死亡	活化巨噬细胞以杀伤胞内寄生物	活化B细胞以分泌Ig和消除胞外病原体/毒素

Ⅱ类分子加工途径

虽然病毒和某些细菌在细胞溶胶中复制，但几种类型的病原体包括分枝杆菌和利什曼原虫却是在巨噬细胞的胞内小泡中复制的。此外，病原体还可从环境中被胞吞进内吞小泡(表F2.2)。因此，不论是细胞小泡中的病原体还是来自细胞外的病原体和抗原(外源途径)，主要都在MHCⅡ类分子上呈递。MHCⅡ类分子在将抗原呈递给$CD4^+$辅助T细胞的巨噬细胞、B细胞和其他细胞的内吞小泡中存在。当与内吞小泡融合时，MHCⅡ类分子负载10～20个氨基酸的线性肽，MHCⅡ类肽复合物被运送到能被$CD4^+$ T细胞识别的细胞表面(图F2.5)。$CD4^+$ T细胞也帮助消灭囊胞腔内的寄生物，如分枝杆菌，通过激活隐藏这些病原体的细胞杀伤它。对细胞外的寄生物，$CD4^+$ T细胞能激活巨噬细胞胞吞并破坏这些病原体，以及指示B细胞产生抗体以调理病原体。有两个亚类$CD4^+$细胞可能参与这些应答(见F5)。

F3 T 细胞库的形成

要 点

T 细胞多样性的产生

TCR 的两条多肽链(α 和 β,或 γ 和 δ)每个都是多基因编码的。像抗体的多肽链一样,每条链都是由 V 区(可变区)和 C 区(恒定区)组成的。三个不同的基因片段——V、D 和 J——编码 β 链和 δ 链的 V 区,而两个不同的基因片段——V 和 J——编码 α 链和 γ 链的 V 区。正如抗体基因的情况一样,T 细胞 V 区基因片段在每个胸腺中发育的 T 细胞里重排,导致 T 细胞产生与 B 细胞类似的大量多样性。等位基因排斥确保每个 T 细胞有单一的特异性。

T 细胞库的选择

在胸腺中,那些表达与自身 MHC 较弱结合的 TCR 的 T 细胞经历阳性选择。而那些表达与自身 MHC 牢固结合的 TCR 的 T 细胞被消除(阴性选择)。另外识别自身 MHC 以及自身肽的 T 细胞也被除去(阴性选择),而留下那些识别被修饰的自身 MHC 分子(自身 MHC 分子加异种肽)的 T 细胞得以存活、成熟并变成外周淋巴组织中有功能的 T 细胞。

相关主题 淋巴器官和淋巴组织(C2) 多样性的产生(D3)

T 细胞多样性的产生

在胸腺中产生的许多 T 细胞,每个都仅有一种由其抗原受体限定的特异性。数百万 T 细胞中,每个带有对不同抗原的特异受体的 T 细胞都是由多(遗传的)种系基因通过基因重排产生的。TCR 的两条多肽链(α 和 β,或 γ 和 δ)每条都是多基因编码的。像抗体的那些多肽链一样,每条都是由 V(可变区)区和 C(恒定区)组成的。三个不同的基因片段——V、D 和 J——编码 β 和 δ 链的 V 区,而两个不同的基因片段——V 和 J——编码 α 和 γ 链的 V 区(图 F3.1)。在每个片段(即 β 和 δ 链的 V、D 或 J,以及 α 和 γ 链的 V 和 J)内的许多基因都被种系中非编码 DNA 分隔开。

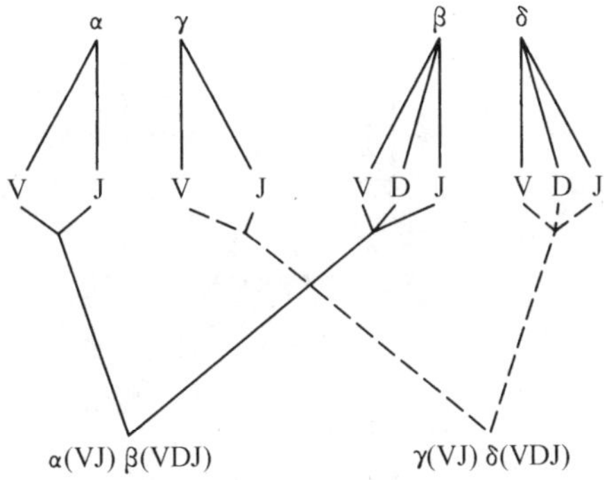

图 F3.1 参与 TCR 不同多肽 V 区形成的基因片段

在 αβT 细胞发育期间,V、D 和 J 基因片段被重排,形成 β 链完整的 V 区基因(图 F3.2),V 和 J 基因片段也被重排,形成 α 链完整的 V 区基因。连接结构的变异性和核苷酸的随机插入均有助于可变区基因产物的多样性(见 D3)。像免疫球蛋白重排的情形中一样,T 细胞完整的 α 链和完整的 β 链的表达,排斥进一步的重排(等位基因排斥)。T 细胞因此成为表达单一的 V-Cα 链组合和单一的 V-Cβ 链的组合。这两条链一起形成决定 T 细胞特异性的抗原结合部位。类似地,在某些发育的 T 细胞中,γ 和 δ 基因发生重排,导致 T 细胞表达 γδTCR。由于在数百万个 T 细胞中随机地发生重排,所以在抗原刺激之前即产生大量多种多样的特异性。没有重排功能的 TCR 基因的细胞在胸腺中死亡。

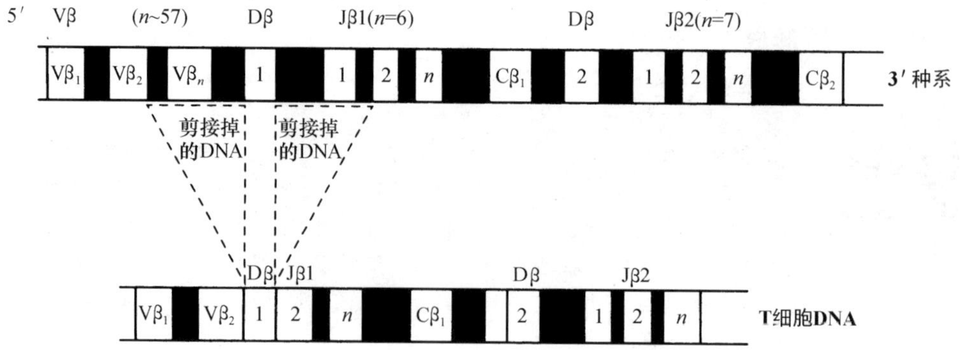

图 F3.2　人 TCRβ 链 V 区基因。与 B 细胞中的抗体类似，T 细胞在发育期间重排它们的 TCR 基因。以 β 链完全的 V 区基因的例子为例显示。VDJ 外显子被转录并剪接以连接 Cβ 基因片段。产生的 mRNA 被翻译成 TCR 的 β 链。在 Vβ 片段中，大约有 57 个基因和 2 个 Dβ 基因。有两组分别带有 6 和 7 个基因的 Jβ 片段，以及两个 Cβ 片段。两个 Cβ 基因不同于各种免疫球蛋白基因，似乎彼此之间没有功能上的不同

T 细胞库的选择　来自骨髓的 T 细胞前体进入胸腺开始 TCR 重排，该受体在既有 CD4 也有 CD8 标志的胸腺细胞（双阳性胸腺细胞）上表达。表达能与自身 MHC 较弱结合的 TCR 的 T 细胞免于死亡，并被阳性选择得以存活（图 F3.3）。因此，T 细胞库首先选择能与自身 MHC 结合的细胞。在这群细胞里，表达与自身 MHC 牢固结合的 TCR 的那些细胞是自身反应的细胞，如果它们进入外周可能产生问题。这些细胞被诱导死亡（被阴性选择）。这种阳性选择和阴性选择导致识别自身 MHC 上的肽、但不能与自身抗原产生反应的 T 细胞存活并成熟（见 G2）。不能重排有功能的 TCR、阴性选择或缺乏阳性选择是大多数（95％）T 细胞 在胸腺中通过细胞凋亡死亡的原因。

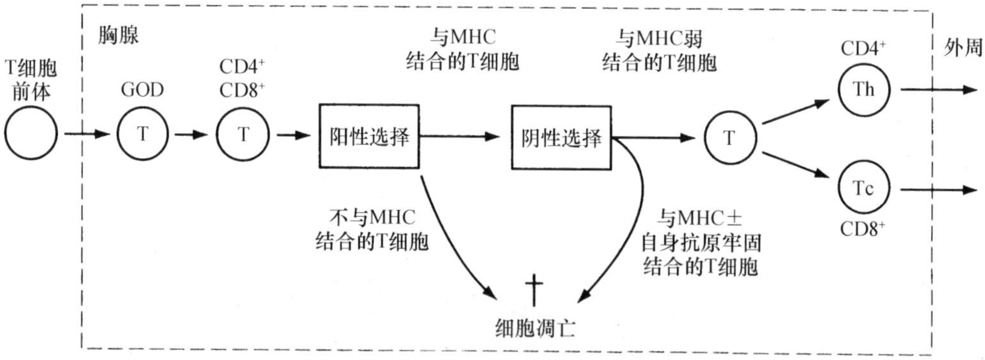

图 F3.3　胸腺教育。来源于淋巴干细胞（LSC）的 T 细胞前体进入胸腺，在该处它们通过多基因重排、多样性的产生（generation of diversity，GOD）生成 T 细胞抗原受体。它们也获得 CD4 和 CD8 分子，并经历阳性选择和阴性选择。它们作为 $CD4^+$ 辅助或 $CD8^+$ 细胞毒性 T 细胞离开胸腺，并迁移到二级淋巴器官/组织

F4　T 细胞活化

要　点

辅助分子

T 细胞通过 T 细胞抗原受体开始识别加工的抗原。辅助分子进一步将 APC 与 T 细胞连接起来，导致更强的细胞相互作用。例如，CD4 与Ⅱ类 MHC 分子的恒定区域结合，而 CD8 与Ⅰ类 MHC 分子结合。其他配体-受体配对，如 LFA-1 和 ICAM1 也是重要的。

共同刺激分子：Th 细胞活化所需的双信号

抗原特异的 T 细胞的完全活化需要双信号，一个信号经 TCR 得到，另一信号通过共同刺激分子间的接合得到。T 细胞经其 TCR 收到一个信号后呈关闭状态（变成无反应性的），而收到第二个信号（即经 T 细胞 CD28 与 APC 上的 B7 结合）时，可诱导 T 细胞淋巴因子的产生和 T 细胞增殖③。

Th 细胞通过超抗原活化

细菌和病毒的某些蛋白产物无需抗原加工即能通过直接将 T 细胞上的 TCR 与 APC 上的 MHCⅡ—肽复合物连接，引发 T 细胞活化④。这些超抗原包括引起普通食物中毒的葡萄球菌肠毒素（staphylococcal enterotoxin，SE）和中毒性休克综合征毒素（toxic shock syndrome，TSST）。

经由辅助受体的早期信号发送事件

在 T 细胞表面上的 TCR、辅助分子和共同刺激分子* 与 APC 上的抗原呈递分子和配体的接触区被称为“免疫突触”（immunological synapse）。这一特化的信号区域将信号传达到核，引起特异基因转录。此信号转导通过特定氨基酸的磷酸化和去磷酸化而产生，从而以一个连续的方式激活它们，最终导致核内特异转录因子的活化和功能蛋白的产生。APC 上的 CD45（一种磷酸酶）通过活化与 CD4 相关激酶（lck），并联合激酶 Fyn 引发这一过程，然后磷酸化信号复合物 ζ 链上的 ITAM。ZAP70 与磷酸化的 ITAM 的结合引发两条生化途径。

相关主题

淋巴细胞（C1）　　中枢耐受和外周耐受（G2）
B 细胞活化（E2）

注③：与 B 细胞的活化类似，T 细胞的活化也需要不同的信号同时存在，一个信号是 TCR 所发出的信号，另一个信号就是共同刺激分子 CD28 与 APC（抗原呈递细胞）的 B7 分子结合所发出的，只有两种信号共同存在时，T 细胞才会被完全激活，产生细胞因子和发生细胞增殖。

注④：B 细胞作为抗原呈递细胞激活 Th 细胞时，就可以通过这样的途径。

辅助分子

感染外周部位的病原体或抗原通常被感染部位正下游的淋巴结捕获。血中产生的病原体被脾捕获。这些次级淋巴器官含有 APC（树突细胞和巨噬细胞），它们有效地捕获抗原，以便加工和呈递。幼稚 T 细胞再循环通过这些部位，以寻找适当的加工抗原。加工的抗原最初由 T 细胞识别是经过 T 细胞抗原受体。

辅助分子提供在 APC 和 T 细胞之间附加的连锁键，以加强它们的细胞联系（图 F4.1）。CD4 与 MHCⅡ类分子恒定区结合，从而加强了 TCR 与肽-MHCⅡ类分子

---

* 译注：原文 co-receptor molecules（辅助受体分子），改为 co-stimulatory molecules（共同刺激分子）为好，见正文和图 F4.4。

的联系。同样，CD8 与 MHC Ⅰ类分子结合，加强了 TCR 与 MHC Ⅰ类分子的联系。除了这些配体—受体配对接合外(图 F4.1)，也接合附加的黏附分子、整合蛋白，包括胞间黏附分子(intercellular adhesion molecule，ICAM)和淋巴细胞功能相关抗原(lymphocyte function associated antigen，LFA)。这些辅助分子中有些通过发送信号，如 CD4 和 CD8，在调节早期活化事件方面也是重要的。并且有时被称作辅助受体。

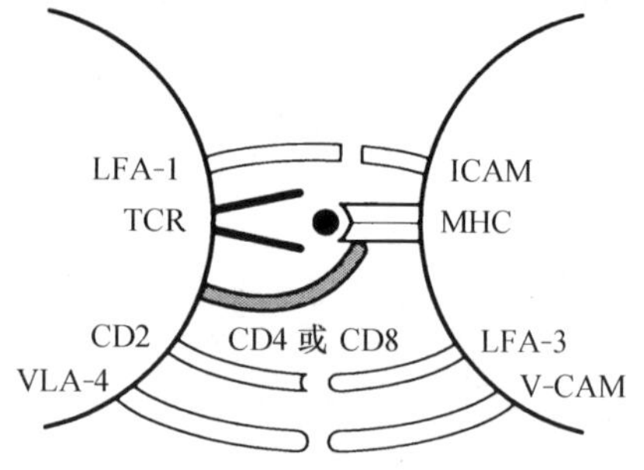

图 F4.1 加强 T 细胞与抗原呈递细胞和靶细胞联系的分子对

共同刺激分子：Th 细胞活化所需的双信号

仅 TCR 独自连接不能刺激 T 细胞克隆扩增或淋巴因子产生。抗原特异 T 细胞的完全活化需要双信号。信号 1 由与 T 细胞抗原受体的接合提供，信号 2 由共同刺激分子的接合提供。最有特性的共同刺激分子是 B7，它在许多 APC 上存在，并与 T 细胞的 CD28 结合。由此 TCR 和 CD28 发出的信号协同诱导 T 细胞淋巴因子产生和 T 细胞增殖。假如 T 细胞收到信号 1(TCR 结合)而没收到信号 2(共同刺激)，则 T 细胞呈关闭状态(图 F4.2；见 G2)。

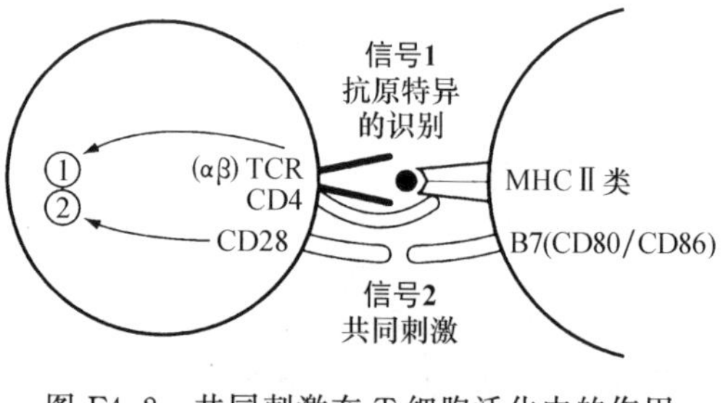

图 F4.2 共同刺激在 T 细胞活化中的作用

$CD8^+$ 细胞毒性 T 细胞前体也必须活化才能发育为成熟的含有粒酶和穿孔素的 CD8 效应 T 细胞(见 F5)。这需要它们的 TCR 与 APC 上的 MHC Ⅰ类-肽复合体吸附(信号 1)。另外，必须包括 B7 与 CTL CD28 结合的第二共同刺激信号。由 Th 细胞和 APC 产生的细胞因子与 APC CD40 连接对增强共同刺激分子的表达是重要的。要注意的是，虽然其他 Th 细胞制约的 APC 可能为 Tc(CTL)活化提供必需的信号，但树突细胞是加工的抗原有效穿过外源和内源途径之间的唯一细胞(见 F2 和 F6)。而且，一般来说，它们是最有效的抗原呈递细胞。

在大多数情况下，一旦活化，成熟的 $CD8^+$ 细胞毒性 T 细胞就不需要进一步活化来释放酶和穿孔素。因此，当活化的 CTL 与病毒感染的细胞接触时，至少在最初它们似乎只需要通过 TCR 识别病毒加上 MHCⅠ类提供的第一信号，虽然细胞毒性细胞的 LFA-1 与靶细胞的 ICAM-1 的相互作用也是重要的。

Th 细胞通过超抗原活化

细菌和病毒的某些蛋白质产物产生被称为超抗原的蛋白质，它同时与 MHCⅡ类分子的外侧面（不在肽结合槽中）和 TCR 的 β 亚单位的 V 区结合。这些抗原不像通常抗原那样被加工成肽，但能同特异性 TCR 家族结合。在某种意义上，它们把 T 细胞"粘贴"到 APC 上（图 F4.3），并引起 T 细胞的刺激。然而，这些 T 细胞对产生超抗原的病原体不是特异的，因为 TCR 特定家族的所有成员均被激活。与大部分 T 细胞结合的结果是产生大量细胞因子，在某些场合中，导致淋巴因子诱发的血管渗漏和休克。细菌超抗原中有引起普通食物中毒的葡萄球菌肠毒素（SE）和中毒性休克综合征毒素（TSST）。

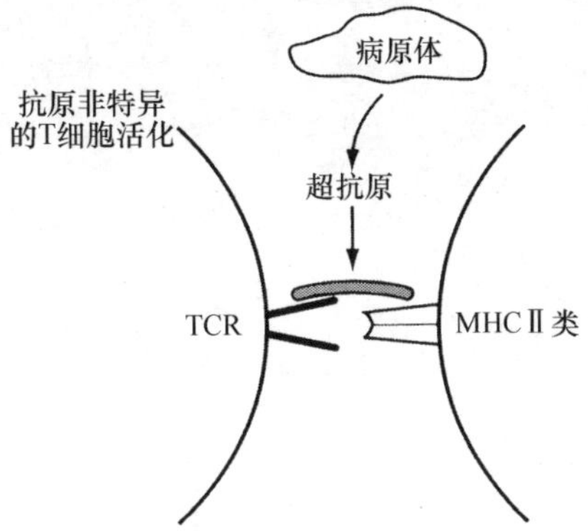

图 F4.3 超抗原通过桥接 TCR 和 MHCⅡ类分子引起 T 细胞活化

经由辅助受体的早期信号发送事件

早期信号发送是复杂的，在此仅扼要介绍。在 T 细胞表面上的 TCR 辅助分子和共同刺激分子与 APC 上的抗原呈递分子及配体的接触区被称为"免疫突触"（immunological synapse）。这一特异性的膜区将信号从 T 细胞表面，经过胞质溶液传达到核，引起特异性基因转录。此信号转导由 TCR 分子、共同刺激分子和存在于被称为"脂质筏"（lipid raft）的富含胆固醇的膜区的酶所介导（图 F4.4）。

两条 TCR 链中没有一条有足够长度的胞质内尾部或氨基酸组成来起信号分子的作用。因此，T 细胞信号发送通过 ζ 链和与 CD3 分子有关的 ε 链较长的尾引发。CD3 分子有几组被称为 ITAM（免疫受体酪氨酸活化模体）的酪氨酸分子。在连接 TCR 时，内源性磷酸酶 CD45 通过去除磷酸盐激活两个酶，即 Lck 和 Fyn、Lck 和 Fyn 磷酸化 ζ 链的 ITAM。然后 ZAP70 与磷酸化的 ITAM"对接"，ZAP70 本身被活化，导致进一步的磷酸化事件。磷酯酶 C-γ 经磷脂酰肌醇通路活化，导致激活转录因子 NFAT（活化 T 细胞的核因子）和 NFκB 和将它们易位到核。ZAP70 介导磷酸化另一个后果是经 SLP-76、鸟嘌呤核苷交换因子（GEFS）和 Ras 激活 MAP 激酶极联，最终导致 Fos（AP-1 转录因子的一种成分）活化。这整个过程是非常迅速的，并且膜内多次磷酸化和去磷酸化作用在连接 TCR 的几秒内发生。在脂筏内发生的最初的信号发送，经不同生化途径的分子（"第二信使"）扩增，最终导致克隆扩增所需的效应分子，如细胞因子（IL-2、IL-4 和 IFNγ）和细胞周期蛋白（cyclin）的转录。

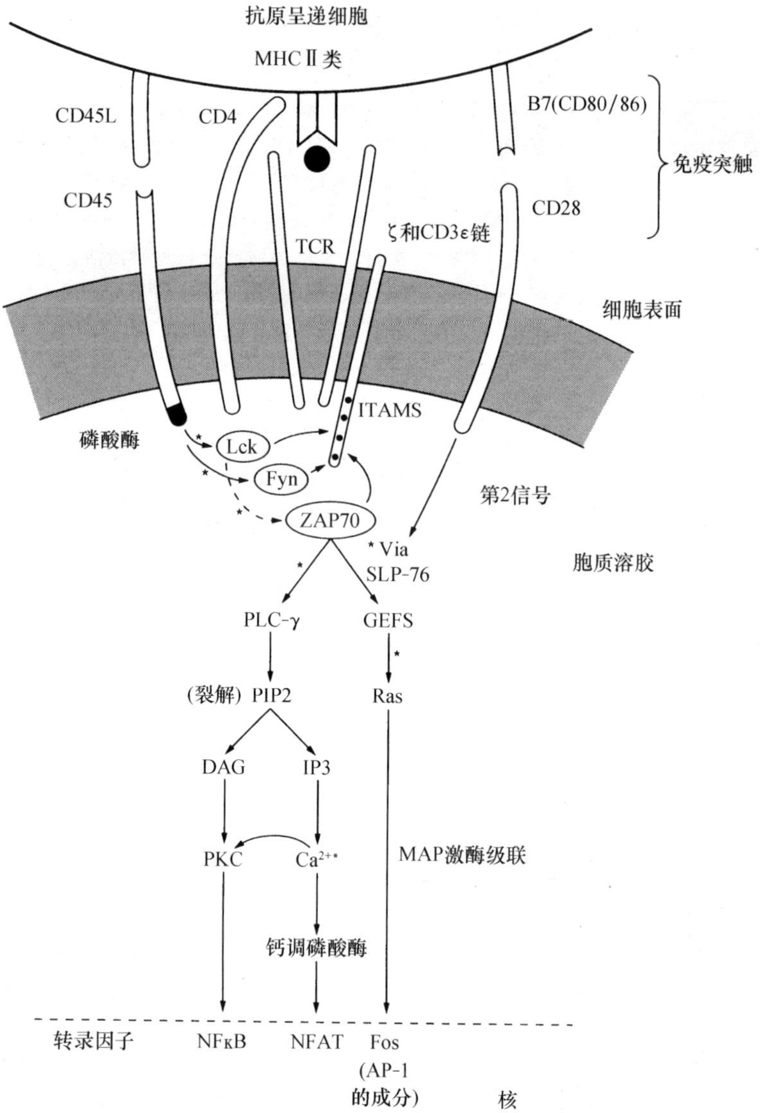

图 F4.4 导致 T 细胞活化的早期生化事件。通过 CD45、激酶 Lck 和 Fyn 以及其他激酶包括 2AP70 的作用连接 TCR,导致引发信号通路。这些酶通过去除或加入磷酸盐“激活”它们的靶分子。CD45 的连接诱导 Lck 和 Fyn 活化,这些激酶磷酸化 ζ 链和 CD3 的 ITAM。一旦磷酸化的 ZAP70 与 ITAM 结合并被 Lck 激活,就引发两条主要的生化通路。一条是经磷脂酰肌醇(P1)通路,该途径磷脂酶 C-γ(PLC-γ)将磷脂酰肌醇二磷酸(PIP2)裂解生成二酰甘油(DAG)和肌醇三磷酸(IP3)。DAG 激活蛋白激酶 C(PKC),PKC 激活易位到核的 NFκB。IP3 增加胞内钙活化钙调磷酸酶,反过来钙调磷酸酶又激活 NFAT(活化的 T 细胞的核因子)并使它易位到核。第二条通路,包括通过由与 SLP-76** 结合而被活化的 GEFS,由 RAS 引发 MAP 激酶级联,级联导致 FOS(AP-1 转录因子的一种成分)活化。经 T 细胞 CD28 与抗原呈递细胞 CD80/CD86 相互作用递送的第二信号需要激活细胞。推测 CD28(实际上是 CTLA4)与 CD80/CD86 连接调节这些生化通路

* 图中 Ca^{2+} 原文误写为 Ca^{2++}。
** 此处原文误写为 SL76。

F5 克隆扩增与效应功能的发展

要 点

克隆扩增 除了细胞周期蛋白外，T细胞抗原活化后产生细胞因子及其受体。这些均涉及T细胞扩增和进一步分化成记忆和效应细胞。IL-2是导致T细胞增殖的自分泌因子。其他的活化后被诱导出的表面分子包括CD40L(CD154)，CD40L与树突细胞上的CD40相互作用，诱导它们产生T细胞增殖与分化成Th1细胞所需的细胞因子(如IL-12)。这导致对T细胞效应功能所必需的特异性T细胞的启动和克隆扩增及记忆的发展。

辅助T细胞 T辅助细胞根据其细胞因子的不同可分成两种主要类型。Th1细胞或炎症T细胞产生高水平的IFNγ和TNFα，它们主要作用于巨噬细胞，引起巨噬细胞活化。Th2细胞的特征是产生IL-4、IL-5和IL-6，主要参与B细胞的分化与成熟。

细胞毒性T细胞 细胞毒性T细胞(Tc)的细胞毒性能通过两种途径被介导：① 裂解颗粒释放穿孔素和粒酶到靶细胞表面；② CTL(细胞毒性T淋巴细胞)上的FasL与受感染细胞上的Fas相互作用。两种机制均导致受感染细胞程序性细胞死亡(细胞凋亡)。

相关主题 免疫防御(A3) 对不同生物的免疫(H2)
基因、T辅助细胞、细胞因子和神经内分泌系统(G5)

克隆扩增

除了细胞周期蛋白外，T细胞活化后产生细胞因子及其受体。这些均涉及T细胞扩增和进一步分化成记忆和效应细胞。受刺激时，T细胞产生IL-2(一种对T细胞增殖重要的自分泌生长因子)并表达IL-2受体。由T细胞活化诱发的其他表面分子包括与树突细胞上CD40相互作用的CD40L(CD154)。CD40的结合诱导树突细胞产生T细胞增殖与分化成Th1细胞所需的细胞因子(如IL-1、IL-12)(图F5.1)。这导致特异性T细胞引发、克隆扩增和记忆细胞的发育。由Th1细胞产生的细胞因子(如IFNγ)和由树突细胞产生的细胞因子在CD8$^+$ CTL自其前体的发育和克隆扩增上是重要的。因此，被抗原活化后，特异性T细胞克隆被扩增，以执行其效应功能和发育成记忆细胞。

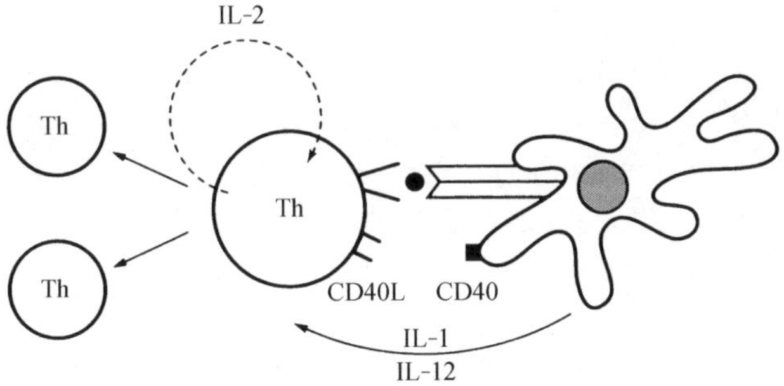

图 F5.1 通过树突细胞开始启动辅助T细胞

辅助T细胞

有两种具有不同功能的CD4$^+$ T辅助细胞(Th1和Th2)。在开始与微生物接触后，各自从未定型的Th0细胞发育而来。Th1细胞主要参与介导炎症免疫应答(通过活化巨噬细胞)，而Th2细胞主要参与诱导体液免疫(经活化B细胞)。在这一点上，当Th0细胞识别由感染的产生IL-12的巨噬细胞呈递的微生物肽时，促进Th0细胞发育成Th1细胞(图F5.2)。相反，在由B细胞和其他细胞(如肥大细胞)释放IL-4的影响下，促进Th0细胞发育成Th2细胞。因此，受特异肽抗原活化后，起源于Th0细胞的Th1细胞产生主要作用于巨噬细胞的细胞因子，如IFNγ和TNFα。Th2产生主要参与B细胞分化与成熟的细胞因子(IL-4、IL-5、IL-6和IL-13)。IL-10也由Th2细胞产生,并调节Th1细胞活性(见G5)。重要的是要记住在大多数情况中,免疫应答既引发Th1也引发Th2活性,虽然在有些情况中,或Th1或Th2在介导保护作用时更为有效(见H2)。

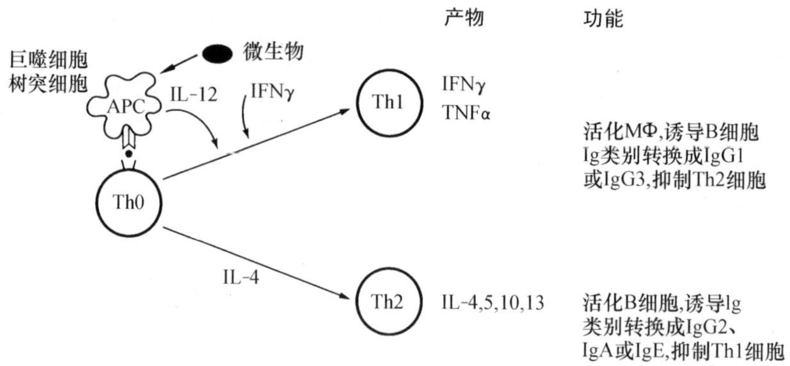

图F5.2　两种类型的辅助T细胞。APC摄入微生物后产生IL-12,并将由微生物获得的肽呈递给特异性Th0细胞。在IL-12和IFNγ存在时,Th0细胞分化成Th1细胞,而在IL-4和其他Th2细胞因子存在时,Th0细胞分化成Th2细胞

Th2细胞

B细胞对大多数抗原应答需要T细胞参加(见E2)。诱导B细胞产生抗体(特别是IgA和IgE同种型)最有效的T细胞是CD4辅助Th2细胞。Th2细胞诱导B细胞产生Ig,转换产生的同种型Ig,并诱导Ig的亲和力成熟。这不仅涉及细胞因子,而且涉及引发它们活化的T细胞和B细胞表面分子的直接接合(相关的相互作用)。

更特别的是,Th2细胞识别在抗原特异B细胞表面MHCⅡ类分子中的抗原肽,并通过与其他表面分子的互作而被激活(见F2和F4)。T细胞上的CD40L与B细胞上的CD40相互作用,诱导B细胞增殖及类别转换成产生IgE和IgA的细胞(见D3,图D3.4)。由Th2细胞产生的细胞因子,包括IL-4、IL-5和IL-6,起B细胞的生长和分化因子的作用。

Th1细胞

Th1细胞在巨噬细胞募集和活化中的作用　对形形色色细胞内寄生虫的应答依赖于功能完整的Th1细胞。例如,假如宿主不能产生IFNγ和TNF,则严重地削弱对利什曼原虫属和分枝杆菌的免疫应答。这是因为在这些介质缺乏时,受感染的巨噬细胞不能被激活来杀伤病原体。虽然其他细胞因子能增加巨噬细胞活性,但IFNγ和TNF是有效活化巨噬细胞的关键。

Th1细胞活化时也产生有助于募集单核细胞的趋化因子和诱导它们在感染部位分化成巨噬细胞的集落-刺激因子(GM-CSF)。此外,IL-3增加骨髓产生和释放单核细胞。同时,Th1细胞的TNF改变内皮细胞的表面性质,以促进单核细胞黏附在感染的部位(见B4)。这些介质协调地产生允许T细胞和单核细胞浸润到炎症部位,它们在该处相互作用导致巨噬细胞分化、活化和消除病原体(图F5.3)。

Th1细胞在同种型转换和亲和力成熟中的作用　Th1细胞也可诱导B细胞产生Ig、类别转换产生的同种型Ig和使Ig的亲和力成熟(见D3,图D3.4)。正如Th2细胞的情况一样,Th1细胞上的CD40L与B细胞上的CD40相互作用,诱导B细胞增殖和类别转换。细胞因子也是重要的,但在这种情况中,涉及的IFNγ和TNFα引发信号和辅助主要产生IgG抗体的B细胞的发育。

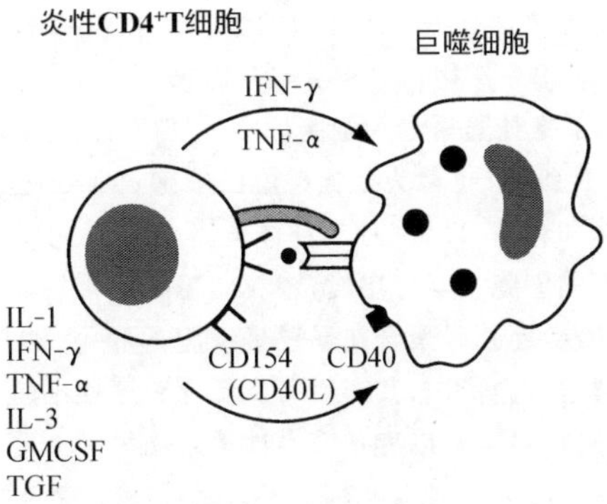

图 F5.3 巨噬细胞经 $CD4^+$ 炎性 T 细胞活化。由 Th1 细胞释放的细胞因子，以及通过直接接触细胞表面受体发送信号，增加：①溶菌酶与吞噬体融合；②杀伤病原体的一氧化氮和氧自由基的产生；③巨噬细胞表达 MHCⅡ类分子和 TNF 受体。注意巨噬细胞活化时 CD154/CD40 相互作用也是很重要的

Th1 细胞在 $CD8^+$ CTL 诱发细胞毒性中的作用 抗原呈递细胞(APC)开始加工并经与 MHCⅡ类分子联合的外源途径呈递微生物肽(见 F2)。Th1 细胞识别这些细胞(APC)并经与这些细胞相互作用而被活化，反过来又影响 APC 功能。它们经直接的细胞-细胞相互作用、信号发送和通过释放作用于 APC 的细胞因子(包括 IFNγ)来进行。由于与特异性 Th1 细胞的种种相互作用，APC 成为更有效地经它们的 MHCⅠ类分子将肽呈递给 CTL 和通过 MHCⅡ类分子呈递给 Th 细胞的“制约条件”(见 F6，图 F6.1)。

细胞毒性 T 细胞

抗原的识别和活化

来自病毒蛋白的肽经内源途径被加工，通过 MHCⅠ类分子呈递在细胞表面，表明该细胞已受感染并成为 CTL 杀伤的靶。CTL 表达与(在所有有核细胞上表达的)MHCⅠ类的非多态区结合的细胞表面 CD8，限制这些杀伤 T 细胞只识别在 MHCⅠ类分子中呈递肽的细胞(见 F2)。这种相互作用也用来稳定 T 细胞受体同与 MHCⅠ类分子多态部分结合的特异性肽的相互作用(图 F5.4)。其他的表面共同刺激分子与黏附分子如 LFA-1 对 CTL 与受感染细胞的密切相互作用和对激活其细胞毒机理是重要的(见 F4)。此活化步骤还诱导 CTL 的 FasL 表达，FasL 能与受病毒感染的细胞表面表达的 Fas 相互作用。

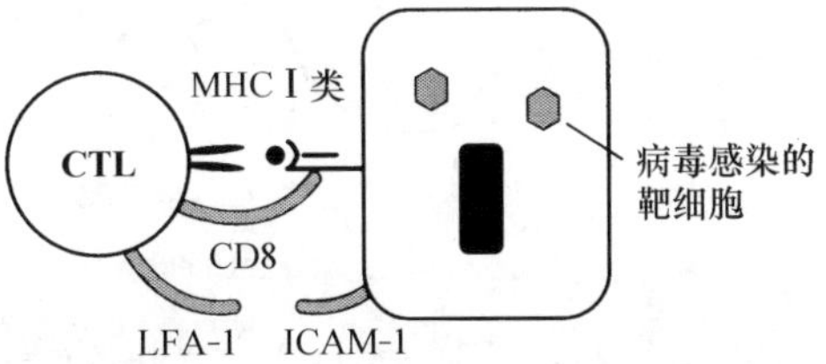

图 F5.4 CTL 识别与 MHCⅠ类分子联合的肽。CD8 分子与非多态的 MHCⅠ类结合，稳定此相互作用并增强杀伤。LFA-1 和 ICAM-1 在杀伤靶时也是重要的

细胞毒性机制

由 Th1 细胞辅助产生的成熟 CTL 含有杀伤病毒感染的细胞所需的细胞毒性装置。尤其是这些 CTL 能通过两种不同途径诱导病毒感染的细胞程序性细胞死亡(细胞凋亡)：

①释放含有进入靶细胞的穿孔素和粒酶的裂解颗粒；②CTL 上的 FasL 与靶细胞上的 Fas 相互作用。

(1) 穿孔素诱导的细胞凋亡　CTL 含有大量溶解细胞的颗粒，并且从形态上很难与 NK 细胞(也称为大颗粒淋巴细胞；见 B1)区别开来。这些胞浆内颗粒含有蛋白酶、粒酶 A 和粒酶 B 及一种与补体通路中 C9 的分子类似的穿孔素(见 D8)。在 CTL 与病毒感染的细胞相互作用时，颗粒向靶细胞接触点附近的膜移动。在与膜融合时，颗粒释放穿孔素，穿孔素聚合在受感染细胞的膜中，造成允许蛋白酶进入的孔(图 F5.5)。这些酶裂解细胞蛋白，其产物引发诱导程序性细胞死亡(细胞凋亡)。然后，CTL 再合成它们的颗粒内容物，以准备特异性地杀伤另一个受感染的细胞。

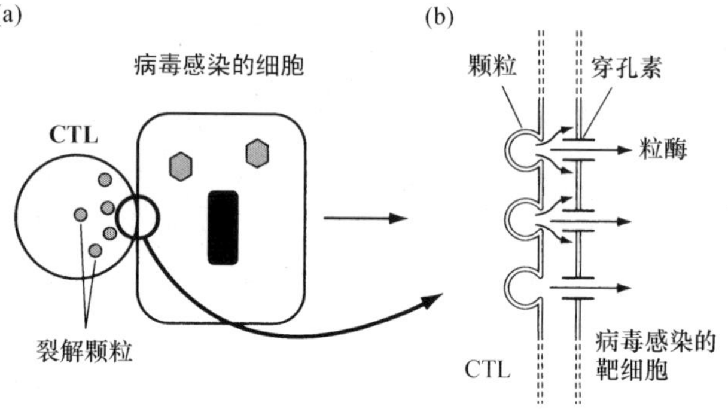

图 F5.5　通过释放裂解颗粒诱导的细胞凋亡。(a)含有穿孔素和粒酶的裂解颗粒蓄积在 CTL 与病毒感染的细胞的接触点。(b)释放颗粒内容物，穿孔素聚集在受感染的细胞膜中，使粒酶得以进入靶细胞诱导细胞凋亡

(2) Fas 介导的细胞凋亡　受某些病毒感染的机体有核细胞上调 Fas(CD95)的表达。通过初次与 MHC Ⅰ类分子中呈递的抗原相遇被激活而释放出其颗粒的 CTL 被诱导上调 FasL，然后，FasL 通过与表面 CD95 相互作用的附加机制，使 CTL 杀伤特异的病毒感染的细胞(图 F5.6)。

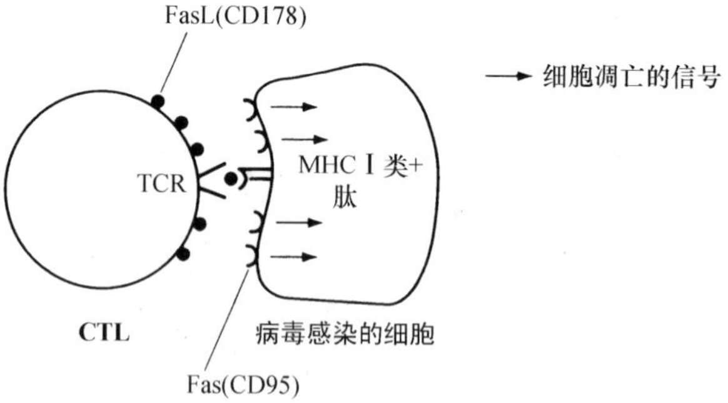

图 F5.6　由 Fas/FasL 相互作用诱导的细胞凋亡。在 CTL 的颗粒中有预先形成的 FasL，当 CTL 经其 TCR 与靶细胞附着时，颗粒迅速地在其表面上表达。受病毒感染细胞的 Fas 与 CTL 的 FasL 连接是诱导细胞凋亡的另一个机制

细胞凋亡作为免疫系统所用的杀伤机制的重要性是靶细胞能被吞噬细胞迅速地清除而不引发炎症应答。细胞死亡的另一个机制——坏死，由组织创伤或某种感染引起，并通过产生炎症细胞产物导致急性炎症。

F6 细胞介导的免疫的前后关系

要 点

细胞介导的免疫的前后关系 抗原呈递细胞(APC)开始加工并呈递与 MHCⅡ类联合经外源途径进入的微生物肽。特异性 Th 细胞通过与 APC 相互作用被激活产生细胞因子,其中包括激活巨噬细胞杀伤病原体的 IFNγ。另外,Th 细胞影响 APC 功能,即它们"制约"APC。这通过直接的细胞-细胞间相互作用和信号发送,以及通过 Th 细胞释放细胞因子而发生。然后,这些受"制约"的 APC 能通过内源途径加工内在化抗原,并因此能更好地将与 MHCⅠ类联合的抗原呈递给 $CD8^+$ CTL 和更有效的通过Ⅱ类将抗原呈递给 $CD4^+$ Th 细胞。以这种途径被 APC 激活的 CTL 能杀死表达与 MHCⅠ类结合的病毒抗原的受感染细胞。[⑤]

相关主题 T 细胞在免疫应答中的作用(F1) 对不同生物的免疫(H2)

注⑤:通过外源性途径呈递抗原的 APC 在激活 Th 细胞后,与 Th 细胞的相互作用,经过 Th 细胞分泌的细胞因子的辅助,使这些 APC 改变抗原加工方式,转变成内源性途径的抗原呈递,由此激活 CTL 细胞,进一步增强细胞免疫应答。

细胞介导的免疫的前后关系

为了了解和正确评价不同 T 细胞亚群的各种功能活性,重要的是首先要把这些细胞及其性能放到相应的前后关系中去。例如考虑这些细胞对有传染性的生物免疫时的作用。最初进入机体的微生物通过与固有免疫系统受体如 TLR 和/或甘露糖受体(见 B3)相互作用被树突状细胞或巨噬细胞(抗原呈递细胞)所吞噬。假如此微生物以前曾遇到过,则此摄取可能分别通过微生物因抗体和/或补体的调理作用,以及随后与 Fc 受体和补体受体的相互作用而增强。这些抗原呈递细胞经外源途径加工微生物蛋白,这些蛋白加工后的肽与 MHCⅡ类分子联合显示在细胞表面上(图 F6.1)。识别这些 APC 上抗原的 Th 细胞被激活(见 F4),产生细胞因子,包括 IFNγ 或 IL-4。

此外,Th 细胞与抗原呈递细胞之间发生细胞-细胞相互作用和信号发送,与 Th 细胞产生的细胞因子一起"制约"抗原呈递细胞,这样抗原呈递细胞能与前体 $CD8^+$ CTL 相互作用,将抗原呈递给它,并从而启动它。尤其是,树突细胞接触抗原时,能捉住外源抗原,并将抗原通过 MHCⅠ类分子呈递给前体 CTL,以及通过 MHCⅡ类分子呈递给 Th 细胞(见 F4)。即由于某些肽与 MHCⅠ类分子联合的结果,导致有些外源抗原穿越到内源途径中。因此,在抗原和细胞因子存在时,就产生特异性 Th 和 CTL。接触过抗原的 Th 和 CTL 是能处理受感染细胞的"效应细胞"。通过和与 MHCⅡ类分子联合呈递抗原的巨噬细胞结合而被激活的特异性 Th1 细胞,产生 IFNγ,从而导致巨噬细胞杀伤机制的活化。其他 Th 细胞与 B 细胞呈递的抗原相互作用,诱导 B 细胞分化生成产生抗体以处理那些易受抗体和补体影响的微生物的浆细胞(见 D8 和 F5)。相反地,附着于受病毒感染的细胞的特异性 CTL 经 MHCⅠ类分子中呈递的抗原激活,通过释放穿孔素和粒酶或通过 FasL/Fas 相互作用,杀伤受感染的细胞。

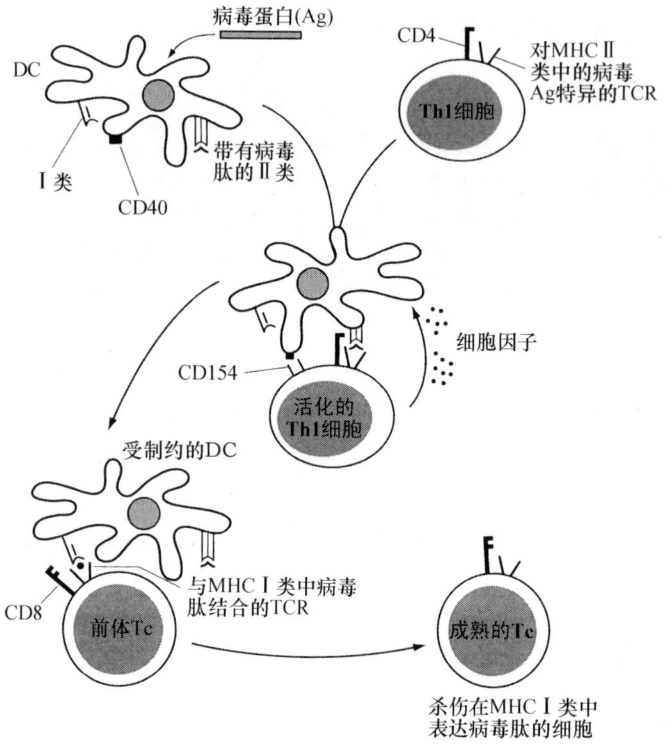

图 F6.1 受 Th1 细胞制约(许可)的树突细胞(DC)经 MHC Ⅰ类分子将抗原呈递给 Tc。特异性 Th1 细胞与 DC 上 MHC Ⅱ类分子呈递的肽(如来自病毒或肿瘤细胞蛋白)的相互作用涉及黏附分子及 B7 与 CD28 的结合。此连续的相互作用诱导 Th1 细胞表达 CD154,然后 CD154 与 DC 上的 CD40 结合。在也由 Th1 细胞释放的细胞因子存在时,通过 CD40 引发,制约 DC 将 MHC Ⅰ类中的抗原呈递给肽特异的 Tc 前体细胞,诱导它们成熟为 Tc 细胞

(林慰慈 译)

G　免疫应答的调节

G1　概论

要　点

概　论　免疫系统必须受严格的调节，受异种生物威胁时启动应答，然后进行精细的调整，除去威胁时再关闭。另外，也需要调节免疫系统的组分，以便它们不对自身应答（免疫耐受）。

经固有免疫系统的自己、非自己鉴别　在固有免疫系统中，吞噬细胞只在其自身细胞受损伤或即将死亡时才能识别它们；自然杀伤细胞通常受抑制受体抑制，以免杀伤自身细胞；补体由于抑制分子而不能在正常机体细胞表面上被活化。

适应性免疫系统的调节　抗原引发并驱动免疫应答，其强度受遗传（即 MHC 位点基因）控制。去除抗原导致应答平息。辅助 T 细胞（通过其细胞因子及细胞相互作用）参与调节免疫应答和调整其他细胞的功能。IgG 抗体能抑制（负反馈）其后的抗体产生。淋巴细胞和抗体对自身的耐受在发育的同时即开始（中枢耐受），而在外周主要通过缺乏共同刺激信号和通过活化诱导的细胞死亡而引发①。神经内分泌系统在调节免疫应答时也起重要作用。

相关主题　固有免疫系统的细胞（B1）　固有免疫系统识别微生物（B3）
固有免疫系统的分子（B2）

注①：机体的淋巴细胞和抗体对于自身组织的耐受主要是通过中枢和外周的两种途径完成。中枢途径主要是在细胞发育过程中，具有对自身抗原高亲和力受体的 T 细胞和 B 细胞通过阴性选择除去；在外周的环境中，则通过自身抗原与淋巴细胞受体结合后，缺乏共同刺激信号而使 B 细胞受体信号和 T 细胞受体信号失活，或者在外周，通过诱导对自身抗原具有亲和力的细胞发生凋亡，从而免除这些细胞对机体自身组织的破坏。

概　论

免疫系统必须受严格的调节。受异种生物威胁时必须“启动”，并精细地调整，以产生最适度的应答，当除去威胁时再“关闭”。另外，由于自身抗原是普遍存在的，并且能持续地引发免疫应答，因此必须调节免疫系统中起作用的细胞和分子，以便它们仅对异种生物而不对自身应答。对自身无应答性被称为“免疫耐受”。启动免疫应答的主要“开关”是抗原的存在（见 A4）。抗原启动免疫应答的大小受遗传控制（如 MHC 位点基因）。

固有免疫系统的自己、非自己鉴别

在进化成向微生物攻击的固有免疫系统的细胞和分子的情况中，有两种防止自身反应的途径：①如果它们不改变它们的表面结构，就不能识别自身细胞；②在非免疫细胞上存在抑制结构/受体。

吞噬细胞

固有免疫系统的吞噬细胞，包括巨噬细胞和嗜中性粒细胞，正常时不“识别”或吞噬活的自身细胞。然而老化（红细胞）、行将死亡或已死的细胞表达能被吞噬细胞识别的新的表面分子，导致去除这些改变的自身细胞。吞噬细胞通过模式识别受体（包括糖，如甘露糖）识别微生物（见 B3）。可被这些受体识别的哺乳动物细胞表面的靶分子缺乏或被其他结构隐蔽（如唾液酸）。当红细胞老化时失去唾液酸，暴露出 *N*-乙酰葡糖胺，于是吞噬细胞识别出它们为非自身的并吞噬它们（图 G1.1）。当有核细胞死亡时，暴露出大量的、被吞噬细胞识别的表面分子。其中，磷脂酰丝氨酸（phosphatidyl serine，PS，一种膜磷脂）正常时被限制在细胞膜内表面。当细胞通过细胞凋亡开始趋向死亡时，PS 翻到表面上来，并被吞噬细胞识别。

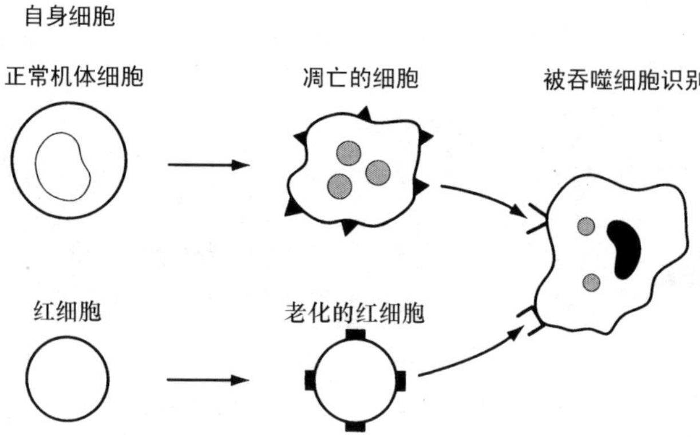

图 G1.1　吞噬细胞识别老化的/损伤的自身细胞

自然杀伤细胞

这些细胞在杀伤病毒感染的细胞时起重要作用。它们通过发送杀伤活化受体(KAR)和杀伤抑制受体(KIR)信号间的平衡,识别自身细胞上的分子,避免杀伤机体未受感染的有核细胞。抑制受体识别正常细胞上的 MHC 分子并防止它们被 NK 细胞杀伤(见 B1、F2 和 N3)。然而,某些病毒感染细胞时,它们下调被 KIR 识别的分子(MHC Ⅰ类)的表达,引起 KAR 过度活化,导致受感染细胞死亡(图 G1.2)。

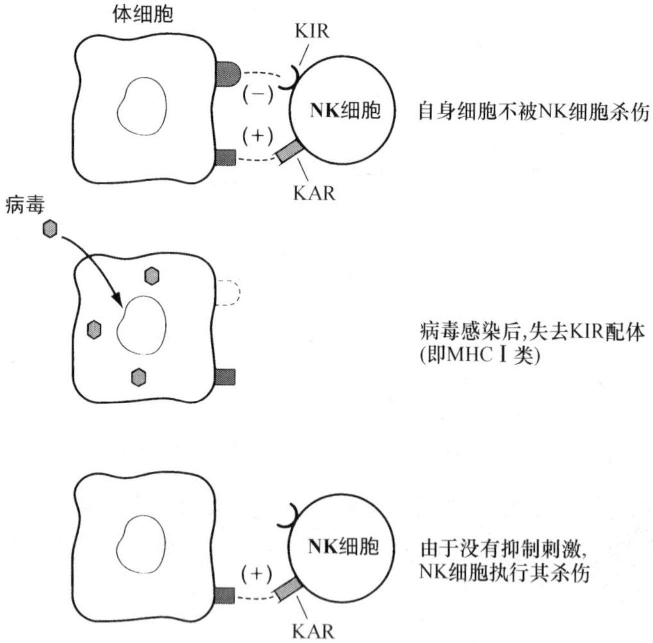

图 G1.2　NK 细胞活性的抑制。NK 细胞识别自身抗原,并环绕机体运行以搜寻异常的自身细胞。当它们与健康的细胞接触时,收到两个信号,即经其 KAR(杀伤活化受体)收到进行杀伤的阳性信号,以及经其 KIR(杀伤抑制受体)收到的阴性信号。这两种信号彼此抵消,NK 细胞继续它的路程。某些病毒抑制能被 KIR 识别的自身分子(即人体的 MHC Ⅰ类,HLA-A、HLA-B、HLA-C)表达,这意味着阴性信号缺失,则 NK 细胞执行其致死职责

补体系统

C3 经旁路途径通过稳定存在在某些微生物表面上相应的酶而活化(见 B2)。由于体细

胞表面膜上都有抑制分子,所以这些细胞不会发生 C3 活化(图 G1.3)。

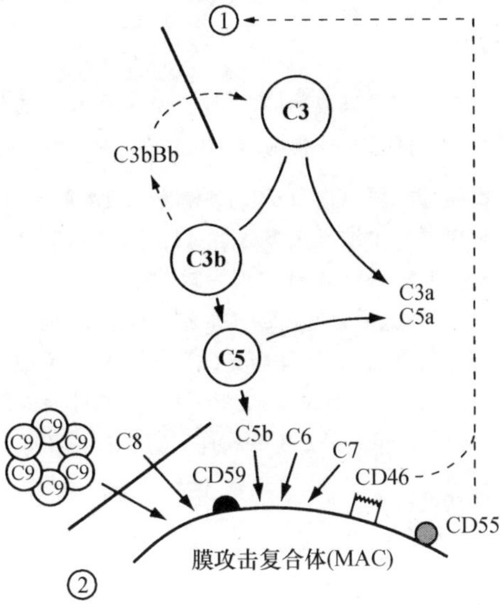

图 G1.3 调节蛋白抑制自身细胞表面的补体活化。①C3 转化酶受膜辅因子蛋白(CD46)和衰变加速因子(CD55)抑制。②CD59 阻断 MAC C8 和 C9 对膜的附着,抑制有效的溶解

适应性免疫系统的调节

初级淋巴器官中,在 T 和 B 细胞发育的层次上即开始了对适应性系统的自身淋巴细胞与抗体的耐受(中枢耐受)(见 A5、C1、F3 和 G2)。那些在这一阶段逃脱消除的淋巴细胞由于缺乏共同刺激信号(例如,APC 细胞上对 T 细胞活化必需的 CD80 或 CD86 提供的那些信号)而不与自身应答,导致无反应性或经 T 细胞活化诱导细胞死亡(外周耐受)。

抗原的性质也是重要的,因为其大小、聚集状态、组成(如蛋白质和糖)等,显著影响应答类型及强度(见 A4)。去除抗原并因此去除刺激,则应答平息。辅助 T 细胞参与调节应答,以及调整其他细胞的功能,包括树突细胞、NK 细胞、巨噬细胞和细胞毒性 T 细胞。虽然此调整时常由细胞因子介导,但也可能包括直接的细胞-细胞的相互作用。Th 细胞的影响能显著影响应答的类型,至少部分地取决于产生的细胞因子的种类和参与应答的特殊的细胞。在某些情况下抗体本身或者能增强(IgM)和补充或者能抑制(IgG:负反馈;见 E2 和 G4)进一步的抗体产生。

注意免疫系统不是孤立地起作用,其他机体系统对其的影响也是重要的。尤其是神经-内分泌系统在调节免疫应答时起重要作用。

G2　中枢耐受和外周耐受

要　点

中枢耐受　中枢耐受是未成熟的T细胞和B细胞在成熟期间，在初级淋巴器官/组织(分别为胸腺和骨髓)内，获得对自身抗原的耐受性的过程。包括消除带有自身抗原受体的细胞。

外周耐受　由于并非所有的自身反应淋巴细胞都能通过中枢耐受机制被清除(主要是因为在初级淋巴器官中缺乏大多数自身抗原)，所以在外周组织中，自身反应淋巴细胞无反应性或被清除。外周T细胞因为缺乏抗原呈递细胞上的共同刺激分子(即B7)给出的第二信号(T细胞活化必需的)，而造成无应答(无反应性的)。由于缺乏来自T细胞的共同刺激信号的结果，外周B细胞可变成无反应性的，并且不能发育成浆细胞。然而，在适当条件下，活化的、表达Fas配体(FasL)的T细胞，可能通过活化诱导的细胞死亡(activation-induced cell death，AICD)杀伤表达Fas的B细胞(或许还有其他T细胞)。

相关主题　多样性的产生(D3)　T细胞活化(F4)　B细胞活化(E2)　自身免疫病发生的机制(L3)　T细胞库的形成(F3)

中枢耐受

中枢耐受的根本基础是抗原与已表达抗原受体但尚未成熟淋巴细胞的克隆相互作用，导致无应答状态。Burnet和Medawar在1960年因提出这一学说而获得诺贝尔奖，现在认识到这一学说包括引起自身反应淋巴细胞接触自身抗原时被消除的机制(**克隆缺失**)。由骨髓干细胞获得的未成熟前体细胞迁移到胸腺，成熟为免疫活性的T细胞，或在骨髓中成熟为B细胞。具有自身特异性的T细胞在正常发育期间在胸腺中作为表达V片段基因的结合体出现(见D3、E3和F3)。这些自身反应T细胞必须被消除，以防止自身免疫。

具有与MHCⅠ类和Ⅱ类抗原较弱结合受体的T细胞得以存活，即**阳性选择**(见F3，图F3.3)。而单独的或携带自身肽、以高亲和力与MHCⅠ和Ⅱ类结合的T细胞(见F2、F3)被诱导经细胞凋亡而死亡。这一**阴性选择**导致消除某些但并非全部自身反应的T细胞。皮质上皮细胞是阳性选择过程的主要细胞，而巨噬细胞和交错突细胞在阴性选择中起主导作用。在胸腺内这一"训育"过程导致90%以上T细胞自杀。因此形成的T细胞只有很小部分存活并迁移到外周组织。这些T细胞是能识别在自身MHC分子中外源的非自身肽抗原的T细胞。

类似的阴性选择过程在B细胞发育期间在骨髓中发生。与在胸腺中一样，抗原受体多样性由V片段基因重排而产生，导致一些B细胞具有自身反应性膜抗体。由于未成熟的B细胞与自身抗原反应，经细胞凋亡引起的克隆缺失而发生**B细胞耐受**(图G2.1)。表

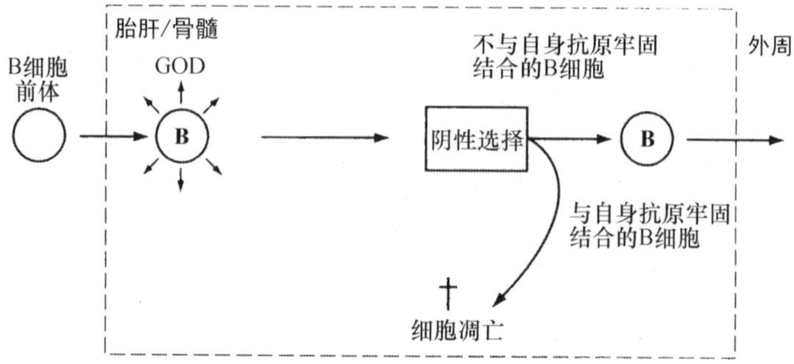

图G2.1　中枢耐受：B细胞。B细胞前体发育多样的抗原受体(GOD)，经历阴性选择，存活的细胞迁移到外周(次级)淋巴器官/组织中去

达与自身抗原反应的表面 IgM 的未成熟 B 细胞表现为无应答的或无反应性的。因此，只有那些在骨髓中不与自身抗原反应的 B 细胞得以成熟，迁移到外周并进一步成熟。

外周耐受

大多数自身反应的淋巴细胞由于两个原因不能在初级淋巴器官中全部被消除。首先，许多自身抗原既不存在于初级淋巴器官中，也不经血流提供给它们。而且，除正常时不与免疫系统接触的自身抗原（“隐蔽抗原”，如眼中的晶状体蛋白）外，大多数作为机体主要器官中的细胞和组织分化的结果而表达的自身抗原，都不经过初级淋巴器官。当然，外周淋巴细胞与这些抗原有接触。其次，由于 B 细胞中抗体基因体细胞突变的结果，可能产生不同的受体特异性。这发生在次级淋巴器官/组织的生发中心内（见 C2、D3 和 E4）。与 B 细胞抗原受体不同，相信 TCR 正常时不发生突变。

T 细胞无反应性

外周的自身反应 T 细胞能被删除或无反应。防止外周中自身反应的主要机制涉及无反应性的发育。幼稚 T 细胞应答抗原需要两个主要信号。一个来自 TCR，另一个来自共同刺激分子。糖蛋白 B7.1(CD80)和 B7.2(CD86)几乎是在专职抗原呈递细胞(APC)上唯一发现的基本的共同刺激分子。T 细胞活化需要 APC 上的这些 B7 分子与 T 细胞上的 CD28 相互作用(图 G2.2)。因此，缺乏自身抗原的专职呈递及共同刺激分子的接合(信号 2)时，在 MHC 分子中呈递的自身抗原与幼稚 T 细胞的 TCR 结合，导致无反应性。而且，假如幼稚 T 细胞被激活，它们表达附加的被称为 CTLA-4 的受体，该受体对 B7 分子的亲和力比对 CD28 的更大。CTLA-4 与 B7 结合，向 T 细胞发送引起抑制 T 细胞活性的阴性信号。

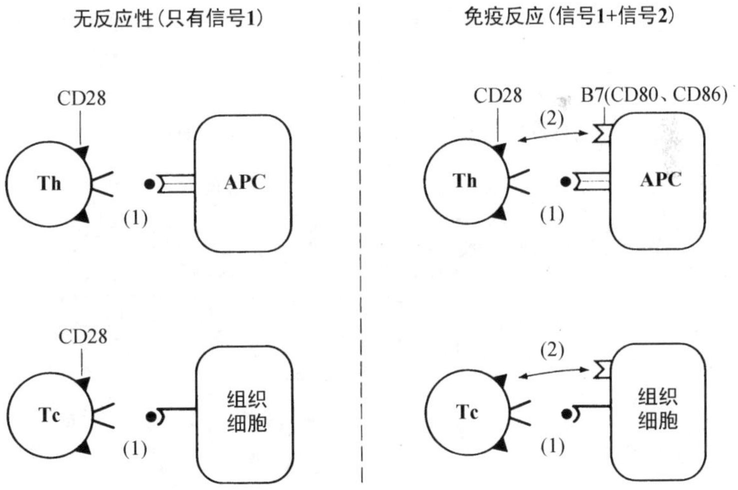

图 G2.2 T 细胞无反应性。Th 和 Tc(包括那些自身反应的细胞)不能被单一信号激活。APC/组织细胞上的 B7(CD80、CD86)与 CD28 的结合，给 T 细胞提供第二信号，导致它们的活化

B 细胞无反应性

自身反应 B 细胞为了应答依赖 T 的抗原，需要 T 细胞辅助。由于大多数自身反应 T 细胞在胸腺成熟期间已被删除，所以自身反应 B 细胞在与自身抗原接触时收不到所需的来自 T 辅助细胞的共同刺激信号(信号 2)，随后变成无反应性的(图 G2.3)。活化需要 B 细胞共同刺激分子 CD40 和 B7 与 T 细胞 CD154 和 CD28 的接合，以及某些细胞因子(IL2、IL4、IL5、IL6)的辅助(见 E2)。

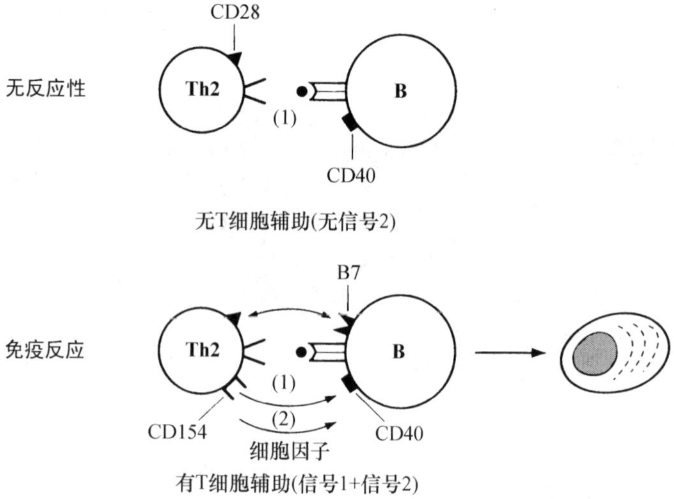

图 G2.3　B 细胞无反应性。B 细胞需经其 CD40 分子引发，才能进展到活化与成熟。T 细胞上的 CD28 与 B 细胞上的 B7 相互作用是诱发 CD154(CD40 配体)表达所必需的。这种与 B 细胞上 CD40 的结合，起活化第二信号的作用

活化诱导的细胞死亡

Fas/FasL(CD95/CD95L)相互作用直接对活化诱导的细胞死亡(AICD)负责。经细胞凋亡消除不必要的细胞在维持免疫以及生理性自体调节上是很重要的。活化的 T 淋巴细胞既能表达受体蛋白 Fas，也能表达其配体(FasL)，而 B 细胞主要表达 Fas。通过激活的 T 细胞和 B 细胞(或许在某些条件下也和其他的 T 细胞)之间的相互作用导致细胞凋亡可促进外周耐受(图 G2.4)。此外，活化的杀伤自身细胞的 T 细胞本身可能通过与某些体细胞，如眼和睾丸的细胞(见 L3)表达的 FasL 相互作用而被杀伤，从而防止杀伤这些自身体细胞。这可能也是肿瘤细胞用以防止它们被细胞毒性 T 细胞杀死的对策。

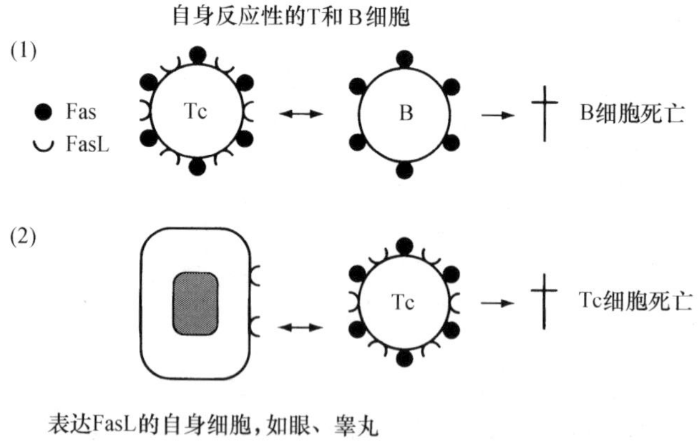

图 G2.4　外周耐受中活化诱导的细胞死亡(AICD)。Tc 细胞可杀伤表达 Fas 的自身 B 细胞(1)，因为 Tc 细胞活化时也能表达 Fas，所以它们自身可被表达 FasL：CD178 的组织细胞杀伤(2)

G3 获得性耐受

要 点

引 言	在适当的条件下诱导对某些抗原的耐受性，对免疫防御以及对自身抗原的免疫调整相当重要。获得性耐受主要与非自身抗原的耐受有关，可能涉及无反应性、清除和受Th2细胞的主动抑制。这些机制受抗原的性质、给予途径和浓度，以及免疫系统的成熟性等影响。
抗原的性质	抗原的化学组成和复杂性，以及抗原与其被引进物种之间的相似程度，决定其诱导耐受或诱导免疫的能力。与自身越相似，越易诱导耐受。
免疫系统的成熟	耐受在出生前或在新生儿早期比较容易获得，这可能与T、B和/或抗原呈递细胞尚未成熟有关。T细胞比B细胞更容易耐受。而诱导对已进行免疫应答特殊抗原的耐受则是困难的[②]。
给予途径	抗原给予途径可决定耐受是否被诱导。经腹腔或静脉引入的抗原，比同一抗原经皮下或肌肉给予时的耐受原性更强。经口服途径接触抗原能导致免疫性或外周耐受。在某些情况下，对一些抗原经口服可阻断其免疫性。
抗原的剂量	低剂量或高剂量的抗原可诱导全身耐受，而适中剂量可引起免疫应答。与新生儿比较，成人的耐受需要更大剂量。
相关主题	抗原(A4) 固有免疫系统的分子(B2) 黏膜相关淋巴样组织(C3) 中枢耐受和外周耐受(G2) 继发性(获得性)免疫缺陷(J3) 自身免疫病的诊断和治疗(L5)

注②：已经进行过免疫应答的抗原是指机体对该抗原产生过免疫应答，因此会有记忆淋巴细胞存在，对于这样的抗原很难再诱导耐受。

引 言

在适当条件下，能诱导对某些非自身抗原的耐受性。这对免疫防御相当重要，因为对微生物关键表位的获得性耐受，可损害对该生物的保护性免疫应答。获得性耐受也有能力调节对自身抗原或变应原的免疫(例如，对自身抗原MHC分子，容许移植MHC不匹配的器官)。导致诱发对外源抗原获得性耐受的机制尚无清楚地了解。根据实验资料提出了三个基本的机制；即受Th2细胞主动抑制、无反应性和删除。

- 主动抑制需要Th2细胞产生抑制细胞因子如TGFβ和IL-10，并能通过淋巴细胞将主动抑制从一个动物过继转移到另一个动物(用纯系小鼠)。
- 当抗原敏感细胞变成无应答状态和进入静止状态时，发生无反应性。
- 删除包括经细胞凋亡去除与抗原反应的细胞。

有许多因素可能影响诱导全身耐受。包括：

- 抗原的性质；
- 免疫系统的成熟(宿主的年龄)；
- 抗原免疫接种的途径；
- 抗原的剂量。

此外，T细胞和B细胞耐受性可能不同。因为免疫应答是在免疫应答基因(IR基因，见F2和G5)的调控之下，所以宿主的遗传背景可能也影响耐受的发展。

抗原的性质

外源抗原的组成和结构与宿主越不一样，越复杂，就越难诱导耐受。抗原的组成和结构越接近自身抗原，就越容易诱导耐受。聚集抗原或有多个不同表位的抗原，通常是好

"免疫原"(即也能诱导免疫),却是较差的耐受原,而可溶性抗原是较差的免疫原,却是好的耐受原。

免疫系统的成熟

在出生前或在早期新生儿生活中,比较容易获得耐受。这可能与T细胞和B细胞和/或APC均未成熟有关。在免疫受损的个体中,如从辐射恢复健康的免疫缺陷的个体或动物,也较容易诱导耐受(见L3)。此外,T细胞比B细胞更容易诱导耐受,且这种耐受一旦获得,则持续较长时间。与B细胞耐受相比,T细胞用较低剂量抗原即可获得耐受,并在接触后很快发生。而诱导对已进行免疫应答的特殊抗原的耐受是困难的。这大概是由于免疫细胞比较长寿而记忆T细胞和B细胞更难于耐受(tolerise)如自身免疫病中的情况(见L5)。

给予途径

抗原给予途径可能影响免疫应答性质。经皮下或肌肉给予某些抗原,可能比经静脉或腹腔给予时更具免疫原性。

经口途径(饲喂)进入个体的抗原能诱导口服耐受性。至少涉及三个机制,即主动抑制、克隆无反应性和删除。主动抑制可能包括抑制细胞因子如TGFβ和IL-10的释放,并能被过继转移。在经口耐受的动物模型中,主动抑制既能经CD4和也能经CD8细胞过继转移。克隆无反应性通常由接触低或高剂量的抗原而被诱导。因而,在缺乏共同刺激的辅助信号时,T细胞或B细胞可能经历无反应性。删除在口服高剂量抗原时发生,并显示诱导派尔集合淋巴结中的淋巴细胞经历细胞凋亡。耐受诱导的必要条件可能因不同的抗原而不同,并且也可能取决于刺激的前后关系。在微生物感染前后发现的抗原可能诱导免疫反应而不是耐受。

抗原的剂量

极端的抗原剂量诱导耐受性而不诱导免疫性。由给以高剂量抗原诱导的耐受性被称为"高区耐受"。成熟动物可能比新生儿需要的剂量高得多。极低剂量抗原也能诱导耐受,即所谓的"低区耐受"。

G4 抗原和抗体的调节

要 点

应答的引发 抗原通过抗原呈递细胞(树突细胞和巨噬细胞)将抗原肽呈递给抗原特异性 Th 细胞以引发免疫应答。然后 Th 细胞辅助 B 细胞产生抗体,或 CTL 发育。该抗原的物理状态(如聚集)和组成(如蛋白质)也是重要的③。

抗原的去除 抗原经抗体和最终经吞噬细胞去除是调节免疫应答的最有效的手段,因为在无抗原存在时,即停止抗原特异性 T 细胞和 B 细胞的再刺激。在新生儿体内,母体的 IgG 可与抗原结合并除去它,从而妨碍对该抗原的主动免疫的发育。此外,用被动抗体(passive antibody)的治疗可能阻碍主动免疫的发生。例如,将 RhD(猕猴 D)抗体给 RhD 阴性的母亲,抑制她们在未来妊娠时产生抗 RhD 的抗体。持久性存在的抗原(如在某些病毒、细菌中发现的)可维持特异性免疫应答的产生。

抗体的正效应 IgM 类抗体可能通过补体活化调节免疫应答。因此,抗原-IgM-补体复合物与抗原特异 B 细胞上的补体受体(CD21)相互作用,可增强此应答。

IgG 的负反馈 IgG-抗原复合物通过与其 IgG 成分 Fc 区结合的 FcrRⅡ(CD32)转导负信号,可特异地抑制抗原特异 B 细胞的进一步应答。

独特型网络 免疫系统产生抗独特型应答(对免疫球蛋白分子可变区的免疫应答)的能力,被认为是能调节免疫应答的一种机制。

相关主题

抗原(A4)
固有免疫系统的分子(B2)
出生时的适应性免疫(C5)
抗体应答的细胞基础(E3)
抗体类别(D2)
免疫接种(I2)
同种异型和独特型(D4)
B 细胞受体复合物、辅助受体和信号发送(E1)
IgG 和 IgM 介导的(Ⅱ型)超敏反应(K3)

注③:聚集性的抗原更容易启动免疫应答,而可溶性抗原则不易启动免疫应答。蛋白质抗原的免疫原性较多糖类抗原要强,因此更容易启动免疫应答。

应答的引发

抗原是引发免疫应答绝对必要的条件。将微生物视为外源或非自身物,最初由固有免疫系统的受体或淋巴细胞抗原特异受体的微生物识别模式所介导(见 B3、E1 和 F2)。抗原的性质也很重要,因为颗粒抗原比同一抗原的可溶形式产生更强的免疫应答。这在一定程度上可能是由于可溶性抗原能产生耐受性应答而不是免疫性应答。聚集抗原也更可能被抗原呈递细胞接受和加工。

抗原的去除

成功地产生抗原驱动的细胞介导的应答和/或抗体应答,在多数场合中,去除侵入的微生物。微生物残余和死的病毒感染细胞被吞噬系统清除,这样除去了抗原的来源,因而除去刺激。特别是作为抗原被抗体消除的结果,停止抗原特异性 T 细胞和 B 细胞的再刺激,在防止抗原被有效地从系统中清除的同时产生更特异的抗体。临床上通过被动免疫接种显示预先形成的抗体能抑制宿主对抗原特定的有害的应答。在 RhD^+ 婴儿出生前或出生后立即给 RhD^- 母体注射 RhD^+ 抗体,去除可能已经进入母体循环的 RhD^+ 红细胞。这可预防由未来妊娠而发生的新生儿溶血病(见 K3)。简单去除抗原(RhD^+ 红细胞)的结果使该母体永不发展对 RhD 抗原的记忆应答。

同样地,新生儿对某些抗原的无应答性可能与由母体获得的被动免疫有关(见

C5)。由于在胎儿孕育期间,母体 IgG 经胎盘转运,婴儿出生时有母体 IgG 抗体介导的全部体液免疫。进而,婴儿在喂养期间从初乳和乳汁中获得的母体 IgA 包被婴儿的胃肠道,并提供被动的黏膜免疫(见 C5、D8 和 E4)。这样,直到这些被动提供的抗体被降解或被用尽为止,它们可结合并除去抗原,因此干扰主动免疫的发育。

要注意的是,某些微生物存留并不断刺激特异性 T 细胞和 B 细胞。例如,引起腺热的非洲淋巴瘤病毒(Epstein-Barr virus)以较低的水平终身存留于咽组织和 B 细胞中,不断地再刺激对此病毒的免疫力。

抗体的正效应

IgM 类抗体似乎在增强体液免疫方面是很重要的。尤其是与 B 细胞抗原受体结合的抗原-IgM-补体复合物比抗原单独刺激细胞更有效(图 G4.1)。这可能是补体 C3b 成分与抗原受体复合物 CD21 分子同时发生相互作用,然后向 B 细胞转导阳性信号的结果。

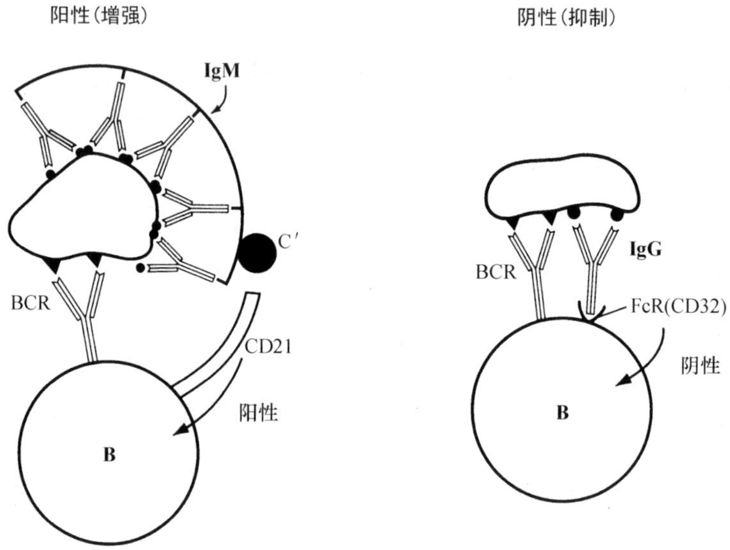

图 G4.1 B 细胞活性受抗体的调节。与 BCR 识别的抗原结合的 IgM 固定补体,然后补体与 CD21 相互作用,给 B 细胞转导阳性信号。而与附着于 BCR 抗原结合的 IgG 与 FcγR(CD32)结合,并给 B 细胞传送阴性信号

IgG 的负反馈

IgG-抗原复合物与抗原特异性 B 细胞通过同时发生的既与 B 细胞抗原受体结合又与 B 细胞受体复合物的 FcγRⅡ 分子结合的相互作用,能向 B 细胞传递阴性信号(图 G4.1)。因此,在抗体应答以后产生的 IgG 能与抗原(假如存在的话)相互作用形成一个复合物,在与抗原特异 B 细胞结合时,该复合物可提供由 FcγRⅡ 介导的反馈抑制,以降低抗原特异性抗体的产量。

独特型网络

免疫球蛋白分子的高变区——独特型(见 D4)是免疫原性的,因此能对该区产生抗体和 T 细胞应答。已经提出,对独特型的这些免疫应答有免疫调节作用,即针对抗原诱导的抗体独特型的抗体或 T 细胞,可直接与 B 细胞或 T 细胞相互作用,调节其进一步增殖和分化。因而抗-独特型的抗体或 T 细胞可形成连接网络,并且起其自身应答的诱导物或调节物的作用。在抗原缺乏时,具有独特型和抗-独特型抗原受体的 B 细胞或 T 细胞,可能通过直接接触抗原受体,使其他的 B 细胞和 T 细胞无反应。

另外,针对抗体分子的独特型可以产生两组不同的抗体。一组抗体可表达抗-独特型结合部位,该部位类似原来抗原的抗原决定簇。因此,例如,直接抗微生物抗原决定

簇的抗体，可刺激导致具有类似微生物抗原决定簇的可变区的抗独特型抗体的免疫反应。如此产生的抗-独特型可能能起替代抗原的作用。例如，乙型肝炎抗体的抗体已被用作乙肝疫苗。类似替代抗原的抗-独特型抗体使免疫系统得以促进其自身感染期间的应答。在对微生物免疫应答期间，以这种方式模拟微生物抗原的抗-独特型抗体，可能增强抗该微生物的免疫应答。

模拟自身分子的抗-独特型抗体引起自身免疫应答增强也是可能的。例如，生成抗某种激素的抗体可诱导模拟该激素的抗-独特型抗体，并因此能与该激素受体结合并刺激它(见 L3)。

G5 基因、T 辅助细胞、细胞因子和神经内分泌系统

要 点

免疫应答的遗传控制	虽然许多基因参与免疫应答的调控（免疫应答基因），但调节 T 细胞对种种抗原应答的主要基因座是主要组织相容性复合体（MHC）。从整体上看，基因座的多态性给人群提供结合新肽，并因此对经突变可能引起新的致病微生物产生保护性应答的机会。
T 辅助细胞	免疫应答的类型由抗原的性质和调节 T 细胞及其细胞因子产物决定。Th1 细胞产生对杀伤细胞内微生物和产生细胞毒性 T 细胞都很重要的促炎细胞因子，而由 Th2 细胞产生的抗炎细胞因子（IL-4、IL-10 和 IL-13）对 B 细胞的增殖与分化，以及免疫球蛋白类别转换成对黏膜表面的免疫防御重要的抗体同种型——IgA 或 IgE 都是重要的。
刺激和抑制细胞因子	一些细胞因子可促进细胞生长，吸引特异性免疫细胞（趋化因子），或有助于细胞活化。另一些细胞因子可抑制细胞增殖（如 TGFβ 和 IFNα），或抑制巨噬细胞活化（如 TGFβ）。
神经内分泌系统——HPA 轴	下丘脑/垂体/肾上腺（hypothalamus/pituitary/adrenal，HPA）轴通过释放介质，如促肾上腺皮质素释放激素（corticotrophin releasing hormone，CRH）、阿片样物质、儿茶酚胺和糖皮质激素，调控免疫应答。糖皮质激素对免疫系统有较宽范围的调节作用，并且是强有力的促炎症应答下调物。反过来，免疫系统通过细胞因子（如 IL-1）直接影响 HPA 轴，如诱导糖皮质激素产生。因此，免疫效应机制被紧密地整合成包括神经与内分泌系统的网络。
相关主题	固有免疫系统的分子（B2） 抗原的 T 细胞识别（F2） 移植抗原（M2）

免疫应答的遗传控制

已证实许多基因参与免疫应答的调节（免疫应答基因）。毋庸置疑，其中许多编码大量对特异性免疫应答极为关键的受体、信号蛋白等。然而，调节 T 细胞对大多数抗原应答的主要基因座是主要组织相容性复合体（MHC）。这一由 6 个主要基因座（见 F2、M2）组成的复合体，由于在 MHC Ⅰ类和Ⅱ类分子的肽结合区内编码不同氨基酸的等位基因型，所以是多态的。从整体看，这一多态性给人群提供与微生物突变可能产生的任何新肽结合的机会。那些具有能与来自新肽的肽结合的 MHC 分子的个体，将以达尔文方式被选择，得以存活。

T 辅助细胞

通常，对于蛋白抗原的免疫应答和辅助 B 细胞制备不同类别的抗体绝对需要 Th 细胞。在某些情况中，应答的类型是由抗原的性质及其进入的方式，以及调节 $CD4^+$ T 辅助细胞亚群（Th1 和 Th2）和它们细胞因子产物的作用来决定（见 F5）。由 Th1 细胞产生的促炎细胞因子 IL-2、TNFα 和 IFNγ，对杀伤细胞内微生物和产生细胞毒性 T 细胞是很重要的，而 Th2 产生的抗炎细胞因子 IL-4、IL-10 和 IL-13，对 B 细胞增殖与分化和对免疫球蛋白类别转换成 IgA 和 IgE，以及 IgG2 对与有荚膜的细菌（如肺炎球菌）联合的多糖抗原的应答是重要的。Th2 细胞因子在帮助消灭寄生虫感染时也很重要，因为它们导致产生 IgE 和募集有强有力的抗寄生虫功能的嗜酸性粒细胞（见 H2）。Th1 和 Th2 细胞因子是自身调节的并抑制彼此的功能（图 G5.1；见 B2）。例如，IL-4 和 IL-10 下调 Th1 应答，而 IFNγ 对 Th2 细胞有拮抗作用。下调的机制对预防伴随的损伤及能量守恒是必要的。有特应性（即对高水平 IgE 有遗传倾向）的患者，不能很好地调控他们的 Th2 细胞（见 K2）。另外，在 AIDS 患者中有某些迹象表明其应答倾向有利于 Th2 而不是 Th1。

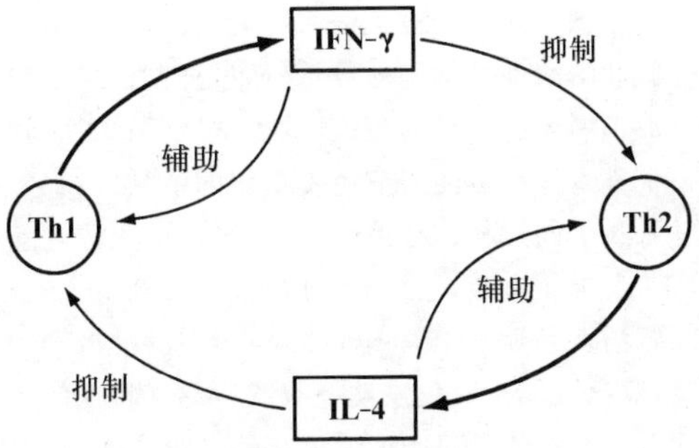

图 G5.1 Th1 和 Th2 细胞的相互调节。Th1 细胞释放 IFN-γ，因而抑制 Th2 细胞增殖及其 IL-4 产生。Th2 细胞释放 IL-4(和 IL-10)，因而抑制 Th1 细胞增殖及其 IFN-γ 产生

刺激和抑制细胞因子

大多数细胞因子促进特定细胞谱系的生长，吸引特异的免疫细胞(趋化因子)，或有助于细胞活化。其他的细胞因子可能是抑制性的。TGFβ 抑制巨噬细胞活化和 B 细胞与 T 细胞增殖。IFNα 也有抑制细胞生长的性质。这些抑制细胞因子的作用是 T 细胞和巨噬细胞调节免疫应答的主要方式。另外，Th1 和 Th2 细胞产生的细胞因子彼此之间的刺激和抑制作用，在决定免疫应答的类型和程度时也发挥较大作用(见 B2)。

神经内分泌系统——HPA 轴

免疫系统的活性受其他系统，可能最重要的是受神经内分泌轴的影响。因此，淋巴细胞不仅易受免疫系统的细胞因子，也易受激素和神经递质的调节。下丘脑/垂体/肾上腺(HPA)轴通过介质的释放，如促肾上腺皮质素释放激素(CRH)、阿片样物质、儿茶酚胺和糖皮质激素，在免疫应答期间行使强有力的调控(图 G5.2)。尽管对其中的某些介质的效应机制尚未充分了解，但还是知道它们既对免疫系统感觉(肥大细胞)也对认知的(淋巴细胞)细胞起作用。

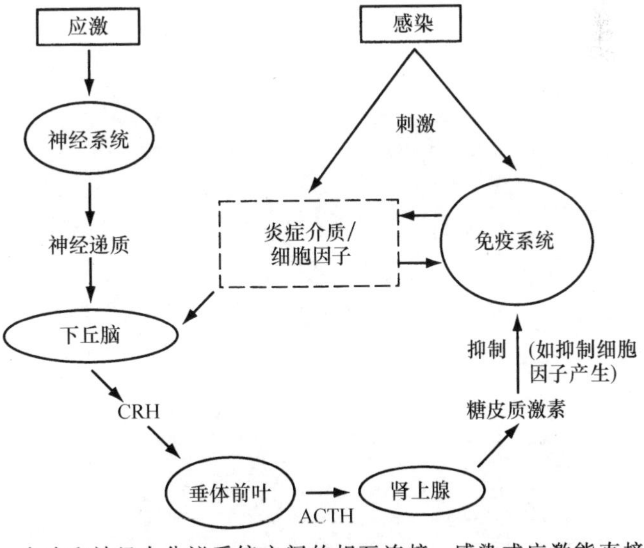

图 G5.2 免疫和神经内分泌系统之间的相互连接。感染或应激能直接或间接地影响免疫和神经系统。在对感染应答时释放的炎症介质/细胞因子，不仅参与免疫应答的发展和调节，也刺激免疫调节剂的释放，如糖皮质激素下调免疫应答。应激和炎症介质引起下丘脑释放肾上腺皮质素释放激素(CRH)，CRH 刺激垂体释放促肾上腺皮质激素(adrenocorticotropic hormone，ACTH)。ACTH 引起肾上腺释放糖皮质激素，糖皮质激素反过来下调免疫系统

糖皮质激素对免疫系统有较广泛的调节作用，包括：减少循环中淋巴细胞、单核细胞和嗜酸性粒细胞的数量；通过抑制促炎细胞因子 IL-1、IL-2、IL-6、IFNγ 和 TNFα 的释放抑制细胞介导的免疫；减少抗原呈递；抑制肥大细胞功能。由垂体产生的生长激素和催乳素显然也能调节免疫系统的活性。已经显示，施行垂体摘除术（破坏垂体）的大鼠延长了同种异体移植的存活，当再引入催乳素或生长激素时，移植存活减少。

神经递质，包括肾上腺素（epinephrine）、去甲肾上腺素（norepinephrine）、P 物质、血管活性肠肽（vasoactive intestinal peptide，VIP）和 5-羟色胺（5′-hydroxytryptamine，5′-HT），可能也对免疫功能有既广泛又特殊的作用。

有趣的是，HPA 轴也直接受免疫系统的影响，正如在炎症应答期间释放的细胞因子 IL-1、TNFα 和 IL-6 直接影响下丘脑、垂体前叶和肾上腺皮质的事实所证明的。因此，免疫效应机制紧密地整合成包括神经和内分泌系统在内的网络。

（林慰慈 译）

H 感染免疫

H1 微生物世界

要 点

感染及其后果

过去，鼠疫和流感的流行，曾引起大量人群死亡，以及社会结构与行为的改变。今天，由人免疫缺陷病毒(human immunodeficiency virus，HIV)、军团菌属、幽门螺杆菌引起的那些疾病，以及耐多种药结核病(tuber culosis，TB)和SARS病毒的出现，对免疫系统及人类的发明创造能力提出新挑战。

微生物存在部位及免疫防御

机体细胞外部生存的微生物(如许多细菌和真菌)通常由吞噬细胞、补体和特异性抗体应对。而细胞内生存的微生物(如病毒、某些细菌和原虫)则需要通过中和抗体、细胞毒性T细胞或NK细胞来控制。

病原体保护机制

微生物已进化出了逃避机体免疫系统多重防御的方法而引起感染。首先，它们可以通过在细胞内生存、通过分子模拟(使感染物抗原与宿主抗原在抗原性上无法区分)和通过抗原变异而避免被识别。其次，它们可下调免疫应答的效应组分①。

病原体引起的损伤

病原体可以通过产生毒素直接造成组织损伤，也可以通过过强的免疫应答造成损伤。免疫介导引起宿主损伤的机制包括过敏反应、免疫复合物疾病、坏死和凋亡。

相关主题

固有免疫系统的细胞(B1)　　抗体的功能(D8)
固有免疫系统的分子(B2)　　克隆扩增与效应功能的发展(F5)

注①：下调免疫应答的效应组分是指某些微生物通过干扰补体活化、抑制吞噬作用、降低抗体应答，以及干扰Th1与Th2反应的特性来降低免疫应答的强度，从而使其在体内不被消灭。

感染及其后果

微生物有有用的，但它们(和较大的寄生虫)又是人类生存的最大威胁之一。在过去，诸如结核病(TB)和鼠疫及流感等造成的流行病曾引起大量人群死亡，并改变了社会结构与行为。据估计，1918年的流感流行造成了4000万到1亿人死亡，据说第二次世界大战导致的结核病死亡人数比战争本身引起的死亡人数还要多。今天，诸如由人类免疫缺陷病毒(HIV)、军团菌属、幽门螺杆菌引起的疾病，以及耐多种药结核病和重症急性呼吸综合征(SARS)病毒的出现，对免疫系统和人类的发明创造能力提出新的挑战。

微生物存在部位及免疫防御

微生物能够通过黏膜表面、皮肤、叮咬和伤口侵入宿主。这种侵入通常受到作用迅速的先天防御机制的反击。在第一道防线中仍在有感染物存活的情况下，适应性免疫系统更特异性地，但较慢地应答，以尽力消除病原体。在这种方式下，可将适应性免疫系统和非适应性免疫系统分别看做是大脑和肌肉。防御的最终途径常常导致免疫记忆，以致引起疾病的微生物和寄生虫的重复性感染被减少，或者对某些感染物引起的疾病如天花和麻疹进行预防。

针对细菌、病毒、真菌、原虫和蠕虫的免疫应答，在使用的防御机制方面有所不同。一般来说，生活在机体细胞外的微生物(如许多细菌和真菌)更可能受特异性抗体调理，并且被吞噬细胞吞食或者经旁路或经典补体途径摧毁，而那些具有胞内栖息地的微生物(如病毒、某些细菌和原虫)，可能需要抗体存在(中和)，以及细胞毒T细胞或NK细胞提供有效的保护。对真菌的免疫应答还了解不多，当抗体可能在其消除中发挥作用时，防御这种微生物的主要机制似乎是通过细胞介导的应答(T细胞和巨噬细胞)。当防御较难免疫防备的原虫时，体液和细胞免疫应答都是需要的。蠕虫由于其大小和复杂性，很难完成对它的免疫防护。主要应答机制包括产生抗体，尤其是免疫球蛋白

(IgE)和细胞应答，包括嗜酸性粒细胞、肥大细胞、巨噬细胞和CD4 T细胞。当存在IgE抗原复合物时，肥大细胞和嗜碱性粒细胞脱粒；IgA复合物也引起嗜酸性粒细胞脱粒。肥大细胞释放引起肠痉挛的组胺，而嗜酸性粒细胞则释放阳离子蛋白和神经毒素，蠕虫抗原引导免疫系统形成从而优先产生IgE的Th2应答。

病原体保护机制

许多微生物进化出能躲开多重和交错的人类免疫防御机制并导致感染的方法。微生物躲避免疫监视的策略基本上有两类。首先，有些微生物能够避免识别。它们通过具有细胞内栖息地、分子模拟(感染物的关键性抗原与宿主抗原在抗原性上无法区分)，或者抗原变异来避免识别。其次，有些微生物能够通过干扰补体活化、抑制吞噬、减少抗体应答和/或影响Th1及Th2免疫应答的性质来调整免疫应答的效应支。

病原体引起的损伤

致病的生物能够通过产生毒素直接引起组织损伤和疾病。例如，细菌和原虫产生外毒素和内毒素。另外，大多数病毒都有一个导致组织损伤的裂解阶段。另一方面，针对某些感染微生物的免疫应答可能比令人厌恶的病原体自身有更强的破坏性，尤其是在持续状态下(见K)。表H1.1列举了一些范例。免疫介导的对宿主损伤的机制包括过敏反应、免疫复合物疾病、坏死和细胞凋亡。

表H1.1　病原体与超敏反应

Ⅰ型	棘球属棘球蚴，裂解时引起过敏反应
Ⅱ型	抗体与共享抗原的交叉反应，如链球菌与风湿热患者的心脏组织
Ⅲ型	免疫复合物在肾脏、肺、血管和关节中沉积，分别导致肾小球肾炎(如链球菌感染)、支气管扩张、血管炎和关节炎
Ⅳ型	肉芽肿形成，如结核病和麻风病

H2 对不同生物的免疫

要 点

对细菌的免疫 胞外的细菌可直接通过补体旁路活化或被与微生物结合的抗体活化后，通过补体经典途径被杀伤。抗体和补体还可起调理作用，促进吞噬细胞的吞噬与杀伤。而对于细胞内生存的细菌，如结核杆菌，它通过存活于宿主细胞内（如单核细胞和巨噬细胞内），而逃避免疫系统，所以需要细胞介导的免疫（cell-mediated immune，CMI）应答②。这导致增强单核细胞/巨噬细胞杀伤胞内细菌的细胞因子（如 IL-12 和 INFγ）的释放。

对病毒的免疫 病毒感染的固有免疫系统抑制因子是 IFNα 和 IFNβ。然而，当病毒在宿主细胞内复制时，要根除它们则需要 CTL 应答。感染后，病毒特异肽在细胞表面 MHC 分子中表达，并变成 CTL 的靶。抗体能中和游离的病毒（阻止其附着和感染靶细胞）并增强对病毒的吞噬作用。

对真菌的免疫 对真菌感染（真菌病）的免疫应答还不甚了解。抗体在其根除时可能起一些作用，免疫细胞主要包括 T 细胞和巨噬细胞。

对原虫的免疫 原虫感染，如疟疾、锥虫病、利什曼病和弓形体病是热带地区及发展中国家人群健康的主要威胁。原虫难于免疫防御，并且对其防御既需要细胞免疫也需要体液免疫。

对蠕虫的免疫 由于蠕虫的大小及复杂性，很难完成对其免疫防御。应答机制包括抗体（尤其是 IgE）的产生，以及嗜酸性粒细胞、肥大细胞、巨噬细胞和 CD4 T 细胞的细胞应答。肥大细胞和嗜酸性粒细胞通过 IgE-抗原复合物和 IgA-抗原复合物脱粒，引起急性炎症并释放阳离子蛋白和神经毒素。

相关主题

固有免疫系统的细胞（B1）
固有免疫系统的分子（B2）
固有免疫和炎症（B4）
抗体的功能（D8）
克隆扩增与效应功能的发展（F5）
微生物世界（H1）
免疫系统的缺陷（J1）

注②：对于细胞外存在的细菌，机体可以通过补体的旁路途径，或者通过抗体介导的补体经典活化途径来活化补体，进行攻击，同时补体和抗体促进吞噬细胞的吞噬杀伤作用，共同对细菌进行破坏，杀灭。而对于细胞内的细菌，通过细胞免疫应答，介导 IL-12 和 INFγ 等因子的释放，增强巨噬细胞和单核细胞的杀伤力，消灭被吞噬的细菌。

对细菌的免疫

对细胞外细菌的主要效应防御机制的总结示于图 H2.1。躲过了经典或者旁路补体途径破坏的细菌可被急性期反应物或特异性抗体调理，并被表达这些抗体 Fc 区的受体的吞噬细胞所吞食。PMN 和巨噬细胞均表达 IgG 及 IgA 的受体。炎症细胞因子，如 IFNγ 能够显著的上调这些受体的表达，并且增强这些效应细胞的杀伤效率。另外，由巨噬细胞和树突细胞表达的先天模式识别受体，在细胞因子产生和启动适应性免疫系统的抗细菌（及其他微生物）应答中很重要（见 B3）。

一些细菌侵入宿主细胞并在其中生存，包括结核杆菌、利斯特氏单胞菌、伤寒沙门氏菌和布氏杆菌。这些**胞内**细菌通过在宿主细胞（如单核细胞和巨噬细胞）内生存以躲避免疫系统的监视。免疫系统通过发动对这种感染的细胞介导的免疫（CMI）应答来抵制它们。参与 CMI 应答的细胞包括 Th1 和 Th2 CD4 细胞、CD8 细胞、单核细胞/巨噬细胞和 NK 细胞。Th1 细胞释放能够增强单核细胞/巨噬细胞杀伤胞内细菌，并增强它们的抗原呈递能力的 IFNγ（图 H2.2）。这种 CMI 应答不仅在防御疾病（如结核），而且在防御某些病毒和真菌感染时也很重要。

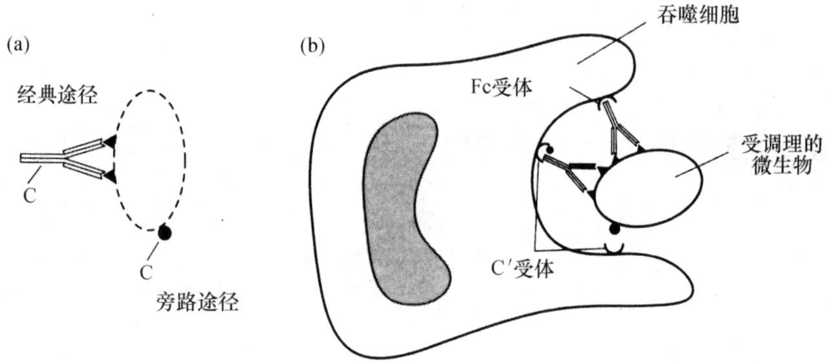

图 H2.1 对胞外细菌的防御机制。细菌能通过以下方式被杀死：(a)有或没有抗体的补体依赖的溶解作用；(b)由补体单独和/或抗体调理后的吞噬作用

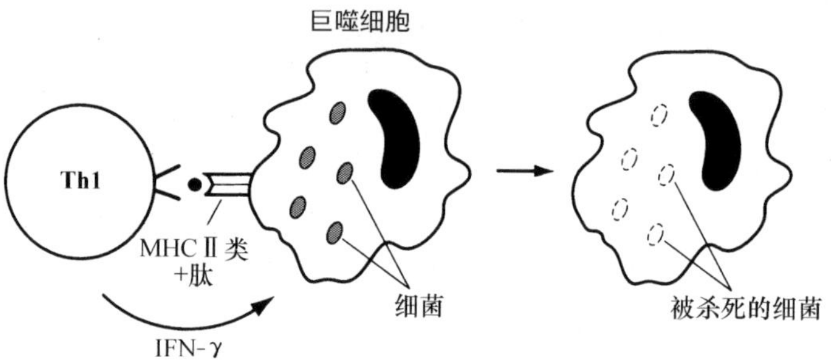

图 H2.2 对胞内细菌的防御机制。含有胞内细菌的巨噬细胞将其 MHCⅡ类分子上的微生物肽呈递给产生 IFNγ 的特异性 Th 细胞。这种“激活”的巨噬细胞能增强胞内杀伤作用

对病毒的免疫

对病毒感染的天然免疫力与通常所说的干扰素(尤其是 IFNα 和 IFNβ)有关，因为它们干扰病毒的复制(见 B2)。IFNγ 通过它增强免疫介导机制的能力，在防御细胞外细菌时可能是更有效的。鉴于病毒在它们能够复制和引起感染前需要附着于宿主细胞，所以阻挡附着的对该病毒的抗体代表防御病毒感染的一种重要机制。这些保护性抗体在脊髓灰质炎预防中可能是 IgG 或者 IgA。

因为病毒在细胞内复制，在细胞内它们不再暴露于循环中的抗体，所以它们的清除依赖于杀死被感染的宿主细胞。这当然需要 CTL 应答。由于病毒感染的细胞常常在其表面的 MHCⅠ类中表达病毒肽，所以它们成为被细胞毒性 CD8T 细胞破坏的靶。受病毒感染的细胞也变得对 NK 细胞的杀伤作用敏感(见 B1)。这样，病毒复制被阻止，病毒感染被消除(图 H2.3)。

对真菌的免疫

真菌性疾病(真菌病)是很普通的，而对于免疫受损的个体是非常成问题的(见 J1)。虽然对真菌感染的免疫应答不甚了解，但已清楚嗜中性粒细胞和其他吞噬细胞在去除某些真菌引起的感染时很重要，而且抗体在根除它们时可能也有一些作用。似乎保护性免疫主要是细胞免疫，尤其是那些在机体深部的感染。通过对获得性免疫缺陷综合征(AIDS)患者的研究充分证明了这一点，这些患者的 T 细胞记数低通常与真菌感染相关。

对原虫的免疫

原虫感染，如疟疾、锥虫病、弓形体病、利什曼病和阿米巴病，是热带地区，特别是发展中国家人群健康的主要威胁。原虫难以进行免疫，并且认为其防御既需要细胞免疫也需要体液免疫，而且体液应答，特别是 IgG 应答可能是最重要的。

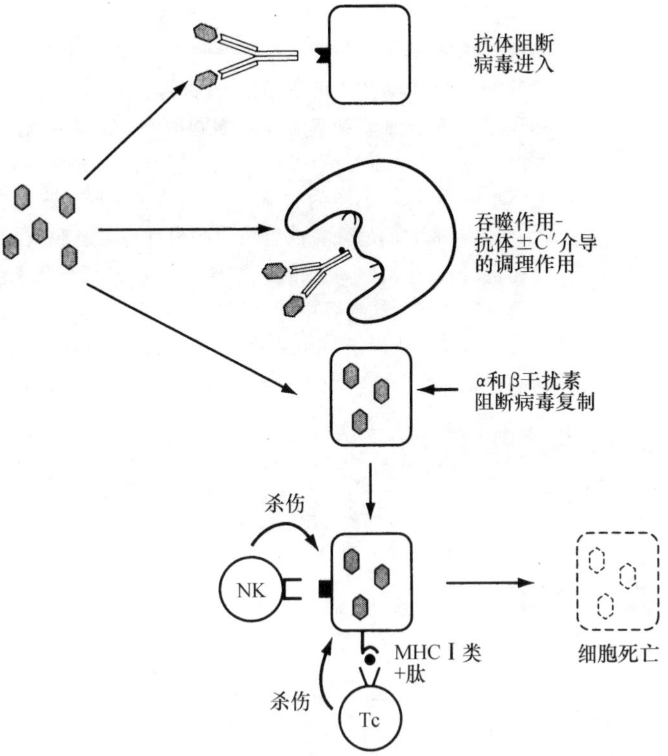

图 H2.3　对病毒的防御机制。抗体附着于病毒上，阻止它们进入细胞，并调理它们以便被吞噬。γ 和 β 干扰素阻断病毒在受感染的细胞中复制。如果受感染的细胞很少表达或不表达 MHC Ⅰ类分子，则 NK 细胞能将它们杀伤。Tc 细胞杀伤在 MHC Ⅰ类分子上表达病毒肽的受感染的细胞

在疟疾中，抗体通过阻止裂殖子（血液期）进入红细胞来预防感染。然而，存在几个不同的疟原虫品系，对一个品系或种有免疫力对其他品系可能是无防御性的。其他固有或者非适应性免疫机制可能也参与防御某些疟原虫感染，例如，缺乏 Duffy 血型抗原 Fy(a-b-)的个体对间日疟原虫的感染有免疫力。而与镰状细胞贫血症相关的血红蛋白结构，似乎能抑制恶性疟原虫的在细胞内生长。

锥虫通过产生具有不同抗原的后代不断地挑战免疫系统。这样，当免疫系统形成对这些微生物上的抗原应答后，它们改变一些自身表面蛋白的结构（转换抗原包被），以致在最初的应答中产生的抗体，在介导防御这种修饰过的锥虫时，不再反应或有效。这导致一波接一波的感染和应答。

弓形虫通过用层粘连蛋白（阻止吞噬作用和氧化损伤的细胞外基质蛋白）包被其自身以防备免疫系统。对弓形虫的细胞应答似乎在与感染作斗争时非常有效，因为 T 细胞计数低的患者，如受 HIV 感染时，受弓形虫感染的危险性更大。其他原虫疾病如利什曼原虫病，特别偏好感染巨噬细胞，并且需要细胞应答来根除。此外，Th1 应答对防护好像是必不可少的，因为 IFNγ 似乎是杀伤寄生虫最重要的细胞因子。

对蠕虫的免疫

对蠕虫（helminth）的免疫应答难以实现，而且不是很有效，可能是由于这些微生物的大小和复杂性造成的。因此，诸如曼氏血吸虫（血吸虫病）和班氏吴策线虫（淋巴性丝虫病，象皮病）引起的疾病代表主要问题，尤其在发展中的国家和地区。尽管 PMN、巨噬细胞和 NK 细胞可能参与，但是针对蠕虫的主要保护机制好像是由嗜酸性粒细胞和肥

大细胞介导的。当蠕虫太大以致不能被吞噬时，它们可被 IgE、IgA 和 IgG 抗体包被。在这种情况下，主要的吞噬细胞及嗜酸性粒细胞和肥大细胞将通过各自对这些抗体分子的 Fc 受体与寄生虫的表面结合，并释放它们的有毒的细胞内容物。在 IgE-抗原复合物存在时，肥大细胞和嗜酸性粒细胞脱粒。肥大细胞脱粒时，它们释放组胺、5-羟色胺和白三烯。这些血管活性胺是神经递质，并引起神经血管以及神经肌肉的改变，导致肠道痉挛腹泻，以及小肠内物质排出。嗜酸性粒细胞也有 IgA 受体，当这些受体被交联时，细胞释放它们的颗粒内容物。嗜酸性粒细胞脱粒时，释放出效力强大的拮抗性化学物和蛋白质，包括阳离子蛋白、神经毒素和过氧化氢，这些可能也有助于形成对蠕虫栖息的有害环境。蠕虫感染常常引导免疫系统朝向 Th2 应答，并产生 IgE、IgA 和 Th2 细胞因子以及趋化因子(eotaxin)。Th2 细胞因子 IL-3、IL-4 和 IL-5 及趋化因子 eotaxin 对嗜酸性粒细胞和肥大细胞具有趋化性。图 H2.4 总结了驱除蠕虫的主要免疫机制。

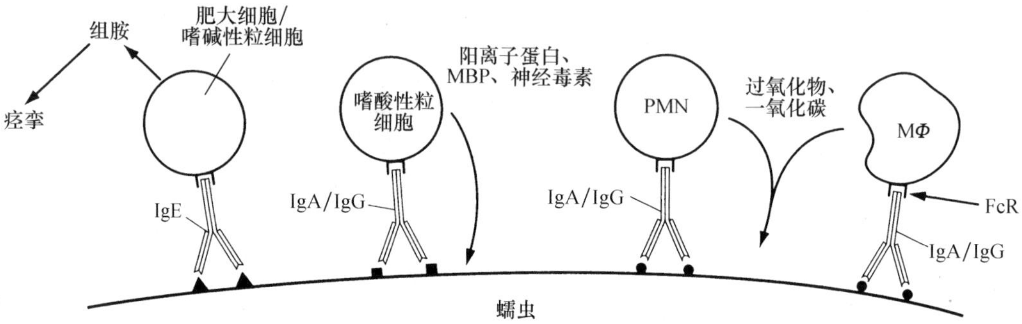

图 H2.4　对蠕虫的防御机制。蠕虫通常太大以致不能被吞噬，但用特异性抗体包被的蠕虫，能通过其 Fc 受体(FcR)激活一些效应细胞。IgE 介导的肥大细胞/嗜碱性粒细胞脱粒，导致组胺生成，从而引起时常发现蠕虫部位的小肠痉挛。嗜酸性粒细胞通过 IgG/IgA 抗体附着到蠕虫上，并释放阳离子蛋白、主要的碱性蛋白和神经毒素。PMN 和巨噬细胞通过 IgG 抗体附着并释放杀伤蠕虫的超氧化物、NO 和酶

H3 病原体的防御策略

要 点

为继续存留而战 很久以来，微生物已发展出策略以阻止和/或使宿主免疫防御机制失活。某些病原体通过在细胞内栖息、模拟自身抗原、被囊化或改变它们的表面抗原(抗原性变异)来躲避免疫识别。其他的病原体通过抑制补体活化、吞噬作用和/或细胞因子产生，以及通过超抗原或免疫抑制来损害效应机制③。

躲避识别 病毒、某些细菌和原虫在胞内栖息，防止被固有和适应性免疫系统识别。其他微生物能通过突变(漂移)、核酸重组(抗原性转变)和转换编码细胞表面抗原的基因来改变它们的抗原。还有些微生物表达与自身抗原非常相似的抗原(分子模拟)，而另一些则带有受感染宿主的抗原。此外，通过微生物产物的多克隆或寡克隆的活化达到分散淋巴细胞的注意力④。

免疫效应机制的失活 某些微生物能够抑制吞噬作用(杀伤细胞外微生物的关键性机制)。病毒(如乙肝病毒)抑制受感染细胞产生 IFNα。对有些生物(如密螺旋体)产生低亲和力抗体，而其他可通过产生蛋白酶使抗体失活。某些病毒和细菌还阻断补体活化。HIV 使 CD4 T 细胞失活和某些病毒降低受感染细胞 MHCⅠ类分子表达，从而阻断细胞毒性 T 细胞的活性。另一些微生物产生内毒素，将免疫应答引向无效应答，如当防护需要细胞应答时却诱导了体液应答。

相关主题
微生物世界(H1)
对不同生物的免疫(H2)
自身免疫病发生的机制(L3)

注③：超抗原的作用有很多，这里提到的机制主要是病原体通过产生超抗原躲避免疫应答。例如，葡萄球菌肠毒素就是一种超抗原，它能够活化大量的 T 细胞，但是这些活化的 T 细胞为非特异性的，因此可免予被清除。

注④：分散淋巴细胞注意力主要是指活化的淋巴细胞不具有特异性或者产生的抗体是低亲和力的，例如，葡萄球菌肠毒素激活的 T 细胞对其没有特异性，EB 病毒活化的 B 细胞只能产生低亲和力的 IgM 等。

为继续存留而战

对抗病原体的免疫防御取决于第一能够辨别出入侵者是一种威胁，第二能够清除它们。当物理的和机械的屏障以及适应性与非适应性免疫系统在防御感染上是强有力时，微生物发展了既躲避识别，又能使清除它们所用的组分失活的方法(表 H3.1)。一些病原体通过细胞内栖息、模拟自身抗原、被囊化，或者改变它们的表面抗原(抗原性变异)来躲避免疫识别。另外的病原体通过抑制补体活化、吞噬作用和/或细胞因子产生损害免疫效应的机制。它们能够释放可溶性的中和抗原，产生能破坏抗体或补体的酶，产生超抗原或者诱导全面的免疫抑制。

表 H3.1 病原体的防御策略

躲避识别	
细胞内栖息	病毒、分枝杆菌、布氏杆菌、军团菌属
抗原性变异	
漂移	病毒通过突变改变抗原，如流感、HIV
转变	与动物病毒核酸重组，如流感大流行
基因转换	表达不同表面抗原的序列，如疏螺旋体、锥虫
伪装	
分子模拟	微生物有与宿主自身相同的抗原，如链球菌、类菌体
以自身蛋白包被	用血清蛋白覆盖表面，如血吸虫、弓形虫
免疫分散	某些微生物，如葡萄球菌，产生刺激许多不同的T和B细胞的超抗原，稀释特异性抗原的效应
宿主免疫效应机制失活	
吞噬作用	有些细菌的被囊化抑制吞噬作用，如肺炎球菌、流感嗜血杆菌和大肠杆菌
细胞因子	抑制干扰素生成，如乙型肝炎病毒
抗体	产生低亲和力抗体，如密螺旋体 以大量可溶性抗原中和抗体，如肺炎链球菌、念珠菌属 释放分解 IgA 的蛋白酶，如假单胞菌属、淋病奈瑟氏球菌、流感嗜血杆菌 产生与 IgG Fc 段结合并阻止调理的蛋白，如葡萄球菌属蛋白 A
补体活化（经典途径）	通过将宿主补体调节蛋白掺入到微生物细胞壁中来抑制，如 HIV
T 细胞	感染并杀死 CD4 T 细胞，如 HIV
抗原加工和呈递	抑制抗原加工，如麻疹病毒
调节机制	某些微生物释放的内毒素诱导对细胞内微生物无效的 Th2 应答，如伤寒沙门氏菌

躲避识别

胞内栖息

病毒、一些细菌（如分枝杆菌、利斯特氏菌、伤寒沙门氏菌和布氏杆菌）和某些原虫（即引起疟疾的恶性疟原虫、三日疟原虫、卵形疟原虫和间日疟原虫）是专性细胞内生物，因此躲避了固有和适应性免疫系统的直接识别和作用。

抗原变异

某些病毒通过突变（抗原性漂移）实现表面抗原的改变，如流感。由于需要产生不间断的初次免疫应答，这使保持免疫系统的作用很困难。人与动物核酸病毒的重组能导致主要的抗原性转变，并被认为是疾病大流行的主要原因，如流感。其他的生物能不断改变其抗原性包被以迷惑免疫系统，如锥虫、回归热螺旋体。就锥虫而言，至少能表达 100 种不同的表面包被。

伪装

某些微生物利用与宿主抗原相同或有交叉反应的抗原，试图看起来像自身抗原（**分子模拟**），以便表现非抗原性，如某些链球菌属的透明质酸荚膜与宿主的结缔组织的一样。这似乎是一种很好的策略，能导致自身免疫病（见 L3）。血吸虫包裹着它所感染宿主的抗原，同样试图看起来像自身的。在其他的情况下，微生物产物的多克隆或寡克隆活化可以分散特异性 T 细胞和 B 细胞的注意力。例如，葡萄球菌的肠毒素（一种“超抗原”）活化大量与其特异性无关的 T 细胞。同样地，Epstein-Barr 病毒激活大多数 B 细胞，但是仅产生低亲和力的 IgM 抗体，并且很少是针对该病毒的。

免疫效应机制的失活

在这一途径中，微生物试图造成宿主体内至少部分状态的免疫缺陷或免疫抑制，从而使其得以生存。

吞噬作用

吞噬细胞在杀伤细胞外微生物时发挥重要作用，并且主要是通过吞噬作用实现的。微生物利用不同的策略抑制吞噬的多个阶段(见 B1)。肺炎链球菌、流感嗜血杆菌和大肠杆菌的毒力株被囊化，使其不被吞噬。一旦被吞食后，微生物在吞噬溶酶体中，通过氧依赖和非氧依赖的机制被正常地杀死。一些微生物产生了抑制导致杀伤所必需的氧暴发的酶。有些葡萄球菌株具有蛋白外壳(蛋白 A)，能够通过与 IgG、IgA 抗体的 Fc 片段结合，使这些抗体失活，从而阻断他们发挥调理素作用。

细胞因子的抑制

某些病毒抑制受感染细胞产生 IFNα，这在乙型肝炎病毒感染的肝细胞中可见。

抗体

某些生物，如密螺旋体诱导低亲和力的抗体，而其他的，如肺炎链球菌和念珠菌属，释放大量的与抗体结合的可溶性抗原，并阻断抗体与微生物的结合。在另一种策略中，微生物产生破坏抗体的蛋白酶。与黏膜感染有关的细菌如淋病奈瑟氏球菌和假单孢杆菌产生能够破坏与黏膜保护有关的 IgA 的蛋白酶。假单孢杆菌还产生一种使 C3b 和 C5a 失活，抑制调理作用和趋化性的弹性蛋白酶。

补体系统

一些生物阻断补体活化和补体的溶解作用。例如，HIV 将宿主补体调节蛋白掺入到它的外膜中，以对抗补体的活化。

T 细胞

HIV 以 CD4T 细胞为靶，感染并破坏它们，有效地解除免疫系统的防卫，使宿主处于免疫缺陷状态。某些病毒降低受感染细胞上的 MHCⅠ类表达，使 $CD8^+$ 细胞毒性 T 细胞难以进行相关的相互作用和杀伤受感染细胞。

抗原加工

麻疹病毒及受感染的人类 T 细胞抑制产生抗麻疹病毒的免疫应答所需的抗原加工。

调节机制

微生物(如伤寒杆菌)产生的内毒素，使免疫系统倾向于发生 Th2 应答，并因此主要倾向针对病原体的体液免疫。然而，根除此类生物仍需细胞免疫应答。

(魏雪涛　译)

I 疫苗接种

I1 接种原理

要 点

接种原理	接种的主要目的是通过利用无毒的抗原制剂，诱导对感染性微生物的记忆应答，来提供保护性的免疫。产生相应的免疫类型(抗体免疫和/或细胞免疫)是很重要的。
抗体介导的保护作用	免疫接种产生的抗体主要对细胞外生物及其产物(如毒素)有效。被动给予的抗体与诱导的抗体有同样的效力。
细胞介导的免疫	由接种诱导的细胞介导免疫(T 细胞、巨噬细胞)在预防胞内细菌和病毒的感染及真菌的感染时特别重要。
相关主题	抗体应答的细胞基础(E3)　　T 细胞在免疫应答中的作用(F1)

接种原理

英国一名乡村医生 Edward Jenner 注意到经常接触牛痘的挤奶女工通常对天花的肆虐有免疫力，从而发明了给人接种牛痘抵抗天花的方法。术语 vaccination(接种疫苗)来源于拉丁语“vaccinus”一词，意思是“从牛来的”。接种疫苗最终导致在 1980 年完全根除天花，并被泛化为一种防御多种病原体的可靠方法。

接种疫苗的目的是通过注射无毒性的抗原制剂，诱导 T 和/或 B 淋巴细胞的记忆。这样，在发生实际的感染时，感染物和/或其毒素遇到的是再次应答，而不是初次应答。理想的疫苗能够保护个体并最终消除该疾病，但是大多数疫苗仅仅保护个体。目前世界范围内或多或少地使用的标准系列疫苗，其中一些是(或者应该是)给每个人的，而另一些是特别给予那些处于危险中的人(表 I1.1)。接种疫苗时间取决于感染的可能性，抵抗普通感染的疫苗尽可能早给，但要注意有些疫苗在很小的婴儿中不能恰当地发挥作用。

表 I1.1 推荐疫苗

推荐用于	疫苗	何时给予/给予何人
所有人	麻疹	1 岁开始给予(热带地区 6 个月开始)
	流行性腮腺炎	10～14 岁加强
	风疹	
	白喉	2～3 个月时给予
	破伤风	白喉/破伤风在 5 岁时加强
	百日咳	
	脊髓灰质炎	
	(萨宾疫苗)	2～6 个月时(口服)
	(或索尔克疫苗*)	胃肠外途径
所有人，除结核菌素试验阳性者	BCG	10～14 岁时(热带地区在出生时)
处于风险中的人	乙型肝炎	1～6 个月时/间隔 12 个月(热带地区的儿童)
	甲型肝炎	
	流感	研究所、护士等，需要每年加强
	狂犬病	旅游，被咬伤后：疫苗＋抗体
	脑膜炎球菌	流行时
	肺炎链球菌	老人
	嗜血杆菌	儿童
	水痘-带状疱疹	白血病患儿
处于风险(旅游)	伤寒	旅游者
	霍乱	旅游者
	黄热病	旅游者：间隔 10 个月加强

* 索尔克疫苗是在荷兰和斯堪的那维亚地区使用的脊髓灰质要疫苗。

抗体介导的保护作用

免疫接种产生的或者被动引入宿主的抗体都是预防感染非常有效的手段。它们在感染时准备好并能与感染物相结合，而不用等待宿主的免疫系统产生应答。抗体既可以通过防止黏附来阻止病毒或者细菌抗原进入宿主细胞，也可通过中和毒素，如白喉杆菌或梭状芽孢杆菌产生的毒素(见 H2)，防止损伤其他细胞。IgA 在黏膜表面发挥重要作用，它有助于阻止病毒或细菌进入黏膜衬细胞，这就是脊髓灰质炎接种发挥作用的机制。

IgG 抗体通常在血液中发挥作用。抗体也可以通过胎盘被转运，提供被动免疫。母亲将其形成的 IgG 抗体通过胎盘转运给新生儿，以便在生命的头几个月保护他们(见 C5)。这种被动转运可能有个缺点，即母体抗体的存在抑制有效的免疫接种。因此，免疫接种不得不推迟，直到母体抗体大部分被代谢完。

在前抗生素时代，治疗和预防感染一般注射在另一种动物中预先形成的抗体，通常用马或者新近康复的患者的抗体。这一方法在某些紧急的情况下，即给患者接种疫苗太迟，以致不能诱导主动免疫时仍在用(见 J4)。

细胞介导的免疫

当抗体在与感染作斗争中发挥重要作用的同时，细胞介导的免疫对根除某些细菌、真菌和原虫(见 F1)却是必需的。因此，接种疫苗应以既诱导针对感染物的细胞应答也诱导体液免疫应答为目的。在某些情况中，不仅期望 CD4 和 CD8 淋巴细胞应答，而且特异性的以 Th1 或 Th2 应答为目标可能有更多的优点，如蠕虫感染可能通过诱导 IgE 抗体而偏向于 Th2 型免疫，而分枝杆菌感染可能通过 Th1 应答，产生巨噬细胞活化因子(如 IFNγ)而获得更好的防御。CD8 细胞毒性 T 淋巴细胞发现并杀死表达病原体组分蛋白的受染细胞。被当成靶的细胞是由存在与 MHC Ⅰ 类分子联合的异种蛋白决定的。CD8 T 细胞有希望在子代感染生物完全发育之前溶解被感染的细胞。CD4 细胞基本上是免疫应答的指导者。这些细胞与由 MHC Ⅱ 类分子表达的异种蛋白相互作用，然后给 B 细胞、巨噬细胞或 CD8T 细胞提供可溶性或者膜结合的信号，以协助它们获得完备的效应细胞功能：B 细胞产生 Ig，巨噬细胞和 CD8T 细胞的杀伤作用。有些疾病仅需要抗体应答来保护和清除，而另一些则需要细胞介导的免疫应答。还有一些疾病只有在两种形式的保护作用都存在时才能被清除。

I2 免疫接种

要 点

被动免疫接种 被动免疫接种是在静脉内或肌肉内给予预先形成的抗体。它可为某些感染，如白喉或破伤风，或意外接触某些病原体(如乙型肝炎病毒)提供迅速的保护。它也为免疫受损个体提供保护。

主动免疫接种 主动免疫接种是给予含有微生物产物的、带有或不带有佐剂的疫苗，以便获得对抗侵入微生物的长期免疫保护。

全身免疫接种 目前在大多数情况下，正常接种途径是肌肉或皮下接种。

黏膜免疫接种 口服免疫接种是脊髓灰质炎和伤寒杆菌疫苗选用的方法。这种免疫接种途径对大多数免疫接种可能是最好的方法，因为几乎所有感染物都是通过黏膜表面进入的。

相关主题 固有免疫系统的分子(B2) 抗原制备(I3)
黏膜相关淋巴样组织(C3) 免疫复合物介导的(Ⅲ型)超敏反应(K4)

被动免疫接种

被动免疫接种是在静脉内或者肌肉内给予预先形成抗体，通常是 IgG。可由对特定微生物有较高滴度的个体获得，并且用于某些感染，如白喉杆菌、梭状芽孢杆菌、狂犬病等，或偶然地暴露于某些病原体，如乙肝病毒的情况下，以便提供迅速的保护。被动免疫接种还用于为不能产生相应的抗体应答，或者在某些情况下完全不能产生任何抗体(即重症联合免疫缺陷)的免疫受损个体提供保护。给予免疫缺陷患者的抗体常常是从混合的正常血浆中得到的 IgG。由于这些抗体不断地被分解并且只在短时期内有效，所以不得不连续给予，理想的是每三周一次。在动物中(主要是马)形成的抗体，也被用于某些疾病。然而，重要的是，重复注射马抗体有形成免疫复合物和血清病的危险(见 K4)。抗血清通常是肌肉内注射，但是在极端紧急情况下也可静脉给予。通过注射已形成的抗体接受被动免疫接种的适应证见表 I2.1。

表 I2.1 被动免疫接种

感染	抗血清来源	适应证
破伤风	免疫的人、马	暴露后(加疫苗)
白喉	马	暴露后
气性坏疽	马	暴露后
肉毒中毒	马	暴露后
水痘-带状疱疹	免疫的人	免疫缺陷的患者暴露后
狂犬病	免疫的人	暴露后(加疫苗)
乙型肝炎	免疫的人	暴露后，预防
甲型肝炎	混合的人 Ig	预防
麻疹	免疫的人	婴儿暴露后
蛇咬伤	马	被咬后
一些自身免疫性疾病	混合的人 Ig	急性血小板减少症和嗜中性粒细胞减少症

主动免疫接种

主动免疫接种是指服用含有微生物产物的带有或不带佐剂的疫苗，以便获得对抗侵入微生物的长期免疫保护。免疫接种可以通过两种不同的途径给予。

全身免疫接种

全身免疫接种是目前大多数免疫接种选择的方法，常常是通过将疫苗经皮下或者肌肉内注射到三角肌来实现。理想的接种是在出生后不久即将所有的疫苗都给予婴儿，但是由于各种原因，有些被审慎地推迟了。普通的全身性的麻疹、流行性腮腺炎和风疹的疫苗通常在 1 岁时给予，因为如果过早给予，母亲的抗体会降低它们的效力。对肺炎球菌、脑膜炎球菌和嗜血杆菌感染的糖类疫苗常常在约 2 岁时给予，在 2 岁之前婴儿对多糖类物质的应答很弱，除非多糖与蛋白成分联合，蛋白成分可以起募集 T 细胞的作用，以帮助形成抗-多糖抗体，如鸡卵白蛋白（见 I3）。

黏膜免疫接种

近来疫苗接种的方法集中于黏膜途径，以口或鼻相关免疫组织（NALT：见 C3）作为免疫接种的选择部位。这主要是由于大多数感染物通过这些途径进入机体各系统，并且淋巴样组织的最大来源是在黏膜表面。而且如果成功，则能够避免在某些情况下必定产生疼痛的注射，并使某些疫苗可以自我服用，如用于免疫接种抵抗流感的那些疫苗。佐剂疫苗和活载体已被采用作用于黏膜免疫系统，并获得了一定的成功。沙门氏菌的减毒株可作为强大的免疫刺激物及外源抗原的载体。这种方法已用于抵抗单疱疹病毒和人乳头瘤病毒的黏膜表面免疫接种。另外，细菌毒素，如来源于霍乱、大肠杆菌和百日咳杆菌的那些毒素具有免疫调节特性，已被用于开发制备黏膜活性佐剂。百日咳毒素表现出增加 B 细胞和 T 细胞的共同刺激分子（B-7 和 CD28）（见 F4），以及增加 IFNγ 产生的作用。可望很快能得到口服和鼻用疫苗，避免目前必须使用的有侵害性技术。

I3 抗原制备

要 点

抗原制备 对抗致病微生物的保护作用需要产生有效的免疫机制。这样，疫苗必须能够相应地以免疫系统为靶，即诱导细胞和/或体液机制。大多数疫苗由减毒的生物、死的生物、灭活的毒素或者亚细胞片段组成，最近还有用病毒"载体"中抗原的基因和 DNA 本身作为疫苗的。

佐 剂 非活疫苗，尤其是由小分子组成的疫苗需包含增强其效力的物质。这些佐剂包括微生物的、合成的及内源产生的有佐剂活性的制品，但是目前人类普通用的仅有铝盐和钙盐。佐剂应能使抗原缓慢释放，保持抗原的完整性，作用于抗原呈递细胞和诱导细胞毒性淋巴细胞。

DNA 疫苗 利用与细菌及细菌蛋白不同的 DNA 编码抗原作为疫苗已有可能。肌肉内注射环状 DNA 可使 DNA 被肌细胞摄入、表达编码的蛋白质和诱导体液与细胞介导的免疫。

重组疫苗 利用分子遗传学技术能够制备确定表位的选择性重组蛋白保护宿主。这种方法克服了用修饰的活疫苗可能发生的并发症问题①。

细胞因子 在免疫接种时可加入细胞因子，使免疫应答根据所加入的与保护有关的细胞因子而倾向 Th1 型应答或倾向 Th2 型应答。细胞因子或者能以由重组技术制成的纯化蛋白加入，或者能被克隆到载体(病毒或细菌的疫苗)中，在免疫接种时给予②。可用的细胞因子中，有利于 Th1 应答的是 IL-12 或 IFNγ，有利于 Th2 应答的是 IL-4 和 IL-10。

相关主题 固有免疫系统的分子(B2)
抗体应答的细胞基础(E3)
细胞介导的免疫的前后关系(F6)

注①：有些致病微生物具有抗原活性的蛋白质，同时又具有生物活性，也就是能够对人体造成损伤，因此通过分子遗传学技术，可将有生物活性的蛋白质的抗原决定簇部位的氨基酸序列确定，然后重组形成同样具有免疫原性的多肽结构，但是由于对蛋白质已经进行了修饰，这样它的生物活性消失，不会造成机体损伤。

注②：细胞因子如果以基因克隆的方式插入到疫苗载体中，那么当疫苗进入体内，利用细胞内的蛋白质合成机制形成抗原的同时，细胞因子也被表达，这样体内合成的细胞因子与微生物抗原同时诱导确定需要的免疫应答类型。

抗原制备 对病原微生物的保护性免疫应答需要产生特异性的 T 和 B 细胞应答及相应的效应机制。为了做到这一点，疫苗必须能够相应地作用于免疫系统。原则上从完整的生物到小肽的任何物质都可以使用，但实际上用的大多数疫苗是由减毒的生物、死的生物、灭活的毒素或亚细胞片段组成(表 I3.1)。

表 I3.1 用于疫苗的抗原制剂

抗原类型	举例	
	病毒	细菌
正常的异种生物	牛痘	
活的减毒生物	麻疹	BCG
	流行性腮腺炎	伤寒(新)
	风疹	
	脊髓灰质炎(萨宾疫苗)	
	黄热病	
	水痘-带状疱疹	
完整的死亡生物	狂犬病	百日咳
	脊髓灰质炎(索尔克疫苗)	伤寒
	流感	霍乱
亚细胞片段		
灭活的毒素(类毒素)		白喉
		破伤风
		霍乱(新)
荚膜多糖		脑膜炎球菌
		肺炎球菌
		嗜血杆菌
		伤寒(新)
表面抗原	乙型肝炎	

活疫苗与死疫苗之间也有根本的区别。存活和非存活的疫苗在很多重要方面不同,特别是安全性和效力。活疫苗是由生物(几乎总是病毒)组成,这些生物通过在不利条件下生长、迫使其基因突变而减毒;已失去毒性但保留抗原性的突变体反复地被选择。如今,突变通常通过 DNA 重组技术"定向位点"突变。这样的生物,本质上是一个新品系,但有时也能通过回复突变重新获得毒性,引起免疫受损个体的严重疾病。另外,它们常常诱导更强和更好的局部免疫,经常不需要佐剂或"强化"注射,并且由于在一个局部的社区中,突变的无毒性的病毒可以转移到未免疫接种的个体上,来提供"群体"免疫的可能性。而且,诱导的免疫(如 Th1 和 Th2 应答)常常更适用于防御致病的生物品系。

当由于某些原因不能产生稳定的减毒生物时,会使用死的生物或者来源于这些生物的分子。然而,这些抗原可能诱导较弱的和/或不适当的应答(如抗体和 CTL)。免疫记忆可能是可变的或者很弱,但是如果恰当的灭活,它们通常是安全的。只有在一种情况(脊髓灰质炎)中,可在有效的活疫苗和死疫苗中进行选择。近来,已经显示可将一个或者多个抗原的基因插入到活疫苗(通常是病毒)"载体"中,并且正在用完全合成的肽、独特型网络、甚至 DNA 本身进行试验。

佐 剂

非活疫苗,尤其是那些由小分子组成的疫苗,不是很强的抗原,但是可以通过将它们与一些其他物质,如氢氧化铝、磷酸铝、磷酸钙或鸡卵清蛋白一起注射来增强活性,这样的物质称为佐剂。佐剂应具备如下性质:①能使抗原缓慢释放,以便延长抗原暴露于免疫系统的时间;②保持抗原完整性;③作用于抗原呈递细胞;④诱导细胞毒性淋巴细胞;⑤产生高亲和力免疫应答;⑥具有选择免疫干预的能力。各种微生物的、合成的和内源性制剂都具有佐剂活性,但是目前仅铝盐和钙盐被批准用于人体。

在实验动物中通常使用大分子复合物(油和细菌大分子)作为佐剂,以促进免疫应答。佐剂中的油增加抗原的滞留,导致抗原聚集(促进免疫原性),并在接种部位产生炎症。炎症增强巨噬细胞应答,并引起局部产生细胞因子,因而能调节 T 细胞活化所需的共同刺激分子。在实验模型中,也使用微粒做佐剂,包括乳胶颗粒和聚合(聚乳酸-甘醇酸)微粒。现在正在设计和试验佐剂,以确定如何选择性地驱动 Th1 或 Th2 应答。当前正在研究的一些试验性佐剂列于表 I3.2。

表 I3.2 目前正在评价中的试验性佐剂

试验用,但可能被批准
脂质体(小的合成性脂囊泡)
胞壁酰二肽,分枝杆菌细胞壁的一种活性成分
免疫刺激复合物(ISCOMS)(如来自胆固醇或者磷脂)
细菌毒素(大肠杆菌、百日咳、霍乱)
仅用于试验
细胞因子:IL-1、IL-2、IFNγ
缓释设备;弗氏佐剂
免疫复合物

DNA 疫苗

几年前,一个令人兴奋的发现表明,可将编码流感病毒血凝素的"裸"cDNA 接种到肌肉中,以刺激对流感蛋白特异性的抗体生成和 CTL 应答。这个研究的潜能还不得而知,但是如果这能够成为免疫接种的常规方法,那么生产和运输疫苗的费用将会变得很低。其他重组 DNA 技术的应用是将确定的表位克隆到病毒或者细菌宿主中。使用具典型特征的感染物,如牛痘、脊髓灰质炎或沙门氏菌,将 DNA 序列克隆到这些感染物的基因组中,并表达在已知的对宿主具有免疫原性的靶结构上。这种呈递抗原的方式最适被宿主识别。细胞因子与疫苗载体的包涵物证明了这是一种有效的方法,用于保证恰当细胞因子环境,以相应地引导免疫应答。DNA 疫苗与传统接种方法相比,具有许多潜在的优点。它们包括特异性、诱导强有力的 Th1 和细胞毒性 T 淋巴细胞应答,这种应答类似于用减毒疫苗观察到的应答,但没有回复明显的感染能力。

重组疫苗

分子病毒学和分子细菌学的进展为免疫学家提供了许多开发疫苗的新目标。过去 20 多年病毒和细菌致病机理的研究,确定了免疫系统的各组分对许多感染物是保护性的。现在已有可能使用明确的具有保护疫苗作用的表位。此概念是引起传染病的微生物的特定部位(如疱疹病毒糖蛋白 D,glyD)刺激保护性的 CTL。如果给宿主接种 glyD 的确定多肽,则宿主形成针对该表位的 CTL 应答,而不必担心用修饰的活疫苗接种会导致疾病。这种方法也可能通过抗体提供抗感染物的保护。在这一方案中,必须不仅存在 B 细胞表位(感染物上的抗体结合部位),而且也存在 T 细胞表位(与 MHC Ⅱ 类抗原结合,刺激 CD4 辅助细胞的肽),以便选择相应的 B 细胞,并刺激特异性 T 细胞的辅助。

细胞因子

细胞因子的作用能影响专职的抗原呈递细胞(APC)的功能,确保这些细胞具有更强的功效。因此,IFNγ 和 IL-4 引起被表达的Ⅱ类分子的水平增高,从而增强它们呈递抗原的能力。使用这种效应细胞因子被认为是接种时有效的补充,因为在某些情况下,免疫系统分化为 Th1 或者 Th2 应答可能是更可取的,例如,Th1 应答是对结核病的优选应答,而 Th2 应答在防脊髓灰质炎中是重要的。由于 Th1 和 Th2 应答是相互抑制的,因此控制这些应答可能开辟选择性干预的途径。

I4 病原体和肿瘤疫苗

要 点

细菌疫苗 已开发出针对许多不同类型细菌的疫苗：大肠杆菌、嗜血杆菌、肺炎球菌、弧菌、螺杆菌（导致溃疡的细菌），以及 Lyme 氏病螺旋体的疫苗可作为代表。或许更为熟悉的是白喉、百日咳和破伤风(diphtheria-pertussis-tetanus，DPT)疫苗，许多幼儿接种这类疫苗，以保护他们不受通常致命的儿童期疾病的侵害。

病毒疫苗 针对感染呼吸道（流感、腺病毒）、胃肠道（脊髓灰质炎病毒、轮状病毒）、皮肤[黄热病、La Crosse 热病(La Crosse fever)]及某些感染生殖道（疱疹）的疫苗已被开发出来。与细菌的情况一样，病毒疫苗或是修饰的、活的、死的病毒，或是病毒亚单位。

针对其他感染物的疫苗 原生动物寄生虫引起的疾病，如疟疾（疟原虫）、非洲昏睡病（锥虫）和血吸虫病等是大多数第三世界国家的主要疾病。给人和动物接种抗原虫病疫苗，将使人们得以在此病流行地区（此生物总是存在的地方）内生存。

肿瘤疫苗 对抗癌症的瘤苗接种战略正在广泛地研究中。含有肿瘤抗原的疫苗，如与前列腺癌相关的（前列腺特异抗原疫苗），以及与乳腺癌、结肠癌和卵巢癌相关的疫苗如 HER2/neu 为未来提供了希望。

相关主题

B 细胞活化(E2)	对不同生物的免疫(H2)
T 细胞活化(F4)	肿瘤疫苗(N7)

细菌疫苗

已开发出针对多种不同类型的细菌：大肠杆菌、嗜血杆菌、肺炎球菌、弧菌、螺杆菌（导致溃疡的细菌），以及 Lyme 氏病螺旋体的细菌疫苗。或许更为熟悉的是白喉、百日咳和破伤风(DPT)疫苗。许多幼儿接种这类疫苗，以保护他们免受常见的致命的儿童期疾病的侵害。一些细菌疫苗对细菌附着以及其后侵袭宿主所必需的细菌蛋白是特异性的。疫苗可用于诱导对内毒素或外毒素的免疫力。以 BCG（结核分枝杆菌）为代表的疫苗用于防结核病。已经开发出针对各种细菌的修饰的、活的、死的疫苗和亚单位疫苗。不同类型的差异将在后面讨论。对糖类的不依赖-T 的疫苗，如对肺炎球菌和嗜血杆菌荚膜的疫苗已在使用。这些疫苗是有效的，但是由于不能对亲和性成熟和同种型转换提供 T 细胞辅助，所以它们有局限性。

病毒疫苗

已开发出了对感染呼吸道（流感病毒、腺病毒）、感染胃肠道（脊髓灰质炎病毒、轮状病毒）、感染皮肤（黄热病、La Crosse 热病）和一些感染生殖道（疱疹病毒）病毒的疫苗。正如细菌一样，病毒疫苗也是修饰的活疫苗、死疫苗，或是亚单位疫苗。近来 HIV 病毒作为全球健康危害的出现，将全球的注意力集中于该病毒疫苗的开发上。实际上，已经开发出一些与 HIV 在同一遗传分组中的病毒的病毒疫苗。这些疫苗已经证明是有效的，但为什么对 HIV 无效呢？这个问题突显了疫苗开发中的一个重要的争论点。什么是好疫苗呢？它们必须安全、有效，生产和销售便宜，对长期储存和运输稳定，对较大的温度变化不敏感，并应能激发维持很长时间的免疫应答。

针对其他感染物的疫苗

原生动物寄生虫引起的疾病，如疟疾（疟原虫）、非洲昏睡病（锥虫）和血吸虫病是大多数第三世界国家的非常重要的疾病。给人和动物接种抗原虫病疫苗，将使人们得以在此病流行的地区（该生物总是存在的地方）内生存。寄生虫表达多种抗原，这些抗原通常是免疫原性的，但是大多数不能持续地刺激保护性应答。要注意的是，寄生虫有进化的防御机制，使得免疫原性表位不断地进化。疟原虫便是一个很好的代表，它不停地、迅速地形成带有不同表面蛋白的变种，以致现行的免疫应答不再有效。寄生虫还发展了某些机制，即通过在诱导期期间将细胞因子谱改变为一种非保护性的形式，来改变免疫应答的焦点(如在麻风分枝杆菌感染时,由 Th1 变为 Th2)(见 H3)。

肿瘤疫苗

这些疫苗还处于研究的初期。原则上,免疫系统通过免疫监视应该能够识别可能有与其相关的外源抗原的肿瘤。在这方面进行了部分研究,但是大多数的肿瘤相关抗原或者缺乏或者由于表达水平低,而是弱的免疫原性的。在实验动物中,化学物诱导的肿瘤更可能有具有免疫原性的和具有独特的肿瘤特征的新抗原或肿瘤抗原。直接治疗和使用疫苗的大多数新方法都是以在各种肿瘤中发现的过度表达的原癌基因产物为靶,如 HER2/neu 抗原被许多前列腺和乳腺肿瘤过度表达。对免疫学家的主要挑战是尽可能完善给予这些抗原的途径,以便最大程度地诱导保护性免疫(见 N7)。显然重要的是 CTL 在肿瘤免疫中的作用,并且近来已从有效诱导肿瘤特异性免疫的骨髓瘤肿瘤细胞上表达的Ⅰ类分子中,分离出免疫原性的肽。

(魏雪涛 译)

J 免疫缺陷——免疫系统不健全

J1 免疫系统的缺陷

要 点

免疫系统的组分 免疫系统的 4 种组分中(T 细胞、B 细胞、吞噬细胞及补体),每种组分都有其防御某些病原体的重要的功能域。这些组分紧密地结合形成一个免疫防御程序,如果其中一种组分缺失或有缺陷,就能造成严重的损害。

特异免疫组分的缺陷 患者出现反复的或异常的感染是免疫缺陷的主要指征。虽然缺陷可损害免疫系统的多个组分,但在大多数情况下,缺陷是极其有限的①,并且导致对某些而不是所有微生物感染的易感性。例如,T 细胞的缺陷倾向造成胞内微生物感染,而其他组分的缺陷则造成细胞外感染。

免疫缺陷的分类 免疫缺陷或是原发性(多为先天性/遗传性),或是继发性(由于其他疾病及其治疗的后果所致)。这些可根据特异性免疫组分的异常来确定。

相关主题

血细胞生成——血细胞的发育(A5)
固有免疫系统的细胞(B1)
固有免疫系统的分子(B2)
抗体的功能(D8)
克隆扩增与效应功能的发展(F5)

注①:大多数情况下,缺陷是有限的,就是说一般免疫系统有缺陷时,其主要的 4 种组分(T 细胞、B 细胞、吞噬细胞及补体)之一出现缺陷,而不是 4 种组分同时出现缺陷。

免疫系统的组分

多种构成免疫应答的相互作用的细胞及分子组分,通常对机体提供充分的保护,以防细菌、病毒或真菌的感染。然而,造成免疫功能损伤的任何情况都对免疫缺陷病的疾病谱有一定作用。特别是,免疫缺陷被定义为增加对感染的易感性。

显然,从具有选择性免疫缺陷的个体的疾病和感染考虑,免疫应答的每种组分(T 细胞、B 细胞、吞噬细胞、补体)都有其功能域。这四个体系虽然多少是独立的,但紧密地整合成一个免疫防御程序,如果其中一个体系完全缺失或有缺陷,都会严重损害整个程序。尤其是,细胞合作的要求、趋化刺激及活化因子的重要性,都强调这些体系的相互依存和这些体系中任何异常可能的后果。然而,虽然一个功能域缺失或异常可使个体遭受损害,但如果免疫系统的其他组分能够代偿这种缺陷,也不至于危及生命。

特异免疫组分的缺陷

患者发生重复的、非同寻常的感染是免疫功能异常及免疫缺陷的主要指征。许多情况均可涉及免疫功能的损伤,包括遗传、肿瘤、辐射、癌症化疗、营养不良、衰老等。虽然缺陷有可能是全面的,并因此影响免疫系统的多个组分(如在重症联合免疫缺陷的病例中),但在大多数情况下,缺陷仅限于单一组分。这种缺陷导致对某些微生物而不是对所有微生物的易感性。例如,T 细胞缺陷的疾病易患胞内生物感染,包括分枝杆菌、某些真菌及病毒,而涉及免疫应答其他组分的那些缺陷,倾向导致细胞外栖息细菌的感染。换言之,有特定微生物感染是免疫系统某种特定组分有缺陷的反映。而且,明确免疫缺陷病及其病程中异常的免疫组分,发现相当多该组分在正常免疫防御及其与免疫系统其他组分相互关系中的重要性,时常是可能的。此外,重要的是要纠正异常,就要认识这种异常并尽可能准确地将它们定位,如果可能,还必须修正特异异常。

免疫缺陷的分类

免疫缺陷病可分为原发性——通常是先天性的(体液和/或细胞免疫系统未能适当发

育的结果）和继发性——获得性的（其他疾病及其治疗的结果）两种类型。大量特异的先天性或获得性免疫系统异常已被认为是使患者易反复感染的原因。这些异常的范围从影响早期免疫系统，因而损害对许多抗原的免疫应答，到影响特定免疫细胞分化的最终阶段，并因此导致完全的选择性免疫异常。原发性疾病十分罕见，而继发性疾病相当普遍。更多病理生理学描述通过说明免疫系统的细胞（淋巴细胞、吞噬细胞）和/或分子（抗体、细胞因子、补体成分）的量或质的异常来表示特异性免疫成分异常的特征。

J2 原发性/先天性(遗传性)免疫缺陷

要 点

补 体 某些补体成分(特别是C3)有缺陷的患者易受有荚膜微生物(肺炎链球菌及链球菌)和奈瑟氏球菌属的反复感染。这些病原体经C3b的调理作用对于通过吞噬作用清除它们是十分重要的。膜攻击复合体(membrane attack complex,MAC)组分和补体调节分子的缺陷也分别导致增加对某些感染或炎症的易感性。

吞噬细胞 内在的缺陷包括与分化、化学趋化及胞内杀伤微生物有关的缺陷。外在的或继发的缺陷(非先天的吞噬细胞缺陷)可由抗体或补体缺陷,或抑制吞噬细胞活性而致②。

体液免疫 原发性抗体缺陷可由B细胞发育异常或缺乏辅助性T细胞活性而造成。患者易患复发的胞外细菌感染。患有重症联合免疫缺陷(severe combined immunodeficiency,SCID)及Bruton氏病(无丙种球蛋白血症)的患者,只有很少或无B淋巴细胞,且无抗体。在高IgM综合征中,CD40信号有缺陷,而且不能进行IgM的类别转换。普通变异型免疫缺陷病(common variable immunodeficiency,CVID)可能由缺乏B细胞的终末分化或无T细胞的辅助而造成③。

细胞免疫 大多数T细胞缺陷严重损害体液免疫及细胞免疫。这些患者由复发危及生命的病毒、真菌、分枝杆菌及寄生虫感染。在Di George综合征(迪格奥尔格综合征)中,胸腺胚胎发育有缺陷,只有很少T细胞发育。SCID可能由细胞因子受体γ链中的缺陷或缺乏腺苷脱氨酶或嘌呤核苷酸磷酸化酶而引起。

相关主题

血细胞生成——血细胞的发育(A5)
固有免疫系统的分子(B2)
固有免疫和炎症(B4)
抗体的功能(D8)
B细胞活化(E2)
克隆扩增与效应功能的发展(F5)

注②:抗体或者补体缺陷,使经抗体或补体活化介导的吞噬作用减弱消失,因此可能表现为吞噬细胞的功能降低或者缺陷。

注③:体液免疫缺陷可能是B细胞系统本身的问题,也可能是与体液免疫应答有关的其他组分(如辅助T细胞、共同刺激分子等)出现问题,而表现为体液免疫应答的障碍。

补 体

曾叙述过在21种不同的补体成分及其抑制物中许多有原发性补体系统免疫缺陷,某些以特异基因突变表示。这些补体成分(特别是C3)确定有缺陷的患者易受两种有荚膜生物如肺炎链球菌和链球菌以及受奈瑟氏球菌属的反复感染(表J2.1)。补体附着于这些生物的一些表面,对吞噬细胞清除它们显然是重要的。补体后几个成分及补体系统调节分子的缺陷也分别导致增加某些感染(脑膜炎球菌如奈瑟氏球菌属)或炎症的易感性。

表 J2.1 补体缺陷

补体缺陷	诱发疾病/常见感染
调节成分	
C1q抑制物	遗传性血管性水肿(持续的补体活化和消耗)
衰变加速因子	阵发性夜间血红蛋白尿(红细胞溶解)
DAF(CD55)	
补体成分	
C1、C2或C4	免疫复合物病(不能清除抗原-抗体复合物);与SLE有关的C2缺陷
C3	极其严重;反复的化脓性细菌感染
MAC补体	
C5~C8成分缺陷	脑膜炎球菌感染,如奈瑟氏球菌属感染
C9成分缺陷	无

吞噬细胞

吞噬细胞功能的缺陷可分为内在的(与吞噬细胞的先天特性有关)或外在的(并非由先天吞噬缺陷造成)。与吞噬细胞分化的不同阶段和功能有关的内在失调已被鉴定出来,包括与干细胞分化、向微生物袭击部位趋化和与杀伤胞内微生物有关的免疫缺陷(表 J2.2)。外在的缺陷可能由下述原因引起:①抗体或补体缺陷,即其他原发性缺陷;②吞噬细胞活性受抑制(如受糖皮质激素或自身抗体抑制),即在下文中讨论的继发性缺陷。

表 J2.2 吞噬细胞的缺陷

缺陷	疾病/机制
干细胞分化/早期发育	嗜中性粒细胞减少症:嗜中性粒细胞太少以至于不能附着于血管内皮壁;白细胞黏附缺陷(leukocyte adhesion deficiency,LAD);由于缺乏关键的表面黏附分子 CD18*(与白细胞功能有关的分子,leukocyte function associated,LFA)的表达(通过特异的基因突变)
吞噬作用	Chediak-Higashi 综合征:缺乏吞噬体与溶酶体的融合
胞内杀伤有缺陷	慢性肉芽肿病:编码组成参与吞噬溶酶体内依赖氧杀伤的 NADPH 氧化酶系统的 4 个蛋白的基因有缺陷
IFNγ 或 IL12 受体	分枝杆菌感染;未能活化 NADPH 氧化酶

* CD18 与 CD11 一起形成 C3b 受体(CR3),CR3 与 C3b 结合并因此对与经调理的微生物(细胞试图吞噬细菌时的关键步骤)结合是必要的。LFA 分子在所有效应细胞群上存在(包括细胞毒性 T 细胞),并作为细胞毒性或吞噬作用的起始步骤,在联结效应细胞和靶细胞时是很重要的。因此,不只是吞噬细胞功能受此缺陷影响。NADPH,还原型烟酰胺腺嘌呤二核苷酸磷酸。

体液免疫

原发性抗体缺陷主要是由 B 细胞系统发育异常引起的。B 细胞成熟所涉及的任何阶段都可以被阻断或发生异常(表 J2.3)。抗体全面缺乏意味着患者患有反复的细菌感染,主要是肺炎链球菌、链球菌及嗜血杆菌属感染。患有重症联合免疫缺陷和 Bruton 氏病的患者只有很少或没有 B 淋巴细胞,因此即使在其循环中有任何抗体,也极少。这样,抗体不能包被在细菌表面(调理)以备初级防御吞噬。

表 J2.3 B 细胞缺陷

分化/成熟阶段	疾病
干细胞缺乏	重症联合免疫缺陷(SCID),也影响 T 细胞发育
B 细胞不能从 B 细胞前体发育	Bruton 氏疾病:多为 X 连锁(X-linked,XLA)的先天性无丙种免疫球蛋白血症;由于缺乏编码参与前 B 细胞活化成未成熟 B 细胞的酪氨酸激酶(btk)的基因(见 E2);患者有正常的 T 细胞
B 细胞不能从 IgM 转换抗体类别	高 IgM 综合征:由于编码 B 细胞的 CD40 或编码活化的 T 细胞的 CD40L 基因有缺陷,所以循环中 IgM 增多,但有很少或没有 IgG(见 J2)
普通变异型免疫缺陷(CVID)	IgG/IgA 缺陷 ①B 细胞不能进入终末分化;IgA 缺陷非常常见(人群中占 1/700) ②B 细胞正常;T 细胞信号发送有缺陷
暂时性低丙种球蛋白血症	B 细胞正常;在生命早期无 $CD4^+$ T 细胞的辅助

虽然在这些疾病中有些与 B 细胞谱系的基本生化异常有关,但其他是由 T 细胞调节缺陷造成的。因此,体液免疫缺陷可因缺乏辅助 T 细胞活性而产生。这被看做是普通变异型免疫缺陷(CVID)的一种形式。CVID 的另一种形式涉及 B 细胞不能应答来自其他细胞的信号。也有可能单核细胞呈递和/或 IL-1(或其他细胞因子)产生异常,可能

对其中的某些疾病起作用或成为其病因。而且,由于不同类别免疫球蛋白受不同 T 辅助细胞亚群调节(如 Th1 细胞辅助 IgG1 和 IgG3 应答;Th2 细胞辅助 IgA 和 IgE 应答),所以选择性抗体类别缺陷(IgA 或 IgG)可能由这些 T 细胞亚群的数目或活性异常所致。

细胞免疫

仅由细胞免疫丧失引起的缺陷很罕见,因为大多数 T 细胞缺陷也引起严重的体液免疫损伤。在发育期间发生的 T 细胞缺陷见表 J2.4。细胞免疫的缺陷可能与效应 T 细胞(如细胞毒性 T 细胞)有关,而 T 辅助细胞群可以是正常的。曾以为儿童不能产生或应答 IFNγ。一般来说有 T 细胞缺陷的儿童可被病毒、真菌、分枝杆菌和寄生虫反复感染。

表 J2.4 在发育期间的 T 细胞缺陷

T 细胞缺陷	疾病
无胸腺	迪格奥尔格综合征;胸腺胚胎发育缺陷
干细胞缺陷	SCID;50%患者在许多细胞因子受体(包括 IL-2 受体)的 γ 链中有缺陷
发育中的胸腺细胞	SCID;25%患者有腺苷脱氨酶缺陷或嘌呤核苷酸磷酸化酶缺陷
死亡	由于建立抑制 DNA 合成的嘌呤代谢而产生毒性

J3 继发性(获得性)免疫缺陷

要 点

引起获得性免疫缺陷的因素 继发性或获得性免疫缺陷是最常见的免疫缺陷,主要影响吞噬细胞和淋巴细胞功能。可由 HIV 感染、营养不良、衰老、细胞毒性药物治疗等引起。

HIV 和 AIDS 获得性免疫缺陷综合征(AIDS)由人免疫缺陷病毒(HIV)-1 或 HIV-2 引起。病毒经感染的体液进入体内,并通过在单核细胞/巨噬细胞(该病毒主要储存处)及辅助 T 细胞上的 CD4 分子进入细胞,显示对这些细胞的亲合。趋化因子受体也参与 HIVgp120 与这些细胞的结合,并对感染是至关重要的。$CD4^+$ T 细胞的损耗,最终损伤免疫系统对抗机会感染的能力。

免疫衰老:老化的后果 随着衰老,记忆 T 细胞增加,但很少能扩增。而且,由于胸腺退化,很少有新的(幼稚)T 细胞进入细胞库,以致免疫系统所有组成成分减少及 T 细胞和 B 细胞应答质量降低。B 细胞在骨髓中的发育可能也降低。由于免疫能力下降,老年人对预防注射反应也差。

外 伤 外伤患者(如与烧伤或大手术有关的患者)处理病原体的能力降低,可能是由于抑制免疫应答因子释放的结果。

相关主题

固有免疫系统的细胞(B1)
固有免疫系统的分子(B2)
抗体应答的细胞基础(E3)
T 细胞库的形成(F3)
T 细胞活化(F4)
克隆扩增与效应功能的发展(F5)
老化与免疫系统(免疫衰老)(P1)

引起获得性免疫缺陷的因素

继发性或获得性免疫缺陷是最普通的免疫缺陷,在入院患者中占很大比例。诱发继发性免疫缺陷的因素主要影响吞噬细胞和淋巴细胞功能,包括表 J3.1 所列的因素(表 J3.1)。

表 J3.1 引起继发性免疫缺陷的因素

因素	影响成分
营养不良	蛋白热量营养不良及缺乏某种膳食元素(如铁、锌);是世界范围内继发性免疫缺陷的主要诱病因素
肿瘤	肿瘤通过影响免疫调节分子或影响免疫抑制分子(如 TGFβ)的释放直接影响免疫系统
细胞毒性药物/辐射	广泛用于肿瘤治疗,但也杀伤对免疫应答很重要的细胞,包括干细胞、嗜中性粒细胞祖代及在初级淋巴器官中快速分裂的淋巴细胞
老化	增加感染;降低对接种疫苗的反应;T 细胞、B 细胞应答下降,以及应答的质量发生变化
外伤	增加可能与释放免疫抑制分子(如糖皮质激素)有关的感染
其他疾病(如糖尿病)	糖尿病常与感染有关,但机制不清楚
微生物引起的免疫抑制	如疟疾、腮腺炎病毒,特别是 HIV;机制包括 T 细胞功能及抗原加工/呈递降低

HIV 和 AIDS

获得性免疫缺陷综合征(AIDS)主要是由反转录病毒——人免疫缺陷病毒(HIV)-1 引起的,但也可由 HIV-2 引起。病毒经感染的体液进入体内并显示对 T 细胞(特别是 $CD4^+$ T

辅助细胞群)和单核细胞与巨噬细胞的亲合*。病毒通过与T细胞和单核细胞(病毒主要储存处)的CD4分子结合并得以进入这些细胞。其他辅助受体(趋化因子受体,见B2)参与gp120病毒与T细胞和单核细胞结合,而缺乏功能性趋化因子受体的个体不能从HIV感染发展到AIDS。尤其是趋化因子受体CXCR4和CCR5是HIV的共同受体,并且是包括单核细胞、巨噬细胞和T辅助细胞在内的$CD4^+$细胞发生HIV感染所需的。

AIDS的发生被定义为在曾感染HIV的人中发生机会感染(如肺炎)或产生卡波西肉瘤(由HHV8引起)。这是$CD4^+$辅助细胞丧失的直接结果。损伤关键性的$CD4^+$ T细胞对免疫系统其他细胞功能有重要影响(图J3.1)。单核细胞及抗原呈递细胞受感染,对加速疾病进程可能也是重要的。

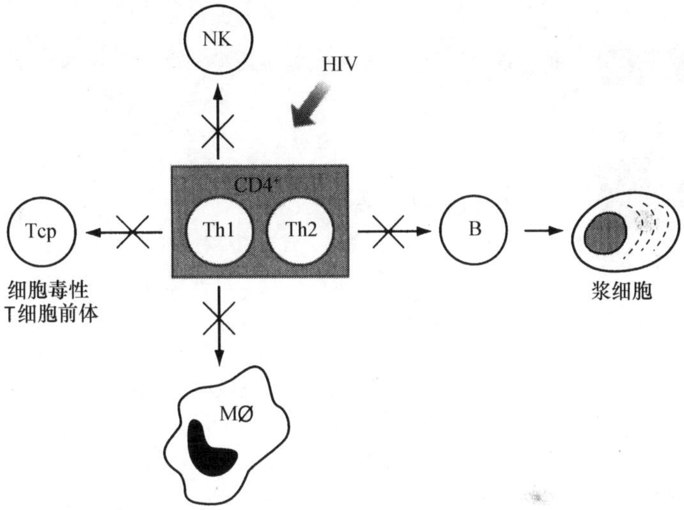

图J3.1 HIV感染$CD4^+$ Th细胞,损伤它们辅助其他免疫细胞群的能力

免疫衰老:老化的后果

人老时,免疫状态发生变化(见P)。老年人对免疫接种反应降低,感染疾病的危险增加,都是免疫功能下降的结果。其中最显著的变化是胸腺退化,随后丧失产生T细胞的能力。因此,机体依靠年轻时建立的T细胞库。人老时,记忆T细胞增加,原初细胞(幼稚细胞)减少,说明有活化的T细胞蓄积和较少数量的原初细胞进入细胞库。另外,老年人T细胞扩增能力是有限的,因此,进一步降低细胞介导的免疫应答。

液体免疫也有与老化有关的降低,至少部分是由于减少骨髓中B细胞发育,并因此减少B细胞多样性。这显示为抗体应答的质量改变,包括抗体亲和力降低、对疫苗的应答减少和自身抗体产生增加(见P5)。体液免疫的这些改变有些可能是由于损伤了T细胞诱导B细胞成熟,使之产生高亲和力、同种型转换的抗体的能力所致。

总之,免疫系统似乎随着老化从主要依赖适应性免疫应答向转向有点更依赖固有免疫转换。

外 伤

在明显的外伤后(包括与烧伤或大手术有关的外伤)免疫系统似乎不大能对付病原体。虽然对这种明显的免疫缺陷发生的原因并不清楚,但有可能这些外伤事件诱导另一些免疫调节因子的释放(如糖皮质激素),从而阻抑免疫应答(见G5)。

* 译注:原文为trophism可能有误,应为tropism。本句译为"显示对这些细胞的亲合"较好。

J4　免疫缺陷的诊断和治疗

要　点

家族史　由于有缺陷的基因可以遗传，因此调查家族史在诊断原发性免疫缺陷上特别重要。

特异免疫组分的评价　为确定合适的治疗方案，对患者免疫缺陷组分的性质进行评价是很重要的。这可通过下述检测达到：有关抗体介导的免疫，可检测 Ig 类别和 B 细胞数；有关细胞介导的免疫，可检测 T 细胞和 T 细胞亚型数和它们的细胞因子产生；补体活性则可检测总溶血能力和单一补体成分；吞噬作用可通过检测粒细胞和单核细胞数，它们吞噬调理的颗粒、杀伤细菌，以及对趋化和活化信号的应答等的能力来完成。

抗生素和抗体　抗生素治疗是对付感染的标准治疗方法。此外，来自供体库的抗体也可用于抗体缺陷的治疗。

骨髓移植和基因治疗　当能找到 MHC-可匹配的供体时，可用正常个体的细胞代替有问题的细胞/器官，这种方法在慢性肉芽肿疾病(CGD)中，已被用于重建正常的吞噬细胞功能，在重症联合免疫缺陷(SCID)病中被用于重建 T 细胞和 B 细胞。胎肝和胸腺移植也被成功地应用。这些缺陷的治疗可能最终涉及一旦在患者的干细胞中鉴定出有问题的基因，就可用正常的基因将其取代。

相关主题

血细胞生成——血细胞的发育(A5)
固有免疫系统的细胞(B1)
免疫测定(D7)
抗体的功能(D8)
克隆扩增与效应功能的发展(F5)
细胞介导的免疫的前后关系(F6)
免疫接种(I2)
原发性/先天性(遗传性)免疫缺陷(J2)
排斥机制(M3)

家族史　由于有缺陷的基因可以遗传，如在高 IgM 综合征中有缺陷的 CD40 和/或 CD40 配体(表 J2.3)，所以重要的是要建立具有类似感染反复发作的家族成员史。家族史方面的资料在原发性免疫缺陷诊断上是特别重要的，并且在遗传咨询上是有价值的。

特异免疫治疗的评价　由于修正必须针对异常来进行，因此识别免疫缺陷并指出它们是至关重要的。虽然感染或失调的性质将对哪种免疫组分处于不利地位提供线索，但在许多情况下哪种亚成分受损伤并不清楚。因此，重要的是对可疑的免疫异常的个体进行系统的免疫功能的评价(表 J4.1)。

表 J4.1 免疫系统不同组分的评价方法

抗体介导免疫的评价
血清免疫电泳
用 ELISA 或辐射免疫扩散法定量测定血清及分泌物中的抗体
特异性抗体的测定：
通过 IgM 抗体对 A 和 B 血型物质的凝集作用进行测定
在用灭活疫苗免疫接种前、后进行测定
用表面 Ig 的 mAb 通过流式细胞术定量测定循环中 B 细胞数
评价体外 B 细胞分化的诱导
评价淋巴结中(活体)B 细胞及浆细胞的存在
细胞介导免疫的评价
对普通抗原——念珠菌属、链激酶、链道酶的 DTH 皮肤试验
测定：
淋巴细胞总数(60%～80%血液淋巴细胞是 T 细胞)
血液中 T 细胞数(用 CD3 的 mAb 及流式细胞术)
T 细胞亚群百分比(用 CD4 和 CD8 的 mAb)
评价对凝集素(PHA、ConA)及同种抗原的淋巴细胞增殖反应(MLR)
分析 T 淋巴细胞功能：
淋巴因子的产生：IFNγ、IL-2 等
辅助细胞的活性及细胞毒性
补体系统的评价
总溶血性补体测定——CH_{50}，功能测定
用免疫测定法定量测定个别补体成分
用患者血清中的补体(C)作为化学吸引剂检测嗜中性粒细胞的趋化性
吞噬细胞功能的评价
测定粒细胞和单核细胞总数
检测：
趋化性——用 Boyden 小室
吞噬作用——用调理的颗粒
超氧化物产生用氮蓝四唑(NBT)还原作用
细菌的杀伤
个别酶和细胞因子(IL-1 和 IL-12)
对经 IFNγ、GM-CSF 等活化的应答
评价加工及呈递抗原的能力

注：PHA，植物血凝素(phytohemagglutinin)；ConA，刀豆蛋白 A(concanavalin A)；MLR，混合淋巴细胞反应(mixed lymphocyte reaction)。

体液(抗体)免疫可通过用血清免疫电泳、辐射免疫扩散和/或放射免疫测定法(见 D6 和 D7)测定患者血清中存在的不同抗体类别或亚类及其水平来初步评价。特异性抗体的检测可用皮试法(见 K5)、凝集作用(如 IgM 抗体对 A 和 B 血型物质的凝集)和/或酶联免疫吸附测定法(enzyme-linked immunosorbent assay，ELISA)(如对用灭活疫苗免疫接种后的特异性抗体)来测定。用对表面免疫球蛋白的 mAb 或 B 细胞分化试验分别测定 B 细胞数及其功能性质也是重要的。淋巴结活检被用于测定组织中 B 细胞和浆细胞的存在和数量。

细胞介导的免疫常用对普通抗原(如念珠菌属、链激酶、链道酶)的皮肤试验来评价(迟发型超敏反应，DTH 见 K5)。淋巴细胞总数、T 细胞($CD3^+$)及 T 细胞亚群($CD4^+$ 或 $CD8^+$)数在评价细胞介导免疫应答的潜力时也是有用的(见 D7)。然而，患者的 T 细胞数和 T 细胞亚群数正常并不意味着他们的功能正常。因此，也有必要检测淋巴细胞对凝集素(PHA 和 ConA)及同种抗原的增殖反应(MLR，混合淋巴细胞反应)、淋巴因子产生(如 IFNγ、IL-2)及辅助细胞和杀伤细胞的活性。

补体系统经典和旁路途径总的功能活性可用测定总溶血性补体(CH_{50})的溶红细胞

试验来评价。另外，免疫测定可用于确定单一的、与旁路途径有关的补体成分的浓度。用患者血清中的补体作为化学吸引剂的嗜中性粒细胞趋化试验可用于评价补体趋化因子(见 B2 和 B8)如 C5a。

吞噬细胞系统的细胞能够对趋化刺激产生反应，并向病原体移动，识别病原体和介导其吞噬和/或杀伤。这些细胞参与免疫防御不仅是由于它们对微生物分子类型特有的识别(见 B3)，而且是由于受体液、细胞和/或补体系统指导的结果。总的粒细胞及单核细胞血细胞计数可确定它们以正常数目存在。趋化性的测定(用 Boyden 小室法)评价它们对趋化分子如 C5a 的应答。对吞噬作用(用抗体和/或补体调理的颗粒)、超氧化物产生[用氮蓝四唑(NBT)的还原作用]和对细菌的杀伤的测定在确定这些细胞的功能上是重要的。对个别的酶及对细胞因子(IL-1 和 IL-12)的测定表明它们有产生对微生物杀伤、募集其他细胞及免疫机制方面关键分子的能力。它们可经 IFNγ、GM-CSF等活化产生应答，表明它们能被诱导产生较高水平细胞毒性的能力。最后，由于这些细胞中的许多细胞(单核细胞、巨噬细胞、树突细胞)加工和呈递抗原，因此检测它们引发 T 细胞并从而启动特异免疫应答的能力可能是重要的。

评价免疫功能最好的方法之一，包括既考查个体免疫系统的传入支(引发)也考查传出支(效应)。这可通过给个体注射抗原并测定是否发生正常应答来进行。如果应答正常，整个 T 和 B 细胞系统可能是完整的。另一个更确定的评价方法是用活的减毒疫苗如脊髓灰质炎病毒，这样可使免疫应答的评价在一个很真实的环境中进行。然而，在有免疫缺陷的个体中，绝不能用这种方法，因为即使是减毒的活病原体也会引起致死性感染(见 I3)。

抗生素和抗体

抗生素治疗是对感染的标准治疗方法。免疫系统尚未产生抗体的婴儿在耗尽了子宫内从胎盘转运获得的母体抗体后，开始经历反复的感染。这些个体用抗生素和静脉周期性注射来自正常人血清的混合免疫球蛋白进行治疗。必须排除带有包括 HIV 及乙肝和丙肝病毒污染的免疫球蛋白制剂。

骨髓移植和基因治疗

当能找到可匹配的 MHC 供体时，目前常用来自正常个体的细胞和器官替代有问题的细胞/器官。特别是骨髓移植已被成功地用于重建慢性肉芽肿疾病(CGD)中的正常的吞噬细胞功能，以及重症联合免疫缺陷(SCID)中的 B 细胞和 T 细胞。胎肝及胸腺移植也已被成功地应用。在大多数病例中，这种移植带来排斥作用的危险(见 M3)，并且需要相应地调节免疫抑制以利于它们存活。来自正常供体的干细胞的移植(干细胞治疗)是另一个非常有希望的治疗其中一些疾病的方法，目前正在积极地探索中。

在有原发性免疫缺陷的患者中已鉴定出许多基因是有缺陷的(见 J2，表 J2.2～J2.4)。因此这些缺陷的最终(权威性)治疗可能是基因替代治疗，在这类治疗中，患者干细胞中有问题的基因将用“正常”基因取代。这种方法已被试用于腺苷脱氨酶(adenosine deaminase，ADA)缺陷，并且当前正被试用以治疗另外几种其缺陷基因已被鉴定出来的疾病。至此，困难似乎是在适当地表达正常基因的方面。

(林慰慈　薛　彬　译)

K　超敏反应——免疫系统过度反应

K1　定义和分类

要　点

引　言

免疫系统对各种无活性的抗原和感染性生物过度反应时，可发生对宿主组织的损伤。这种超敏反应仅发生在宿主被抗原致敏以后，因此是适应性免疫系统的效应。在自然免疫系统中能发生对微生物抗原的过度反应，虽然目前并没有把这些反应归类为超敏反应。

分　类

早就将超敏反应分为 4 种类型，最近又加上 1 种。Ⅰ、Ⅱ、Ⅲ及Ⅴ型依赖于抗体（抗体单独地或与补体一起起作用），由于它们在几小时内表现出来而被称为速发型超敏反应*。Ⅳ型超敏反应是由 T 细胞及其活化时产生的细胞因子介导的。由于这种反应至少需要一天才显现，而被称为迟发型超敏反应。

相关主题

固有免疫系统的分子（B2）　T 细胞在免疫应答中的作用（F1）
抗体的功能（D8）　克隆扩增与效应功能的发展（F5）

引　言

免疫系统正常时以很轻或不损伤宿主组织的方式应答种种侵入的微生物。然而，在某些情况下，免疫应答（特别是对某些抗原）可导致严重的组织损伤反应（免疫病理学）。免疫系统对抗原的“过度反应”常被称为超敏反应，并且绝不仅限于微生物来源的抗原，它也包括无活性的和自身的抗原（自身免疫）。超敏反应是抗原特异的，并发生在免疫系统对抗原应答之后（即免疫系统已接触抗原）。因此有害反应主要是抗原特异记忆应答的结果。重要的是要注意到这些应答是正常免疫防御机制的一部分，由于免疫细胞和分子与先前曾诱导过免疫的抗原和/或病原体接触，所以每天发生。超敏反应之所以不寻常是由于这些正常的应答是定位的和/或涉及大量的抗原与抗体或免疫细胞之间的相互作用，而在临床上变得很明显。此外，遗传在某些类型的超敏反应中也起一定作用。而且有些抗原可诱导不止一种类型的组织损伤反应（超敏反应），青霉素就能诱导Ⅰ、Ⅱ、Ⅲ和Ⅳ型反应。

分　类

超敏反应发生在接触侵犯性抗原后的不同时间：几分钟内（即速发型），几分钟至几小时内（中间型）或许多小时后（迟发型）。通常，迟发型应答是由免疫系统的细胞成分（即 T 细胞）介导的，而前面的几型是免疫应答的体液支，包括抗体和补体系统介导的结果。Gell 和 Coombs 最初的分类为 4 种主要类型，Ⅴ型是后来加上的。表 K1.1 概括了引起组织损伤的主要的免疫系统成分。应该强调的是，任何一种特定的疾病过程都能由一种以上机制造成。

表 K1.1　超敏反应的分类

出现的时间	类型	免疫机制
2～30min（速发型）	Ⅰ	IgE 抗体（增强急性炎症应答）
5～8h（细胞毒性型）	Ⅱ	抗体和补体
2～8h（免疫复合物型）	Ⅲ	抗原/抗体复合物
24～72h（迟发型）	Ⅳ	T 细胞介导（可产生肉芽肿）
（刺激型）	Ⅴ	抗体介导

* Ⅰ、Ⅱ、Ⅲ及Ⅴ型相对于Ⅳ型（即迟发型超敏反应）可以看成是速发的，但实际上速发型超敏反应仅指Ⅰ型超敏反应，因为它在接受抗原刺激后仅几分钟内即表现出来（见本节正文和表 K1.1）。

K2 IgE介导的(Ⅰ型)超敏反应:变态反应

要 点

引 言

这一十分普通的超敏反应类型由IgE介导,并可引起从轻度(如枯草热)到致命(如蜂蜇)的临床表现。有些个体(特应性的个体)具有产生高水平IgE的遗传素质。皮肤试验可用来检测对变应原的敏感性。

致 敏 期

对特定抗原的致敏依赖于刺激IgE抗体产生。这需要$CD4^+$ Th2细胞诱导抗原特异B细胞的类别转换及分泌型B细胞生长和分化所需的IL-4。

效应期——IgE介导的肥大细胞脱粒

开始与特异性抗原接触后产生的IgE抗体与肥大细胞和嗜碱性粒细胞上的IgE受体结合。通过与IgE结合的抗原与其联合的受体发生交联,引起快速脱粒和释放引起局部炎症(过敏反应)的药理介质(如组胺)。在产生全身过敏反应的情况下,需要用肾上腺素(epinephrine)治疗以恢复血压①。

引起Ⅰ型超敏反应常见的抗原

常见的抗原包括草和树的花粉、昆虫毒液、坚果、药物及动物皮屑。真菌及蠕虫抗原也诱发Ⅰ型超敏反应。

药物及免疫疗法(脱敏)

对抗Ⅰ型超敏反应所用的药物抑制炎症介质的产生或释放[非甾类抗炎药物(NSAID),如阿斯匹林和消炎痛、糖皮质激素和色甘酸(cromolyn)②],或抑制炎症介质的作用以减轻症状(如苯海拉明、氯茶碱苯海拉明、糖皮质激素)。肾上腺素被用于对抗介质的效应,如低血压及支气管痉挛。脱敏作用的目的是诱导IgG免疫应答和/或转移免疫应答使之远离IgE的产生。这种方法仅仅成功地用在很少的变应原上(如蜂毒)。

相关主题

固有免疫系统的细胞(B1)　　抗体类别(D2)
固有免疫和炎症(B4)　　免疫测定(D7)
基因、T辅助细胞、细胞因子和神经内分泌系统(G5)

注①:组胺等效应介质会引起血管扩张、血压下降,严重时引起休克。因此在治疗时需要使用肾上腺素升高血压。

注②:此处应为色甘酸钠(sodium cromolyn)。

引 言

变态反应从轻度的如枯草热,直到危及生命的状态如蜂蜇变态反应,影响大约17%的人群。它由正常时以极低的量在循环中存在(见D2)并且或许还参与保护我们免受蠕虫侵袭的IgE介导(见B4和H2)。对正常无害的抗原(如花粉或食物)及微生物抗原(真菌、蠕虫)可以发生变态反应。人群中有些个体因对某些抗原产生IgE而在遗传上倾向于对这些抗原应答,并被称为特异反应性个体。对变应原的检验(Prausnitz-Kustner试验)包括皮内引入变应原。皮肤试验阳性是在注射部位出现荨麻疹团(液体蓄积)及潮红(发红)反应。

致 敏 期

对特定抗原致敏依赖于刺激IgE抗体产生。因此,变应原特异的B细胞抗原受体结合抗原、使之内在化、加工和在MHCⅡ类分子中呈递该抗原。$CD4^+$ Th2细胞识别由这些B细胞呈递的抗原并诱导抗原特异性B细胞的类别转换。这些T细胞还分泌对B细胞生长和分化重要的IL-4(见B2、E3和F5)(图K2.1)。为什么某些个体通过产生IgE对特定抗原致敏尚不清楚,但可能性包括:①个体的遗传性;②环境因素(污染):制约免疫系统的黏膜组织产生IL-4,因而倾向Th2应答;③Th1细胞的应答调节有缺陷(见F5和G5)。

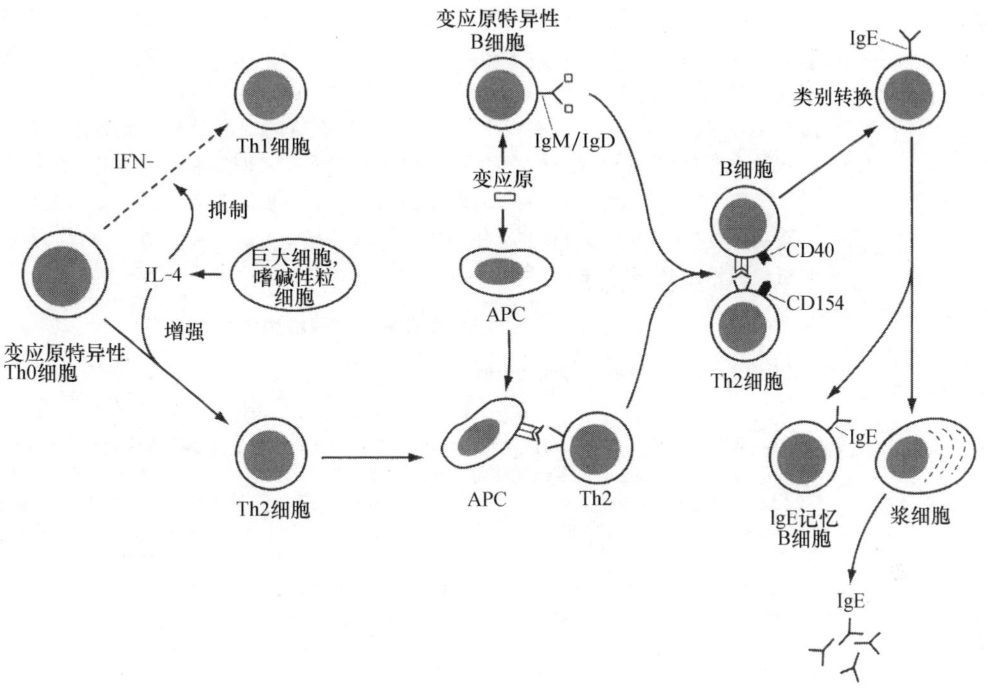

图 K2.1　IL-4 诱导 IgE 应答。在 IL-4(可能来自肥大细胞)比 IFNγ 相对高的环境中,抗原特异性 Th0 细胞分化成为 Th2 细胞而不是 Th1 细胞。APC 细胞向此 Th2 细胞呈递变应原肽,诱导其活化和增殖。然后,有内在化变应原的变应原特异性 B 细胞将 MHCⅡ类分子中的变应原肽呈递给此 Th2 细胞。Th2 细胞刺激抗体类别转换(通过 T 细胞上的 CD154 引发 B* 细胞上的 CD40)和释放诱导类别转换成 IgE 抗体的 IL-4。产生 IgE 的 B* 细胞增殖和分化成表达 IgE 的记忆 B 细胞和产生 IgE 的浆细胞

效应期——IgE 介导肥大细胞脱粒

由于以前与抗原(变应原)接触产生的特异性 IgE 抗体扩散至全身,最终与肥大细胞和嗜碱性粒细胞接触。这些细胞有对 IgE 的 Fc 区高亲和力的受体,因此能与这些抗体结合。此刻对肥大细胞没有任何直接影响,直到特异性抗原(变应原)再次进入机体,并与带有 IgE 抗体的肥大细胞接触,以足够的数量与细胞表面抗体交联(图 K2.2)。这时肥

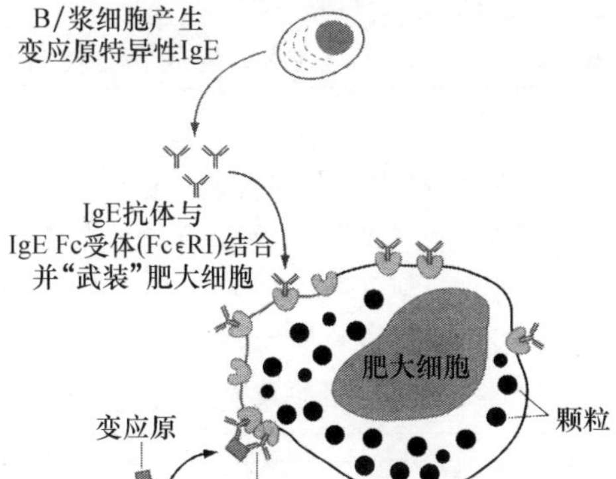

图 K2.2　IgE 介导肥大细胞脱粒。变应原与亲细胞的(结合细胞)IgE 结合并形成交联,发送 FcεR 信号以引发肥大细胞活化和脱粒,随之介质组胺、白三烯等释放

* 译注:原文此处误写为 b 细胞。

大细胞立即释放含有大量药理性介质的颗粒(脱粒)(表 K2.1)。这些物质对附近的血管有直接影响,即引起血管舒张和嗜酸性粒细胞流入,反过来,嗜酸性粒细胞又释放引起延长“后期”反应的介质。介质局部(如在鼻中)释放,引起发红、痒和增加黏膜上皮细胞分泌,导致流涕。肥大细胞释放的组胺和其他物质的全身释放可能导致严重的血管舒张和血管萎陷,造成危及生命的、需用肾上腺素治疗来恢复血压的全身过敏反应。

由肥大细胞释放的白三烯、组胺、前列腺素和血小板活化因子是Ⅰ型超敏反应的主要介质。对这不断增加的炎症介质的主要部分进行分类的一种方法是按它们对靶细胞和组织的作用分类(表 K2.1)。

表 K2.1 炎症介质根据其对靶细胞的作用分类

对平滑肌和黏液腺有药理作用的介质

1. 组胺。与靶细胞上 2 种类型受体(H1 和 H2 受体)结合,作用于 H1 受体时,组胺使平滑肌收缩(如在气道),增加血管通透性和杯状细胞分泌黏液。作用于 H2 受体时,组胺增加胃液分泌和反馈性降低嗜碱性粒细胞和肥大细胞释放介质
2. 过敏反应的慢反应物质(slow reacting substance of anaphylaxis,SRS-A)。这些半胱氨酸-白三烯(LTC_4、LTD_4、LTE_4)是外周气道强有力的收缩剂(即支气管收缩剂),并且还引起毛细血管后微静脉渗漏,导致水肿。白三烯来自肥大细胞、中性粒细胞和巨噬细胞的膜脂肪酸
3. 前列腺素。与此类化合物有关的大家族显示出多种作用。前列腺素 D_2 由肥大细胞产生,引起支气管收缩。前列腺素 I_2 由内皮细胞产生,可能与 LTB4 协同,引起水肿
4. 血小板活化因子(platelet activating factor,PAF)。一种低分子质量脂类,能引起血小板聚集并释放血管活性介质(5-羟色胺)和使平滑肌收缩
5. 激肽。缓激肽(一种九肽)及赖氨酰-缓激肽(一种十肽)引起血管通透性增加,降低血压和平滑肌收缩

因趋化性而促炎症的介质

1. 过敏反应的嗜酸性粒细胞趋化因子(eosinophil chemotactic factor of anaphylaxis,ECF-A)。包括来自肥大细胞颗粒的组胺和四肽物质
2. 过敏反应的嗜中性粒细胞趋化因子(IL-8)。肥大细胞的颗粒体衍生蛋白,能吸引和活化嗜中性粒细胞
3. 过敏反应的后期反应物。引起迟发性炎症细胞浸润的介质
4. 白三烯 B_4(leukotriene B_4,LTB_4)。来自膜脂肪酸,对 PMN、嗜酸性粒细胞和巨噬细胞强有力的趋化因子,引起白细胞黏附到毛细血管后微静脉,脱粒和水肿

引起组织破坏的介质

1. 有毒性的氧和氮自由基(如超氧化物和一氧化氮)。由 PMN、巨噬细胞和肥大细胞释放而来
2. 酸性水解酶。来自肥大细胞
3. 主要的碱性蛋白。有很大破坏性的来自较大的嗜酸性粒细胞颗粒的蛋白

引起Ⅰ型超敏反应常见的抗原

有许多抗原能引起变态反应(Ⅰ型超敏反应)(表 K2.2)。最普通的变态反应可能是对花粉过敏(变应性鼻炎、枯草热)。来自某些侵入生物的抗原也能引起变态反应,包括真菌孢子、病毒和蠕虫。棘球蚴产生的蠕虫抗原的全身释放与血清 IgE 结合能引起过敏反应,如果不治疗则导致血管萎陷而死亡。变态性哮喘是一种重要的疾病,它可由许多不同的环境抗原引起,在疾病早期由 IgE 介导。

表 K2.2 变应原

花 粉	昆虫毒液	微生物	动物及食物	药 物
草	蜜蜂	霉菌	血清	青霉素
梯木草	黄蜂		疫苗	水杨酸
黑麦草	蚁		坚果	麻醉药
豚草			海味	
			毛发	
树			皮屑	
梧桐树				
白桦树				

药物及免疫疗法(脱敏)

用于治疗速发型超敏反应的药物在下述一个水平上起作用。①产生或释放炎症介质的抑制剂。这类药物包括非类固醇抗炎药物(NSAID)如阿斯匹林和消炎痛(indomethicin),合成的类固醇(糖皮质激素)如地塞米松和强的松,以及组胺释放的抑制剂——色甘酸。②像组胺受体拮抗剂那样起作用的介质的抑制剂。苯海拉明、氯茶碱苯海拉明、扑尔敏和溴苯那敏是代表性的 H1 阻断剂,大多用于减轻与枯草热有关的打喷嚏、鼻溢(流鼻涕)和眼痒等症状。这些药物对支气管哮喘和全身过敏反应无用,在这类症状中是其他介质而不是组胺起更重要的作用。糖皮质激素也抑制某些炎症介质的作用。其他药物如肾上腺素及茶碱被用于抵抗如低血压和支气管痉挛等介质作用。

脱敏作用被用于转移免疫应答,使之远离主要由 Th2 驱动的 IgE 抗体应答并转向 Th1 驱动的 IgG 应答。这包括注射或摄食较低的而逐渐增加量的变应原。仅有少数变应原,如蜂毒曾获得成功。由 Th1 细胞驱动的 IgG 应答有两种显著的作用:①产生比 IgE 更大量的 IgG,此过量 IgG 抗体在抗原能与肥大细胞或嗜碱性粒细胞的 IgE 结合并引发脱粒之前与之结合并除去它;②IgG 也在抗原能结合并刺激 Th2 以驱动产生 IgE 的 B 细胞之前除去它,因此降低了抗原特异的 IgE 的产量(图 K2.3)。

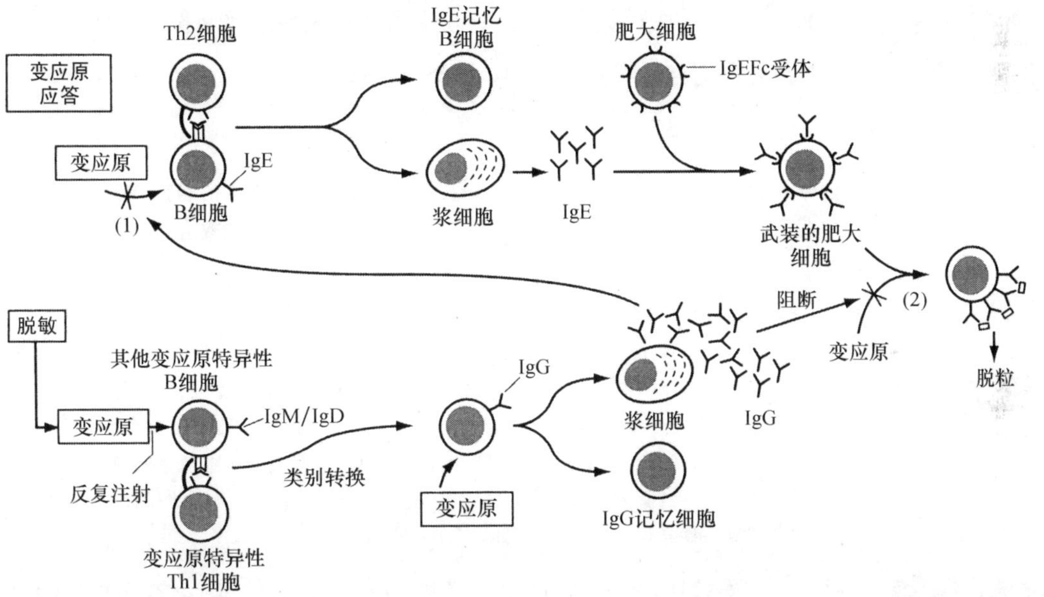

图 K2.3 脱敏。在带有抗变应原 IgE 抗体的个体中有记忆细胞,记忆细胞通过分化成能产生变应原特异 IgE 的浆细胞对变应原应答(见图 K* 2.1)。此 IgE 与肥大细胞上 IgE 的 Fc 受体结合,当变应原再次进入并与这些细胞上的 IgE 交联时,细胞脱粒。反复注射变应原是试图通过刺激未曾经历类别转换的变应原特异 B 细胞以诱导 IgG 应答。特别是,变应原特异性 Th1 细胞将对这些 B 细胞提供帮助,诱导类别转换成 IgG。产生的 IgG 比 IgE 量更多,并在变应原再次进入时,能有效地竞争变应原,阻止变应原刺激 IgE 记忆 B 细胞(1),并在变应原能与肥大细胞的 IgE 结合之前除去它(2)

* 译注:此处原文误写为 T。

K3 IgG 和 IgM 介导的(Ⅱ型)超敏反应

要 点

引 言 主要针对细胞抗原(如红细胞)或表面自身抗原的抗体(IgM 或 IgG)可通过调理作用、溶解作用或抗体依赖的细胞毒性引起损伤。Ⅱ型超敏反应也称作细胞毒性超敏反应。

Rh 抗原的不相溶性 RhD(rhesus D,RhD)抗原阴性的怀孕母亲能对由父亲遗传的 RhD 抗原应答。它可以通过以前输过带有 RhD^+ 红细胞的血,或主要是在分娩时,当胎儿 RhD^+ 红细胞进入母体循环时发生致敏。在随后妊娠期间,少量穿过胎盘的胎儿的红细胞刺激记忆应答,结果抗 RhD 抗原的 IgG 抗体回流穿过胎盘并破坏胎儿红细胞(新生儿溶血病)。

输血反应 主要血型抗原(A、B)的天然抗体(同种血细胞凝集素)与输入带有靶抗原的红细胞结合,造成严重溶血。由于血型检定,目前输血反应已很少发生。

自身抗原 对种种自身抗原如肺和肾的基底膜(肺出血肾炎综合征)、乙酰胆碱受体(重症肌无力)及红细胞(溶血性贫血)产生的抗体可造成组织损伤反应。

药 物 药物(如青霉素)可附着于红细胞上,并引起 IgG 介导的红细胞损伤。

刺激型超敏反应 Ⅱ型超敏反应的一种变异型(有时被称为Ⅴ型),它与受体结合,并起天然配体的作用。患突眼性甲状腺肿时,产生的抗体与促甲状腺受体反应,促进甲状腺机能亢进④。

相关主题

抗体的功能(D8)	促进自身免疫病发生的因素(L2)
移植抗原(M2)	疾病的发病机理——效应机制(L4)

注④:在刺激型超敏反应中,抗体所起的作用类似于受体的配体(激动剂),与受体结合后会激发细胞内的一系列生化过程,促进相应蛋白的分泌。

引 言

抗体单独或与补体一起能引起超敏反应。这些反应可抵抗外源的(常是红细胞)或自身抗原,并且通常引起细胞的溶解或消除,因此Ⅱ型超敏反应也被称为细胞毒性超敏反应。由此型超敏反应引起的疾病时常涉及红细胞(引起贫血)和自身细胞(引起自身免疫病)。细胞死亡(或溶解)通过正常的机制介导,抗体和补体通过此机制执行它们的功能,包括吞噬、溶解和抗体依赖的细胞毒性(见 D8)。

Rh 抗原的不相溶性

Rhesus D(猕猴 D,RhD)抗原由红细胞携带。RhD^- 母亲和 RhD^+ 父亲所生的婴儿在其红细胞上可表达 RhD 抗原。怀孕前通过输血和怀孕期间特别是分娩时婴儿的 RhD^+ 红细胞与母亲的免疫系统接触,使母亲对 RhD 抗原致敏。RhD 有些通过胎盘但大部分在胎盘脱落期间被释放到母体的循环中。由于 RhD 在母体中是不存在的,所以母体的免疫系统将它作为外源抗原来应答并生成抗体(图 K3.1)。通常在初次妊娠时这不是问题,但在以后妊娠时,穿过胎盘的小量红细胞刺激记忆应答,导致产生特异的抗 RhD 抗体。IgG 抗体穿过胎盘并与胎儿红细胞结合,导致红细胞调理和溶解。如果不加预防则会发生新生儿溶血性贫血。这时常被称为新生儿溶血病(HDN)。通常处于危险中的母亲在妊娠早期阶段要做检测,日后要加以监控。每次怀有 RhD^+ 胎儿的妊娠终止时,要给 RhD^- 母亲注射抗 RhD 抗体,现认为这种抗体能从血流中除去胎儿红细胞并抑制以后免疫应答的发生。

输血反应

严重失血时,一般实行输血。主要的 A 和 B 血型抗原在红细胞表面表达,并且我们都有对这些抗原(同种血细胞凝集素,见 M2)的天然抗体(主要是 IgM)。A 型血的个体有抗 B 抗原的抗体,B 型血的个体有抗 A 抗体,而 AB 型的个体两种抗体都没有。那些 O 型血的个体两种抗体都有。因此对输血的供体与受体做血型检定十分重要。在大多数

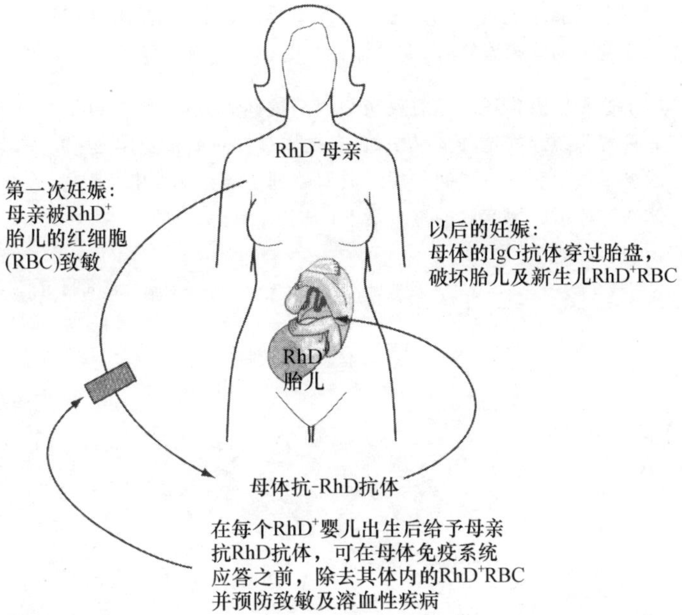

图 K3.1 RhD 抗原和新生儿溶血病。产生 RhD^+ 婴儿的 RhD^- 母亲在分娩时,由于胎儿红细胞(RBC)上的 RhD 抗原进入母体循环而致敏。这产生抗 RhD 的 IgG 抗体,该抗体在下次妊娠期间,穿过胎盘,破坏胎儿和新生儿 RhD^+ RBC。这可通过在每次 RhD^+ 婴儿出生后立即或在妊娠期间给予母亲抗 RhD 抗体,以便在 RhD^+ RBC 刺激母体主动免疫应答之前使之破坏

情况下,能准确配型,但偶然也发生事故,将血液输给了有反应性同种血细胞凝集素的受血者。这引起输血反应,受血者呈现(补体介导的)大范围血管内危及生命的溶血。

自身抗原

当对自身的耐受被破坏时,可产生针对自身抗原的抗体(见 M3 和 L3)。这些自身抗体可引起组织损伤反应。在肺出血肾炎综合征中,肺和肾基底膜的自身抗体引起抗体结合部位炎症和出血。乙酰胆碱受体的抗体引起受体丢失(图 K3.2),降低神经冲动穿过神经肌肉接头的传导(重症肌无力)。红细胞的自身抗体引起细胞溶解和/或去除,导致自身免疫性溶血性贫血。

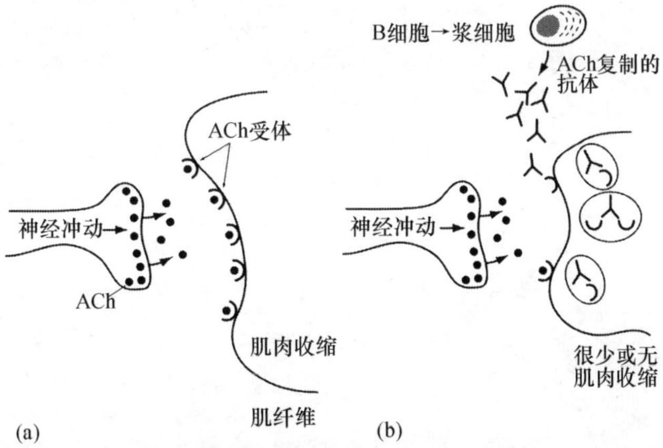

图 K3.2 重症肌无力。(a)肌肉收缩的正常刺激。神经冲动引发神经末梢释放乙酰胆碱(acetylcholine,ACh),然后 ACh 与肌细胞的 ACh 受体结合,引发肌肉收缩。(b)ACh 受体的自身抗体与肌细胞的这些受体结合,引起它们的内在化和退化,以致当神经冲动引起 ACh 释放时,只有很少的 ACh 受体与之结合。因此,不发生或减少肌肉收缩

药 物

青霉素既能通过 IgE 诱发速发型超敏反应，也能刺激 IgG 应答。另外，IgG 能与吸附在红细胞上的青霉素结合，在补体存在时诱发溶血。停药后溶血消失。

刺激型超敏反应

由于这种新近描述的超敏反应类型是抗体介导的，因而可把它看成是Ⅱ型超敏反应的一种变化型。在这种情况中，自身抗体是针对激素受体分子的，并以一种像天然配体即激素本身的刺激方式起作用。典型的例子是突眼性甲状腺肿，在该病中，甲状腺刺激受体的抗体引起甲状腺的过分活动(图 K3.3)。

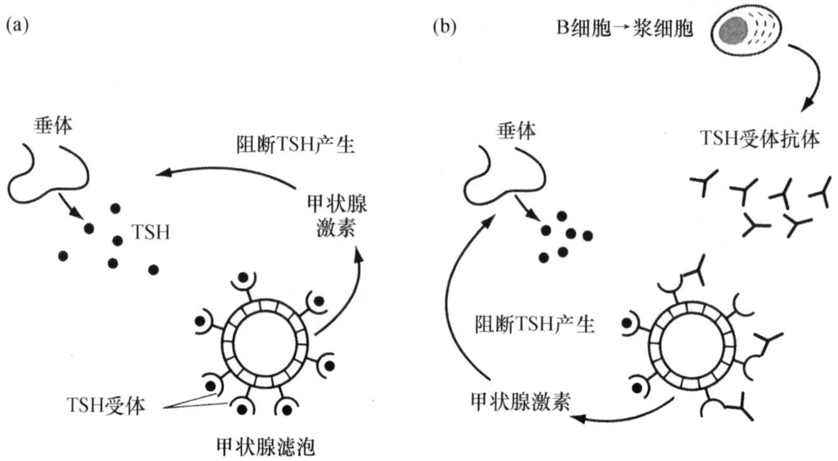

图 K3.3 突眼性甲状腺肿。(a)垂体产生促甲状腺激素(thyroid stimulating hormone，TSH)，TSH 与甲状腺滤泡细胞的 TSH 受体结合，并引发甲状腺滤泡细胞产生甲状腺激素。反过来，作为 TSH 产生受甲状腺激素正反馈调节的一种形式，这些甲状腺激素抑制垂体生产 TSH。(b)TSH 受体的自身抗体与 TSH 受体结合，并引发甲状腺滤泡细胞释放甲状腺激素，使垂体停止产生 TSH。然而，它们不影响自身抗体产生，自身抗体继续刺激甲状腺滤泡细胞产生甲状腺激素，因而引起甲状腺机能亢进

K4 免疫复合物介导的(Ⅲ型)超敏反应

要 点

引 言 异种血清产物(如免疫球蛋白及微生物和自身抗原)可形成局部或全身的免疫复合物,导致吞噬细胞和补体介导的组织损伤。

Ⅲ型超敏反应发生的机制 组织损伤主要由补体活化及由嗜中性粒细胞释放裂解酶引起。局部损伤(阿尔图斯氏反应,Arthus reaction)可在吸入抗原引起的肺部疾病中见到。抗体与微生物或自身抗原形成的全身性免疫复合物造成免疫复合物在血管内或肾脏(肾小球)的血管内沉积,导致血管炎或肾小球性肾炎。

与Ⅲ型超敏反应有关的疾病 肺部疾病由吸入细菌孢子(农民肺)或禽类血清/粪便蛋白(禽类饲养病)引起。全身性疾病可因链球菌感染(链球菌性肾炎)、自身免疫复合物(如系统性红斑性狼疮,systemic lupus erythematosus,SLE)或药物(如青霉素)或在动物体内生成的抗血清而发生[④]。

相关主题 固有免疫和炎症(B4) 抗原-抗体复合物(免疫复合物)(D6) 抗体类别(D2) 疾病的发病机理——效应机制(L4)

注④:动物体内的抗血清是指在某些情况下,为了迅速阻止生物毒素在体内产生有害效应,而给受害者注射来源于动物的抗毒素抗体,由于这种抗体对于人类而言是异源性的,因此具有免疫原性,可以诱导抗体产生。再次接触这类抗体就可能产生Ⅲ型超敏反应。

引 言 正常时,免疫复合物由吞噬细胞去除而不引起组织损伤。然而,当大量免疫复合物存在并存留于组织中时,它们能引起可能是组织内局部的(阿蒂斯反应)或是全身的损伤。微生物抗原、自身抗原及异种血清成分可诱发此型超敏反应。

Ⅲ型超敏反应发生的机制 很多组织损伤是补体活化导致嗜中性粒细胞趋化作用和由脱粒的嗜中性粒细胞释放分解酶的结果(见 B1)。免疫复合物在局部沉积造成阿蒂斯反应(图 K4.1)。免疫复合物(通常是小分子)也可引起全身作用,如发烧、虚弱、血管炎、关节炎及水肿和肾小球性肾

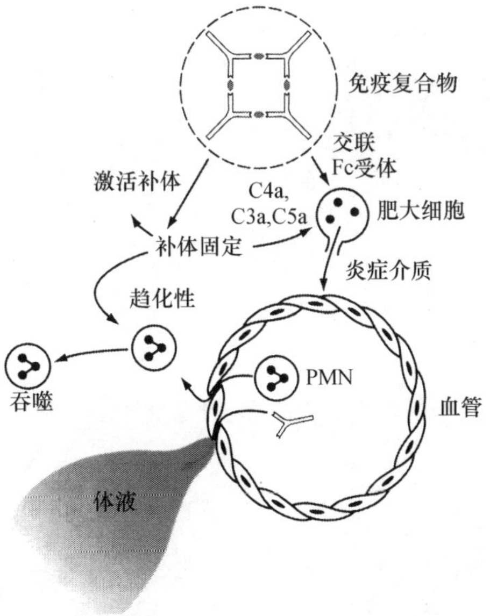

图 K4.1 阿蒂斯反应。皮肤中小的免疫复合物直接引发 Fc 受体并激活补体,实质上导致肥大细胞介导的急性炎症应答。小的免疫复合物也能停留在血管中并诱发血管炎,或肾脏中的肾小球性肾炎

炎。其中一个例子是将被动的抗体给予患者以保护他们不受微生物毒素如破伤风毒素的侵害(见 J4)。抗体能对马抗破伤风毒素发生应答(血清病),并与它们形成免疫复合物。血清免疫复合物可沉积在血管中(血管炎),或被肾脏的血管截留,导致肾小球性肾炎。

与Ⅲ型超敏反应有关的疾病

Ⅲ型超敏反应介导的某些疾病见表 K4.1。与吸入抗原形成复合物的 IgG 抗体引起肺部呼吸道的局部损伤(也包括肺炎和肺泡炎)。对全身遇到的抗原产生的免疫复合物引起种种症状,尤其是沉积所致的肾脏损伤。

表 K4.1　Ⅲ型超敏反应介导的疾病

反应的部位	抗原	疾病
局部	细菌孢子	农民肺
(吸入)	真菌孢子	
	鸽子血清/粪便蛋白	禽类饲养病
全身	微生物包括:	
	链球菌	链球菌性肾炎
	乙型肝炎病毒	
	E-B 病毒	
	疟原虫	
	自身抗原如 DNA	系统性红斑狼疮
	药物——青霉素、磺胺	药物变态反应

K5 迟发型(Ⅳ型)超敏反应

要 点

引 言 Ⅳ型超敏反应在与抗原接触后24h出现，并且是由T细胞与树突细胞、巨噬细胞和细胞因子共同介导的。抗原持续存在，如慢性分枝杆菌感染，导致肉芽肿。皮肤接触一些小分子物质(化学物质及植物分子)也能产生迟发型超敏反应。

结核菌素反应 这是一种对纯化的分枝杆菌抗原的“回忆”应答，并用作对结核菌(TB)免疫应答(不一定是治疗的)的皮肤试验的基础。

肉芽肿的产生 由于T细胞没有能力杀伤巨噬细胞内的全部分枝杆菌，因而时常导致对分枝杆菌特异性T细胞的慢性刺激。产生的细胞因子负责将含有持续存在抗原的巨噬细胞围住，并因此产生肉芽肿。这在对血吸虫、蠕虫应答时也发生，并且至今在尚无明确抗原引起的某些临床情况中也有发现。

接触敏感性 一些小分子质量的化学物质(如表带扣中的镍)及某些植物(有毒的常春藤)中的分子与皮肤接触，能穿透皮肤，与自身蛋白结合，诱导特异的$CD4^+$ T细胞应答。所产生的细胞因子诱发局部红、肿，通常在除去抗原后，红、肿消失。

相关主题
固有免疫系统的细胞(B1)
对不同生物的免疫(H2)
T细胞在免疫应答中的作用(F1)
克隆扩增与效应功能的发展(F5)
基因、T辅助细胞、细胞因子和神经内分泌系统(G5)

引 言

与Ⅰ型(速发型)超敏反应不同，Ⅳ型超敏反应是唯一一型可由细胞而不是由抗体传递的超敏反应，在与引发的抗原接触后至少24h才开始显现出来。它是第一个与T细胞介导的对结核分枝杆菌(*Mycobacterium tuberculosis*，MTb)产生免疫应答有关的超敏反应，因此最初被称为“细菌性超敏反应”。这类应答时常在数周后产生肉芽肿。目前，此迟发型超敏反应(DTH)覆盖了一系列T细胞介导的应答，包括接触皮肤的小分子诱导那些反应——接触性超敏反应。除T细胞外，在此敏感型中起关键作用的还有树突细胞、巨噬细胞和细胞因子。此型超敏反应在某些临床情况下，即抗原不能被免疫系统除去而持续存在处也起作用，导致慢性炎症。

结核菌素反应

由Koch开始的试验表明给患结核病(TB)的患者皮下注射来自分枝杆菌结核病的分枝杆菌抗原，引起发热和疾病。这种“结核菌素反应”目前是“回忆”试验的基础，用以确定个体是否有T细胞介导的抗TB反应。在该试验(Mantoux试验)中，将小量来自MTb生物的结核菌素纯化蛋白衍生物(purified protein derivative，PPD)注射到皮肤内，并检查注射部位直到72h后。皮试阳性表现为硬结红肿，红肿在注射后48～72h达最大，并且由树突细胞及汇集到注射部位的T细胞与巨噬细胞所介导(图K5.1)。

肉芽肿的产生

目前我们已了解到$CD4^+$ T细胞控制胞内微生物感染，如分枝杆菌和某些真菌(见F5)。问题是分枝杆菌除了某些另外的胞内感染外，还有逃避机制以防止它们被清除(见H3)。因此，由$CD4^+$ T细胞产生的巨噬细胞活化因子并不总是有效的(图K5.2)。所以，抗原持续存在，并导致“慢性”刺激$CD4^+$ T细胞和不断产生细胞因子。这些因素介导含有微生物的巨噬细胞融合和成纤维细胞增殖，最终导致将侵害性的微生物围在肉芽肿内。这种慢性炎症状态可在TB和由麻风分枝杆菌引起的结核型麻风病中见到(见H2)。肉芽肿反应在由血吸虫感染和某些抗原尚不清楚的临床情况(如结节病和局限性回肠炎)中也有发现。持续存留的颗粒，如不容易被吞噬而从机体中去除的石棉也能产生非免疫肉芽肿。

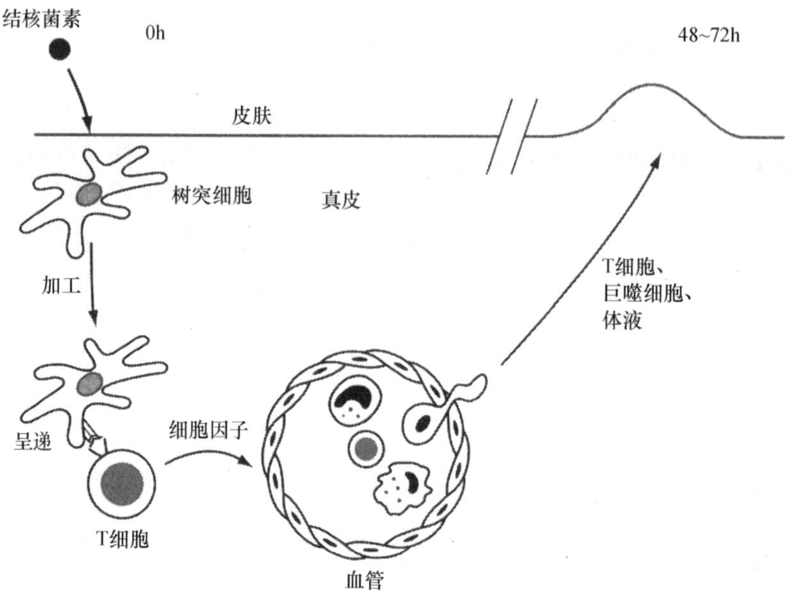

图 K5.1 结核菌素反应(迟发型超敏反应)。进入到真皮的结核菌素蛋白被树突状细胞加工并通过 MHCⅡ类分子呈递给 T 细胞,由 T 细胞产生的细胞因子改变局部内皮细胞黏附分子,使单核细胞得以进到注射部位并发育成巨噬细胞。T 细胞和巨噬细胞产物造成水肿(液体的)和肿胀。皮试阳性表现为硬结红肿,红肿在注射后 48～72h 达最大

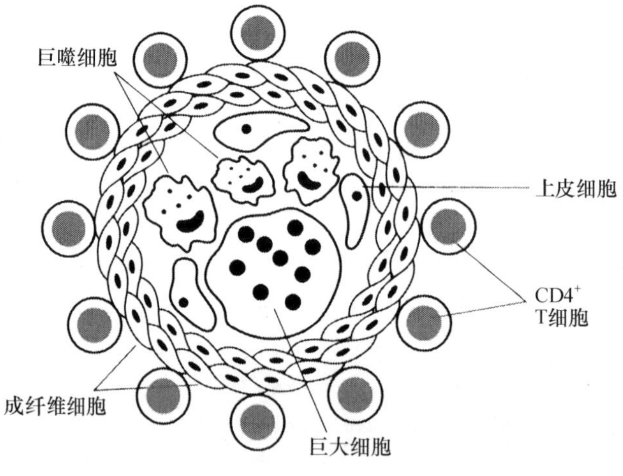

图 K5.2 肉芽肿。免疫性肉芽肿是 $CD4^+$ T 细胞应答持续性存留的非降解性抗原(包括分枝杆菌)慢性刺激时形成的。它们由被 $CD4^+$ T 细胞外层包围的成纤维细胞隔墙围住的上皮细胞、巨噬细胞和巨大细胞组成。由不同的细胞产生的细胞因子都有助于肉芽肿形成,肉芽肿是将非降解性微生物和机体其余部分隔开的免疫系统的方法

接触敏感性

许多穿透皮肤的小分子可以引起接触敏感性,临床上视作皮炎。某些显示出接触敏感性的化学物和植物产物列于表 K5.1。接触致敏的典型例子包括对表带上金属扣的反应和对毒栎属植物应答中所见的皮疹。除去与这些物质接触,通常导致超敏反应消除。

表 K5.1 引起接触致敏的物质

化学物质:镍、松节油、某些化妆品、甲醛
植物:有毒的常春藤、有毒的栎属植物

对这些分子致敏被认为是通过与皮肤蛋白结合和通过皮肤树突细胞，即朗格汉斯细胞的强有力的抗原呈递性质，将 MHCⅡ类分子上的抗原呈递给 $CD4^+$ T 细胞所介导(图 K5.3)。随后的接触致敏反应包括将抗原呈递给释放细胞因子引起血管舒张的记忆 $CD4^+$ T 细胞，运输到非特异的 $CD4^+$ T 细胞和活化的巨噬细胞的部位，以及形成局部脓疮。

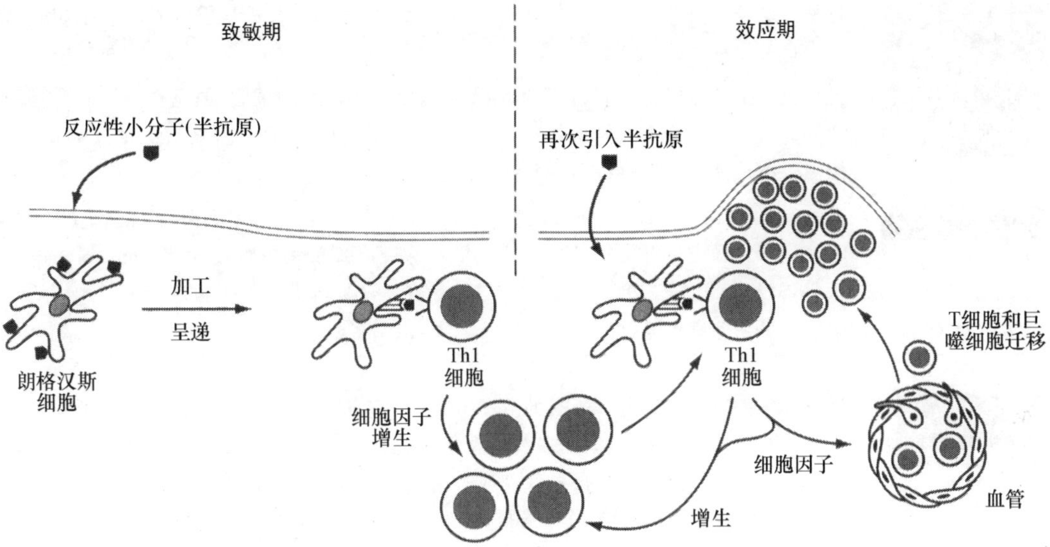

图 K5.3 由朗格汉斯细胞介导的接触敏感性。在致敏期与皮肤接触的活性小分子、半抗原(如与有毒的常春藤有关的五十儿茶酚)与自身蛋白结合(包括朗格汉斯细胞上的自身蛋白质)，并被朗格汉斯细胞内在化、加工和呈递给 T 细胞。这些 T 细胞增殖形成对半抗原修饰的自身肽特异性 Th1 细胞克隆。当半抗原再次进入体内时，修饰后的自身肽再次在朗格汉斯细胞的 MHCⅡ类分子上呈递。记忆 T 细胞最终发现并通过释放的细胞因子(如 IFNγ)，对这些抗原应答，细胞因子主要吸引 Th1 细胞和单核细胞到此区，并上调内皮细胞上黏附分子的表达，导致朗格汉斯细胞迁移到组织中

(林慰慈 薛 彬 译)

L 自身免疫和自身免疫疾病

L1 自身免疫的病谱及流行

要 点

自身免疫和自身免疫疾病 自身免疫是对自身抗原产生的获得性免疫反应。当自身免疫应答导致组织损伤时，就发生自身免疫疾病。

自身免疫状态的病谱 自身免疫疾病可以是器官特异的，如糖尿病是以胰腺为靶器官；或是全身性的（非器官特异的），如多个器官受累的系统性红斑狼疮（SLE）。与这些疾病有关的发病机理可能主要由抗体、T 细胞或由它们联合介导。

流 行 大约有 3.5%的人患自身免疫疾病，其中突眼性甲状腺肿/甲状腺机能亢进、Ⅰ型糖尿病、恶性贫血、类风湿性关节炎（RA）、甲状腺炎、白斑、多发性硬化症（multiple sclerosis，MS）及 SLE 等占 94%。女性比男性更容易发生自身免疫疾病。

相关主题 中枢耐受和外周耐受（G2） 抗原制备（I3）

自身免疫和自身免疫疾病

免疫系统实际上有能力对所有的分子和/或细胞进行免疫应答。虽然我们所有人都有对自身抗原应答的能力，但在多数情况下，这类应答引起耐受或无反应性（见 G），说明机体一定存在防止和减轻自身免疫应答的机制。而且，在未患自身免疫病的人体内发现自身反应性 T 和 B 细胞及自身抗体，证明只有自身免疫反应不足以发展成疾病。目前认为防止和阻抑自身免疫应答的机制包括自身反应性 T 和 B 细胞的失活或缺失、细胞或细胞因子的主动抑制、独特型/抗独特型相互作用，以及免疫抑制肾上腺素（糖皮质激素）。当阻抑机制不足或过累，可发生针对自身抗原的应答，引起从器官特异性疾病（糖尿病和甲状腺炎）到全身性的（非器官特异的，如系统性红斑狼疮和类风湿性关节炎等）自身免疫疾病。

发生自身免疫疾病的一些重要的协同因素已被确定，包括遗传（如与 HLA 相关）、性别和年龄。抗原的特性及如何将其"呈递"给免疫系统也是重要的。例如，给动物注射经化学方法修饰过的甲状腺蛋白或正常蛋白加弗氏佐剂（见 I3），由于正常甲状腺蛋白能被免疫识别而引起重度甲状腺炎。由生物，包括 E-B 病毒（EBV）或支原体感染能刺激在其他方面正常的人产生自身抗体。此外，某些药物如用于治疗心律不齐的普鲁卡因胺，或是有毒的物质如氯化汞及聚氯乙烯均诱发自身免疫病状。而且，通过免疫效应细胞和分子对病毒及药物抗原攻击造成不适当的组织损伤，也可被认为是自身免疫样疾病（见 K）。

自身免疫状态的病谱

自身免疫疾病涉及免疫识别特异抗原，通过器官特异性疾病包括甲状腺炎、糖尿病、多发性硬化症（MS）、炎症性肠病等得以证明。多组织部位共有的抗原在患病时显然涉及全身性自身免疫，如系统性红斑狼疮（SLE）、类风湿性关节炎（RA）、全身性血管炎及硬皮病等疾病。还有一点已经清楚的是，特定个体可发生不止一种类型的自身免疫病（如甲状腺自身免疫病，有时伴有胃的自身免疫病）。而且，与自身免疫病有关的发病机理可主要由抗体介导（如溶血性贫血）、主要由细胞免疫介导（如 MS）或由抗体及细胞介导免疫的联合介导（如 RA）。

流 行

自身免疫病在一般人群中很普遍，据估计约有 3.5%的人患病。最普遍的是突眼性甲状腺肿/甲状腺机能亢进、Ⅰ型糖尿病、恶性贫血、RA、甲状腺炎、白斑、MS 和 SLE，总计占所有的病例的 94%。总体来说，妇女发生自身免疫病可能比男子多 2.7 倍，而在 SLE 中女性与男性之比可高达 10∶1（见 O3）。

L2 促进自身免疫疾病发生的因素

要 点

自身免疫疾病是多因素的 自身免疫疾病是由于破坏自身耐受而发生的。诱发和/或促进自身免疫疾病发生的因素包括年龄、遗传、性别、感染及自身抗原的性质。这些因素的联合在自身免疫疾病的发生上可能是重要的。

年龄和性别 在老年人中自身抗体是较普遍的,并且女性发生自身免疫病的危险比男性更大。在SLE和突眼性甲状腺肿中,女性与男性之比分别倾向10∶1和7∶1。雌性小鼠自身免疫病发生率较高,与激素起重要作用是一致的。

遗传因素 抗原特异的自身免疫现象集中在某些家族。特定的HLA基因与某种自身免疫疾病有关,并且特定的HLA单元型可预测发生特定自身免疫疾病的相对危险性。基因多态性和/或突变也起一定的作用,正如发现Fas缺陷的Lpr小鼠发生SLE样自身免疫和某些补体成分的基因突变①,导致SLE危险性增加所证实的一样。

感 染 许多感染物(EBV、支原体、链球菌、克雷伯氏菌属、疟疾等)与特定的自身免疫疾病有联系,并在其病因学上可能是重要的②。

自身抗原的性质 靶抗原常是高度保守的蛋白质,如热激蛋白(HSP)、应激蛋白、酶或它们的底物。例如,在腹腔疾病中,酶——组织转谷氨酰胺酶(tissue transglutaminase,tTG)是一种自身抗原,而它的底物——麦醇溶蛋白(一种麦类蛋白)是此病的诱导物。在这一特定情况下,除去“诱导物”,即使仍然存在酶,也失去对tTG的应答。

药物和自身免疫反应 某些药物通过尚不明了的机制引发自身免疫反应。例如,接受普鲁卡因胺的患者发生SLE样症状并有抗核抗体,但在停止给药后抗核抗体消失。

免疫缺陷 有缺陷的免疫应答可使感染或炎症持续存在,它能导致自身免疫疾病的发病率增加。例如,补体成分C2、C4、C5或C8有缺陷的患者,自身免疫疾病的发病率增加,或许是由于免疫复合物的清除效率低所致。

相关主题 基因、T辅助细胞、细胞因子和神经内分泌系统(G5)
原发性/先天性(遗传性)免疫缺陷(J2)

注①:补体成分的突变可以引起相应的免疫缺陷,解释可见“免疫缺陷”部分。

注②:感染因素诱发的自身免疫疾病,往往是由于感染物的特定抗原结构或者与机体抗原结合后形成的新抗原能够诱导自身抗体,从而诱导对自身抗原的免疫应答。

自身免疫疾病是多因素的

自身免疫疾病由于破坏对自身抗原的耐受而发生。而且,自身免疫疾病发生是多因素的,在大多数情况下,发生自身免疫疾病可能是由诱发因素及促进因素联合的结果。已知的诱发和/或促进自身免疫病发生的因素包括(表L2.1):遗传——特定HLA单元型的遗传增加发病的危险;性别——女性发病较男性多;感染——EBV、支原体、链球菌、克雷伯氏菌属、疟疾等,均与特定自身免疫疾病有关;自身抗原的性质——高度保守的酶及热激蛋白(HSP)时常是靶抗原并可与微生物抗原交叉反应;药物——某些药物能诱发自身免疫样综合征;年龄——大多数自身免疫疾病在成年人中发生。

表 L2.1 促进自身免疫疾病发生因素一览表

遗传	有些疾病与HLA有关
性别	通常女性比男性更易发生
感染	某些普通的感染如EBV、链球菌、疟疾等
自身抗原的性质	常是保守的抗原如热激蛋白及酶
药物	某些药物如普鲁卡因胺、肼肽嗪诱发SLE样症状
年龄	老年人群中发病率较高

年龄和性别

在年老的人和动物中自身抗体更普遍，可能是由于老化的免疫系统缺少严密的免疫调节。自身免疫疾病很少在儿童中发生，大多在成年人中发生。妇女发生自身免疫疾病的危险比男子高。在SLE和突眼性甲状腺肿中，女性/男性之比分别为10∶1和7∶1，而强直性脊椎炎几乎只是男性的疾病。总之，这些事实说明神经内分泌系统在这些疾病的发生上起重要作用。动物研究支持这一点，已证明特定品系雌性小鼠自发地发生SLE。这可通过切除小鼠的卵巢（雌激素来源）或用睾酮处理（治疗）来预防。同样，对更能抵抗此病发生的雄性小鼠，如果去势则失去此抗性（见O3）。

遗传因素

抗原特异自身免疫现象群集在某些家族中。例如，甲状腺活性抗体在与自身免疫性甲状腺病患者遗传上有关系的家族成员中，比在人群中普遍的多。MHC的作用（推测在呈递自身抗原肽上）由HLA型与某些自身免疫疾病的发生率之间的紧密的联系所证实。具有特定的HLA单元型，可预测发生特定自身免疫疾病的相对危险性（表L2.2）。另外，许多与淋巴细胞活化或抑制有关的其他基因的多态性和突变，可能也起至关重要的作用。如在Lpr自身免疫的小鼠中，在Fas凋亡基因中的某个常染色体隐性突变，导致伴有产生多种SLE样自身抗体的进行性淋巴结病和高γ球蛋白血症。由于C2、C4、C5及C8的基因突变所致的补体缺陷引起SLE危险性增加，从而证明了补体在清除免疫复合物上的重要性。

表L2.2 显示与HLA相关的某些自身免疫疾病（白种人）

疾病	HLA	危险性*
强直性脊椎炎	B27	90
Reiter氏病	B27	36.0
系统性红斑狼疮	DR3	15
重症肌无力	DR3	2.5
青少年糖尿病（胰岛素依赖性）	DR3/DR4	25
银屑病	DR4	14
多发性硬化症	DR2	5
类风湿性关节炎	DR4	4

*根据具有HLA型患者自身免疫疾病的发病率与不具有该HLA型患者自身免疫疾病的发病率的比较。

感 染

许多感染物（EBV、支原体、链球菌、克雷伯氏菌属、疟疾等）与特定的自身免疫疾病有联系。例如，Lyme氏关节炎由疏螺旋体属螺旋体（如布氏疏螺旋体）的慢性感染而引发，通过鹿蜱由鹿和啮齿类传播到人。有些微生物抗原也有与自身抗原类似的结构，并通过“抗原模拟”诱导自身免疫应答（见下文）。

自身抗原的性质

自身免疫疾病的靶抗原可能是细胞表面、胞浆、核或分泌性分子（表L2.3）。它们常常是高度保守的蛋白质，如热激蛋白（HSP）、应激蛋白、酶或它们的底物（表L2.4）。重要的是，对微生物感染的初次免疫应答包括对HSP强烈的应答，随后是对微生物特异成分的应答。由于HSP是高度保守的，对这些抗原占优势的免疫应答可能授予宿主对其他微生物感染一般应答的能力。然而，微生物和人的HSP在序列上也具有高度同源性，因此对微生物HSP的免疫应答可诱导对人HSP的交叉反应的应答。靶自身抗原时常是酶（表L2.4）。例如，腹腔疾病中的酶——组织转谷氨酰胺酶（tTG）是自身抗原，而它的底物麦醇溶蛋白（一种麦类蛋白）是此病的诱导物。在患这种疾病的患者体内发现既有对麦类蛋白的抗体也有对tTG的抗体。可是，从膳食中除去麦类蛋白，尽管tTG仍然存在，也能导致去除对tTG和麦类蛋白的免疫应答。

表 L2.3　自身免疫疾病的靶抗原

器官特异性疾病		非器官特异性疾病	
疾病	抗原	疾病	抗原
阿的森氏病	肾上腺皮质细胞(ACTH受体,17α和21羟化酶)	强直性脊椎炎	脊椎
自身免疫性溶血性贫血	RBC膜抗原	慢性活动性肝炎	核、DNA
突眼性甲状腺肿	TSH受体	多发性硬化症	脑/髓鞘碱性蛋白
急性感染性多发神经炎	外周神经(神经节苷脂)	类风湿性关节炎	IgG(类风湿因子)结缔组织
慢性甲状腺炎	甲状腺过氧化物酶 甲状腺球蛋白/T4	硬皮病	核、弹性蛋白、核仁、着丝点、拓扑异构酶1
胰岛素依赖性糖尿病(IDDM)	胰腺中的β细胞(GAD、酪氨酸磷酸酶)	Sjogren氏综合征(干燥综合征)	外分泌腺、肾脏、肝脏、甲状腺
天疱疮	上皮角质细胞	系统性红斑狼疮	双链DNA、核抗原
恶性贫血	内因子	Wegener氏肉芽肿	蛋白酶3
多发性肌炎	肌肉(组胺tRNA合成酶)		
原发性肝胆应变	丙酮酸脱氢酶		
多个器官受累			
肺出血肾炎综合征	肾脏和肺脏的基底膜(Ⅳ型胶原)		
多种内分泌腺	多个内分泌器官(肝——细胞色素P450;小肠——酪氨酸羟化酶)		

表 L2.4　作为自身抗原的酶

酶	疾病
丙酮酸脱氢酶	原发性肝硬变
谷氨酸脱羧酶	胰岛素依赖性糖尿病
髓过氧化物酶	肾小球肾炎
甲状腺过氧化物酶	自身免疫性甲状腺炎
17α和21羟化酶	阿的森氏病
蛋白酶3	Wegener氏肉芽肿
酪氨酸酶	白斑病
转谷氨酰胺酶	腹腔疾病

药物和自身免疫反应

某些药物能通过尚不清楚的机制引发自身免疫反应。例如,抗核抗体在接受普鲁卡因胺长期治疗室性心律不齐的绝大多数患者的血液中出现,近10%的人发生SLE样综合征,停药后消退。

免疫缺陷

有缺陷的免疫应答可使感染或炎症持续存在。这种可能性受免疫缺陷综合征与自身免疫异常相关(有关)的观察所支持。例如,补体成分C2、C4、C5或C8有缺陷的患者,自身免疫疾病发生率有所增加(见遗传因素)。还有些疾病中免疫缺陷和自身免疫自相矛盾地同时存在。其中一个例子是在普通变异型免疫缺陷(见J2)中有时发现对血小板的自身抗体。在有IgA缺陷的患者中自身免疫疾病也较普遍(见J2)。

L3　自身免疫疾病发生的机制

要　点

自身耐受的破坏　引起自身免疫的机制尚不清楚，但可能包括分子模拟，由 Th1 和 Th2 细胞产生的抗自身应答的调节有缺陷、多克隆活化、自身抗原经微生物及药物的修饰、自身抗原效应性的变化及独特型网络失调。

分子模拟和 T 细胞旁路　针对一种不仅在微生物中而且在宿主组织中完全相同或几乎完全相同的表位，可产生免疫应答，结果造成与清除病原体同样活化的效应机制侵袭宿主组织。例如，在心肌和链球菌 A 族之间的一种交叉反应抗原，诱发抗心肌的自身抗体，结果容易引发风湿热。

Th 细胞介导的调节有缺陷　微生物感染不是诱导 Th1，就是诱导 Th2 细胞因子。Th1 应答导致产生促炎细胞因子，而 Th2 应答与抗炎细胞因子及抗体形成有关。在某些自身免疫疾病中，或者 Th1 应答占优势，或者 Th2 应答占优势，而且这些亚型在所起相关作用方面的变化（如在妊娠中所见的）能影响 RA 和 SLE 病的活动性③。

微生物抗原引起的多克隆活化　有些微生物或它们的产物激活淋巴细胞并不依赖于它们抗原的特异性，即它们是多克隆激活剂，如 LPS 和 EBV。患感染性单核细胞增多症的患者产生针对几种自身抗原（包括 DNA）的 IgM 抗体。由于未发生产生 IgG 自身抗体的类别转换（需 Th 细胞），所以很可能 T 细胞未参与或它们的活动受到抑制。

微生物及药物对细胞表面的修饰　外源抗原（如病毒及药物）可吸附在细胞表面或以半抗原样方式与表面抗原起化学反应以改变它们的特异性。例如，血小板减少和贫血在药物诱发的自身免疫病中是相当普遍的。血小板减少在病毒感染后的患儿中也常见，并且可能与病毒抗原或免疫复合物与血小板表面的联合有关。

正常隐蔽的自身抗原的效应性　由于耐受诱导主要发生在胚胎发育期间，所以在这个时期不存在的或在解剖上与免疫系统分隔的抗原不被识别为自身抗原。这类抗原包括眼睛的晶体蛋白和与中枢神经系统、甲状腺和睾丸有关的分子④。

独特型网络失调　对激素免疫应答产生的抗独特型抗体可与激素受体相互作用，并因而引发疾病。动物试验已证实这种机制的存在。临床的例子包括产生抗胰岛素及乙酰胆碱受体的抗体引起的那些疾病。

相关主题　抗原（A4）
中枢耐受和外周耐受（G2）
基因、T 辅助细胞、细胞因子和神经内分泌系统（G5）
抗原和抗体的调节（G4）
病原体的防御策略（H3）

注③：Th1 和 Th2 分别与不同类型的自身免疫疾病相关联，当机体处于 Th1 应答占优势时，与 Th1 相关的自身免疫疾病就加重，如 RA；而当 Th2 应答占优势时，与 Th2 相关的自身免疫疾病就加重，如 SLE。

注④：胚胎发育的过程中，眼睛的晶体蛋白和中枢神经系统、甲状腺和睾丸有关的分子不能和免疫系统接触，因此针对这些抗原的特异性的 T 细胞和 B 细胞能够不受“阴性选择”而存活下来。成为日后潜在的引发自身免疫损伤的基础。

自身耐受的破坏　导致自身免疫的机制尚不清楚，但涉及许多因素。在理想的免疫应答中，仅外源抗原激活免疫效应机制，外源抗原被选择性地清除而不造成宿主损伤，并且当不再需要免疫效应机制时，就关闭它们。因此，免疫应答可能需要至少 4 种不同类型的细胞（抗原呈递细胞、CTL、Th 细胞及 B 细胞；见 E3、F2 和 F5）经细胞与细胞直接接触和通过细胞因子进行胞间通讯，有序地相互作用。虽然这些相互作用通常被很好地调控，但某个缺陷可导致对引起自身免疫疾病的自身抗原产生特异的适应性免疫应答。可解释破坏自身耐受和如何引发对自身抗原反应的各种机制，包括分子模拟、Th1 和 Th2 细胞抗自身应答的调节有缺陷、多克隆活化、微生物和药物对自身抗原的修饰、自身抗原的效应性改变和独特型网络的失调。

分子模拟和 T 细胞旁路

适应性免疫应答不断地监控微生物感染并作出相应的应答。然而，在某些情况下，针对在微生物和宿主组织中完全相同的或几乎完全相同的表位可产生应答，通过与被激活以清除病原体相同的效应机制，引起对宿主组织的侵袭。风湿性心脏病就是一个例子，此病是由于心肌和 A 组链球菌有共同的表位(图 L3.1)。在这种情况下，以往无反应性的抗自身 B 细胞(它也与链球菌交叉反应)可通过接收来自微生物特异的 T 细胞的共同刺激信号，而成为反应性的。此 B 细胞经其抗原受体与微生物抗原相互作用，并将微生物肽呈递给抗微生物的 T 细胞，然后 T 细胞对抗自身 B 细胞提供帮助并激活它们(图 L3.2)。如果自身抗原与微生物抗原形成复合物，则自身反应 B 细胞也变成活化的。在此事件中，自身反应 B 细胞能胞吞与自身抗原一起的微生物抗原，并将微生物肽呈递给 T 细胞。在这种情况中，微生物特异的 T 细胞将以共同刺激分子和细胞因子的形式对自身反应 B 细胞提供帮助，导致耐受破坏(见 G1)。

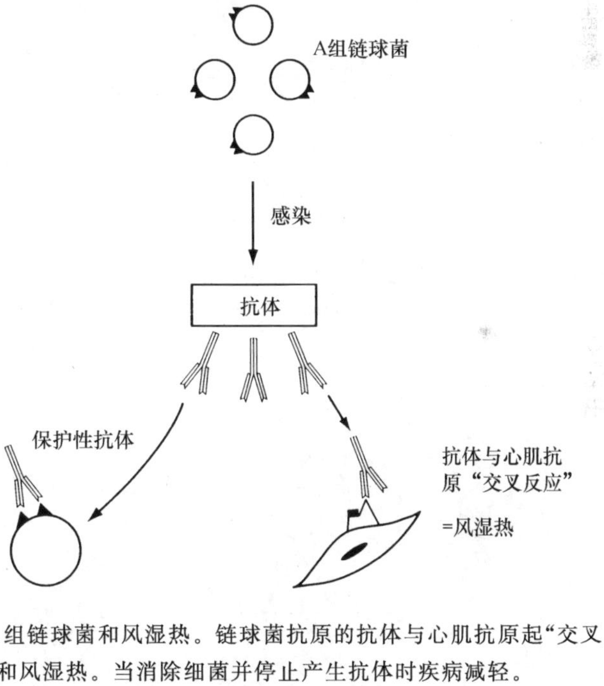

图 L3.1 A 组链球菌和风湿热。链球菌抗原的抗体与心肌抗原起"交叉反应"，导致心肌损伤和风湿热。当消除细菌并停止产生抗体时疾病减轻。

Th 细胞介导的调节有缺陷

对微生物感染的最初应答通常或主要与 Th1 或主要与 Th2 细胞因子有关(见 G5)。Th1 应答导致产生促炎细胞因子 INFγ、IL-2 及 TNFα，随后由 Th2 细胞释放抗炎细胞因子 TGFβ、IL-4 及 IL-10。Th2 应答与抗炎细胞因子及抗体的形成有关。通过观察在怀孕期间，当 Th2 细胞因子占优势时，Th1 自身免疫病 RA 降低，而 Th2 自身免疫病 SLE 加重，提示极化的 Th1 或 Th2 应答可能与自身免疫病发理机理有关。

微生物抗原引起的多克隆活化

某些微生物和它们的产物激活淋巴细胞并不依赖于它们的抗原特异性，即它们是多克隆激活剂。其中一个例子是主要由革兰氏阴性细菌产生的内毒素或脂多糖(LPS)。另一个例子与 EBV 有关，它在少数亚型受感染的个体中与自身免疫有联系。大多数患有 EBV 引起的传染性单核细胞增多症的患者，产生针对几种细胞抗原(包括 DNA)的 IgM 自身抗体(图 L3.3)。由于未发生需要 T 细胞辅助才能转换以产生 IgG 自身抗体，所以 T 细胞可能不参与或它们的作用受到抑制。而且，在恢复期，当去除强 EBV 刺激后，自

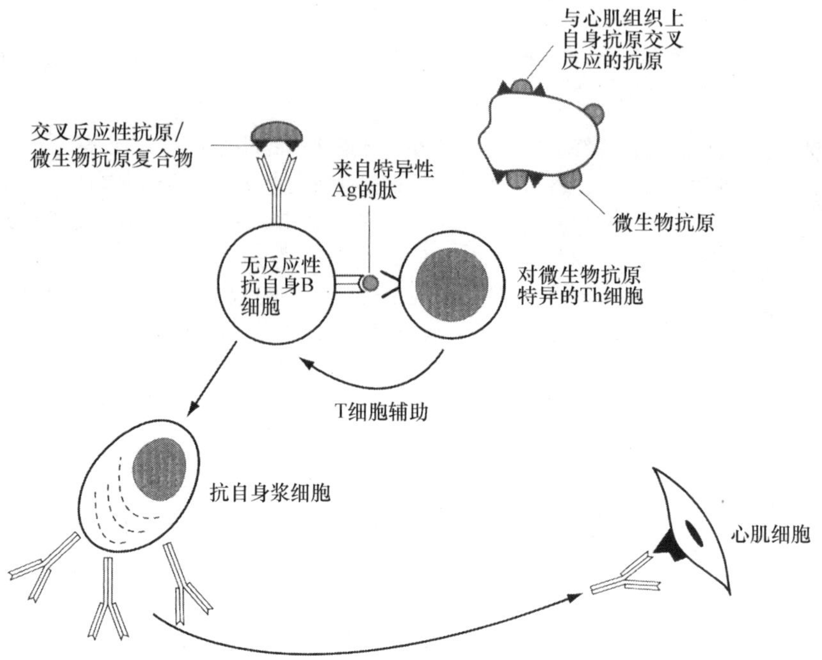

图 L3.2　无反应的抗自身 B 细胞的活化。抗自身 B 细胞的 BCR 与自身/微生物抗原复合物结合。B 细胞将复合物的微生物成分呈递给 T 细胞并接受 T 细胞辅助而活化(第二信号)。由于 T 细胞辅助自身细胞活化是通过非自身抗原呈递的旁路途径，所以这也被称为自身免疫的“T 细胞旁路”机制

身抗体消失。显然，多种因素对维持长期自身耐受是很重要的，并且感染后免疫调节的缺陷或损伤均可引起自身反应克隆的活化和扩增。

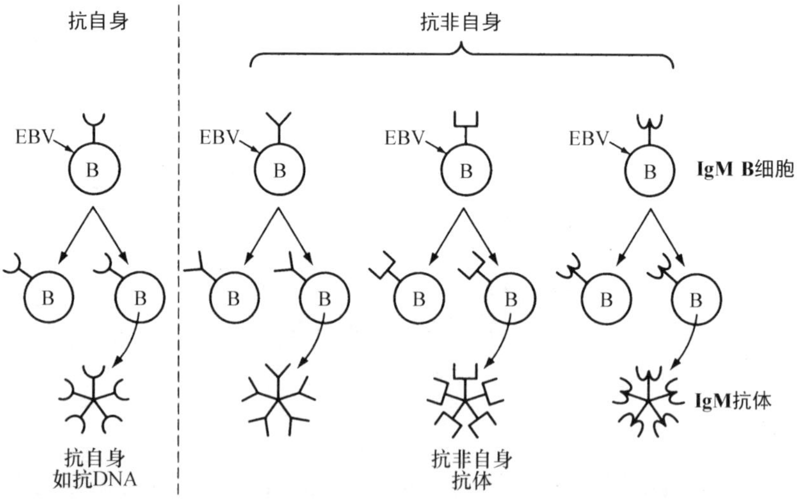

图 L3.3　通过 B 细胞的多克隆活化产生的自身抗体。未被中枢耐受机制消除的所有特异性 B 细胞(包括自身)可多克隆地活化(如被 EBV 感染)，以合成和释放它们产生的抗体，或许包括某些自身抗体。在微生物被消除或被控制后，瞬时产生的抗体正常地减退

微生物及药物对细胞表面的修饰

外源抗原可以吸附在细胞表面或以半抗原的方式与表面抗原起化学反应，以改变它们的免疫原性。血小板减少症(血小板水平低)及贫血(红细胞水平低)是药物诱发自身免疫病比较普通的例子。血小板减少症在病毒感染的儿童中也很普通，并且可能与病毒抗原或病毒-抗体免疫复合物和血小板表面的交联有关。同样地，当微生物抗原在感染

或转化的细胞表面有效地表达时，尤其是在病毒感染期间，可造成自身免疫样情况。虽然随后正常发生的免疫应答去除了这些受感染的细胞，但在某些情况下，与消除这些抗原有关的组织破坏可导致比感染本身严重得多的免疫介导的疾病。例如，在子宫内或出生时感染淋巴细胞性脉络丛脑膜炎病毒(LCMV)的小鼠，对这种病毒产生耐受，终生藏匿它而无明显的疾病症状。然而，如果正常成年鼠暴露于 LCMV，则感染总是致命的。X 射线照射过或新生儿期切除胸腺(即免疫抑制)的小鼠中，这种病毒感染是不致死的。因此，致死性神经损伤不是由病毒本身，而是由对 LCMV 感染的细胞的免疫应答引起的。

正常隐蔽的自身抗原的效应性

由于诱导耐受主要发生在胚胎发育期间，所以这个时期不存在的或解剖上与免疫系统分隔(隐蔽)的抗原，不被识别为自身抗原。这些抗原或者存在的量太低以至于不能刺激自身免疫，或者被隐蔽在免疫特许部位。在以后的生命中，由于外伤或感染，这些抗原可被释放出来。然后，它们可刺激已逃脱耐受的淋巴细胞并引起自身免疫病发生。适合这种模式的抗原包括在眼的晶体、中枢神经系统、甲状腺及睾丸中所发现的抗原。例如，输精管结扎术后，阻断精子经输精管释放，因而产生对精子的抗体。此外，一只眼晶体外伤产生的自身抗体能损伤未受外伤的眼睛。

独特型网络失调

另一个可产生自身抗体的机制是由于独特型/抗独特型调控失灵而发生的(见 D4 及 G4)。由对激素免疫应答产生的抗独特型抗体能与激素受体相互作用，并因此引发疾病(图 L3.4)。许多动物试验已证实这种机制存在。可能发生的临床例子包括对胰岛素及乙酰胆碱受体产生的抗体引起的那些疾病(见 K3)。

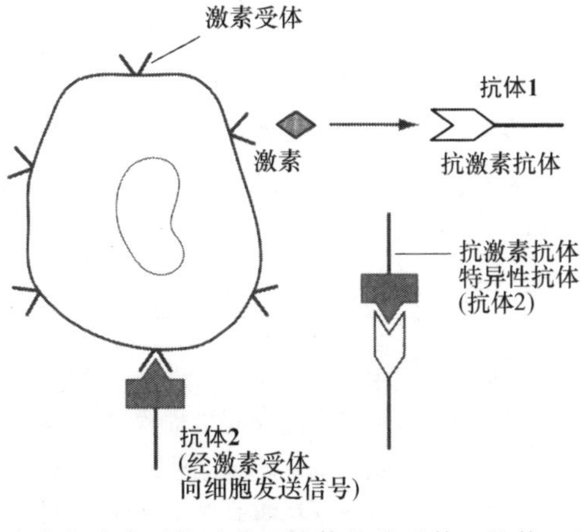

图 L3.4　发生自身免疫病时抗独特型抗体的抗受体。抗体 1 指向配体(如激素)的受体结合区。抗体 2 指向抗体 1 的独特型。因此，抗体 2 能与受体结合，可能引起自身免疫

L4 疾病的发病机理——效应机制

要 点

自身免疫疾病中的组织损伤反应	自身抗体一旦产生，它们对组织破坏的机制与引起保护性应答的机制是相同的，即吞噬作用、补体活化及干扰分子功能。可能不但包括T细胞和B细胞，还包括炎性细胞因子、免疫复合物、吞噬细胞及补体成分。在这种情况下，它们被认为是对自身抗原的超敏反应。抗微生物和自身免疫应答之间的主要差别是在自身免疫病中自身抗原总是存在的，并且不能从体内清除掉。自身抗原的去除最终引发丧失自身抗体。
自身抗体可直接介导细胞破坏	自身抗体可单独或与补体一起与自身细胞结合，引起主要通过由吞噬细胞上的Fc及C3受体的调理作用介导的损伤。例如，IgG自身抗体在自身免疫性溶血性贫血(AIHA)中与红细胞结合，或在免疫血小板减少性紫癜(ITP)中与血小板结合，并介导这些自身细胞的吞噬作用。
自身抗体可调节细胞功能	某些自身细胞表面分子产生的抗体，或能干扰或能增强细胞的功能活性。例如，在重症肌无力中，抗乙酰胆碱受体的抗体阻断它们与乙酰胆碱有效的相互作用。在突眼性甲状腺肿中，抗甲状腺激素(TSH)受体的抗体过度刺激甲状腺。
自身抗体可形成损伤性免疫复合物	循环中的免疫复合物，无论是由自身抗原还是由外源抗原所组成的，均能通过补体活化和引发有Fc受体的细胞释放介质，造成组织损伤(Ⅲ型超敏反应)。免疫复合物可沉积在肾小球中(尤其是在SLE中)，导致肾脏损伤，或沉积在血管中，导致血管炎。
细胞介导的免疫在发病机理上的作用	虽然已将自身抗体与自身免疫病牢固地联系起来，但需明确的是，细胞介导的免疫即使不对所有的自身免疫失调，也在某些疾病的发病机理方面起必不可少的作用。炎性T细胞浸润是器官特异性疾病(如糖尿病和多发性硬化症)的标志。通过研究显示，T细胞能转移特定的自身免疫病，表明细胞介导的免疫在发病机理上的重要性。
相关主题	固有免疫系统的细胞(B1) 抗体的功能(D8) IgG和IgM介导的(Ⅱ型)超敏反应(K3) 免疫复合物介导的(Ⅲ型)超敏反应(K4) 迟发型(Ⅳ型)超敏反应(K5)

自身免疫疾病中的组织损伤反应

自身免疫疾病中发生组织损伤的炎症过程的基础是十分复杂的，可能包括免疫系统的所有组分。炎性浸润通常由T细胞、巨噬细胞、嗜中性粒细胞、B细胞、肥大细胞，有些情况还有浆细胞构成。然而，由微生物或其他因素引起的原发损害的性质，以及靶组织的部位均可影响细胞浸润的类型。例如，肥大细胞、嗜酸性粒细胞、淋巴细胞及浆细胞数增加，可能是与胃肠道有关的自身免疫病如腹腔疾病和节段性回肠炎的特征，而在糖尿病的胰腺中，细胞浸润可能主要是单核细胞，即淋巴细胞和巨噬细胞。某些自身免疫疾病如肺出血肾炎综合征是由引起肾衰竭的肺和肾基底膜的自身抗体引起的。免疫复合物沉积在肾脏也导致SLE中的肾衰竭(见K4)。自相矛盾的是免疫缺陷常与自身免疫疾病发病率增加有关。因此，免疫系统可能既是自身免疫的拮抗物又是激动剂。自身免疫疾病受抗原驱动，并且在实验动物或人中去除此抗原时自身免疫应答减退，例如，在慢性甲状腺炎中，除去甲状腺即去掉了自身免疫刺激的来源，自身抗体就不再产生。

自身抗体可直接介导细胞破坏

自身抗体可单独或与补体一起与自身细胞结合引起损伤。这个过程可经过吞噬细胞的Fc受体或C3受体的调理作用而介导。IgG自身抗体在自身免疫性溶血性贫血(AIHA)中与红细胞结合，或在免疫性血小板减少性紫癜(ITP)中与血小板结合就是例子(图L4.1)。Fc介导的机制似乎更重要，因为成功的治疗(如用免疫抑制剂类固醇激素糖皮质激素或皮质类固醇)与单核细胞和巨噬细胞的Fc受体减少一致，而与自身抗体滴度降低不相符。而且，注射大量无免疫性 IgG，减少细胞毁灭，这一效果部分地是由于阻断机体吞噬细胞上的 Fc 受体而得到的。自身抗体也可直接与组织中的细胞结合。例如，在肺出血肾炎综合征中，IgG 抗体与肾和肺的基底膜结合，吸引吞噬细胞释放损伤这些组织的酶（无效吞噬作用）。

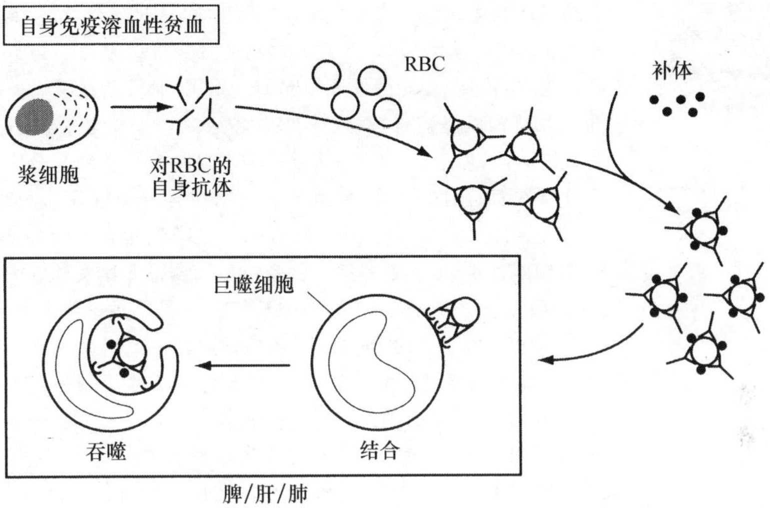

图 L4.1 自身抗体介导红细胞（AIHA）或血小板（ITP）的去除。在自身免疫溶血性贫血（AIHA）中，红细胞（RBC）的自身抗体与该 RBC 结合，当这些被抗体包被的细胞经过脾脏、肝脏和肺脏时，它们被这些器官中巨噬细胞上的 IgG 的 Fc 受体识别并结合。RBC 被这些巨噬细胞吞噬并破坏。同样，由血小板自身抗体介导的自发性血小板减少（ITP）中，抗体包被的血小板被去除并被破坏。补体在溶解自身抗体包被的 RBC 或血小板和/或调理这些自身细胞以被巨噬细胞吞噬上可能也起一定的作用

自身抗体可调节细胞的功能

某些自身细胞表面分子的抗体能干扰或增强细胞的功能活性。例如，重症肌无力（myasthenia gravis，MG）是以肌肉虚弱和易疲劳为特征。直接针对肌肉的血清抗体，尤其是抗乙酰胆碱受体的抗体起关键作用。这些抗体不仅阻断乙酰胆碱结合部位，而且似乎是通过与该受体交联起作用，以致变成无功能的（见 K3，图 K3.2）。这是Ⅱ型超敏反应的一个例子。反之亦成立，在突眼性甲状腺肿（自身免疫性甲状腺疾病）中，自身抗体刺激而并非抑制受体功能。甲状腺生长刺激免疫球蛋白（thyroid growth stimulating immunoglobulin，TGSI，Ⅴ型超敏反应的例子）及促甲状腺素结合-抑制免疫球蛋白（thyrotropin binding-inhibitory immunoglobulin，TBII）均已被证实。TBII 通过与促甲状腺素（thyroid stimulating hormone，TSH，thyrotropin）的受体结合，刺激甲状腺产生高水平甲状腺激素，引起甲状腺功能亢进。IgG 自身抗体能穿过胎盘，并能引起患突眼性甲状腺肿妇女的新生儿中一过性甲状腺功能亢进，以及患 MG（重症肌无力）妇女的新生儿中一过性的 MG。看来在 MG 和突眼性甲状腺肿中，仅对少数机体成分特异的 B 细胞被活化。因此，缺陷可能仅在很少数 T 细胞或 B 细胞亚型。由于总的抗体滴度与疾病状态并不是完全相关，所以，抗体类别及亚类（如与补体结合或不结合）可能是首先要考虑的。

自身抗体可形成损伤性免疫复合物

循环中的免疫复合物，无论是由自身抗原还是外源抗原组成的，均能通过补体活化及引发有 Fc 受体的细胞释放介质造成组织损伤（Ⅲ型超敏反应）。免疫复合物或许也可通过引发淋巴细胞的 Fc 受体使正常的免疫调节紊乱。例如，虽然 SLE 可能包含某些靶细胞特定的自身抗体（如对红细胞的自身抗体），但 SLE 最危及生命的表现形式，通常

是可溶性免疫复合物沉积在肾小球引起的肾脏损伤。有些免疫复合物可沉积在血管引起血管炎。由于可对许多机体成分产生自身抗体，所以在自身耐受上可能存在遍及全身的缺陷，与在某种自身免疫品系小鼠(LPR及GLD)中见到的Fas/FasL细胞凋亡缺陷类似。T细胞的抗体也是很普通的，也可促进疾病的进展。

细胞介导免疫在发病机理上的作用

虽然已将自身抗体与自身免疫病牢固地联系起来，但需明确的是细胞介导的免疫即使不是在所有自身免疫病，也在某些病的发病机理方面起必不可少的作用。特别是，T细胞不仅在自身免疫病的发展中起辅助作用，而且还在组织炎症中起直接作用。例如，炎性T细胞浸润是器官特异性疾病如糖尿病和MS的标志，并且也在SLE的皮肤损伤中存在。然而，由于T细胞识别受MHC限制的性质和在分离这些T细胞及鉴定它们的靶抗原方面的困难，使清楚地了解它们在自身免疫发病机理中涉及的情况变得复杂。在用近交种群的动物模型中，已有可能克隆能将自身免疫病转移给其他动物的自身免疫T细胞。例如，注射髓鞘碱性蛋白显示诱发大鼠实验性变态反应性脑脊髓炎(experimental allergic encephalomyelitis，EAE)，这是一种很像人类多发性硬化症(multipe sclerosis，MS)的病。与T细胞结合不但致脑炎也致耐受的肽已被鉴定出来，并且不论得病还是防病都能通过不同克隆的T细胞将其转移给同一近交品系的其他大鼠。一般来说，产生Th2细胞因子的克隆是保护性的，而产生Th1细胞因子的克隆引发疾病。因此，显然T细胞不仅在自身免疫病的促炎也在抗炎方面起主要作用，并且它们的MHC限制性、肽特异性和Th1/Th2细胞因子谱都是对发病机理起重要作用的因素。

L5 自身免疫疾病的诊断和治疗

要 点

诊 断

自身免疫疾病通过临床及实验室的标准进行诊断，标准因每种疾病不同而不同。对各种各样的自身抗原产生的自身抗体使用组织切片、免疫荧光技术及 ELISA 检测。这得以检测到作为 SLE 特征的双链 DNA 的 IgG 抗体和在 RA 患者体内发现的类风湿因子。对乙酰胆碱受体或 TSH 受体的自身抗体能用 ELISA 检测。

替代疗法

在某些情况下，关键的自身抗原受自身免疫过程损害需要予以替代。在甲状腺自身免疫的情况中，患者用甲状腺激素治疗。患重症肌无力时，给予破坏乙酰胆碱酶的抑制剂。患糖尿病时，给予胰岛素以替代由于胰岛细胞损伤而失去的胰岛素。

抑制自身免疫过程

自身免疫疾病的理想治疗方法是恢复对自身抗原特异的免疫耐受。然而，时常不止一种抗原参与，并且在不断发展的免疫应答期间，很难达到诱导耐受的目的。目前的治疗是以抑制自身免疫应答为目标，包括用以减轻炎症的非特异的阿斯匹林类药物（非类固醇抗炎药 NSAID）或糖皮质激素，以及去除自身抗体的血浆去除术。细胞毒性药物、环孢菌素和 T 或 B 细胞的 mAb 也被用于调节或消除自身反应的淋巴细胞。以细胞因子（或它们的受体）为靶的药物也已证明它们在 RA 治疗中是相当有指望的。

相关主题

单克隆抗体（D5） 免疫测定（D7）
抗原-抗体复合物（免疫复合物）（D6）

诊 断

自身免疫疾病通过临床及实验室的标准诊断，标准因每种疾病不同而不同。在临床实验室中对各种自身抗原产生的自身抗体用组织切片、免疫荧光技术和 ELISA 进行检测（见 D7）。例如，含有抗核抗体（antinuclear antibody，ANA）的血清（作为一些自身免疫病的特征）像慢性甲状腺炎特征的抗甲状腺过氧化物酶抗体一样，也可在甲状腺组织中检测到。在患 SLE 患者的血清中有双链 DNA 的 IgG 抗体，而 70％患 RA 的患者对类风湿因子（针对 IgG 的 Fc 区的一种自身抗体）的血清反应是阳性的。乙酰胆碱受体或 TSH 受体的自身抗体可用 ELISA 检测。对嗜中性粒细胞胞质抗原的抗体（antibody to neutrophil cytoplasmic antigen，ANCA）可通过免疫荧光法观察正常的嗜中性粒细胞来检测，如果存在抗体，则诊断表示为 Wegener 氏肉芽肿。

替代疗法

在某些病例中，直接通过自身免疫应答（如恶性贫血、自身免疫性甲状腺炎）或间接通过免疫损伤（如糖尿病）而除去的自身抗原可能有必要归还给患者。这包括自身免疫性血小板减少症中的血小板、甲状腺自身免疫病中的甲状腺激素、恶性贫血中的 B_{12} 及胰岛素依赖性糖尿病中的胰岛素。

抑制自身免疫过程

对自身免疫病治疗的“Holy Grail”（圣杯）* 是恢复对特定自身抗原的特异性免疫耐受。在不断发展的免疫应答期间，时常不止一种自身抗原参与，并且很难完成诱导耐受（G3）。因此，目前治疗主要是以减少不断发展的炎症应答的特异性抑制为目标（表 L5.1）。非特异的阿斯匹林类药物（非类固醇抗炎药，NSAID）或糖皮质激素常用于减轻炎症。从血液中除去自身抗体及免疫复合物和用正常供体的血浆代替患者的血浆（血浆去除法）可能有用，但只有短期效力。细胞毒性药物（如用于治疗肿瘤的那些药物）也用于治疗严重的自身免疫病，用以消除作为此病根源的自身抗原特异性 T 细胞和 B 细胞。同样地，淋巴系统照射法已被用于治疗抗药的 RA 患者并获得了一些成功。更特异的以免疫细胞为靶的药物，包括抑制 T 细胞释放细胞因子的环孢菌素 A，以及能

* 译注：“圣杯”指梦寐以求的东西。

消除引起自身免疫疾病的淋巴细胞的 T 细胞或 B 细胞的单克隆抗体。然而，应注意避免消除重要的免疫细胞，否则会导致继发性免疫缺陷(见 J3)。

表 L5.1　自身免疫疾病的治疗

目前的治疗方法	
靶向自身抗原的替代治疗	如甲状腺自身免疫病用甲状腺素，Ⅱ型 IDDM 用胰岛素
非类固醇抗炎药物(NSAID)，如阿斯匹林、布洛芬	抑制前列腺素——RA 及其他疾病
皮质类固醇如强的松	抗炎症
细胞毒性药物	
硫唑嘌呤	抑制细胞分裂，抑制 T 细胞
环磷酰胺	阻断细胞分裂，抑制抗体产生
环孢菌素 A	抑制 T 细胞细胞因子 IL2 产生
试验性的/临床上的尝试	
CD4/CD20 的单克隆抗体	在抗药的 RA 中用
TNFα 的抑制剂	在抗药的 RA 中用
HSP 的肽	IDDM
经口给予抗原以重建免疫耐受	
髓鞘碱性蛋白	治疗多发性硬化症
胶原	治疗 RA

以细胞因子为靶的药物如 IL-1 抑制剂和 TNFα 的单克隆抗体或可溶性受体也显示出在抑制 RA 的炎症过程和减缓此病的进展上是相当有指望的。

近来研究显示自身热激蛋白的肽疫苗改善小鼠模型中胰岛素依赖糖尿病(insulin dependent diabetes mellitus，IDDM)，以及预防进一步损伤胰腺的胰岛细胞(见 L2)。这可能是使研究途径导向治疗人体自身免疫病的新方法。

另一个正在开发的方法包括经口服(黏膜表面)引入抗原，试图引入特异性耐受(如在 RA 和 MS 病中)。也有实验证明产生自身抗体的 B 细胞克隆的特异抗体(抗独特型抗体)在未来可能提供有效的治疗。其他的试验治疗包括在与抗原同源的相互作用期间以 T 细胞上诱导出的 CD40L 为靶，来去除特异性 T 细胞对自身反应 B 细胞的辅助。这显示至少再次诱发对自身抗原的部分耐受是有指望的。

（林慰慈　薛　彬　译）

M 移 植

M1 移植问题

要 点

历史的回顾 我们早期关于移植排斥的大部分知识是在第二次世界大战期间用皮肤移植治疗伤口而获得的。动物实验首次确定了抗原是导致移植排斥的原因。

移植的类型 移植是从机体的一部分到另一部分(自体组织移植),或到同物种的另一个成员(同种异体移植),或在物种间交叉(异种移植)。临床通常用的同种异体移植,包括血液、心脏、肾脏和肝脏。

排斥的主要问题 主要的移植抗原是ABO血型和人类白细胞抗原(HLA)系统的那些抗原,它们是多态性的,即由几个可能的等位基因编码的。抗体和细胞介导免疫(CMI)是移植排斥的主要原因。通过亲属之间移植、组织分型、免疫抑制可以减少排斥的可能性。骨髓移植能够导致移植物抗宿主反应。

相关主题

抗原(A4)　　移植抗原(M2)
抗原的T细胞识别(F2)

历史的回顾

皮肤移植在第二次世界大战期间被用于治疗较大的伤口,通过这种经历,发现了移植排斥的早期概念。这引向现在广为人知的事实,即将供体器官/组织移植给另一个个体通常引起排斥,除非使用组织相容的组织(根据特殊的组织分型)和免疫抑制。在20世纪50年代和60年代,小鼠的早期实验确定了主要组织相容性分子在移植排斥中的作用。目前移植是普通的医学实践,并且许多不同器官/组织都可进行移植(表M1.1)。

表 M1.1 通常移植的器官/组织

同种异体移植	自体移植
肾脏、胰腺、心脏(心/肺)、皮肤、角膜、骨髓、肝脏、血液	皮肤、骨髓

移植的类型

组织/器官由机体的一个部位移植到另一个部位(自体移植),由于是自身的,故无排斥性。同一物种内,不同个体间组织/器官的移植称为同种异体移植(如由人到人);从一个物种到另一个物种移植叫做异种移植(如由猪到人)。人类移植通常是同种异体移植,但是目前由于人类供体器官/组织的供应不足,也考虑以异种移植作为替代。

排斥的主要问题

在动物模型和人类中均已证实免疫系统对排斥过程负责。排斥所用的免疫机制与对侵入微生物的免疫应答所用的机制是同样的,基本上是适应性免疫应答。问题的起因是遗传多态性,特别是,移植抗原主要是多态性基因产物,如血型和主要组织相容性复合体(MHC)分子,在同一物种的不同个体间不同。可通过使用亲属供体、组织分型和免疫抑制药物使排斥减至最小。作为干细胞来源的骨髓移植可能引起移植物抗宿主反应。

M2 移植抗原

要 点

血型抗原 主要的血型抗原是 ABO 系统的抗原。这些糖类抗原在红细胞和某些其他组织上存在。大多数个体都有识别这些抗原的抗体(同种血细胞凝集素)。因此,A 血型的个体具有抗 B 血型的抗体,而 B 血型的个体具有抗 A 血型的抗体。从一种血型向另一种血型输的血将被排斥[①]。

主要组织相容性复合体抗原 主要组织移植抗原由多态性的 MHC 基因座(人类是 HLA)编码。6 个不同基因座(A、B、C、DP、DQ、DR)中的两个等位基因(出自许多可能组合)的遗传,意味着两个个体的所有 HLA 抗原完全相同的概率非常小(1/3500 万)。

次要组织相容性抗原 次要移植抗原包括非 ABO 血型和与性染色体有关的抗原。这些抗原通常比 MHC 抗原"弱",并且可能是排斥作用后期免疫系统的靶抗原。

相关主题 抗原(A4) 抗原的 T 细胞识别(F2)
基因、T 辅助细胞、细胞因子和神经内分泌系统(G5)

注①:这里所指的一种血型向另一种血型输血仅仅是指 A 型与 B 型之间的交换输血。

血型抗原

主要的血型 ABO 抗原主要在红细胞表面存在,编码它们的基因是多态性的,即不止一个等位基因编码这些基因产物。这与大多数的蛋白相反,如白蛋白是由非多态性基因或缺乏等位基因变异的基因编码。主要血型等位基因 A 和 B 编码在红细胞表面的蛋白质和脂质上产生不同糖类的酶。O 型是无效等位基因,不添加糖类。这些等位基因以简单的孟德尔遗传方式遗传,被共显性地表达(即两个等位基因的产物均表达在红细胞表面,表 M2.1)。每个个体或者是遗传的等位基因的纯合子(相同)或者是杂合子(不同)。

表 M2.1 血型抗原和同种血细胞凝集素

血型	A	B	AB	O
基因型	AA 或 AO	BB 或 BO	AB	OO
同种血细胞凝集素	抗-B	抗-A	无	抗-A 和-B

输血的主要问题是我们所有的人都有抗血型抗原的抗体(同种血细胞凝集素)(表 M2.1)。形成这些抗体的原因还不清楚,可能是由于 AB 抗原与某些普遍存在的微生物抗原的交叉反应(见 E3)。将血液输给有血清同种血细胞凝集素的受体,能够导致由Ⅱ型超敏反应介导的严重的输血反应(主题 K3)。

主要组织相容性复合体抗原

这些抗原是移植有核细胞的主要障碍。如前所述,MHC 分子在机体的所有有核细胞上表达,它们的生理功能是指导 T 细胞执行其功能。然而像编码主要血型抗原的基因座一样,与大多数其他基因产物不同,编码 MHC 分子的基因是多态的。与 ABO 系统相反,每个 MHC 基因座都可以编码大量的不同的等位基因型,并进一步增加复杂性,一共有 6 个不同的基因座。人类中发现此基因座在 6 号染色体上(图 M2.1),编码 HLA(因为这些抗原首先是在人类白细胞上发现的)。

许多不同的共显性表达的等位基因型的组合意味着两个个体有一套完全相同等位基因的机会极小(1/3500 万)。这样供体器官/组织的不同等位基因产物对于没有它们的受者便是异种的,并因此对它们产生免疫应答。可由供体/受体表达的等位基因的范例见表 M2.2,不匹配等位基因的产物将成为受体免疫系统的靶。

表 M2.2 假设的供体与受体的人白细胞抗原(HLA)等位基因

基因座	供体	受体	与受体的免疫系统应答的等位基因
HLA-A	A2/A2	A6/A2	无*
HLA-B	B21/B26	B23/B8	B21,B26
HLA-C	C5/C8	C9/C4	C5,C8
HLA-DR	DR4/DR6	DR8/DR3	DR4,DR6
HLA-DP	DP3/DP1	DP2/DP1	DP3
HLA-DQ	DQ3/DQ3	DQ4/DQ2	DQ3

*受体的免疫系统视 A2/A2 为自身的。

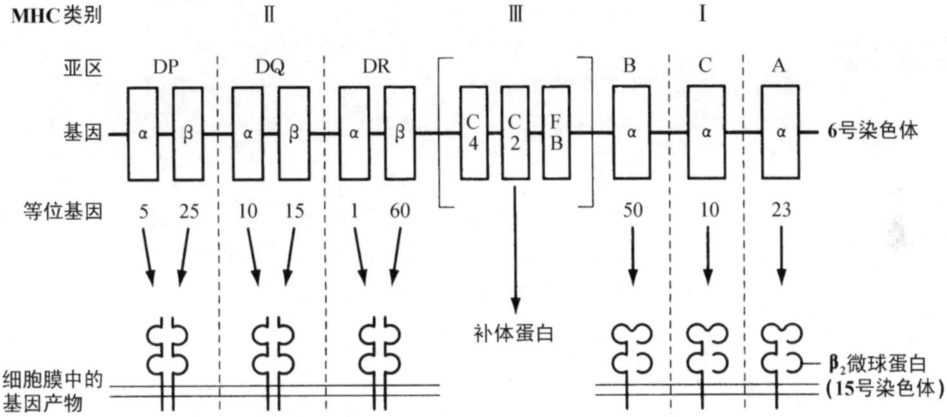

图 M2.1 人主要组织相容性复合体基因座。Ⅰ类和Ⅱ类人白细胞抗原(HLA)分别由 3 个基因(A、B 和 C)和 6 个基因(DP、DQ 和 DR)编码。每个基因可由许多不同的等位基因编码,其产物如果与自身不同,则被识别为移植抗原。因此,存在数百万种不同的等位基因产物的不同组合。Ⅲ类 HLA 基因座编码补体蛋白

次要组织相容性抗原

有一些次要的移植抗原,包括非 ABO 的血型和与性染色体相关的抗原,通常比 MHC 抗原“弱”,并且可能是晚期排斥作用中免疫系统的靶抗原(见 M3)。

M3 排斥机制

要 点

排斥是一种适应性免疫应答 将移植物移植给曾排斥过同样移植抗原移植物的受体，则该移植物会被更迅速地排斥。这是由这些抗原的特异性的记忆应答(适应性免疫系统的特性)所致。

同种异体移植的排斥机制 适应性免疫系统识别供体组织上表达的不匹配的 HLA 等位基因产物，并对排斥作用负责。发生抗体介导还是 T 细胞介导(CMI)的排斥，取决于移植组织的来源，如皮肤主要为 CMI 介导的排斥，而肾脏则为抗体和 CMI 共同介导。在供体与受体之间 HLA 不匹配的数目(即移植抗原数)通常决定排斥作用的强度。

异种移植的排斥 由于人类供体的供不应求，而考虑用动物的器官/组织作为替代来源。猪被认为是合适的，因为猪的许多内脏器官的大小与人的相近。但是人类有对猪细胞表面存在的糖类的天然血球凝集素，与抗 ABO 抗原的那些血球凝集素类似，因此会产生超急性排斥问题。

供体排斥宿主组织 除宿主排斥移植组织外，骨髓移植物中的 T 细胞也受不匹配宿主 HLA 刺激，导致移植物抗宿主反应。在贫血症、新生儿代谢性疾病、原发性免疫缺陷和某些肿瘤，尤其是白血病的情况中，用骨髓作为干细胞来源时，需要注意避免这种应答。

相关主题

抗体应答的细胞基础(E3)
T 细胞在免疫应答中的作用(F1)
移植排斥的预防(M4)
免疫系统的缺陷(J1)

排斥是一种适应性免疫应答

免疫系统以对待微生物的同样方式处理不匹配的移植物。因此，如果患者通过移植抗原排斥移植物，则他将更快地排斥第二个具有相同或共享移植抗原的移植物。这种“第二次”排斥是由于首次移植而致敏和对随后接触的记忆应答。这是适应性免疫系统的特性。

同种异体移植的排斥机制

移植排斥既是由细胞免疫(T 细胞)也是由体液免疫(抗体)介导的。此外，不匹配的等位基因的数目也决定排斥应答的强弱。不匹配越多，产生免疫应答的抗原数越多。因此在上述表 M2.2 中，受者的免疫应答能对 8 种不同的供体移植抗原产生应答。虽然在对抗异种抗原时，不仅产生 T 细胞介导的应答也产生抗体，但特定类型移植物的排斥可能更倾向于由抗体介导而不是由 T 细胞介导(CMI)的应答，反之亦然(表 M3.1)。一般说来，由已经形成的抗体介导的抗移植抗原的免疫应答引起迅速的排斥(超急性)。

表 M3.1 不同种类移植物排斥的主要机制

器官/组织	机制
血液	抗体(同种血细胞凝集素)
肾脏	抗体、CMI(T 细胞)
心脏	抗体、CMI(T 细胞)
皮肤	CMI(T 细胞)
骨髓	CMI(T 细胞)
角膜	除非血管化一般都被接受、CMI(T 细胞)

同种异体移植表现为三种主要排斥方式。研究最好的移植物是肾脏(表 M3.2)。

表 M3.2 肾脏移植排斥

排斥类型	排斥时间	原因
超急性	数小时内	预先形成的抗体(抗 ABO 和/或抗 HLA)
急性	数周到数月	细胞介导的($CD8^+$、$CD4^+$ T 细胞)
慢性	数月到数年	细胞介导的($CD8^+$ T 细胞)、对组织抗原的抗体

• **超急性排斥**在几分钟或几小时内发生,并认为是由已经在受者体内存在的对供体抗原的循环抗体所介导。与其他移植物不同,肾脏有在血管内皮细胞上表达的 ABO 编码的糖类抗原。因此,如果供体与受体的血型不同,抗体将在移植的肾中引发Ⅱ型超敏反应(见 K3)。移植物受体通过对以前移植物的排斥,可能也有一些对 HLA 的记忆应答。另外,多产的女性受体可能对由其孩子细胞表达的父本 HLA 致敏。在妊娠或在分娩期间,当少量的新生儿血液进入母体的循环时,可能出现这种情况。先前输含有一些受体白细胞的血,也会导致启动 HLA 等位基因。

• **急性排斥**在移植后的头几周或头几个月发生。移植物出现活化的淋巴细胞和单核细胞浸润。抗体可能是这一过程中的因素,但是效应机制主要是通过细胞毒性 T 细胞或辅助/迟发型超敏 T 细胞(见 K5),以及单核/巨噬细胞。

• **慢性排斥**是指被移植的器官在数月中或者数年中逐渐失去功能。损伤时常显示有大量的单个核细胞浸润,主要是 T 细胞浸润。排斥的机制还不清楚,但在移植后,尤其是在病人将被免疫抑制以改善移植物"愈合"(见下文),以及可能仅有有限数量的不匹配等位基因时,产生对 HLA 的抗体和细胞免疫的记忆(和初次)应答可能需要一些时间。另外,次要移植抗原可能最终产生很明显的免疫应答,导致排斥。

异种移植的排斥

供体器官/组织供不应求,引起人们考虑用动物作为供体。尤其是猪的许多内脏器官大小与人相近,所以猪看起来像是可移植组织合适的来源。然而,主要的未预见到的问题是猪细胞具有在人类细胞上未见的糖类,人类有对这类糖的血清 IgM 血细胞凝集素抗体(与 ABO 同种血细胞凝集素类似,见 M2,表 M2.1)。这样,猪的器官通过因预先形成的血细胞凝集素活化补体,引起使被移植细胞溶解的超急性机制而被排斥。防止排斥的策略包括:

• 尝试使编码负责转移糖残基的糖基转移酶的基因失活。

• 给猪引入编码抑制补体活化的可溶成分分子的基因(见 D8,G1)。

即使这些策略是成功的,仍然有猪组织表达的 MHC 分子的问题。使用非人源的移植物还有其他一些问题,包括伦理问题和未知的病毒在长期过程中会转移进入种系的可能性。

供体排斥宿主组织

尽管大多数移植排斥是受者免疫系统对供体 HLA 识别和应答(宿主对移植物反应)的结果,但是在骨髓移植的情况中还有另外一个问题,即移植物(骨髓)含有存活的活性淋巴细胞。特别是,T 细胞可将受者细胞认作异种物质,并产生移植物抗宿主反应(表 M3.3)。更明确的是,供体 T 细胞可识别不匹配的 HLA 等位基因并对其产生应答。这时常引起皮疹和胃肠道的问题,并且可能是十分严重的。病理学上可能是由供体 T 细胞释放的炎症细胞因子介导。在某些情况下,环孢菌素 A 治疗可能会减轻这种反应。输入骨髓干细胞为一些临床情况提供功能基因。这些情况包括一些原发性的免疫缺陷疾病、贫血、肿瘤和代谢性疾病(表 M3.4)。其他正在试验的骨髓移植是在用大剂量的化疗/辐射分别去除肿瘤和淋巴细胞后,治疗乳腺癌和类风湿性关节炎。

表 M3.3 宿主抗移植物和移植物抗宿主反应

宿主抗移植物反应	移植物抗宿主反应
宿主免疫系统对供体 HLA 产生应答	供体 T 细胞对受体 HLA 产生应答

表 M3.4 需要骨髓移植的临床疾病

贫血	代谢性疾病	免疫缺陷疾病	肿瘤
范康尼氏贫血症	高歇氏病	网状系统发育不全	急性淋巴母细胞白血病
	地中海贫血	重症联合免疫缺陷	急性髓样白血病
再生障碍性贫血	骨硬化病	慢性肉芽肿疾病	慢性髓样白血病
		威斯科特-奥尔德里奇综合征	慢性淋巴细胞性白血病

M4 移植排斥的预防

要 点

家族移植	由于HLA基因的遗传模式，家族内的移植大大减少HLA不匹配。由父母提供给子女的移植物中至少有50%的HLA等位基因是匹配的，而由兄弟姐妹之间提供的移植物则有25%的机会有完全相同的HLA等位基因。
组织分型	移植物供体和受体的HLA的分型均可通过抗体或"分型"细胞来检测。现在有些实验室也使用分子遗传技术。
交叉配血	交叉配血被用于检测受体中预先形成的针对供体组织的抗体。这通过将受体的血清与供体的淋巴细胞混合来测定。
免疫抑制	通常必须利用药物抑制免疫系统以帮助维持移植物。使用的药物包括皮质类固醇、细胞毒药物(如咪唑硫嘌呤)和环孢菌素A。
"胎儿移植"的特殊情况	胎儿是同种异体移植物，在大多数情况下由于机体自身抑制排斥过程而不被排斥。可能涉及一些有关的机制包括滋养层缺乏常规的HLA表达、滋养层表达的补体抑制蛋白，以及胎盘中产生的免疫抑制分子。
相关主题	抗体的功能(D8)　　　排斥机制(M3)

家族移植

由于HLA遗传模式，家族内的移植明显地降低等位基因的不匹配(图M4.1)。一般说来，很少发生基因座内的交叉，通常完整的基因座整体遗传。这样，如果父母捐赠移植物给其子女，则有等于或高于50%(归因于机会)的HLA等位基因相匹配。如果胞亲(兄弟姐妹)相互捐赠，则有1/4的机会完全匹配。因此，如果你需要一个移植物，则要

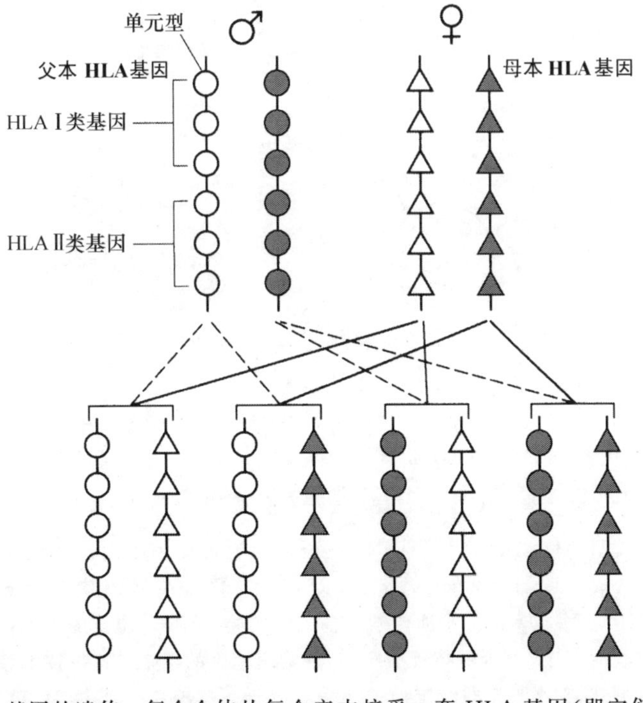

图M4.1 HLA基因的遗传。每个个体从每个亲本接受一套HLA基因(即它们从每个亲本接受一个单元型)。由于等位基因的位置在染色体上，所以它们是整体遗传的。由双亲提供给子女的移植物至少有50%匹配的等位基因，反之亦然，而胞亲之间捐赠移植物则有1/4机会完全匹配

确保你来自一个有许多兄弟姐妹的家庭！其他激发不太有力的排斥应答的组织抗原(次要组织相容性抗原)由 MHC 基因座以外的基因编码，包括男性特异性抗原。事实上，次要移植抗原的不匹配在确定 HLA 匹配的供体和受者之间的移植物命运时是很重要的，尤其是因为它与经历较长时期的慢性排斥有关。

组织分型

如果不能得到家族性供体，则必须通过组织分型确定等位基因之间不匹配的程度，以便最好地匹配供体与受体。关于这一点，最有用的检测法之一涉及针对个体 HLA 的细胞毒抗体(通常是 mAb)。抗体方法的原理取决于 HLA 的表面表达。富集用于分型的供体和受体血液中的 B 细胞(它们既表达Ⅰ类也表达Ⅱ类 HLA)，再加入特异的细胞毒性抗体。在补体存在时，抗体与表面 HLA 结合，直接杀伤 B 细胞(图 M4.2)。用显微计数观察结果。利用一组抗体，可对大多数等位基因的 HLA 分型。

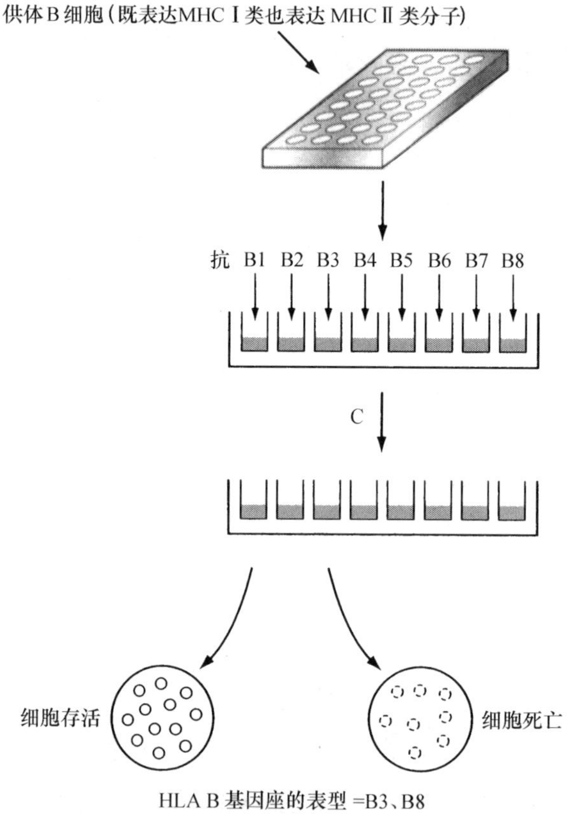

图 M4.2 组织分型。将来自要被配型的供体/受体的血的 B 细胞加到微量培养板中，并将针对不同的 MHC 等位基因产物的抗体与补体一起加入。这些包括对 HLA-A、HLA-B 和 HLA-C 基因座和某些 D 抗原的抗体。本图仅表示 B1～B8 抗体以说明此概念。在 37℃保温后，在抗体吸附到 B 细胞上的那些孔中，发生 B 细胞的溶解(细胞死亡)。因此，在此例中，B 细胞的溶解表明供体对 B 基因座(B3 和 B8)是杂合的

目前许多 HLA 分型实验室正转向通过利用限制性片段长度多态性(restriction fragment length polymorphism，RFLP)或聚合酶链反应(polymerase chain reaction，PCR)扩增技术的分子遗传学为基础的实验，来鉴定遗传的 HLA 基因。这些技术确定可疑的 HLA 基因的核苷酸序列，并给出明确的结果。这一技术除了用于移植物的组织分型外，它在确定与特定种类疾病易感性可能有关的 HLA-D 区内次要多态性上是特别重要的(见 L2)。

利用被称作“混合淋巴细胞应答”的“混合淋巴细胞”反应也可进行分型，这主要用

于确定 HLA-DⅡ类抗原。在这种情况下,用药物处理“分型细胞”(通常是带有特异的纯合子 HLA-D 等位基因产物的细胞株)以抑制它们的增殖。然后,将它们与可能的受体血淋巴细胞混合,培养 3～5d。如果受体的 T 细胞不携带此分型细胞的 HLA,那么,因为它们不会被胸腺中的阴性选择所消除(见 G2),所以它们将对“异种的”HLA 应答而增殖。通过使用几组分型细胞,有可能确定供体和受体的 HLA 分型。

HLA 配型对肝脏移植似乎并无很大好处,可能是由于肝细胞的 HLA 表达较弱。

交叉配血

交叉配血是用于检查受体体内有没有预先形成的对供体 HLA 的抗体。将供体的血液淋巴细胞与受体血清混合(图 M4.3)。通过细胞的溶解(由补体介导的)或通过荧光染色和流式细胞仪检测抗供体抗体。这种抗体的存在对使用该供体的组织是禁忌的。血型的交叉配血对肾脏移植也是重要的(见 M3)。

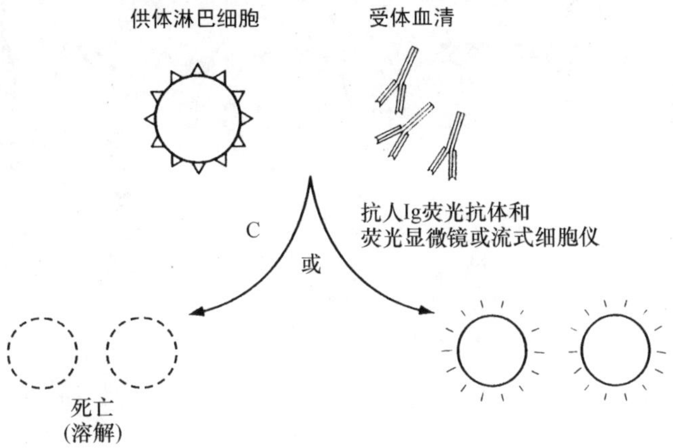

图 M4.3　交叉配血。将来自可能受体的血清与供体的淋巴细胞混合,在补体存在下,评价溶解(见图 M4.2),或用对人免疫球蛋白的荧光抗体染色(见 D7)用荧光显微镜或流式细胞仪检查。死细胞或荧光阳性表明存在抗供体抗体,它能导致超急性移植排斥。这对于使用此供体/受体组合是禁忌的。这种检查能鉴定出受体血清中的 HLA 抗体。对肾移植也要进行血型的交叉配血

免疫抑制

在大多数情况下,存在某些等位基因不匹配和某些供体次要组织相容性抗原,因此必须抑制受体的免疫系统以避免排斥。主要的药物治疗是皮质类固醇、合成的细胞毒药物和环孢菌素 A(一种真菌九肽)的混合物。使用这些或其他药物抑制的免疫机制示于表 M4.1。使用这些药物的一个主要问题是抑制对移植物的免疫应答也可导致增加对感染的易感性,这并不出人意料(见 J1)。事实上,感染与排斥是不能维持肾移植物的主要原因。其他药物,如杀伤受体淋巴细胞的抗淋巴细胞抗体也被某些移植工作组使用。

表 M4.1　用于抑制移植排斥的药物

药物	免疫抑制的机制
皮质类固醇	
强的松	阻断嗜中性粒细胞的移动,抑制 IL1、IL6 和 IL2 产生
细胞毒药物	
咪唑硫嘌呤	杀死分裂期的细胞
氨甲喋呤	
环磷酰胺	
亲免素	
环孢菌素 A	抑制 IL2 的产生和/或对 IL2 的应答
FK506	
纳巴霉素	

“胎儿移植”的特殊情况

胎儿是携带来自双亲 HLA 等位基因的嵌合体，因此他实际上是紧密地附着于母体组织的同种异体移植物。主要的阻止新植入胚胎(14 天)排斥的可能机制见图 M4.4，而且在整个妊娠期也发挥重要作用。

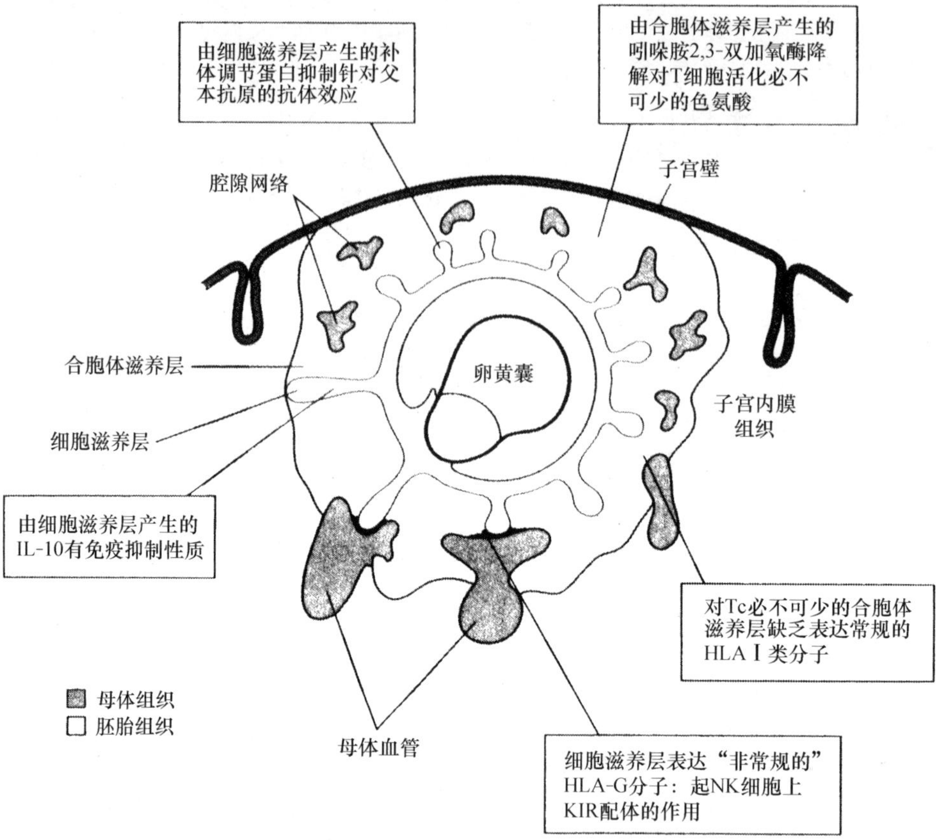

图 M4.4 阻止胚胎/胎儿同种异体移植排斥的机制。在怀孕期间，有朝向由雌激素和孕酮介导的 Th2 应答的倾向，这也被认为有助于维持胎儿的同种异体移植(见 O3)

(魏雪涛 译)

N　肿瘤免疫学

N1　肿瘤的起源和宿主防御

要　点

肿瘤的起源及宿主防御	虽然大多数人类肿瘤的病因仍是未知的，但目前清楚的是辐射、多种病毒和化学致癌物能诱发肿瘤，肿瘤患者可发生免疫应答或被诱发针对这些肿瘤相关抗原的免疫应答。这些应答在肿瘤的消退中很重要。近来根据这些发现已经建立起有希望的治疗方法，这些方法至少在治疗某些肿瘤时是有效的。疫苗也可能应用于治疗肿瘤。
相关主题	细胞因子和细胞的肿瘤免疫治疗(N5)　　抗体的肿瘤免疫治疗(N6)

肿瘤的起源及宿主防御

肿瘤的起源及宿主对其应答是目前大量的基础与临床研究的焦点。关于起源，已经显示大量的环境因素对动物具有致癌性和致突变性。事实上，有些肿瘤与暴露于某种特定的物质有关(如石棉与造船厂工人的间皮瘤，烃类与烟囱清扫工的阴囊癌)。已知病毒也诱发动物肿瘤。人类中，EB DNA病毒与非洲淋巴瘤和鼻咽癌有关，乙型肝炎病毒与肝癌有关。人T细胞白血病病毒(human T cell leukemia virus，HTLV)与某些类型的淋巴细胞白血病有关，而人疱疹病毒8(human herpes virus 8，HHV8)导致卡波西肉瘤。

在许多情况下宿主形成针对肿瘤的免疫应答，在某些情况下可能是保护性的。随着对肿瘤免疫学了解得越来越清楚，已探索出治疗肿瘤的许多免疫治疗方法。尽管利用单克隆抗体(monoclonal antibody，mAb)、衍生的mAb、淋巴因子激活的杀伤细胞(LAK)、肿瘤浸润淋巴细胞(tumor infiltrating lymphocyte，TIL)、细胞因子等治疗的结果，开始并不如人们所期望的那么有前途，但关于这些免疫方法及如何更好地利用它们，已经了解了很多。事实上，近来已经开发出了几种有希望的治疗方法，至少在治疗某些肿瘤时是有效的。许多其他有效的免疫治疗方法很有可能也将很快用于癌症的治疗。

N2 肿瘤抗原

要 点

引 言 肿瘤细胞与正常细胞可根据它们的抗原的质与量的差异区别开。肿瘤特异抗原(tumor -specific antigen,TSA)为肿瘤细胞特有,但罕见,而肿瘤相关抗原(tumor-associated antigen,TAA)也在正常细胞上存在和常见。肿瘤抗原可根据其来源及性质进行分类。

病毒或化学物诱导的肿瘤抗原 致癌的DNA和RNA病毒编码病毒抗原,该抗原被肿瘤表达并为同一病毒诱发的所有肿瘤所共有。然而,由于DNA的随机突变,化学物诱导的肿瘤经常表达该个体肿瘤独有的抗原。

癌胚抗原 某些抗原,如癌胚抗原(carcinoembryonic antigen,CEA)和甲胎蛋白(alpha- fetoprotein,AFP)分别与胃肠道(gastrointestinal,GI)肿瘤及肝癌高度相关。它们不是肿瘤细胞所特有的,因为它们也在胚胎发育期间的正常细胞中发现,并以较低的水平存在于正常人的血清中。

分化抗原 由于许多肿瘤都是由一个单个细胞扩增而来,所以肿瘤将表达发生恶变时细胞的类型与分化阶段的正常抗原特征。这得以更清楚地认识肿瘤以及它们的分类和预后。

相关主题 抗原(A4) 免疫测定(D7)
单克隆抗体(D5)

引 言

一些特性被用来区分肿瘤细胞和正常细胞,包括它们的侵袭力、失去生长接触抑制和缺乏对调节的应答。另外,有相当的证据表明,与正常细胞和肿瘤细胞有关的抗原有量和质的差异。这些抗原可分为肿瘤细胞所独有的肿瘤特异抗原(TSA),或在某些正常细胞上也发现的肿瘤相关抗原(TAA)。另一种分类系统是根据抗原的起源或性质,包括病毒抗原、化学抗原、癌胚抗原和分化抗原。

病毒或化学物诱导的肿瘤抗原

在动物模型中,致癌的DNA病毒(表N2.1)编码由肿瘤表达的细胞表面抗原和核抗原。RNA肿瘤病毒诱发实际为病毒蛋白的肿瘤细胞表面抗原(表N2.1)。因此,这些抗原为同一病毒诱发的肿瘤所共有。另一方面,化学物诱发的肿瘤由于DNA发生的随机突变,而表达该个体肿瘤独有的抗原。

表 N2.1 病毒诱发的/相关的肿瘤

肿瘤病毒	人类肿瘤
RNA	
人嗜T淋巴细胞病毒-1(HTLV)	成人T细胞白血病/淋巴瘤
DNA	
Epstein-Barr 病毒(EBV)	B细胞淋巴瘤、霍奇金淋巴瘤、鼻咽癌
人乳头瘤病毒(human papilloma virus,HPV)	宫颈癌
乙型肝炎病毒(hepatitis B virus ,HBV)	肝细胞癌
疱疹病毒8(HHV8)	卡波西肉瘤

癌胚抗原

尽管在肿瘤细胞表面及血清中的癌胚抗原(oncofetal antigen)与某些肿瘤高度相关,却并非肿瘤细胞所独有,因为它们也在胚胎发育期间的细胞上发现,并以很低的水平在正常人血清中发现(表N2.2)。

表 N2.2 癌胚抗原(oncofetal antigen)的实例

抗原	分子质量/kDa	性质	相关肿瘤
癌胚抗原(CEA)	180	糖蛋白	消化道、乳腺
甲胎蛋白(AFP)	70	糖蛋白	肝细胞瘤

癌胚抗原(carcinoembryonic antigen,CEA)与甲胎蛋白(alpha-fetoprotein,AFP)是两种这样的抗原(oncofetal antigen)。CEA由许多胃肠道(GI)起源的肿瘤(包括结肠癌和胰腺、肝脏或胆囊的肿瘤)和乳腺癌表达(既在细胞上,也在细胞外液中)。人类胎儿(2～6个月)的肠道、肝脏和胰腺也表达CEA。AFP在卵黄囊的分泌物和胎肝上皮细胞以及肝细胞瘤(肝癌)患者的血清中发现。因此,这些癌胚抗原不是TSA,即使它们以较高浓度在血清中存在,也不是癌症的症候,因为高水平也能由非瘤疾病,包括慢性肠炎或肝硬化引起。然而血清中此类分子的定量可用于评价肿瘤负载和药物治疗的效果。

分化抗原

一些正常的细胞抗原在细胞分化的特定阶段表达。这些分化抗原也可在肿瘤细胞上发现,并且可用mAb检测(见D5)。而且,由于大多数肿瘤是由停滞在分化中某一点的单个细胞扩增而形成,分化抗原的单克隆抗体被用于确定发生恶变所处的大致分化阶段。进而,这使人们可以根据对恶性肿瘤更清楚的了解及分类,采取最恰当的治疗。例如,用这种方法发现大多数T细胞白血病是由早期胸腺细胞或原胸腺细胞衍生的。类似的方法已被用于B细胞肿瘤和其他的恶性情况(表N2.3)。

表 N2.3 淋巴样及髓样恶性肿瘤的分化抗原

急性		慢性	
疾病	标记	疾病	标记
普通 ALL	CD10(CALLA)、CD19、TdT(n)	B-CLL	CD19、CD20、CD5
非 ALL	CD19、TdT(n)	HCL	CD19、CD20、TRAP
前B细胞 ALL	CD19、IgM(m;cyt)	PLL	CD19、CD20
T细胞 ALL	CD7、CD3(cyt)、TdT(n)	Sezary	CD3、CD4
髓性白血病	CD13、CD33、髓过氧化物酶	T-CLL	CD3、CD8

注:ALL(acute lymphocytic leukemia),急性淋巴细胞白血病;CALLA(common ALL antigen)普通急性淋巴细胞白血病抗原;CLL(chronic lymphocytic leukemia),慢性淋巴细胞白血病;T-CLL(T cell CLL),T细胞慢性淋巴细胞白血病;HCL(Hairy cell leukemia);多毛细胞白血病;PLL(prolymphocytic leukemia),幼淋巴细胞白血病;TdT(terminal deoxynucleotidyl transferase),末端脱氧核苷酸转移酶;n(nuclear),核;cyt(cytoplasmic),细胞质的;m(membrane),膜;TRAP(tartrate resistant acid phosphatase),酒石酸耐酸磷酸酶;Sezary,蕈样肉芽肿。

N3 对肿瘤的免疫应答

要 点

免疫监视 观察到在免疫缺陷的动物和人中，淋巴和上皮细胞的肿瘤发生率增高，推测免疫系统可不断地监视赘生性细胞，并消灭它们。已提出 NK 细胞在某些肿瘤发展的早期搜寻并消灭它们。

效应机制 特异性抗肿瘤免疫可在肿瘤患者中发生，这在很大程度上与对病原体和外源抗原的应答是同一种方式。与肿瘤细胞有关的 TSA 和 TAA 可能被加工并与 MHCⅠ类分子联合呈递，使它们成为细胞毒性 T 细胞可能的靶抗原。NK 细胞杀死不表达 MHCⅠ类分子的肿瘤细胞。通过补体活化，通过巨噬细胞和 PMN 介导的吞噬作用，通过 ADCC 和/或诱导细胞凋亡能杀死抗体包被的肿瘤细胞。

肿瘤逃避 肿瘤细胞逃避被免疫系统杀伤的机制包括：①诱导对肿瘤抗原的耐受；②生成未曾与免疫系统应答的抗原的肿瘤细胞；③肿瘤抗原表达的调变；④肿瘤抑制抗肿瘤的免疫力；⑤由于缺乏 MHCⅠ类分子的表达，可能导致肿瘤较弱的免疫原性；⑥在肿瘤细胞上表达 Fas 配体(FasL)，可能诱导效应细胞发生细胞凋亡。

相关主题
固有免疫系统的细胞(B1)
中枢耐受和外周耐受(G2)
抗体应答的细胞基础(E3)
免疫系统的缺陷(J1)
克隆扩增与效应功能的发展(F5)

免疫监视

据推测但很难证实的是免疫系统不停地检查与新发生肿瘤相关的赘生性抗原，并消灭带有它们的细胞。支持这种可能性的证据是观察到在免疫缺陷的动物和人中，肿瘤发生率增加。可是，先天性无胸腺小鼠，肿瘤发生率却不很高，提示 T 细胞系统可能未参与对大多数肿瘤的监视。而且，先天性免疫缺陷或免疫抑制的患者仅淋巴或上皮细胞有较高的肿瘤发生率。因此，特异性不高的肿瘤监视系统(可能是 NK 细胞)在某些肿瘤细胞发育的早期搜寻并消灭它们。T 细胞参与免疫监视机制的最好证据来自病毒诱发肿瘤的实验小鼠模型，但是，这类应答实质上是直接针对病毒抗原，而不是针对肿瘤抗原。

效应机制

如果肿瘤侵入监视系统，则可被特异性免疫系统识别。在化学诱导和病毒诱导的肿瘤模型中，肿瘤相关抗原是免疫原性的，并能激发针对该肿瘤的特异性的细胞和抗体应答。这种免疫力可能是保护性的，并且可以通过免疫细胞被动转移。也有可能证明在肿瘤患者体内存在着可介导某些肿瘤细胞溶解的抗肿瘤抗体。

在肿瘤患者中形成抗肿瘤免疫应答，在很大程度上就像是与对病原体或外源抗原的应答是同一种方式。因此，抗肿瘤抗体和 T 细胞产生并与更多非特异的免疫防御机制一起在肿瘤免疫中发挥作用。更准确地说，可能不仅 TSA 而且 TAA 都与肿瘤细胞有关，并且当它们在细胞内合成后，便被加工并与 MHCⅠ类分子联合呈递，使它们成为细胞毒性 T 细胞潜在的靶抗原。总体说来，涉及人肿瘤细胞体内溶解的可能的效应机制与对微生物免疫所用的那些机制是同样的(表 N3.1)。

表 N3.1 可能的肿瘤免疫效应机制

被识别与 MHCⅠ类分子联合的 TAA 或 TSA 肽的特异性细胞毒性 T 细胞杀伤
抗体诱导的细胞凋亡
通过抗体和补体介导的杀伤
由有 Fc 受体的 MØ、PMN 和淋巴细胞介导的抗体依赖性细胞介导的细胞毒性(ADCC)
被活化的巨噬细胞所吞噬
被自然杀伤(NK)细胞杀伤。这些细胞有 IgG(FcγRⅢ)的表面 Fc 受体。它们被活化以便通过 IFNγ 和/或 IL-2 增强抗肿瘤活性，并杀伤抗体包被的肿瘤细胞。MHCⅠ类分子缺乏或减少表达的细胞特别容易受 NK 细胞杀伤

肿瘤逃避

如果肿瘤具有最终刺激特异免疫应答的免疫原性抗原，那么它们如何逃避排斥？可解释肿瘤细胞逃避免疫系统的各种可能性包括：

- 对肿瘤抗原的耐受。如果抗原是 TAA，因此也与正常细胞相关；如果抗原是以某种形式或在某些条件下被呈递，使得 T 细胞对它无反应，就可能发生对肿瘤抗原的耐受。
- 肿瘤抗原阴性变异型的选择。如果与肿瘤细胞相关的抗原能激发强效的免疫应答，带有这些抗原的肿瘤细胞将迅速地被消除，只有这些抗原缺乏或者数量减少的那些肿瘤细胞得以生存。
- 肿瘤抗原表达的调变。抗体与肿瘤细胞表面的抗原结合，可导致抗原迅速内在化，并从细胞表面消失，使得肿瘤细胞暂时从抗体的进一步检查中逃脱，因此从带有 FcR 的效应细胞逃脱。
- 肿瘤可使患者免疫抑制。肿瘤可释放有免疫抑制性质的分子，如 TGFβ 和 IL-10（见 B2）。
- 肿瘤可能有低免疫原性。在其细胞表面有很少或没有 MHC Ⅰ类分子的肿瘤细胞可以躲避细胞溶解 T 细胞识别。虽然这些肿瘤细胞对 NK 细胞更加敏感，但 NK 细胞没有记忆，因此可能没有足够的细胞扩增来处理一个大的肿瘤负担。
- 肿瘤细胞有时表达 Fas 配体（FasL）。当肿瘤上的 FasL 与 T 细胞上的 Fas 相互作用时，可引起 T 细胞凋亡（见 F5）。

N4　免疫诊断

要　点

分　类　与特定分化阶段相关抗原的单克隆抗体(mAb)有时可用于对肿瘤起源及其在正常细胞分化阶段进行分类。这些信息得以预测现行治疗成功的可能性。

监　测　mAb有时用于测定患者血清中TAA(癌胚抗原、PSA、CA-125、CA-19-9)的变化速率,作为估量肿瘤进展和缓解期的一种方法。用细胞学分析的方法,某些TAA(如细胞角蛋白、MUC-1)的mAb可用于搜寻微转移灶。

造　影　有时能用对相应TAA的特异性同位素结合的mAb进行肿瘤患者体内肿瘤转移灶的定位与成像。

相关主题　血细胞生成——血细胞的发育(A5)　　免疫测定(D7)
单克隆抗体(D5)

分　类

已开发出多种抗肿瘤细胞的单克隆抗体(mAb)。迄今为止,这些抗体很少是完全肿瘤特异的。因此mAb与患者组织的结合不一定表示肿瘤的存在和位置。然而,由于肿瘤看起来时常是起源于单克隆的(由经历了恶变事件的单个细胞发展而来),并且具有起源细胞的特征,对于与特定分化阶段有关抗原的mAb,可用于肿瘤起源和与该肿瘤细胞非常相似的正常细胞分化阶段的分类(见N2)。这种方法最重要的用途之一是在白血病亚群中(图N4.1)。

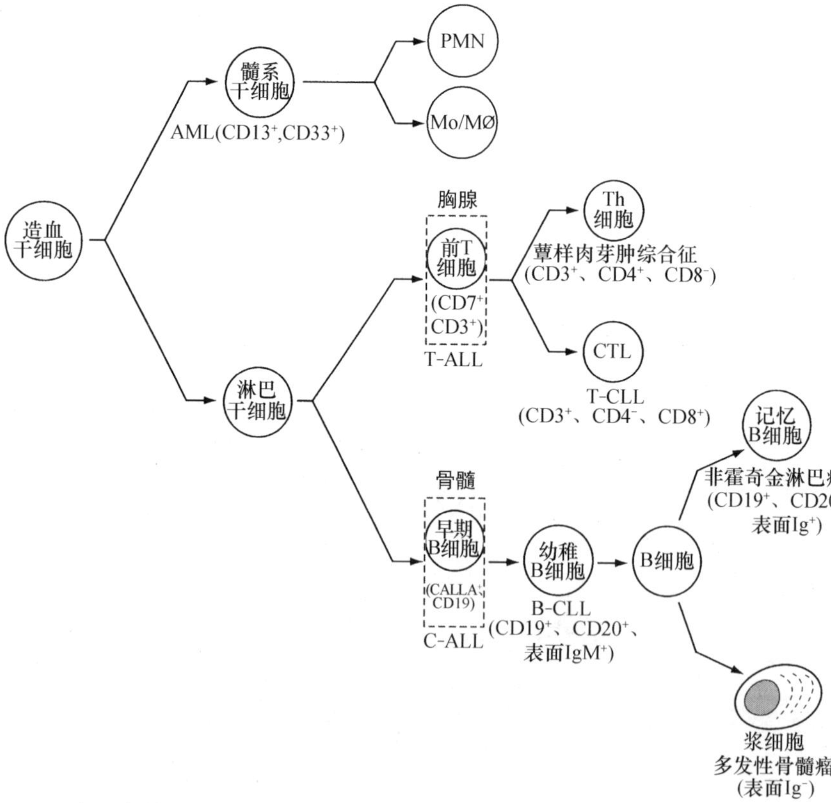

图N4.1　白血病的亚群化分。AML(acute myeloid leukemia),急性髓样白血病;T-ALL,胸腺急性淋巴母细胞白血病;T-CLL,T细胞慢性淋巴细胞白血病;C-ALL,普通急性淋巴母细胞白血病;B-CLL,B细胞慢性淋巴细胞白血病。每种髓样或淋巴样肿瘤表达一套正常的髓样或淋巴样细胞在其分化的特定阶段的典型的标志物(分子)

尤其是，mAb可以对许多与淋巴样和髓样细胞群和与它们分化的不同阶段有关的标志物下定义。使用一系列这样的mAb获得的信息可对某些肿瘤类型分类，其结果可能发展对治疗以这种方式进行亚型分类的肿瘤的肿瘤细胞进展和效应性的模式。因此，对特定的肿瘤亚型来说，有可能预测现行的治疗是否是有效的，如果无效，则需要寻求不同的治疗方法（表N4.1）。

表N4.1 急性淋巴细胞白血病（ALL）

名称	ALL/%	标志物	预后
普通ALL(CALLA)	60	CD10、CD19	
前B细胞ALL	20	CD19、IgM(cyt)	不良
T细胞ALL	20	CD7、CD3	

注：ALL，急性淋巴细胞白血病；cyt，胞浆的。

监 测

TAA的mAb有时能被用于监测病人体内肿瘤生长的进展。癌胚抗原由于存在于血清中，故对此目的有用。即正常时它们仅以很低的水平存在于正常人的血清中，CEA和AFP的大量存在可分别表明患有胃肠道和肝脏肿瘤。然而，由于有些与肿瘤不同的状态也升高这些分子在血清中的水平，所以它们的水平在其血清癌胚蛋白水平已知的肿瘤患者中是非常有用的。通过监测血清中癌胚抗原量的变化率可跟踪复发和缓解期（图N4.2）。

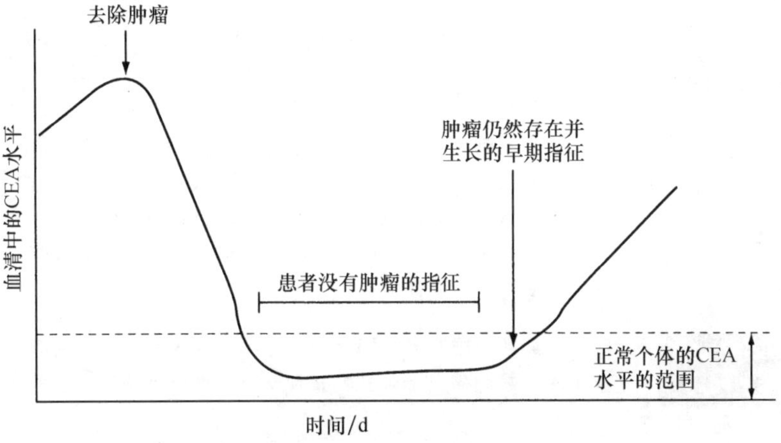

图N4.2 监测患有表达CEA肿瘤的癌症患者的血清CEA水平

另外，其他的TAA的定量被用于监测患有其他类型肿瘤患者中肿瘤的存在及生长。在卵巢癌患者中黏蛋白CA-125和CA-19-9（均为高分子质量的糖蛋白）的血清水平被用于跟踪这一肿瘤的状态及进展。前列腺特异抗原（prostate specific antigen，PSA）在前列腺癌中同样有用。

利用细胞学分析方法，特定TAA（如细胞角蛋白）的mAb可用于搜寻骨髓或淋巴结中的微转移灶。同样的，另一种黏蛋白（MUC-1）以不同于正常乳腺上皮细胞的模式在乳腺癌上表达。

造 影

将放射性同位素（如^{131}I）与相应的TAA（如CEA）特异的mAb连接，把这种构成物静脉注射到肿瘤患者体内，用闪烁照相可造影肿瘤转移。

N5 细胞因子和细胞的肿瘤免疫治疗

要 点

免疫刺激和细胞因子	非特异免疫刺激物诱导产生细胞因子的免疫应答可激活效应细胞，但介导肿瘤细胞溶胞的能力有限。细胞因子对发展免疫力是很重要的，但使其在肿瘤治疗中有效，可能需要与特异免疫治疗联合使用。
淋巴因子激活的杀伤(LAK)细胞	把来自肿瘤患者的淋巴细胞培养在 IL-2 中，使其扩增并激活成细胞毒性 LAK 细胞，主要是 NK 细胞。然后将带有或不再带有 IL-2 的 LAK 细胞回输到患者体内。
肿瘤浸润淋巴细胞(TIL)	TIL 是从患者肿瘤样本中分离出来的 $CD8^+$ T 细胞，其中一些与肿瘤抗原反应。这些细胞经 IL-2 扩增与活化后，带有或不再带有 IL-2 回输到患者体内，这些细胞将寻找肿瘤细胞的部位，并杀伤肿瘤细胞。与应用 LAK 治疗一样，若使用高剂量的 IL-2，则有明显的毒性。
巨噬细胞激活的杀伤(MAK)细胞	从肿瘤患者外周血中分离出来的单核细胞，在再回输给患者之前，在体外用活化这些细胞的细胞因子培养，以增强细胞毒性。
相关主题	固有免疫系统的细胞(B1)　　克隆扩增与效应功能的发展(F5) 固有免疫系统的分子(B2)

免疫刺激和细胞因子

最初，在人类中利用非特异免疫刺激物(如卡介苗 BCG 和短小棒状杆菌 C. *parvum*)的免疫疗法，导致一些肿瘤细胞死亡，但总的来说对于减小肿瘤细胞负担没有什么作用。这些结果很可能反映形成针对这些微生物相关抗原的强烈免疫应答，包括产生能够活化免疫效应细胞的细胞因子。所产生的活化细胞(如巨噬细胞)介导增加肿瘤细胞的溶解。当重组细胞因子可用时，对它们进行了尝试，但是依然很少成功。因此，虽然细胞因子对于形成特异性免疫应答是关键的，但在单独使用时，它们主要增强免疫细胞的非特异性活化(见 B2)。为了成为有效的抗肿瘤剂，可能需要将它们与诱导对肿瘤的更特异免疫应答物一起使用。

淋巴因子激活的杀伤(LAK)细胞

这一方法涉及细胞毒性细胞在体外的扩增和活化，然后将它们回输(图 N5.1)，该方法基于大多数肿瘤患者对其肿瘤有反应性淋巴细胞这一事实。

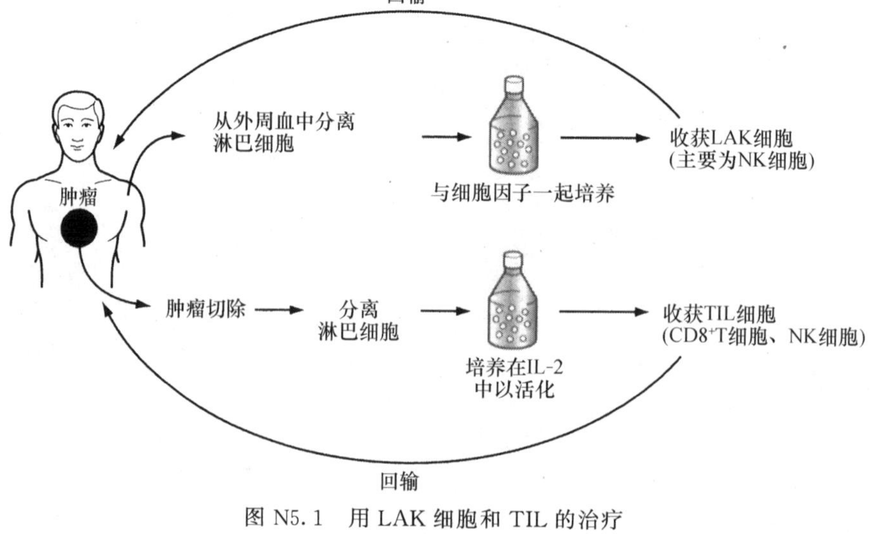

图 N5.1 用 LAK 细胞和 TIL 的治疗

将来自肿瘤患者的外周血淋巴细胞培养在IL-2中，扩增并活化细胞毒性LAK细胞。这些主要是NK细胞，因此没有T细胞的特异性，但是与表达很少或者不表达细胞表面MHC Ⅰ类分子(表N5.1)的肿瘤细胞反应，并杀死它。然后将带有或不再带有IL-2的LAK细胞回输患者体内。尽管采用这种方法可使某些肿瘤发生退化，但如果使用高剂量的IL-2，则出现明显的毒性。

表 N5.1 自然杀伤(NK)细胞

1. 通过IFNγ和/或IL-2激活抗肿瘤活性
2. 特异性：
   有Ig的Fc部分(FcγRⅢ)的细胞表面受体
   有某些自身分子的细胞表面受体
3. 介导杀伤下述细胞：
   抗体包被的、病毒感染的细胞或肿瘤细胞
   很少或不表达MHCⅠ类的病毒感染细胞的或肿瘤细胞

肿瘤浸润淋巴细胞(TIL)

与LAK细胞一样，TIL由肿瘤患者获得，用IL-2扩增和激活(图N5.1)。尤其是，TIL是从患者肿瘤样本中获得的淋巴细胞，主要为$CD8^+$ T细胞，至少其中一部分被认为是对肿瘤抗原特异的。带有或不再带有IL-2的TIL也被回输给患者。TIL治疗诱导某些患者的肿瘤退化，尤其是对肾细胞癌的患者。但是在体内使用高剂量IL-2维持TIL细胞的活化状态，则有显著的毒性。

巨噬细胞激活的杀伤(MAK)细胞

另一种免疫治疗方法包含细胞因子和活化巨噬细胞的使用。从肿瘤患者的外周血中分离出单核细胞，在回输给患者前，在体外与活化这些细胞以增强细胞毒性的细胞因子(如IFNγ)一起培养。尽管这些细胞是高细胞毒性和吞噬性的，但是它们是比较非特异性的，为了更加有效，需要与TAA的抗体共同注射。

N6 抗体的肿瘤免疫治疗

要 点

mAb 对肿瘤的特异性	抗人肿瘤制备的大量的 mAb 都不是真正肿瘤特异的。已鉴定的 TSA 包括：①B 细胞肿瘤的独特型抗体；②表皮生长因子受体(EGF-R)的突变型，它在胞外功能域有一处缺失。根据与肿瘤发展有关的易位分析的结果，目前正在鉴定其他的一些 TSA。
单独用抗体的肿瘤治疗	mAb 通过细胞凋亡或补体活化、ADCC 或吞噬作用杀伤肿瘤细胞。几种人源化的 mAb 已经证实有效，包括下述分子的 mAb：① HER2/neu，用于乳腺癌的治疗；②CD20，用于 B 细胞肿瘤的治疗。因此，如果 mAb 是人的或人源化的，与在该肿瘤上高表达的一种抗原反应，则将它们用于治疗轻度疾病和免疫系统功能健全的患者可能都是有用的。
用免疫毒素(IT)的肿瘤治疗	IT(immunotoxin)是与毒素或放射性同位素连接的 TAA 的 mAb。与毒素偶联的 mAb 被内在化，在胞内可抑制关键的细胞过程。与放射性同位素偶联的 mAb，由于高能粒子的衰变和释放，造成 DNA 损伤而介导杀伤。
用双特异性抗体(BsAb)的肿瘤治疗	双特异性抗体(bispecific antibody，BsAb)是有两种不同的共价连接的特异性基因工程分子，一种针对 TAA，另一种是杀伤细胞上的启动分子。在体内，BsAb 与免疫效应细胞结合，武装它们以搜寻和杀伤肿瘤细胞。
类似移植的骨髓净化	用于治愈某些患者肿瘤所必需的大剂量化疗和辐射对造血干细胞是有毒的。因此，有时用骨髓移植。在骨髓移植时，从患者体内取出含有干细胞的血液或骨髓后，用大剂量化疗或辐射治疗患者。然后，应用与该肿瘤相关抗原的 mAb 清除患者自己干细胞中污染的肿瘤细胞，并将其再回输患者体内，使他们获救。
相关主题	血细胞生成——血细胞的发育(A5)　单克隆抗体(D5) 同种异型和独特型(D4)　移植问题(M1)

mAb 对肿瘤的特异性

由于考虑到只有对肿瘤细胞特异的 mAb 在肿瘤的诊断和治疗中是有用的，所以人们在开发对 TSA 的 mAb 方面做出了相当大的努力。然而，对抗人类肿瘤所制备的 mAb 即使有也很少发现真正是肿瘤特异的。可被认为是 TSA 抗原的例子包括：

- B 细胞肿瘤(如慢性淋巴细胞性白血病)的独特型抗体。mAb 在肿瘤治疗中首次成功使用，是用针对患者的肿瘤专门制备的抗独特型抗体治疗该患者。目前正在探索将编码独特型的 DNA 作为使患者免疫的可能方法，以对抗其自身 B 细胞肿瘤。根据这一方法独特结合部位的表达，它也可用于治疗 T 细胞肿瘤(见 P7)。
- 胞外功能域缺失的表皮生长因子受体(EGF-R)的突变型。此分子是抗原性的，并在肿瘤上独特地表达，可能是以抗体为主剂的治疗剂或是诱导 CTL 应答的疫苗的基础。
- 根据可以得到的与各种肿瘤有关的突变和易位的资料，正在鉴定用作 TSA 的一些独特的基因产物。

单独用抗体的肿瘤治疗

虽然 mAb 可以通过补体活化，通过靶向的 NK 细胞、单核细胞和/或巨噬细胞的 ADCC 或吞噬作用，或者通过诱导细胞凋亡，引起肿瘤细胞溶解，但直到最近，用 mAb 治疗人类肿瘤还很少成功。在某种程度上，这些失败可能归因于：①使用的 mAb 缺乏特异性；②血清中存在抗原的可溶形式，它有效地干扰抗体与肿瘤细胞的相互作用；③在抗体介导的杀伤作用发生之前，抗原-抗体复合物自肿瘤细胞表面调整或丢失；④(所选的)肿瘤细胞的赘疣不表达该抗原；⑤由于使用小鼠的 mAb，它与人的效应分子(补体)和细胞(NK 细胞、巨噬细胞和 PMN)无很好的界面，并且是异种的，诱导人抗小鼠抗体(human anti-mouse antibody，HAMA）应答，最终损害 mAb 效力。

然而，开展如何在癌症治疗中更有效地使用 mAb 的较清楚的评价，引起抗体治疗的复兴（图 N6.1）。

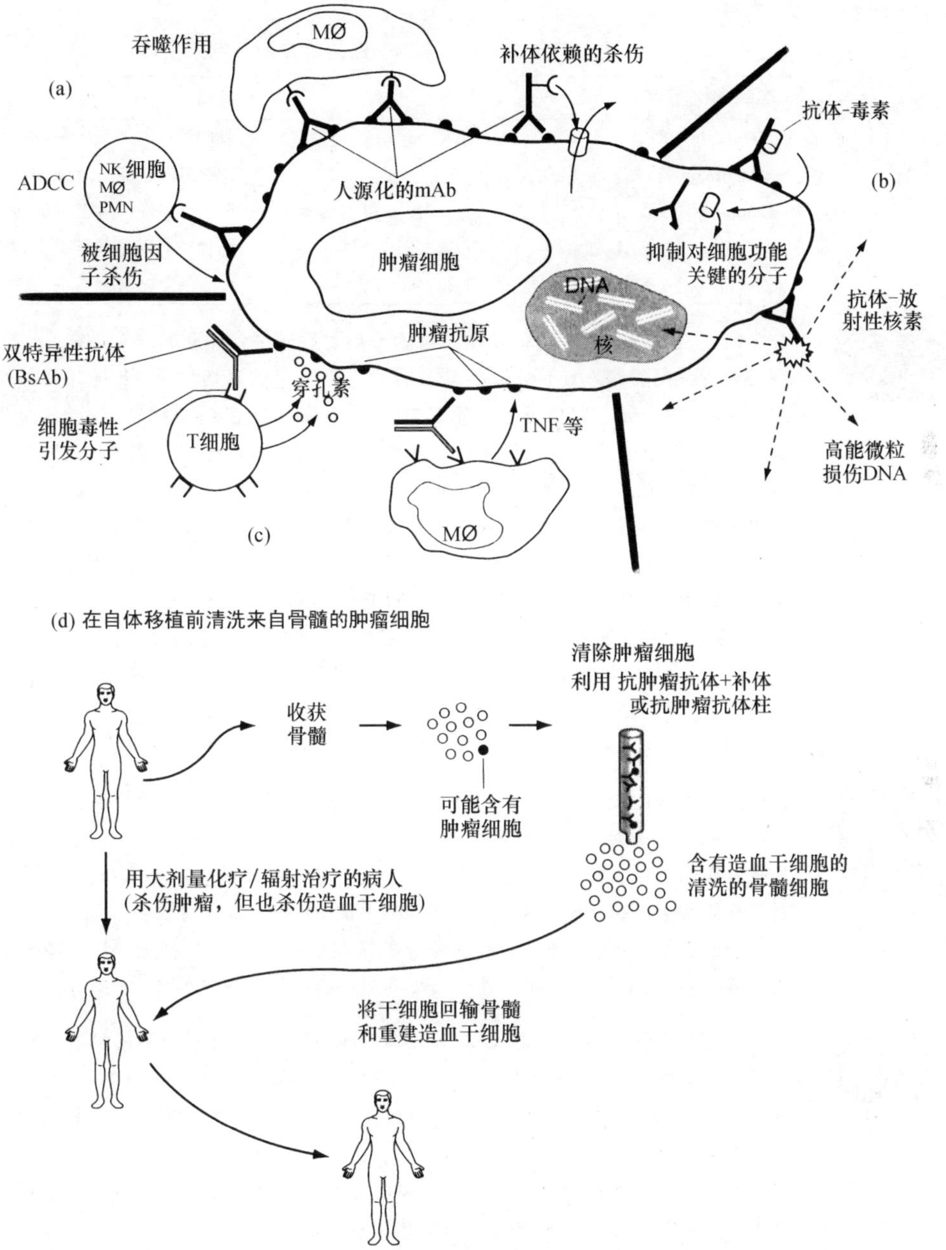

图 N6.1　用抗体的肿瘤治疗

（a）仅用抗体；（b）抗体毒素/放射性核素构成物；（c）双特异性抗体；（d）清洗来自骨髓或干细胞群的肿瘤细胞

当前用人或人源化的 mAb 的许多试验在不断发展中（见 D5）。另外，几种 mAb，已被美国 FDA（食品药品管理局）批准，以治疗不同的癌症（见表 N6.1），包括抗 HER2/neu（Herceptin）的 mAb（已被批准用于治疗乳腺癌）和抗 CD20（Rituximab）（一种在 B 细胞和 B 细胞肿瘤上表达的分子）的 mAb。这一抗 CD20 mAb 在治疗抗体介导的自发免疫病时，可能也是非常有用的。其他仍在临床试验的 mAb，就像由某些患者中肿瘤退化所表明的，也证明是有效力的。因此，越来越乐观的是 mAb 将是非常有用的肿瘤治疗制剂，尤其是，假如：①它们是人的或人源化以允许长期使用的；②与它们反应的抗原以高水平在肿瘤上表达；③该 mAb 被用于治疗很轻的疾病；④患者的免疫系统是功能健全的。

表 N6.1 批准用于癌症治疗的单克隆抗体

名称（批准日期）	特征	肿瘤
Herceptin(98)	HER1/neu	乳腺癌
Rituximab(97)	CD20	B 细胞淋巴瘤
Campath(01)	CD52（在 B 和 T 细胞上）	B 细胞如慢性淋巴细胞性白血病
Mylotarg(00)mAb-毒素	CD33	急性成骨髓细胞性白血病
Zevelin(02)mAb-放射性核素	CD20	B 细胞淋巴瘤

用免疫毒素(IT)的肿瘤治疗

许多研究（包括临床试验）曾使用与毒素或放射性同位素偶联的 mAb（图 N6.1）。这样，在给患者注射后，IT 将不必激活患者的效应机制。更确切地是 IT 将寻找并结合肿瘤细胞抗原，并介导它们自身的致死打击。毒素，如蓖麻蛋白，是关键的胞内过程的强抑制剂，一个单一的分子即可以杀死一个细胞。然而，靶向 mAb 在结合 IT 时与被内在化的 TAA 反应是必不可少的。Mylotarg（一种 IT，该 IT 中 CD33 的人源化的 mAb 已与有毒的加利车霉素结合）已被批准用于急性髓性白血病患者的治疗。

放射性同位素结合的 mAb 通过由高能粒子衰变和释放，引起 DNA 损伤来介导杀伤。这种 IT 将杀伤旁观者细胞（附近的那些细胞），这些细胞可能引起正常细胞的杀伤，但也杀伤毗连的不表达靶抗原的肿瘤细胞。由于有毒的副作用，开发有用的 IT 花费的时间比原先预期的要长，但许多问题已被解决，并且目前有些 IT 正处在后期临床试验中。已被批准用于治疗 B 细胞淋巴瘤的同一抗 CD20mAb，也与放射性核素（钇）偶联，并且产生的免疫毒素（zevelin）也已被批准用于 B 细胞淋巴瘤的治疗。

用双特异性抗体(BsAb)的肿瘤治疗

直接的或更改的免疫效应细胞也被作为增强患者自身免疫系统以排斥其肿瘤的能力的一种途径进行探索。由两种不同共价连接的 mAb 的结合部位构成的 BsAb，已被策划为抗肿瘤治疗法。此 BsAb 的一种特异性是针对 TAA 的（如 HER2/neu），另一种是针对杀伤细胞上的启动分子的（如巨噬细胞上的 CD3）。当注射到肿瘤患者体内时，BsAb 与免疫效应细胞结合，武装它们去搜寻并杀伤肿瘤细胞。几种 BsAb 已经显示相当好的前景，并且其中一个目前正处于卵巢癌治疗的后期临床试验中。

类似移植的骨髓净化

大部分癌症治疗包括细胞毒药物和/或辐射的使用，两者都以分裂的细胞为靶。虽然对很多患者有效，但有显著数量的患者不能治愈并最终死于所患的肿瘤，部分是由于这些制剂对正常细胞尤其是造血干细胞（生成血小板、PMN、淋巴细胞等的细胞）的毒性，使患者能接受的化疗或辐射的量是有限的。为了能增加化疗或辐射的剂量，有时将骨髓移植与化疗或辐射结合使用。首先从癌症患者体内取出含有干细胞的血液或骨髓。然后用足以杀死全部肿瘤细胞的高剂量化疗或辐射治疗患者，但这些剂量可能也会杀死所有造血干细胞。这时患者通过回输他们自己的干细胞使骨髓种群恢复而“获救”（见 E1）。由于时常得不到完全相同的 MHC 类型的供体骨髓，所以通常给予自身骨髓（见 M2）。然而，因为治疗前肿瘤细胞可能污染获得的干细胞群，所以使用与该肿瘤相关的抗原的 mAb 净化骨髓，使这些细胞不返回患者体内以再生成肿瘤。这种方法已被成功地用于治疗某些肿瘤，包括髓样白血病。

N7 肿瘤疫苗

要 点

预防与治疗疫苗 开发治疗癌症的疫苗是一个非常活跃的研究领域。预防疫苗诱导与肿瘤发生相关病毒的免疫,另一种方法设计的疫苗用以增强/诱导肿瘤患者体内的有效免疫。

用肿瘤和肿瘤抗原免疫接种 用杀死或照射过的患者肿瘤细胞或相应的 TAA 及它们的肽进行试验,以诱导患者对主要与肿瘤相关抗原的抗肿瘤免疫力。免疫接种 TAA 的 DNA 或多肽,可诱导较强的 CTL 应答。

用转染的肿瘤免疫接种 用共同刺激分子转染的肿瘤细胞,增强这些细胞的免疫原性和诱导 CTL 应答的能力。用细胞因子转染的肿瘤细胞吸引、扩增和活化对肿瘤抗原有反应的免疫细胞。

用载有 TAA 的 APC 免疫接种 由于未成熟的树突细胞(DC)最能摄取抗原,而成熟的 DC 呈递抗原最好,所以大力开发最适宜来自体内的 DC 负载和成熟的条件,以便当再次将其引入患者体内时,能诱导强烈的 CTL 抗肿瘤应答。

相关主题 克隆扩增与效应功能的发展(F5) 病原体和肿瘤疫苗(I4) 抗原制备(I3)

预防与治疗疫苗

许多方法正被用于开发癌症治疗中使用的疫苗。预防的方法集中于使用疫苗上,以诱发对已知与发生肿瘤有关的病毒免疫。乙肝疫苗预防被乙肝病毒感染并减少肝癌的发病率。人乳头瘤病毒(HPV)疫苗预防宫颈癌的发生。针对 HPV 特异病毒蛋白开发的疫苗目前正在临床试验中。而设计的大多数其他肿瘤疫苗可以增强或诱导已患癌症的患者中有效的肿瘤免疫力。

用肿瘤和肿瘤抗原免疫接种

已探索出种种方法用于诱导或增强患者对其肿瘤的免疫力。这些方法包括注射已杀死或照射的患者的肿瘤细胞,这种方法很少成功。鉴别相应的 TAA(那些在正常细胞上以低水平、在肿瘤上以高水平表达的 TAA)和它们潜在的免疫原性的肽,已导致将它们用于疫苗中,以集中患者的免疫系统对主要与肿瘤有关的抗原产生应答。由于用完整的细胞免疫接种,它们将通过外源的途径进入 APC,并被呈递在 MHCⅡ类分子上(见 F2),所以这些抗原很可能诱导 T 辅助细胞而不是更期望的 CTL 应答。然而,现在已清楚,将抗原呈递给 CTL 的 APC,在它能有效地诱导 CTL 应答之前,首先需要通过与 T 辅助细胞的相互作用而被调控(见 F6)。而且,经外源性途径进入的抗原,在某些情况可能被呈递在 MHCⅠ类分子上,并启动 CTL 应答。

还有一种正积极实行的方法,包括用编码 TAA 或多肽的 DNA,单独的或在相应的表达载体中免疫接种。这种被引入细胞的 DNA 被整合、表达并翻译成胞质内的蛋白,其中一些被降解为肽,以负载于 MHCⅠ类分子上,并因此可诱发 CTL 应答。

用转染的肿瘤免疫接种

由于大多数肿瘤细胞不表达对诱导免疫应答非常重要的共同刺激分子(如 B7.1、B7.2),所以进行研究以确定是否用这些分子转染的肿瘤细胞将增强其免疫原性。事实上,B7 转染的肿瘤细胞诱发强烈的对抗肿瘤的 CTL 应答。进而,这些 CTL 有时可溶解不表达 B7 的亲代肿瘤细胞。因为一旦激活,CTL 杀伤不需要 B7 共同刺激信号。

另外一种方法涉及用细胞因子基因转染患者的肿瘤细胞,像肿瘤表达的特定的细胞因子一样,可吸引、扩增和激活免疫系统的细胞,并诱导或增强对肿瘤抗原的免疫。在实验模型中,用细胞因子基因(如 IL-2、IFNγ、GM-CSF)转染的肿瘤细胞能诱导对肿瘤的免疫,导致其退化或排斥。例如,IL-2 可增强针对 TAA 的细胞毒性细胞自其前体的发育(如在黑素瘤中)。

用载有TAA的APC免疫接种

目前在肿瘤疫苗研究中的一个很活跃的领域,涉及在体外用TAA负载患者的树突细胞(DC),并将这些细胞再回输患者体内。这种方法的优点是潜在的APC可由患者的外周血分离出来并被处理,这样其抗原呈递能力是最理想的。尤其是很容易从患者外周血中获得的单核细胞能被细胞因子诱导,分化成未成熟的树突细胞(图N7.1)。由于未成熟的树突细胞(DC)最能摄取抗原和成熟的DC呈递抗原最好,所以负载由单核细胞衍生的未成熟的DC后,细胞因子诱导这些细胞分化成为成熟的DC,这个过程在体外比在体内更容易完成。将这些成熟的、负载的APC再引入患者体内后,能充分地刺激T细胞。目前,许多研究小组正试图限定获取未成熟DC、负载和使其成熟,以及将它们再回输患者体内的最适条件。

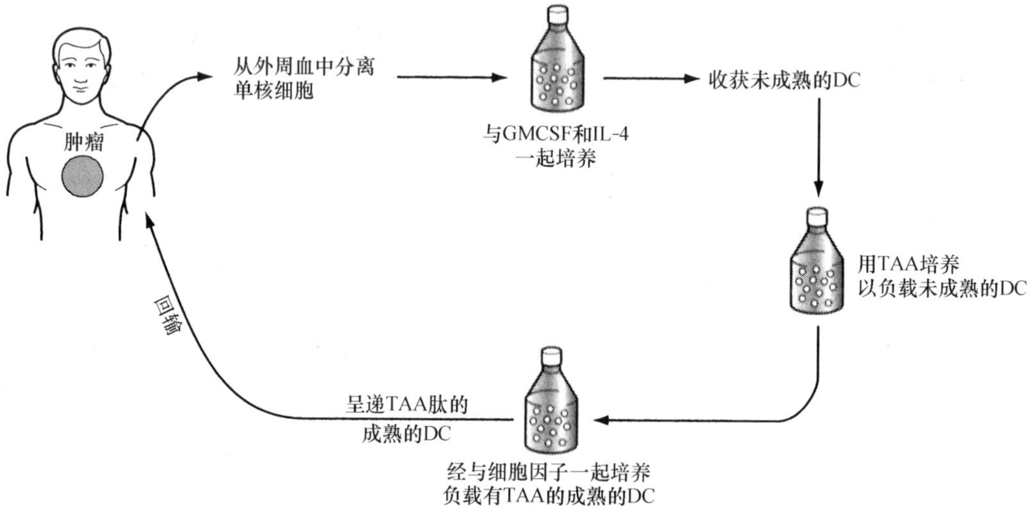

图 N7.1　树突细胞疫苗

(魏雪涛　林慰慈　译)

O　性别和免疫系统

O1　概　论

要　点

概　论

认识到在免疫功能方面存在着性别差异已有一段时间了。女性血清 IgG 和 IgM 水平比男性高，对感染介质的初次和再次应答比男性好，自身免疫疾病的频率也比男性增加。性激素对免疫系统有重要的影响。雌激素与增加 B 细胞合成免疫球蛋白有关，而睾酮与抑制 B 细胞活性有关。除了生殖道以外，两性淋巴组织的解剖学分布都是相同的。在女性体内，高度有组织的淋巴样组织分布在整个生殖道内，并且似乎受与月经和妊娠有关激素的影响。

相关主题

黏膜相关淋巴样组织（C3）　　抗体应答的细胞基础（E3）

抗体类别（D2）　　不同组织中的抗体应答（E4）

概　论

在抗生素出现之前，传染病流行（发病率）和死亡率在男童中比女童中增加，而当死亡率降低后，发病率在男童中仍较高。近些年，对性别对免疫系统的影响有了较清楚的了解，为阐明上述调查结果奠定了基础。例如，有倾向表明女性在整个生命中的血清 IgG 和 IgM 抗体水平比男性高。这有助于降低女性对感染的易感性和总的倾向对微生物感染的免疫应答比男性强（表 O1.1）。

表 O1.1　与性别有关的免疫学差异

	女　性	男　性
对感染的易感性	<	>
对感染的免疫应答	>	<
自身免疫疾病的频率	高	低

也有报道说明微生物感染（如大肠杆菌、布鲁氏杆菌属、麻疹、风疹和乙型肝炎）的初次应答和再次应答均有所增加。或许由于女性有提高免疫应答的倾向，她们比男性对照在青春期前后患自身免性疾病的频率高得多。这些自身免疫病包括幼年的动脉炎、慢性甲状腺炎、系统性红斑狼疮（SLE）、初级胆肝硬变和类风湿性关节炎（见 L2）。在某些品系的小鼠中（新西兰小鼠，黑色），雌性小鼠对与人 SLE 相当的病比它们的雄性对照易感的多。进而经睾丸切除术（去除睾丸）的雄性小鼠发生了与雌性小鼠同样的发病率，而遭受卵巢切除术（去除卵巢）却对雌性有保护作用。这为性激素在逆转自身免疫疾病免疫应答上的作用，提供了强有力的证据。实际上，实验证据提示，女性的性激素在从出生到绝经后的整个生命阶段均调节免疫系统。另外，已经显示性激素在免疫系统的发育期及其功能活性方面有关键性的、不同的免疫学功能。许多实验方法中显示雌激素与增加 B 细胞合成免疫球蛋白有关，而睾酮与抑制 B 细胞活性有关。性激素似乎对月经期和妊娠期免疫细胞的类型和功能有较大影响。在月经周期期间，NK 细胞数在分泌期后期比在增殖期后期增加，而在妊娠时 $\gamma\delta$T 细胞数有所增加。淋巴组织的解剖学分布除了生殖道外，在两性中是同样的。在女性中，高度有组织的淋巴组织分布在整个生殖道中，并且似乎受与月经和妊娠有关激素的影响。相反地，男性仅有偶然分布于其整个生殖道中的淋巴细胞。与生殖道有关的淋巴组织是黏膜相关淋巴系统的组成部分（见 C3）。

O2　与生殖道相关的免疫细胞和分子

要　点

女性生殖道　女性生殖道包含所有与相应的免疫应答有关的细胞。这些细胞分布遍及阴道、子宫颈、子宫内膜等生殖道和输卵管的上皮层中。在管腔中发现了 IgA 和 IgG 两类保护性抗体。

月经周期期间的免疫改变　在月经周期期间，子宫内膜的 NK 细胞和 T 细胞不仅有数量上的亦有功能上的改变。这些改变被认为与月经周期中雌二醇和孕酮的显著的波动有关。

妊娠期间与免疫有关的改变　妊娠可被看成是一种免疫特许状态。这种免疫特许接受胎儿同种异体移植，并且被认为是在与妊娠有关的激素调节的影响之下。免疫改变包括朝 Th2 型细胞因子谱转变。

哺乳期乳腺在免疫防御中的作用　与哺乳期乳腺的腺泡有关的浆细胞担负产生 IgA，并将 IgA 分泌到对新生儿保护非常重要的初乳和乳汁中。

男性生殖道　男性生殖道下部（阴茎、尿道）与其他的黏膜部位类似，在其固有层中有丰富的 $CD4^+$ 和 $CD8^+$ T 淋巴细胞（虽然 $CD8^+$ T 细胞占优势）。巨噬细胞也是常见的，而树突细胞仅限于尿道的远端部。偶然会在输精管和副睾的上皮细胞中发现淋巴细胞，主要是 $CD8^+$ T 细胞。在精液中发现源出于尿道和前列腺浆细胞的 IgA 抗体。

相关主题

固有免疫系统的细胞（B1）　　抗体类别（D2）
固有免疫系统的分子（B2）　　抗体的功能（D8）
淋巴细胞（C1）　　不同组织中的抗体应答（E4）
黏膜相关淋巴样组织（C3）

女性生殖道

免疫细胞在生殖道中的定位

女性生殖道（FRT）由阴道、子宫颈、子宫（含子宫内膜）、卵巢和输卵管组成（图 O2.1）。阴道和子宫颈外部包含有高度血管化的黏膜层，并且能充当微生物感染的入口。黏膜层是防感染的重要屏障。它含有能以与其他黏膜表面同样的方式对外源抗原进行局部应答的免疫反应组织。虽然在输卵管、子宫内膜以及阴道和子宫颈中都曾发现 IgA 浆细胞，但黏膜免疫的活性部位（见 C3）是在子宫颈和阴道。浆细胞、$CD4^+$ 和 $CD8^+$ 淋巴细胞以及 MHCⅡ类阳性的树突细胞分布遍及整个下部的生殖道，在子宫颈和阴道的上皮和上皮下层中。女性生殖道（FRT）不像胃肠道的回肠，未发现能将抗原有效的运输至上皮下层的上皮 M 细胞（见 C3）。大多数淋巴细胞似乎被定位于子宫颈与阴道的连接处。在子宫颈上皮层的细胞主要是 $CD8^+$ T 细胞，而在上皮下层的细胞主要是 $CD4^+$ T 细胞。女性生殖道中与免疫应答有关的大多数细胞概括于表 O2.1 中。

表 O2.1　与女性生殖道有关的免疫系统的细胞

NK 细胞	子宫内膜
$CD4^+$、$CD8^+$ 细胞	阴道、子宫颈、子宫内膜、输卵管
γδT 细胞	子宫内膜
B 细胞	子宫内膜
浆细胞	阴道、子宫颈、子宫内膜、输卵管
巨噬细胞	阴道、子宫颈、子宫内膜
树突细胞	阴道、子宫颈

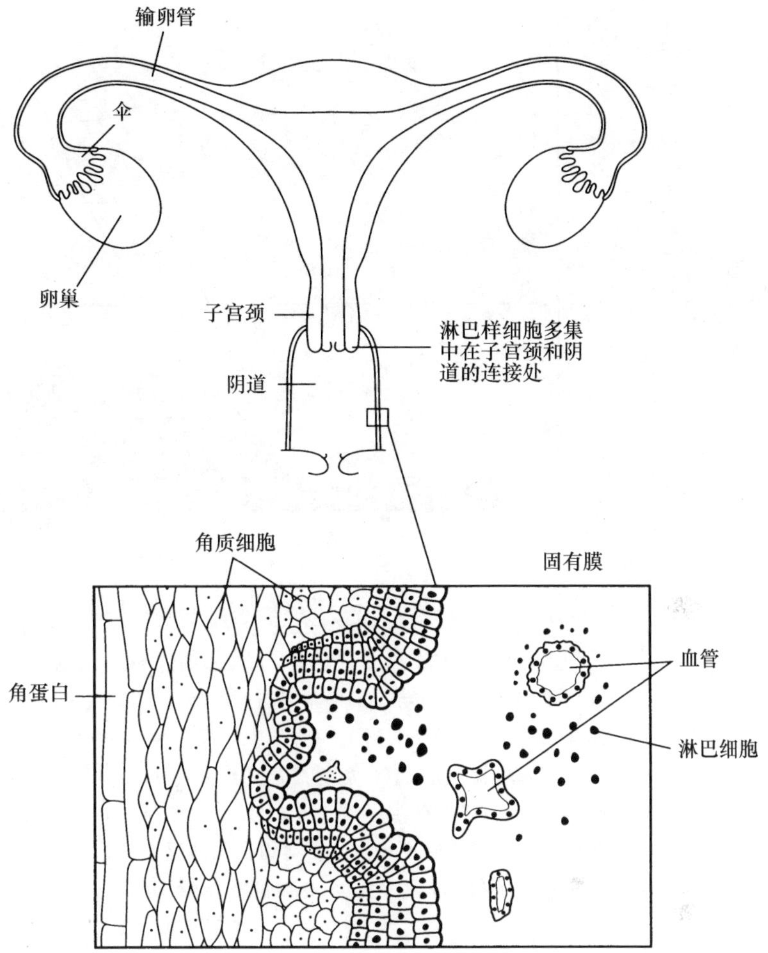

图 O2.1 女性生殖道

在 FRT 中的免疫

在不受感染的子宫颈与阴道的分泌物中发现 IgG 和 IgA。IgA 仅限于由 IgA 浆细胞获得,而 IgG 虽然认为也在某些部位产生,但主要由血清获得。IgA 经由特化的上皮细胞的聚 Ig 受体运输穿过生殖道黏膜表面(见 E4)。IgG 如何运输却不太确定,虽然很可能在特化的上皮细胞上有能执行这一活动的 IgG Fc 受体。有趣的是,在未怀孕的女性生殖道中,IgG 水平通常比 IgA 水平高,但在月经周期期间改变。这在其他黏膜部位是不寻常的,例如在肠道分泌物中发现主要分泌 IgA(见 D2)。像其他黏膜表面一样,FRT 不断对外界开放,因此直接暴露给病原体(见 C3)。阴道免疫法不仅引起 IgA 也引起 IgG 对阴道和子宫颈中免疫接种的抗原产生应答,进一步证实下部生殖道对外原抗原产生应答的能力。不依赖免疫接种,绝经后妇女与未免疫接种的绝经前的妇女相比,宫颈中有更高浓度的 IgG 和 IgA。因为阴道是免疫接种的有效部位,可以预期有性能力的妇女将提高对精子抗原和与男性射精有关的其他蛋白的有效应答。然而,通常似乎不都是这种情况,当妇女对精子抗原无应答时,或许是诱发耐受的结果(见 G2 和 G3)。另外,在精液中高浓度的前列腺素(它有强有力的免疫抑制性质)可能抑制免疫应答。在某些妇女中产生对精子抗原的抗体能导致不育。

月经周期期间的免疫改变

如前所述,NK 细胞、$CD4^+$ T 细胞、$CD8^+$ T 细胞、B 细胞和巨噬细胞分布遍及子宫内膜。NK 细胞的数量从增生期(LP)后期开始增加,在分泌期(LS)后期达到最大量,在此时它构成了最大数量的淋巴细胞。图 O2.2 表示月经周期的不同期。

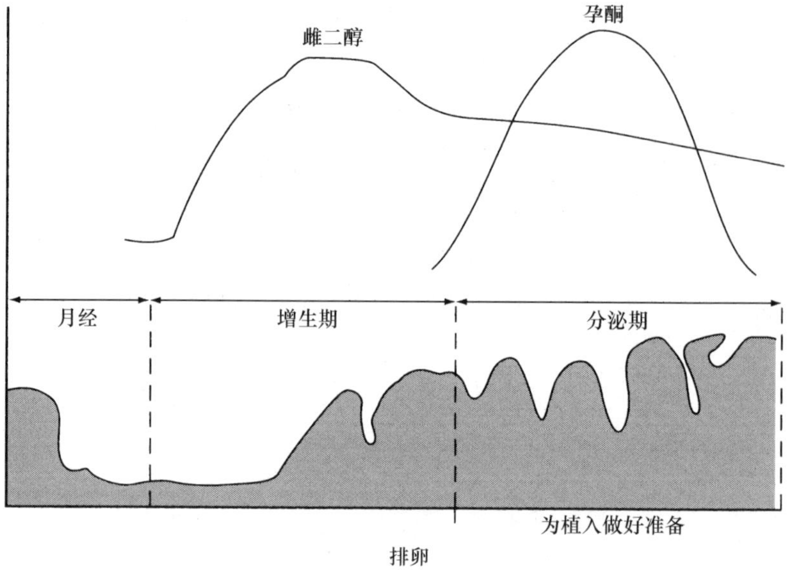

图 O2.2　月经周期期间子宫内膜增厚

虽然在 LS 期 $CD8^+$ 与 $CD4^+$ T 细胞的比率比 LP 期低，但在月经周期期间 T 细胞数似乎保持相对不变。在月经周期 LP 期与 LS 期之间，NK 细胞从 20%增加到 80%，而 T 细胞从 50%降低到 10%以下。相反，一组潜在的调节细胞（NKT 细胞）在月经周期分泌期后期增加，不寻常的是这类细胞有 NK 细胞标志和 CD3，但没有 CD4 或 CD8（见 C1）。子宫内存在非典型的 MHCⅡ类阳性的树突细胞。表 O2.2 概括细胞群体的变化。在子宫内膜中还发现了有组织的淋巴团聚体。它们有个由众多的 T 细胞包围的 B 细胞核心和单核细胞/巨噬细胞的外晕圈。这些淋巴团聚体中的 T 细胞主要是 $CD8^+$。团聚体的数量和大小在月经周期期间增加，而在月经期后的妇女体内缺乏，提示它们受激素影响。目前尚不了解这些团聚体的功能。单核的细胞的吞噬活性在月经周期的早期比后期降低，而 T 细胞对念珠菌属抗原的应答在分泌期期间减弱。有趣的是，这似乎正是增加对白色念珠菌感染易感性的时候。总之，在月经周期期间，雌二醇或孕酮的显示波动，可能不仅影响不同群体免疫细胞的累积，也影响它们对微生物抗原的应答。

表 O2.2　淋巴细胞群体在月经周期期间的变化

	增生期后期	分泌期后期
NK 细胞	20%	80%
T 细胞	50%	<10%
NKT 细胞	低	高

妊娠期间与免疫有关的改变

胚泡植入后，雌二醇和孕酮增加，后者对维持怀孕状态是必需的。这为接纳和发育受精卵准备子宫，并诱导子宫内膜改变以形成改进的黏膜（蜕膜）（图 O2.3）。在子宫内膜和全面的免疫系统中，免疫细胞群体发生改变，推测为维持胎儿植入提供一个“免疫特许状态”（见 M4）。在妊娠的头 3 个月期间，子宫内膜的 NK 细胞占免疫细胞的 60%～80%之间，而在第二个 3 个月后迅速降低。其余的免疫细胞群体由大约 12%的 $CD3^+$ T 细胞（其 $CD4^+$ 和 $CD8^+$ 以相等数目表达）、γδT 细胞、NKT 细胞和少量百分比的 B 细胞组成。

在妊娠早期，Th2 淋巴细胞是蜕膜中占优势的 T 淋巴细胞亚型。Th2 型细胞因子，如 IL-4、IL-6、诱导滋养层释放人绒毛膜促性腺激素（human choriogonadotrophin，HCG），HCG 又刺激黄体（corpus luteum）产生孕酮。蜕膜（胎盘的组成部分）本身分泌

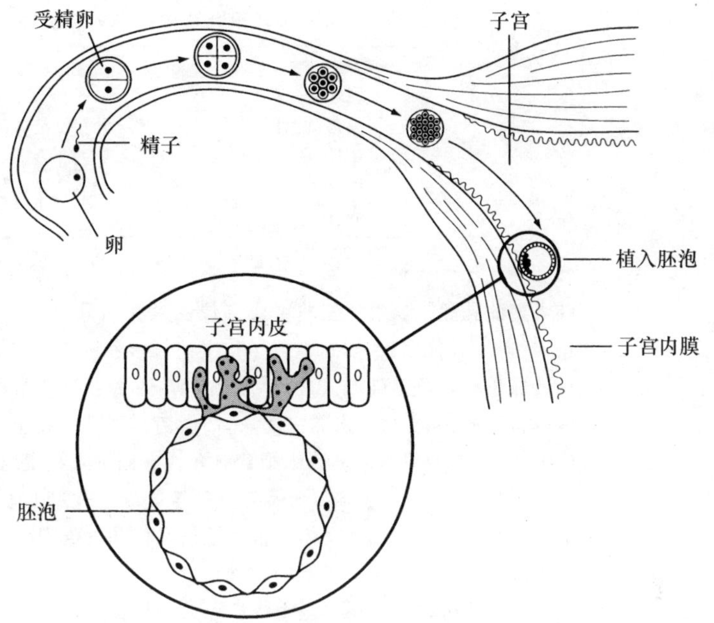

图 O2.3　受精和胚泡的植入

IL-6、IL-10、IL-13 和 TGFβ，并减少 Th1 型细胞因子分泌。此外，滋养层是 IL-4 和 IL-10 的来源。因此，Th2 型 T 细胞和由胎盘获得的 Th2 型细胞因子可能有助于通过调节免疫（如 Th1 细胞功能；见 G5）和内分泌系统来维持妊娠。有趣的是，在动物妊娠模型中显示 Th1 型细胞因子如 IFNγ 与自发流产有关。

哺乳期乳腺在免疫防御中的作用

妊娠期间激素发生变化，女性的乳腺为供应乳汁以保证新生儿健康地发育作准备。世界卫生组织曾强调母乳喂养在预防呼吸和胃肠感染上的重要性。他们曾预言世界上母乳喂养增加 40%，将使世界范围内 18 个月以下的儿童因呼吸和胃肠感染而致的死亡大约降低 50%。

免疫细胞在哺乳期乳腺中的定位

女性乳腺由脂肪和结缔组织、乳导管和小叶组成（图 O2.4）。小叶包含产生乳汁的特化上皮细胞，并被含有毛细管、淋巴管、单核细胞和粒细胞的基质或固有层包围着。乳腺最初的分泌物（初乳）含有 $10^6 \sim 10^7$ 白细胞/ml，而在成熟的乳汁中降到 $10^4 \sim 10^5$/ml。初乳和乳汁也含有各种细胞因子和生长因子（表 O2.3）。现在尚不清楚这些因子和细胞在婴儿肠道的有害环境中如何起保护作用的。

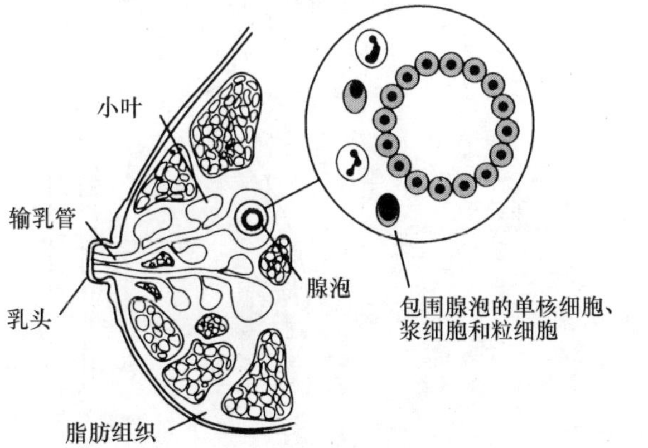

图 O2.4　乳腺

表 O2.3　初乳和乳汁中存在的细胞因子和生长因子

- TGT-β
- EGF
- 集落刺激因子
- IL-1
- IL-6
- TNFα

初乳和乳汁中的抗体

哺乳期的乳腺是黏膜免疫的重要部位。人类哺乳期的乳汁中大约80%的浆细胞含有IgA。除了其他因素，如细胞因子和生长与营养因素外，这种免疫球蛋白也对新生儿的茁壮成长和预防感染提供帮助。分泌性IgA是由在激素影响下从其他黏膜表面如呼吸道或胃肠道(微生物进入的主要入口)最初回到乳腺的B细胞派生的浆细胞产生的(见C3)。进入乳腺组织的淋巴细胞含有允许它们进入黏膜组织的归巢分子(见C4)。像穿越肠壁的分泌一样，IgA二聚体与定位于乳腺上皮细胞基底表面膜上的聚免疫球蛋白受体结合。然后此抗体受体复合物被内在化和运输到细胞顶端的表面。由于这些分泌性IgA抗体由源出于其他黏膜表面(如呼吸和胃肠道)的B细胞获得，所以它们通常有抵抗在这些组织中发现的微生物抗原的特异性。IgA浓度在乳腺最初分泌的初乳中最高。在产后，乳汁中这些水平迅速下降至与血清IgA浓度相当。血清中的IgA主要是IgA1(占85%)，其次是IgA2(占15%)，而在乳腺IgA中，IgA2含量比IgA1更高，且与肠道IgA类似(见D2)。IgA2在分泌液中的的重要性，可能与它增加对黏膜中发现的微生物病原体(假单胞杆菌属，奈瑟球菌属，流感嗜血杆菌和肺炎链球菌等)产生的蛋白酶降解的抗性有关。吸收的IgA保护婴儿抗感染功能的机制可能包括阻断微生物的附着和进入(见D8)。这种IgA介导的被动免疫在出生后的即刻特别重要，因为，如前所述，婴儿只在出生后才开始产生IgA(见C5)。在乳汁中发现的许多IgA抗体也直接抵御来自母亲膳食的抗原。因此，在早期发育中，这些抗体除了防御微生物感染外，也可以保护以免吸收某些食品抗原。在乳汁中也发现了少量的IgM和更少量的IgG。这些免疫球蛋白穿过乳腺上皮细胞的运输机制尚不清楚。

男性生殖道

阴茎尿道是微生物进入男性生殖道下部的第一个接触点(图O2.5)。与其他黏膜部位类似，在阴茎尿道的固有层和上皮中有丰富的$CD4^+$和$CD8^+$ T淋巴细胞(虽然$CD8^+$ T

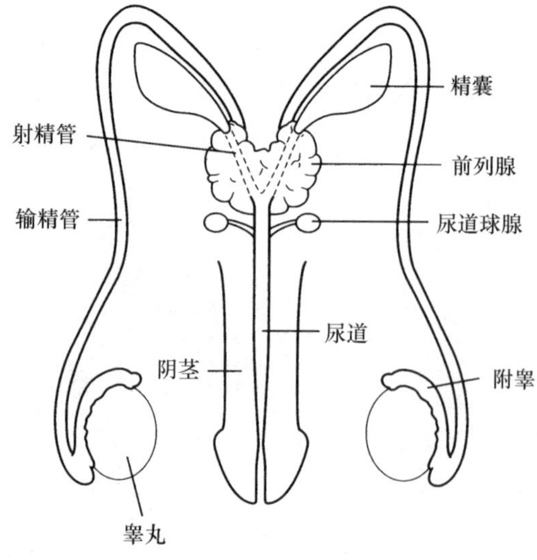

图 O2.5　男性生殖道

细胞占优势)。这些细胞主要是记忆表型的细胞(CD45RO),并且它们中许多携带与黏膜相关的归巢分子(见 C4)。巨噬细胞也常在固有层内见到,但树突状细胞却仅限于尿道的远端,定位于尿道远端的上皮内。在固有层中也发现 IgA 浆细胞,以及 IgA 浆细胞从其他黏膜表面回到固有层。与在消化道中一样,有聚 Ig 受体的上皮细胞将 IgA 运输到管腔。在前列腺中也发现了 IgA 浆细胞,并且由这两个部位分泌的 IgA 均在精液中发现。

在生殖道上部远端,在输精管和附睾的上皮细胞中仅偶然发现淋巴细胞(主要是 CD8 细胞)和巨噬细胞。因此,尿道黏膜组织是进行免疫保护以避免上行微生物感染的极其重要的部位。

O3 性激素在免疫系统中的功效

要 点

雌激素和孕酮对免疫功能的影响	在实验体系中雌激素和孕酮无论在体内还是在体外都对免疫功能有影响。雌激素与增加免疫球蛋白合成有关,而孕酮与细胞因子产生由 Th1 型转变为 Th2 型有关。
睾酮对免疫功能的影响	睾酮在某些免疫功能上似乎与雌激素有相反的作用,因为有资料显示它抑制 B 细胞合成免疫球蛋白,并且与防御某些自身免疫疾病有关。
与性别有关的自身免疫:性激素的作用	已发现大多数自身免疫病在女性中比男性中频率高。这提示性激素在这些疾病的发生和维持中起关键作用。
相关主题	B 细胞活化(E2) 促进自身免疫病发生的因素(L2) 基因、T 辅助细胞、细胞因子和神经内分泌系统(G5)

雌激素和孕酮对免疫功能的影响

雌激素和孕酮是主要的雌性激素。雌激素是表示一组类固醇激素的集合名词,它们包括雌二醇、雌三醇和雌醇。雌二醇由卵巢产生,孕酮由黄体和子宫内膜产生。体外和体内的实验研究均显示雌激素(与孕酮)对免疫系统有多种不同的影响(表 O3.1)。NK 细胞、单核细胞/巨噬细胞和 T 细胞与 B 细胞都有细胞表面雌激素受体。在雌激素存在时,增强 B 细胞免疫球蛋白产生。这可能是由于雌激素直接作用于 B 细胞和/或浆细胞,以及增加 Th2 细胞因子应答。与此发现一致的是,抗雌激素药物三苯氧胺引起动物模型中 IL-2 和 IFNγ 的产量增加,而与 Th2 相关细胞因子 IL-10 的水平降低。用孕酮也看到类似的作用,提示这些激素都能调节免疫应答(见 G5)。由于雌激素在体外能刺激淋巴细胞增生和影响淋巴细胞表面分子的表达,表明它能直接激活某些淋巴细胞群。雌二醇也显示出抑制 NK 细胞的细胞毒性并下调 IFNγ 产生。在实验模型中,显示雌激素影响 T 细胞和 B 细胞发育。胸腺基质细胞和未成熟的胸腺细胞表达雌激素受体,而在剔除后引起胸腺萎缩的小鼠中,缺乏雌激素受体表达。雌激素也抑制胸腺素 α1 的合成,胸腺素 α1 是一种由胸腺上皮细胞产生的胸腺激素。由于胸腺素 α1 有维持胸腺稳态的作用,所以抑制这种激素可能在胸腺退化方面起作用。

表 O3.1 雌激素对免疫系统的影响

增强免疫球蛋白的合成
诱导 Th2 型应答
降低 NK 细胞的细胞毒性*
下调 IFNγ 产生
预防依赖 Fas 的 CD4 Th2 细胞凋亡

*孕酮也有这些作用。

除了准备子宫内膜以便植入外,孕酮对免疫细胞也有某些与雌激素类似的作用(表 O3.1)。因此,在整个妊娠过程中,由这两种激素介导的 NK 细胞功能降低和倾向 Th2 应答,很可能降低由 Th1 型机制介导的胎儿的同种异体可能的排斥作用。

睾酮对免疫功能的影响

睾酮是主要的与男性有关的性激素,主要由睾丸产生。在与免疫系统有关的细胞上,睾酮的受体似乎与雌激素受体有类似的分布。睾酮对免疫系统的影响可能与雌激素的作用类似,但也可能不同甚至相反。睾酮像雌激素一样对胸腺发育有深远的影响,导致退化。在动物模型中，出生后去除睾丸（睾丸切除术）或去除卵巢（卵巢切除术），引起胸腺增大（过度生长）。睾酮和雌激素引起胸腺退化所依据的机制尚未完全了解，但似乎与既有雌激素受体又有睾酮受体的胸腺细胞和胸腺上皮细胞有关。

睾酮还显示诱导 $CD4^{+}$ T 细胞产生 IL-10（表 O3.2）。这倾向抑制 Th1 细胞应答，导致降低细胞介导的免疫。与雌激素的作用不同，体外实验中，睾酮抑制而不增强 B 细胞对促细胞分裂原引起的分化（见 E2）。另外，调节淋巴细胞的机制之一是经 Fas 介导的通过细胞凋亡引起细胞死亡（见 G2）。在雌激素防止 Th2 细胞凋亡时，睾酮却通过使表达抑制细胞凋亡的线粒体蛋白降低，促进依赖 Fas 的 Th2 细胞凋亡。有趣的是，现在有淋巴细胞能产生少量睾酮的证据，但这一现象的意义目前还不清楚。

表 O3.2　睾酮对免疫系统的影响

诱导 $CD4^{+}$ T 细胞产生 IL-10
抑制 B 细胞对促细胞分裂原应答
促进依赖 Fas 的 CD4 Th2 细胞凋亡

与性别有关的自身免疫：性激素的作用

除解剖学的差异引起女性发生尿道感染的频率增加外，与性别有关的疾病主要是自身免疫引起的疾病。自身免疫病在女性中比男性中更普遍，仅有少数例外（表 O3.3）。例如，关节强硬性脊椎炎主要是男性自身免疫病。观察到自身免疫病在女性中比男性中更频繁地发现，并且在青春期后更频繁地发生，提示了性激素在这些条件下主要的免疫学作用。而且，绝经期后的妇女比她们绝经期前的对照临床疾病活性低。这可能是在绝经期后的妇女中所见到的改变了激素分布型的结果，在绝经期后雌激素水平降低，并且显现其 IL-2 和 IFNγ 水平均比处于绝经期前状态的妇女增加。激素替代疗法显示能逆转绝经期后的妇女中临床疾病活性降低的情况。还了解到 SLE 病的临床活性随月经呈周期性变化。此外，妊娠能改善某些自身免疫病。例如，在 RA 病中，疾病的症状在妊娠期间显着减轻。这进一步支持妊娠期间激素变更可能对免疫系统有较重要影响的概念。

表 O3.3　女性与男性比自身免疫病的发病率

慢性甲状腺炎（桥本氏病）	30-1
泪腺涎腺干燥病	9-1
系统性红斑性狼疮	9-1
原发性胆肝硬变	9-1
抗磷脂综合征	9-1
慢性活动性肝炎	8-1
混合结缔组织病	8-1
突眼性甲状腺肿	6-1
类风湿性关节炎	3-1
硬皮病	3-1
Ⅰ型糖尿病	2-1
多发性硬化	2-1
重症肌无力	2-1
腹腔疾病	2-1

在糖尿病的动物模型中，如非肥胖糖尿病（NOD）小鼠或 BB 大鼠自发发生糖尿病，

严重的糖尿病在该物种的雌性中非常普通。而此严重性能通过给雌小鼠去势(去除生殖器官)或用睾酮处理而降低。在性腺机能减退的雄性中也发现了主要是雌性自身免疫病的泪腺涎腺干燥病。在泪腺涎腺干燥病的小鼠模型中,用睾酮处理推迟疾病进展。总之,在雌性中自身免疫病较大的易感性似乎与不同的性激素对自身免疫应答的作用有关。

(林慰慈　译)

P　老化与免疫系统(免疫衰老)

P1　概　论

要　点

概　论	目前已清楚人类老化可发生固有和适应性免疫系统的缺损,并且免疫系统的效应全面下降(称为免疫衰老)。T 细胞功能退化,抗体亲和力降低,对接种疫苗的应答减少。另外,影响免疫效应性的神经和内分泌网络有改变。总体说来,感染更为常见,随之发病率和死亡率增加,并且出现恶性肿瘤的倾向增加。
相关主题	固有免疫系统的细胞(B1)　　T 细胞在免疫应答中的作用(F1) 淋巴细胞(C1)　　抗体结构(D1) 基因、T 辅助细胞、细胞因子和神经内分泌系统(G5)

概　论

人们已充分认识到了上年纪时免疫能力衰退。老年人表现出在许多保护性免疫方面的衰退,包括倾向产生低亲和力抗体,对接种不能产生持久的免疫,以及对在生命中曾遇到过的抗原失去迟发型超敏反应(表 P1.1)。细菌和病毒引起的疾病,如结核病和带状疱疹(shingles)分别在老年人中比年轻人中更频繁地发现。败血症(血流中存在传染性微生物)在老年人中也更普通。老年人中肺炎也更为流行而且时常是致命的,其他的病毒和细菌性感染更为普通,导致发病率和死亡率增加。免疫能力衰退不仅是免疫系统缺损的结果,也是内分泌和神经系统,以及营养和其他因素,包括老年个体的一般的健康状态改变的结果。

表 P1.1　与老化有关的微生物感染

结核	带状疱疹
肺炎	流感
尿道感染	巨细胞病毒(CMV)

在老年人中更加频繁地见到恶性肿瘤,并且其中许多可能与不恰当地 DNA 翻译事件有关,有缺损的免疫系统可能也负有责任,因为在免疫缺陷和恶性肿瘤增加之间有联系(见 J3)。

曾报道过上年纪时免疫系统所有部分的缺损。虽然研究时常是矛盾的,可靠的资料还是表明在 T 细胞和 B 细胞免疫,以及免疫吞噬细胞的组成方面都发生了缺损。NK 细胞数增加和 γδT 细胞功能降低也是老化的特点(见 B1)。随着衰老,单核细胞产生的 IL-6 和 IL-10 及促炎细胞因子 IL-1β 和 TNFα 也增加。还发现上年纪时 MHC 分子以较低的密度在各种细胞上表达和表达对 T 细胞信号发送很重要的 CD28 的 T 细胞较少(见 F1)。抗体应答通常是低亲和力的但比较频繁地发现自身抗体。由于产生的祖代细胞较少,血细胞生成减少。已证实上年纪时胸腺退化,随之较少 T 细胞进入血管库和次级淋巴器官。AICD 和细胞凋亡增加。与老化有关的激素与神经递质功能的改变可能对免疫功能也有影响,并可能决定发病率、死亡率及寿命。

P2　初级淋巴组织和淋巴细胞随老化发生的改变

要　点

血细胞生成与老化　随着年龄增加,产生的祖代细胞数量减少。这一点可在产生免疫系统特化细胞的器官——骨髓和胸腺中均可见到。

胸腺退化与老化　与老化相关的主要免疫事件之一是胸腺退化。这在青春期后即开始并持续到衰老,并且减少胸腺输出成熟 T 细胞。

老化时 AICD 与细胞凋亡　老龄时,T 细胞的 Fas(CD95)和 FasL(CD95L)表达有所增加。在老年个体血清中也可发现可溶性 FasL(sCD95L)的水平增加。这可能导致活化诱导的细胞死亡(AICD)和细胞凋亡增加,并且可以作为解释在老龄人中见到淋巴细胞数量比较低的原因。

相关主题　血细胞生成——血细胞的发育(A5)　T 细胞库的形成(F3)
淋巴器官和淋巴组织(C2)　中枢耐受和外周耐受(G2)

血细胞生成与老化

老化过程中血细胞生成(血细胞和血小板发生)的水平虽有所降低,但仍维持着。骨髓细胞增生的能力在中年时达到顶峰,此后降低。这与集落刺激因子减少(见 B2),产生的祖代细胞数减少和细胞凋亡增加有关。上年纪时处理严重出血的能力有所降低,提示骨髓干细胞的功能下降。这可能是产生的干细胞数减少或对干细胞生长与分化负责的激素、基质细胞或细胞因子等微环境改变的结果。这些改变可能也对免疫衰老起作用,在免疫衰老时供免疫系统成熟过程使用的祖代细胞较少,导致进入血管库和次级淋巴组织的幼稚淋巴细胞较少。即使骨髓中的祖代细胞较少,在自体组织移植治疗多发性骨髓瘤和其他恶性的血液病时,用来自老年个体的祖代细胞也能完成血细胞生成。

胸腺退化与老化

老化对免疫系统最明显的影响之一是胸腺退化。胸腺退化从青春期开始,在上年纪时发展到接近完全萎缩,萎缩胸腺的淋巴组织被脂肪取代。胸腺的大小直到中年每年大约缩小 3%,以后每年大约缩小 1%(图 P2.1)。结果,随着老化,进入血管库和次级淋巴器官与组织的 T 细胞数逐年降低。编码 T 细胞受体基因重排的研究资料提示,年老时仍然有持续的胸腺功能,并且成年人外周血记忆 T 细胞经历多次复制。

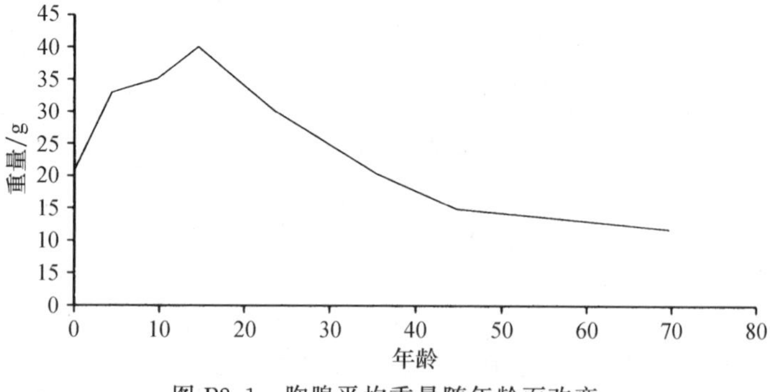

图 P2.1　胸腺平均重量随年龄而改变

关于化疗或用抗 CD4 抗体治疗后 $CD4^+$ T 细胞恢复的观察也表明老化期间胸腺中发生变化。年轻个体 $CD4^+$ T 细胞回复到正常水平比成年人快,而且主要是幼稚的表型(CD45RA),与之比较上年纪时回复的 $CD4^+$ T 细胞为记忆表型(CD45RO)。

胸腺萎缩可能受许多因素调控,包括 T 细胞因子、胸腺激素、神经和内分泌系统的产物。推测胸腺退化导致胸腺的微环境不能供养淋巴细胞生成。老化时胸腺中发生重要的细胞因子改变,包括 IL-6 和巨噬细胞集落刺激因子(M-CSF)增加,而 IL-2、IL-10

和 IL-13 降低。其他重要的胸腺细胞因子如 IL-7 和 IL-15 在老化进程中保持稳定。胸腺的状态可能也在神经和内分泌系统发送的信号控制之下。在人类的胸腺中，乙酰胆碱酯酶-正结构(acetylcholinesterase-positive structure)增加与年龄有关。在啮齿类动物模型中，老年小鼠产生去甲肾上腺素能交感神经有所增加，而且去甲肾上腺素的浓度增加 15 倍。这一发现的意义目前尚不太清楚，但表明神经系统尤其在老年时在胸腺功能方面起作用。

老化时 AICD 和细胞凋亡

老年时表达 Fas(CD95)和 Fas 配体(CD95L)的细胞数增加。相反，在老龄(大于 90 岁)时，细胞中 CD95 的表达有所降低。

此外，在老年个体中可溶性 CD95L 的量比年轻人增加。老化时不仅 $CD4^+$ 而且 $CD8^+$ T 细胞上的 CD95L 也有所增加，并且这些细胞的 CD95L 水平与活化诱导的细胞死亡(细胞凋亡：见 F5)之间有较强的相关。在上年纪时，Fas 介导的细胞凋亡不仅在"记忆"细胞中，也在"幼稚"T 细胞中增加，虽然在"记忆"亚型中更频繁地观察到，并且与抗-细胞凋亡的线粒体蛋白的水平降低相关。而且，上年纪时的淋巴细胞比新生儿血液中的淋巴细胞更易受 TNFα 诱导细胞凋亡。这些发现提示 AICD 和细胞凋亡可能通过降低淋巴细胞数对免疫衰老起作用(表 P2.1)。

表 P2.1 影响免疫衰老的因素

造血故障
胸腺退化
内分泌衰老
神经衰老
细胞凋亡

P3 老化对固有免疫的影响

要 点

老化与固有免疫	巨噬细胞、嗜中性粒细胞和 NK 细胞是固有免疫系统的主要组分。它们在出生时立即行使功能,并延续到整个生命中,虽然随着老化而出现某些变化。
老化与嗜中性粒细胞	老龄个体的嗜中性粒细胞中发生吞噬功能的缺损。这导致不能抵抗某些微生物的感染(例如由金黄色葡萄球菌引起的感染)。
老化与单核细胞/MØ 功能	老龄个体的单核细胞/巨噬细胞与年轻个体的比较,显示出种种改变。这些改变包括增加细胞因子产生和减少吞噬的活性。
老化与 NK 细胞	老龄时 NK 细胞数量和功能基本上是完整的,虽然某些细胞因子可能减少。
相关主题	固有免疫系统的细胞(B1)　　固有免疫系统的分子(B2)

老化与固有免疫

巨噬细胞、嗜中性粒细胞和 NK 细胞是固有免疫系统的主要组分。固有免疫系统在出生后立即起作用,其活性在整个生命中持续存在,但随着年龄增长有些功能发生变化。然而许多对细菌成分的固有模式识别受体(PRR)不受老化影响,但固有免疫的其他重要组成的活性却有改变。尤其在吞噬期间,由嗜中性粒细胞和单核细胞产生的超氧化物有减少的倾向。与固有免疫形成对比,在出生时适应性免疫未完全成熟,但在青春期达到顶峰,其后下降(图 P3.1)。

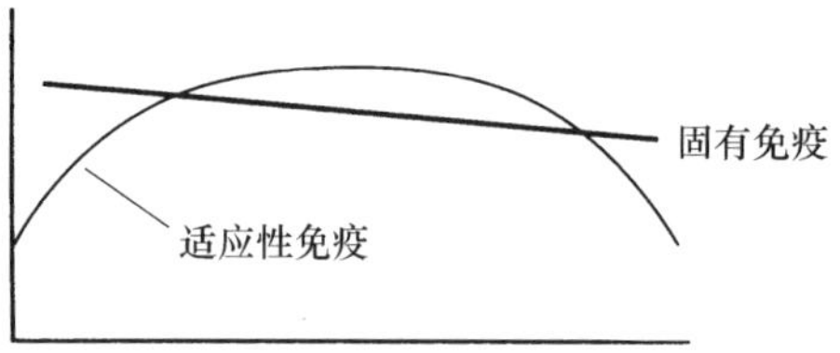

图 P3.1 固有和适应性免疫因时间而改变

老化与嗜中性粒细胞

上年纪时嗜中性粒细胞功能发生变化,包括应答葡萄球菌感染时减少超氧化物产生,降低对存活因子如 GM—CSF、G—CSF 应答的能力(见 B2)。随着老化,这些细胞表达的 CD16(IgG/抗原复合物受体)也显著降低(见 B1)。总之,这些因素可能使上年纪的患者不能有效地应付微生物感染,尤其是葡萄球菌感染。

老化与单核细胞/MØ 功能

老年人的单核细胞比年轻人的单核细胞更频繁地显示活化的迹象和增加 IL-6 和 IL-10 的分泌量。上年纪时巨噬细胞产生较少的超氧化物(一种与胞内杀伤有关的分子)(见 B1)。佐细胞功能对 T 细胞活化是必需的。这通过Ⅰ类和Ⅱ类 HLA 抗原经抗原呈递来完成。来自老年人单核细胞中 HLAⅠ类分子(见 M2)的转录比来自年轻对照的差(正如由此而来 mRNA 水平测试所示),并且可能引起不太有效的抗原呈递和较差的免疫应答,特别是涉及细胞毒性 $CD8^+$ T 细胞的那些应答(见 F5)。

单核细胞表达 CD14 分子(见 B1),CD14 分子通过 LPS 参与活化作用,并因此在防御革兰氏阴性菌方面是很重要的。具有 CD14 的单核细胞的比例随年龄增长而降低,而表达低密度 CD14 的单核细胞数有所增加。与表达较高密度 CD14 的单核细胞比较,它们增加了 IL-6 和 IL-10 的产生而降低了细胞毒性。受 LPS 刺激后,老年人体内的单核细胞产生较少的 C-CSF、GM-CSF、IL-8、TNFα 和 IL-1,但 IL-12 水平正常(见 B2)。

总之，这些资料提示老化时对抗原呈递和T细胞增生不适宜的微环境可能促成对抗革兰氏阴性菌产生较差的应答（表P3.1）。

表 P3.1 老化时单核细胞功能的改变

降低 CD14 表达
降低细胞毒性
降低超氧化物产生

老化与NK细胞

对外周血NK细胞的研究表明，它们的数量在上年纪时普遍升高，而且似乎正常地起作用。然而，以单个细胞能力来做比较，上年纪时NK细胞释放的IFNγ仅为由年轻人NK细胞释放的25%。在老化的小鼠模型中，虽然老龄动物的脾和淋巴结中的NK细胞极大地衰弱了NK功能，但却发现外周血NK细胞与人类似的结果。目前还不确定在人类中这一推论是否准确。

P4 老化对 T 细胞免疫的影响

要 点

老龄时 T 细胞表型 在老龄个体中,记忆 T 细胞数量增加,而幼稚 T 细胞数量减少。有迹象表明,在记忆 T 细胞群中 T 细胞活化增加时,T 细胞总数随 $CD4^+$ 和 $CD8^+$ T 细胞丧失而趋向减少。

老化时 T 细胞受体的利用 老化时 T 细胞受体多样性减少。T 细胞受体表达减少更多地与 $CD8^+$ T 细胞相关而不是更多地与 $CD4^+$ T 细胞相关。

T 细胞对促细胞分裂原及抗原的应答 老化时 T 细胞对促细胞分裂原及抗原的应答降低。这种降低与一些内源性的和外源性的缺损,包括在抗原呈递、信号发射和细胞因子表达方面的缺损相关。

相关主题 T 细胞在免疫应答中的作用(F1) T 细胞活化(F4)
抗原的 T 细胞识别(F2)

老龄时 T 细胞表型

T 细胞总数在老年时(>60 岁)比年轻人(<35 岁)大约低 30%。而且,T 细胞的组成也不同。在年轻人中大多数 T 细胞类似原初($CD45RA^+$)细胞,在新生儿血液中接近 100%是幼稚的。相反,在上年纪时有更多的接触过抗原的或“记忆”T 细胞(CD45RO),以及较少的“原初”细胞。进而,根据表达 CD25 和 HLA-DR 的细胞数增加,这些 T 细胞似乎是更活化的。即使如此,$CD3^+$ T 细胞数倾向偏少,以及 CD3 的表达降低。虽然 CD4/CD8 比并未随年龄而显着不同,但 $CD4^+$ T 细胞和 $CD8^+$ T 细胞数均减少。

CD28 作为 $CD4^+$ 和 $CD8^+$ T 细胞活化的“第二信号”是非常重要的(见 F5)。在上年纪时 $CD28^+$ T 细胞数及其表达的密度普遍降低。鉴于百岁老人比普通的上年纪的个体有更多数量的表达 CD28 的 $CD8^+$ T 细胞,所以延长存活可能与 $CD28^+$ T 细胞数有关。此外,由于经历过度复制的 T 细胞(如节段性回肠炎中所见到的)显示 CD28 表达减少,所以,来自老化个体的细胞 CD28 表达减少也可能是 T 细胞过度复制的结果(复制衰老,表 P4.1)。

表 P4.1 与老化有关的主要的 T 细胞改变

- T 细胞数减少
- 记忆细胞(CD45RO)增加
- 幼稚 T 细胞(CD45RA*)减少
- 对促细胞分裂原和抗原的增殖反应降低
- DTH 减少
- CD3、CD154 和 CD28 的表达降低
- CD25 和 HLA-DR 的表达增加

老化时 T 细胞受体的利用

T 细胞库的变化也与老化有关。虽然在老化期间 $CD4^+$ T 细胞群体依旧是多克隆的,但是 $CD8^+$ 群体更频繁地发生克隆扩增,因此使 T 细胞库向有利于经扩增所代表的 TCRαβ 链(见 F3)偏斜。然而,这些扩增似乎与童年时的疾病或这些个体在生命早期的接种无关。在老年时能成功地进行抗流感接种,也与他们有较充分的不同的 TCR 库对接种产生应答有关。因此,在对流感接种反应迟钝的那些老年人中,他们的 $CD8^+$ 细胞利用 TCR-Vβ 有显著的限制。某些个体中有限的 TCR 库,可能对年老时削弱对微生物

* 译注:原文 CD40RA 有误,应为 CD45RA。

的免疫应答负责。$CD8^+$ 细胞在维持抗肿瘤的免疫监视方面也是重要的，因此有效的 TCR 库受到限制，可能有助于解释在老年人中见到的恶性肿瘤发病率增加(见 J3)。

T 细胞对促细胞分裂原及抗原的应答

年老时对 PHA、抗-CD3 或 IL-2 应答时 T 细胞增生减少。增生减少可能是 T 细胞内源性缺损、佐细胞功能不完全，或经细胞表面受体不适当的信号发送的结果。静息 T 细胞需要通过 TCR 和共同刺激分子如 CD28(经由 B7)发送信号。此第二信号缺乏或无效可能导致细胞凋亡或无反应性。上年纪时显示出表达 CD28 的 T 细胞减少，而在幼稚的和记忆细胞中的 CD154 和 CD3 表达也都下调。这样，这些共同刺激分子的表达与年龄有关的改变对免疫应答有极大的影响，导致免疫衰退。

在信号发送水平上也有缺损(见 F4)。上年纪时 $CD4^+$ T 细胞中由 lck 和 ZAP70 介导的酪氨酸残基磷酸化有缺陷，提示削弱了 T 细胞经 T 细胞受体激活(见 F4，图 F4.4)。

大多数关于年老时细胞因子分泌的研究都是模棱两可的，虽然大体上一致的是 IL-2 分泌减少。类似的是在老年时 T 细胞 IL-2 受体表达也降低。由于 IL-2 对淋巴细胞扩增是重要的，所以 IL-2 或其受体不足能导致失去该细胞因子的刺激效应，并因此缺乏对抗原的增殖应答。

P5 老化对体液免疫的影响

要 点

老化对体液免疫的影响 老龄时无论 B1 还是 B2 细胞的数量均有所减少。高突变减少,并且有增加自身抗体和不能产生高亲和性抗体的倾向。

相关主题 抗体结构(D1) T 细胞活化(F4) B 细胞活化(E2)

老化对体液免疫的影响

B 细胞部分的几点改变与老化有关,包括 B 细胞总数和 B1 和 B2 亚型都减少(见 C1)。虽然循环中的抗体量似乎没有显著降低(表 P5.1),但在抗体应答的质量方面有改变。包括:

· 抗体亲和力降低。

· 产生对疫苗(如流感)和新抗原的抗体的能力削弱。

· 抗体应答的同种型改变,如年轻时对流感疫苗的抗体应答主要是 IgG1 亚类,而在老年时主要是 IgG3 亚类。

· 与增加抗体多样性有关的高突变似乎受损。

· 增加自身抗体产生,尤其是类风湿因子、抗双链 DNA(antidsDNA)、抗组蛋白和抗心磷脂抗体(见 L)。虽然较频繁地发现这些自身抗体,但它们似乎是低特异性的,且其病理学意义尚不明了。

表 P5.1 在不同年龄组的欧洲白种人中血清免疫球蛋白浓度的正常范围

	IgG		IgA		IgM	
	男	女	男	女	男	女
20～35 岁	6.7～12.5	6.8～12.6	0.8～2.6	0.7～2.4	0.6～1.6	0.7～2.0
40～45 岁	6.7～12.4	6.8～12.7	1.0～3.2	0.8～2.7	0.6～1.6	0.7～2.0
60～75 岁	6.7～12.5	6.8～12.6	1.0～3.0	0.8～2.6	0.5～1.5	0.6～1.7

上述各项中有些可能与 T 细胞辅助功能异常,尤其是共同刺激有缺陷有关。因此这些改变可能由于缺乏通过 B7-CD28 和/或 CD40L-CD40 相互作用进行 T 细胞信号发送的结果。抗体库的限制可能也与前体 B 细胞不能在骨髓中发育有关。

有趣的是,有些证据表明随老化 IgE 介导的变态反应降低和唾液中 IgG 和 IgA 水平增加,或许反映黏膜免疫的变化。而且,胃肠免疫衰退与 IgA 浆母细胞的分化并归巢到固有层和局部抗体产生的启动与调节不足有关。

P6 免疫衰老与发病率、死亡率和寿命

要 点

免疫衰老与疾病	老龄时，结核病、肺炎、尿道感染、败血症(在血流中存在细菌)更为普遍。流感、鼻病毒、巨细胞病毒(cytomegalovirus，CMV)的感染更频繁，且发病率和死亡率更高。这与包括免疫衰老在内的一些因子有关。
免疫应答基因与老化	免疫应答基因(尤其是 HLA 基因)在帮助免疫系统有效地对微生物感染应答时是重要的。不同的 HLA 单元型可能发生更高的死亡率或更长的寿命。
免疫衰老与神经和内分泌系统	免疫衰老随内分泌和神经系统的衰老而变得复杂。这不仅表现为免疫功能下降，而且也表现在与神经和内分泌系统老化相关的变化，以及它们的相互作用的变化。
相关主题	抗原的 T 细胞识别(F2)　　对不同生物的免疫(H2)

免疫衰老与疾病

年老时微生物所致的疾病和恶性肿瘤的发病率均比年轻时增加。结核病(TB)、肺炎、尿道感染、败血病(血流中存在细菌)更为普遍。由沙门氏菌和其他进入机体的细菌如大肠杆菌 0157 引起的与胃肠炎有关的发病率较高。流感、鼻病毒、巨噬细胞病毒(CMV)感染更频繁，且发病率和死亡率均较高。老年时 TB 的发病率成 10 倍增加。在有些研究中 80 岁以上个体死亡的主要原因是感染。

免疫系统任何组分缺乏都能成为感染的诱因。而且，似乎 NK 细胞数和功能欠缺与感染所致的死亡有关：百岁老人保存了很好的 NK 活性。带状疱疹是免疫衰老的好指示物，说明 T 细胞和 NK 细胞两部分的功能活性均降低。T 细胞功能下降能很容易通过对回忆抗原的 DTH 试验来显示(见 J4)。然而，必须考虑其他的因素，如营养状况、应激、性别和以前的接种史。营养不良的个体接种容易失败。年老时，自身抗体增加，虽然并不一定与病理学有关(见 P5)。实际上，患者年老时 SLE 病也像原发的泪腺涎腺萎缩病一样变缓和。免疫衰退在某些临床情况中可能有些好处。年老时对肾脏、心脏或肝脏的急性移植排斥较少，而且对变应原的气喘发病率和特异性 IgE 应答均降低。

免疫应答基因与老化

参与将微生物抗原肽呈递给 T 细胞的编码 HLA 分子的免疫应答基因是 HLA Ⅰ类和Ⅱ类基因(见 G5)。年老时这些基因的细胞表达比年轻的对照低。这可能引起不大有效的抗原呈递和较差的免疫应答。年老时可溶性Ⅰ类 MHC 分子的存在也增加，但其意义尚不清楚。

当然，经遗传获得的不同 HLA 类型的数量和种类决定个体免疫应答的性质、范围和有效性的显著程度。因此，虽然老化期间这些基因没有改变，但是否长寿在某种程度上受这些基因的影响。例如，有些 HLA 单元型与自身免疫频繁地发生联系，如 HLA-DR3 与糖尿病、HLA-DR4 与类风湿关节炎(见 L1)。相反，有些免疫应答(IR)基因的遗传与某些人群的长寿有关。而且免疫应答(IR)基因或许单独不能决定死亡率或寿命。更确切地说有可能是许多因素，包括锻炼、饮食、应激、环境和其他遗传组分的联合作用，例如，与增加促炎或抗炎细胞因子合成有关的那些因素将决定发病率、死亡率和寿命。

免疫衰老与神经和内分泌系统

免疫、内分泌和神经系统通过细胞因子、激素和神经递质相互影响。在老化期间这些相互作用的系统全面发生变化。某些促炎细胞因子，如 IL-1 和 TNFα 频繁地增加，并且能影响 HPA 轴。脱氢表雄酮(DHEA)、脱氢表雄酮硫酸盐(DHEAS)、孕酮和醛固酮均

有损耗。生长激素、褪黑激素和性激素(雌激素和睾酮)全都减少。还不清楚是否这些激素影响免疫衰老,虽然有些偶然的证据提示它们起这种作用。例如,皮质醇是一种与应激有关的激素,在老化时增加,并且是强效的抗炎物。雌激素刺激免疫功能,而睾酮却起抑制作用。在小鼠模型中,褪黑激素改善 DTH 应答,预防胸腺退化和增加抗体应答。

补充年老时降低的 DHEA 和 DHEAS,导致增强淋巴细胞促细胞分裂的应答和 NK 细胞的数量与活性,但对"flu"(流感)疫苗的抗体应答并无改善。Leptin(瘦素)是另一种已知影响促炎和抗炎细胞因子应答的激素,通常与肥胖症有关。已知增加 Leptin 水平,由于增加促炎细胞因子应答而影响 Th1/Th2 平衡。Leptin 水平因雌激素而升高,因睾酮而降低。因为这些激素随老化而降低,所以 Leptin 水平的变化可能影响 T 细胞细胞因子的状况。

衰老时自主神经系统也有变化。虽然交感神经分布有所减少,但交感神经应答增加。这些事件伴有循环中增加去甲肾上腺素。推测皮质醇和去甲肾上腺素诱导 Th2 型应答。皮质醇增加免疫球蛋白产生和 IL-4、IL-5 和 IL-10 分泌,而去甲肾上腺素虽然刺激 IL-6 和 IL-10,但却抑制 IL-2、IL-12 和 IFNγ 合成(图 P6.1)。而且,皮质醇增加交感神经末端产生去甲肾上腺素。衰老时淋巴细胞上的多巴胺 D3 受体的表达也迅速减少。多巴胺诱导 T 细胞黏附到纤连蛋白上,纤连蛋白在 T 细胞运输方面很重要。总之所有这些发现显示在神经、内分泌与免疫系统之间的相互影响,以及衰老期间有关的改变(表 P6.1)。

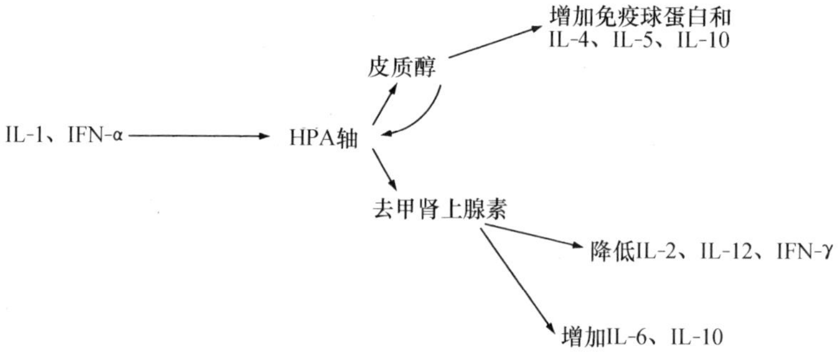

图 P6.1　免疫、内分泌与神经系统之间的相互作用

表 P6.1　与老化有关的激素的变化

· 皮质醇	增加
· 去甲肾上腺素	增加
· 褪黑激素	降低
· DHEA,DHEAS	降低
· 生长激素	降低
· 雌激素	降低
· 睾酮	降低

(林慰慈　译)

进一步阅读文献

现在可以得到许多免疫学方面的教科书，这些书对那些对更多细节感兴趣的人是些很好的参考书。另外，通过网络、专业杂志数据库，包括 Medline、PubMed 等时常可以获得详细的资料。

普通教科书

Abbas, A.K. and Lichtman, A.H. (2003) *Cellular and Molecular Immunology*, 4th edn., W.B. Saunders Company, Philadelphia, USA.

Janeway, C.A., Travers, P., Walport, M. and Shlomchik, M. (2001) *Immunobiology*, 5th edn., Garland Publishing, London, UK.

Kuby, J., Goldsby, R., Kindt, T.J. and Osbourne, B.A. (2002) *Immunology*, 5th edn., W.H. Freeman, Oxford, UK.

Playfair, J.H.L. and Lydyard, P.M. (2000) *Medical Immunology for Students*, 2nd edn. Churchill Livingstone, Edinburgh, UK.

Roitt, I.M., Brostoff, J. and Male, D. (eds.) (2001) *Immunology*, 6th edn., Mosby, London, UK.

Roitt, I.M. and Delves, P. J. (2001) *Essential Immunology*, 10th edn., Blackwell Scientific, Oxford, UK.

Sharon, J. (1998) *Basic Immunology*, William and Wilkins, Baltimore, USA.

多 选 题

后面的几页是用于自我检测的多选题。这些题是按美国医学界的风格出的,但广泛用于考试。这些问题根据相应章节中提出的材料分组,答案可在 240 页找到。为了最有效地利用这些多选题,不要试图在阅读或复习它们所根据的材料后立即予以回答,而宁可让知识过夜,然后尝试回答问题。选出一个最佳的答案。

A~E

1. 眼泪含有( )。
A. IgA
B. IgG
C. 溶菌酶
D. 上述全部

2. 巨噬细胞( )。
A. 在血流中循环
B. 产生 NO
C. 具有 IgM 受体
D. 是最先到达皮肤感染部位的白细胞
E. 是处理病毒的主要的免疫细胞

3. 吞噬作用( )。
A. 由适应性免疫系统的细胞担负
B. 仅限于巨噬细胞
C. 在细菌感染时是重要的
D. 是不涉及能量的过程
E. 导致细胞分裂

4. 直接参与 NK 细胞介导的杀伤的分子包括( )。
A. 胞壁酰二肽
B. 粒酶 A 和 B
C. 补体
D. IFNγ
E. 超氧化物

5. 调理素包括( )。
A. 穿孔素
B. 爪蟾抗菌肽
C. C9
D. IFNγ
E. C3b

6. 树突细胞的特点是(　　)。
A. 存在主要的碱性蛋白
B. 表达 CD3
C. 表达 IgM 分子
D. 能释放组胺
E. 联系固有免疫系统和适应性免疫系统

7. 肥大细胞和嗜碱性细胞都(　　)。
A. 具有吞噬作用
B. 在血流中循环
C. 主要在淋巴结中发现
D. 具有 IgM 抗体的受体
E. 释放组胺

8. 旁路途径的活化涉及(　　)。
A. C1
B. C3
C. C2
D. C4

9. 活化的补体成分的调控由(　　)引起。
A. 凝集
B. 免疫黏附
C. 其中某些成分不稳定和失活
D. 吞噬细胞的活动

10. 以下有关急性期蛋白都是正确的,除了(　　)。
A. 它们包括 C 反应蛋白
B. 它们包括补体蛋白
C. 它们主要在肝脏产生
D. 它们起减少组织损伤的作用
E. 它们不受细胞因子诱导

11. 补体抑制蛋白包括下列各种,除了(　　)。
A. 衰变加速因子(DAF)
B. CD59(保护素)
C. 膜辅因子蛋白(MCP)
D. ICAM-1

12. 将 B 细胞与 T 细胞区别开是根据存在(　　)。
A. CD3
B. CD4
C. CD8
D. 表面 Ig
E. MHCⅠ类抗原

13. 黏膜免疫系统的淋巴细胞(　　)。
A. 正常地在小肠的固有层中接触抗原
B. 主要归巢到黏膜部位,而不是全身淋巴器官
C. 占机体淋巴组织不到10%
D. 主要产生IgG抗体
E. 只是T细胞类型

14. 新生儿(　　)。
A. 通过胎盘转运接受母体的IgM抗体
B. 实际上补充有母体丰富的IgG抗体
C. 在其循环中有很少淋巴细胞
D. 对抗原的应答与成年人一样
E. 收到母体的B细胞

15. VH基因的重排始于(　　)。
A. 前B细胞阶段
B. 祖B细胞阶段
C. B细胞成熟为浆细胞期间
D. 树突细胞的发育期间
E. 胸腺发育期间

16. 以下有关血细胞的发育都是正确的,除了(　　)。
A. 需要细胞因子
B. IL-7参与T细胞发育过程
C. 粒细胞发育需要M-CSF
D. B细胞发育主要在骨髓中发生

17. 同种异型是(　　)。
A. 在同一物种内分离的抗原决定簇
B. 对抗体结合部位的功能是关键性的
C. 与特异性有关
D. 与免疫记忆有关

18. IgE(　　)。
A. 通过J链结合在一起
B. 通过其Fab区与肥大细胞结合
C. 由于其不同的H链而与IgG抗体不同
D. 在血清中以高浓度存在

19. Ig重链是(　　)。
A. 由恒定区外显子、可变区外显子、多样性外显子及连接外显子编码
B. 非糖基化的
C. 对结合抗原不重要
D. 由T细胞表达

20. Ig 的 Fab 部分(　　)。
A. 与 Fc 受体结合
B. 含有 J 链
C. 含有 Ig 的独特型
D. 介导抗体分子的生物学效应功能(如补体固定)

21. 注定成为产生 IgA 浆细胞的细胞不(　　)。
A. 在受抗原刺激时从黏膜区域迁移
B. 归巢到任何黏膜区域
C. 产生分泌性成分
D. 产生 J 链

22. IgA(　　)。
A. 存在于乳汁和唾液中
B. 与枯草热有关
C. 通过经典途径激活补体
D. 能穿过胎盘

23. 抗体依赖性细胞介导的细胞毒作用(ADCC)(　　)。
A. 是由 B 细胞实现
B. 是杀伤细胞内微生物的主要机制
C. 与效应细胞上的 Fc 受体有关
D. 主要由 IgE 抗体介导

24. 抗体的 Fc 区(　　)。
A. 既含重链和又含轻链
B. 为结合抗原所需
C. 不为胎盘传递所需
D. 对激发 IgE 介导的超敏反应不重要
E. 通常授予各种分子生物学活性

25. 人类 IgM(　　)。
A. 穿过胎盘
B. 由通过 J 链连接在一起的 3 个亚单位构成
C. 保护黏膜表面
D. 主要限于在血循环中
E. 是由高亲和力浆细胞产生的抗体

26. 免疫球蛋白轻链(　　)。
A. 通过肽键与重链结合
B. 作为单个 Ig 分子的一部分,既可以 κ 链也可以 λ 链存在
C. 在每种主要的免疫球蛋白类别中未发现
D. 都有同样的氨基酸组成
E. 在 IgG 的 Fab 片段中存在

27. 通过抗原抗体反应固定补体可以导致(　　)。
A. 形成单核细胞趋化因子
B. 增强吞噬作用
C. 活化 T 细胞
D. 增加抗体合成

28. 白细胞介素 1 和 2 都是(　　)。
A. 由同一种细胞产生
B. 其生物学活性需要补体
C. 作用于 T 细胞
D. 引发组胺释放

29. 肿瘤坏死因子(　　)。
A. 降低巨噬细胞效应功能
B. 增加黏附分子在内皮细胞上表达
C. 降低血管通透性
D. 减少血流

30. 直接升高体温的细胞因子包括(　　)。
A. IL-10
B. TGFβ
C. IL-4
D. IL-5
E. IL-6

31. B 细胞可以在其表面表达(　　)。
A. 同时表达膜 IgM 和 IgD
B. 轻链的两种类型
C. 分泌成分
D. 可与几种不同的无关抗原结合的 IgG

32. 以下所有有关固有免疫系统的受体都是正确的,除了它们(　　)。
A. 包括 Toll 家族的那些
B. 识别与微生物群落有关的分子模式
C. 包括 CD14 和清除受体
D. 包括 MHC 分子
E. 不包括 Igα 和 Igβ

33. 在 B 细胞表面,抗原的受体与(　　)有关。
A. CD3γ 链
B. Igα 和 Igβ
C. MHCⅡ类分子
D. MHCⅠ类分子
E. Toll 受体

34. 炎症的直接起因包括(　　)。
A. TGFβ
B. 组胺
C. ICAM-1
D. VCAM
E. LPS

35. 以下哪种物质是已知的炎症抑制因子(　　)。
A. TNFα
B. 神经生长因子
C. 蛋白 C
D. 神经肽 Y
E. 活性氧

36. 克隆选择(　　)。
A. 需要蛋白是多决定簇的
B. 要求每个抗原反应细胞具有多种特异性
C. 涉及抗体的 Fc 区与肥大细胞结合
D. 解释免疫的特异性和记忆性

37. 刺激 B 细胞增殖和分化需要(　　)。
A. B 细胞的免疫球蛋白和与 T 细胞 MHCⅡ类分子结合的肽结合
B. B 细胞上的 CD40 与 T 细胞上的 B 细胞配体结合
C. IFNγ
D. 与 C3b 结合的 B 细胞表面抗体

38. 不依赖胸腺的 1 型抗原的特征是(　　)。
A. 小肽
B. 细菌蛋白
C. 病毒核酸
D. 细菌多糖
E. 半抗原

39. 在前 B 细胞成熟为浆细胞的阶段中,唯一不需要抗原的阶段是(　　)。
A. 亲和力成熟
B. 记忆的发生
C. 克隆选择或耐受
D. V、D、J 基因座重组
E. 耐受

40. IgG 抗白蛋白单克隆抗体与白蛋白之间的反应可能引起(　　)。
A. 沉淀
B. 晶格形成
C. 凝集
D. 复合物形成

41. ELISA试验(　　)。
A. 导致细胞溶解
B. 利用放射标记的第二抗体
C. 需要加入能转化成有色终产物的底物
D. 需要致敏的红细胞

42. 利用杂交瘤技术产生的单克隆抗体(　　)。
A. 通常是人类起源的
B. 每个都是单个单核细胞无限增殖产生的
C. 通常有由先前免疫接种预先决定的特异性
D. 通过融合T淋巴细胞和骨髓瘤细胞来制备

F～I

43. 辅助T细胞通过有(　　)与细胞毒性T细胞区别开来。
A. CD2
B. CD4
C. CD3
D. IL-2受体
E. MHCⅡ类抗原

44. 淋巴结中的T细胞(　　)。
A. 主要出现在髓区
B. 只是细胞毒性类型
C. 是吞噬细胞
D. 在迪格奥尔格综合征中缺乏
E. 表达表面免疫球蛋白

45. IFNγ(　　)。
A. 由机体的所有有核细胞产生
B. 诱导Th2应答
C. 可激活巨噬细胞
D. 因其影响肿瘤而被发现

46. 病毒在细胞内的复制受(　　)抑制。
A. IL-13
B. IL-1
C. IFNα
D. TNFα
E. IL-4

47. 细胞毒性T细胞通常识别与(　　)结合的抗原。
A. MHCⅡ类决定簇
B. MHCⅠ类决定簇
C. MHCⅢ类决定簇
D. HLA-DR决定簇

48. T 细胞抗原受体(　　)。
A. 识别与 MHC 决定簇结合的线性肽的表位
B. 有 Ig 的轻链
C. 由重链和 β2 微球蛋白构成
D. 识别在天然抗原上的构象表位

49. TCR 基因重排(　　)。
A. 主要在骨髓中发生
B. 不依赖抗原
C. 涉及免疫球蛋白
D. 需要抗原呈递细胞的共同刺激

50. MHCⅠ类加工途径主要(　　)。
A. 加工在胞质溶胶中存在的抗原
B. 加工来自细胞外环境的抗原
C. 产生肽,将它们与 MHCⅠ类分子联合,以呈递给辅助 T 细胞
D. 产生肽,将它们与 MHCⅠ类分子联合,以呈递给 NK 细胞

51. 抗原呈递的内源途径包括(　　)。
A. 主要由细胞外病原体获得的肽
B. 在 MHCⅡ类分子上呈递抗原
C. 将抗原呈递给细胞溶解 T 细胞
D. 将抗原呈递给 Th1 细胞
E. 将抗原呈递给 B 细胞

52. 嗜中性粒细胞强有力的趋化因子(chemotaxin)包括(　　)。
A. C 反应蛋白
B. C3b
C. 花生四烯酸
D. LTB4
E. IFNα

53. 以下有关抗体类别的转换都是正确的,除了(　　)。
A. 需要特定的 Th 亚型的细胞
B. 发生在淋巴结的生发中心
C. 需要细胞因子
D. 在患有迪格奥尔格综合征的患者中发生
E. 在有 CD40L 遗传缺陷的患者中不发生

54. 以下是克隆选择所需或是其结果,除了(　　)。
A. 通过淋巴细胞的特异性抗原受体识别抗原
B. 由特异性抗原引发的细胞增殖
C. 超抗原活化 T 淋巴细胞
D. 产生依赖 T 细胞的 B 细胞记忆应答

55. T 细胞不(　　)。
A. 产生 IL-2
B. 对 IL-4 产生应答
C. 对 IL-2 产生应答
D. 只通过细胞与细胞接触介导它们的功能

56. Th1 细胞不(　　)。
A. 表达 CD4
B. 产生 IFNγ
C. 激活巨噬细胞
D. 结合可溶性抗原

57. CD8 阳性细胞(　　)。
A. 根据其生物学功能可分为 Th1 和 Th2 亚型
B. 不产生 IFNγ
C. 能够识别并杀伤病毒感染的细胞
D. 能结合游离的病毒
E. 不需要与其要杀伤的靶直接的细胞与细胞接触

58. CTL(　　)。
A. 不介导其他受病毒感染的 T 细胞的细胞毒性
B. 通过将穿孔素插入靶细胞的膜中介导杀伤作用
C. 杀伤不需要识别靶细胞上的 MHC 抗原
D. 识别与 MHCⅡ类分子联合的抗原
E. 正常状态下帮助 B 细胞产生抗体

59. 超抗原(　　)。
A. 通过直接与 TCRβ 链及 MHCⅡ类分子结合活化大量的 T 细胞
B. 是在缺乏抗原呈递细胞时能引发 T 细胞增殖的高分子质量抗原
C. 通过与 IgM 结合可激活所有的 B 细胞
D. 只能激发 $CD8^+$ T 细胞

60. 参与淋巴细胞活化的分子包括下列全部，除了(　　)。
A. CD3
B. CD79b
C. CD14
D. lck
E. CD28

61. 抗原特异性 T 细胞单独受相应呈递的抗原刺激，导致(　　)。
A. 诱导细胞毒性
B. 产生 IL-2 而不产生其他细胞因子
C. 活化引起细胞分裂
D. 无反应性

62. 最容易诱导耐受的B细胞发育的阶段是(　　)。
A. 记忆B细胞
B. 前B细胞
C. 未成熟B细胞
D. 成熟B细胞
E. 浆细胞

63. 维持外周耐受的机制包括下列全部,除了(　　)。
A. 缺乏CD80或CD86共同刺激
B. 用糖皮质激素治疗
C. 细胞因子信号发送失效
D. 由其他细胞的Fas配体诱导的活化T细胞的细胞凋亡
E. 缺乏CD154的共同刺激

64. 可能影响抗原在诱导耐受时所起作用的性质包括(　　)。
A. 它的特性
B. 其给予的途径
C. 抗原的剂量
D. 免疫系统的成熟
E. 以上全部

65. 与允许T细胞在胸腺中存活有关的过程是(　　)。
A. 阳性选择
B. 阴性选择
C. 细胞凋亡
D. 坏死
E. 补体失活

66. 下述全部都是真实的耐受状态,除了(　　)。
A. 其诱导取决于该个体的免疫成熟程度
B. 当CD28-B7相互作用被阻断时才观察到
C. 一般取决于抗原的存在
D. 其维持不涉及活化诱导的细胞死亡(AICD)

67. 中枢耐受发生在(　　)中。
A. 淋巴结
B. 胸腺
C. 脾脏
D. 肝脏
E. 胰腺

68. 为什么不同的个体对特异性的肽进行T细胞应答,而其他个体则不能的一个原因是(　　)。
A. 他们缺乏特定细胞类型上的MHCⅠ类和Ⅱ类分子的表达
B. 通过由个人遗传而得到的MHC分子能呈递的肽是有限的
C. CD4/CD8 T细胞比例不平衡
D. MHCⅠ类基因的恒定区发生突变

69. 负责免疫抑制的 Th1 应答的主要细胞因子是(　　)。
A. IL-1
B. IL-2
C. IL-4
D. IL-10
E. TNFα

70. 下面哪种细胞类型(或它们的产物)对抗细胞外细菌性病原体效果最差?(　　)
A. B 细胞
B. 细胞毒性 T 细胞
C. 辅助 T 细胞
D. 嗜中性粒细胞
E. 巨噬细胞

71. 补体成分通过以下所有的机制促进对细胞外的病原体的免疫,除了(　　)。
A. 调理病原体
B. 介导炎症细胞趋化到感染部位
C. 增加血管通透性从而增加进入到感染部位
D. 与 T 细胞结合诱导它们的活化

72. 吞噬细胞与淋巴细胞之间广泛的合作在体内对于(　　)是必不可少的。
A. 清除无活性的碳粒(如裂片)
B. 清除无荚膜的细菌(如表皮葡萄球菌,一种正常的皮肤细菌)
C. NK 细胞杀伤肿瘤细胞
D. 清除有荚膜的细菌(如肺炎双球菌)

73. 破伤风强化注射引起(　　)产量增加。
A. 破伤风特异性 NK 细胞
B. 识别破伤风类毒素而不是破伤风毒素的 T 细胞
C. 中和破伤风毒素的抗体
D. 能杀伤破伤风梭状芽孢杆菌的 T 细胞

74. 为了使佐剂有效,需采用以下全部做法,除了(　　)。
A. 延长抗原接触
B. 增加 TGFβ 的释放
C. 诱导高亲和力应答
D. 增加定量应答

75. DNA 疫苗可能是有效的,如果它们(　　)。
A. 能被设计为含具有佐剂效应的 DNA 模体
B. 编码表达抗原
C. 编码表达相应的细胞因子
D. 以上所有

76. 多糖本身很少是有效的疫苗，因为它们(　　)。
A. 有重复的 B 细胞表位
B. 缺乏典型的 T 细胞表位
C. 仅诱导 CTL 应答
D. 在人类和细菌中通常是同样的

77. 疫苗可能不能诱导保护性应答，因为它们诱导(　　)。
A. 体液免疫当需要细胞介导的免疫时
B. IgM 而不是 IgG 或 IgA
C. IL-4 的产生，当需要 IFNγ 时
D. 以上所有
E. 只有 A 项和 B 项

78. 预期对 CD40 的抗体通过(　　)增强疫苗效果。
A. 阻断树突细胞上的 CD40 信号发射
B. 活化树突细胞上的 CD40 信号发射
C. 连接树突细胞的 CD40 与淋巴细胞的 CD154(CD40 配体)
D. 诱导树突细胞凋亡
E. 以上都不是

J～L

79. 将抗独特型抗体输给患有自身免疫溶血性贫血的患者。这种治疗改善贫血两天，随后再次复发。这种改善很可能与抗独特型抗体与(　　)结合有关。
A. 产生自身抗体的 B 细胞
B. 产生自身抗体的浆细胞
C. 自身抗体特异性 T 辅助细胞
D. 仅在循环中的血清自身抗体

80. 在患者的外周循环中存在 70%CD3 阳性淋巴细胞，表明该患者有正常的(　　)。
A. 体液免疫
B. 细胞免疫
C. B 淋巴细胞数
D. T 淋巴细胞数

81. HIV 感染以下所有细胞，除了(　　)。
A. 单核细胞
B. T 细胞
C. 巨噬细胞
D. B 细胞

82. HIV 感染通过的受体是(　　)。
A. CD2
B. CD3
C. CD4
D. CD5

83. 免疫球蛋白缺陷可通过(　　)检测。
A. 流式细胞术
B. DTH 皮肤试验
C. 混合淋巴细胞反应(MLR)
D. 血清蛋白电泳

84. 细胞介导的免疫应答是(　　)。
A. 通过减少补体而增强
B. 受肾上腺皮质激素抑制
C. 通过减少 T 细胞而增强
D. 受抗组胺抑制
E. 通过减少巨噬细胞而增强

85. 对免疫缺陷的治疗不包括(　　)。
A. 抗生素
B. 骨髓移植
C. 白细胞介素
D. 抗 CD4 抗体

86. 速发型超敏反应通常涉及(　　)。
A. 肥大细胞
B. 抗肥大细胞的抗体
C. 血小板
D. IgG

87. 肥大细胞产物通过增加(　　)介导某些速发型超敏反应的症状。
A. IgE 受体
B. IgE 分泌
C. 毛细血管渗漏
D. IgG 分泌

88. 速发型超敏反应的治疗包括注射抗原(变应原)以(　　)。
A. 诱发荨麻疹团及发红
B. 增加产生 IL-4 的 T 细胞
C. 引起过敏反应
D. 增加产生 IFNγ 的 T 细胞

89. 过敏反应的慢反应物质(SRS-A)收缩气道和小动脉并且增加支气管黏液的产生。SRS-A 的化学性质是(　　)。
A. 组胺
B. 白三稀
C. 前列腺素 D2
D. 血栓烷
E. 硫酸软骨素

90. 在接触性超敏反应(如有毒的常春藤)中主要的抗原呈递细胞是(　　)。
A. T淋巴细胞
B. B淋巴细胞
C. 嗜碱性粒细胞
D. 朗格汉斯细胞
E. NK细胞

91. 迟发型超敏反应的皮肤反应(　　)。
A. 可以通过抗体被动转移
B. 在注射抗原后1～2d出现红斑(发红)和硬结
C. 依赖于IgE抗体对肥大细胞的附着
D. 由B淋巴细胞介导

92. 抗RhD抗体(　　)。
A. 在分娩RhD阳性的婴儿后不给予RhD阴性的母亲
B. 不与红细胞上的RhD抗原反应
C. 不阻断对RhD抗原主动免疫的发育
D. 是从RhD阴性的女性获得的

93. 由IgG抗原复合物引起的炎症(　　)。
A. 需要IgM活化补体
B. 与补体活化有关
C. 产生有毒的常春藤皮疹
D. 需要T细胞

94. 免疫复合物疾病(　　)。
A. 需要细胞毒性T细胞
B. 需要嗜中性粒细胞
C. 通常与IgE有关
D. 通常与IgA有关

95. 血清病仅发生在(　　)。
A. 存在抗基底膜抗体时
B. 抗体大量过剩时
C. 产生IgE抗体时
D. 形成可溶性免疫复合物时
E. 缺乏嗜中性粒细胞时

96. 免疫复合物病与迟发型超敏反应都涉及(　　)。
A. 吞噬细胞
B. IgG或IgM抗体
C. NK淋巴细胞
D. B细胞

97. 由 RhD 不相容引起的新生儿溶血病依赖于(　　)。
A. 母亲具有的 RhD 抗原在婴儿的红细胞上不存在
B. 婴儿没有能力对母亲的红细胞反应
C. 抗 RhD 的 IgM 抗体经胎盘转运
D. 抗 RhD 的 IgG 抗体经胎盘转运
E. 婴儿产生细胞毒性抗体

98. 以对结核菌素产生的 Mantoux 反应为代表的迟发型超敏反应是由(　　)介导的。
A. 淋巴细胞
B. 多形核细胞
C. 过敏性抗体
D. 与抗体结合的补体
E. 抗原-抗体复合物

99. 红细胞上的补体受体和血小板上的 Fc 受体可能促进(　　)。
A. 经红细胞和血小板对免疫复合物的免疫吞噬作用
B. 经红细胞和血小板对免疫复合物的免疫胞饮作用
C. 血小板合成 IFNγ
D. 吞噬细胞消除免疫复合物

100. 在系统性红斑狼疮患者中形成广谱的自身抗体可能表示(　　)。
A. 产生过量巨噬细胞
B. 未能调节多特异性 B 细胞克隆
C. 存在许多自身反应性 B 细胞克隆
D. 在 HLA-B 基因座的杂合子

101. 在病因学上很可能与对半抗原反应有关的临床疾病的是(　　)。
A. 糖皮质激素治疗后的系统性红斑狼疮
B. 青霉素治疗后的溶血性贫血
C. 胰岛素治疗后的幼年性糖尿病
D. 环孢菌素治疗后肾移植物的排斥

102. 抗“自身”蛋白的 IgG 抗体(　　)。
A. 仅在肿瘤患者中发现
B. 仅在脾脏中产生
C. 能够穿过胎盘
D. 在男性中更常见

103. 与肾脏以及肺泡的损伤有关的肺出血肾炎由(　　)引起。
A. 可溶性抗原抗体复合物的沉积
B. 细胞介导的对肾脏抗原的超敏反应
C. 对肾近端小管的 IgE 抗体
D. 对基底膜的抗体
E. 由高水平血清 IgG 导致的非特异性反应

M～P

104. 由化学致癌物诱发的肿瘤（　　）。
A. 表达独特的 TSA
B. 表达由同一致癌原诱导的所有肿瘤上同样的 TSA
C. 通常不表达 MHC 抗原
D. 可以用免疫抑制治疗

105. 宿主抗肿瘤的抗体很可能针对（　　）。
A. MHCⅡ类抗原
B. 病毒抗原
C. 分化抗原
D. MHCⅠ类抗原

106. 肿瘤免疫监视可能由（　　）介导。
A. 肥大细胞
B. 嗜中性粒细胞
C. 朗格汉斯细胞
D. NK 细胞

107. HLA 定型在亲权认定情况中的事例如下：
母亲：A8　B3　C2　DR10
A23　B8　C4　DR5
可能的＃1 父亲：A2、3；B8、27；C2、11；DR3、9
孩子：　　A3、23；B8、27；C2、4；DR5、10
根据这些资料，可能的＃1 父亲应该（　　）。
A. 确定这个孩子是他的，因为产生重组体母体单元型的交换体解释唯一的不符合
B. 起诉医院方弄混了新生儿，因为这个孩子既不属于他也不属于那位母亲
C. 复习他的免疫遗传学知识并从他前面的孩子 HLA 类型来确定他的单元型，因为没有这 一信息就不能确定他是否是这最后孩子的父亲
D. 确定可能的＃2 父亲的 HLA 类型

108. 移植物存活可通过（　　）增强而没有全身性免疫抑制。
A. 匹配的 HLA 抗原
B. 抗胸腺细胞球蛋白
C. 环孢菌素 A 治疗
D. 类固醇或细胞毒性药物

109. 混合淋巴细胞反应（　　）。
A. 可用于确定两个个体是否存在 HLA-D 差异
B. 如果用同卵双生子的细胞进行，由于细胞是抗原相容的，所以将表现出增殖的显著增加
C. 用来自接受丝裂霉素 C 或 X 射线治疗的两个个体的细胞进行，以消除无关的增殖
D. 通过测定细胞溶解来检测

110. 免疫抑制不受(　　)诱导。
A. 抗组胺药物
B. 切除淋巴样组织
C. 利用抗淋巴细胞的抗体
D. 细胞毒性药物

111. 骨髓移植是器官移植的独特类型,因为(　　)。
A. MHC差异不被识别
B. 次要组织相容性的差异是唯一能够导致排斥的抗原性差异
C. 可能出现移植物抗宿主疾病
D. 不需要免疫抑制

112. 如果受血者(　　),会发生严重的输血反应。
A. 有被输入细胞的抗体
B. 有对血型抗原反应的T细胞
C. 是RhD相容的
D. 是AB阳性

113. 大多数急性移植排斥(称为超急性排斥)是由于(　　)引起的。
A. 血管被增殖的内皮细胞堵塞
B. 移植的组织被细胞毒性T细胞杀伤
C. 凝集的结果导致血管堵塞
D. 受天然杀伤细胞攻击

114. 在某些情况中,在两个无亲缘关系的个体* 之间进行的移植,它们的HLA-A、HLA-B、HLA-C和HLA-D完全匹配,仍然出现排斥。此排斥可能的原因是(　　)。
A. β2微球蛋白不同
B. 免疫球蛋白同种异型误配
C. 对主要组织相容性抗原的预先致敏
D. 次要组织相容性的差异

115. 负责急性排斥反应的免疫效应系统是(　　)。
A. 细胞毒性T淋巴细胞
B. 肥大细胞
C. 活化的巨噬细胞
D. 补体

116. HLA单元型是(　　)。
A. 在每条染色体上存在全套MHC等位基因
B. MHC基因座的特殊片段
C. 促进排斥的MHC基因座以外的基因
D. HLA-B的一个等位基因

---

* 译注:原文donor(供体)有误,应是individual(个体)。

117. 移植排斥(　　)。
A. 在同卵双胞胎之间发生
B. 很少与 T 细胞有关
C. 可因同一个供体以前提供的移植物而加速
D. 可通过免疫刺激来预防
E. 主要通过 HLA-A、B 或 C 基因座的匹配预防

118. 黑素瘤疫苗的抗原组成是 20 个氨基酸的肽，这个肽(　　)。
A. 既能诱导 T 细胞耐受，也能诱导 T 细胞活化
B. 期望能够用于大多数人
C. 期望能用于一部分人
D. 只有 A 和 C

119. 主要组织相容性抗原(　　)。
A. 与一些自身免疫性疾病没有联系
B. 对免疫应答期间 T 细胞与 B 细胞之间的相互作用不重要
C. 不是引起移植排斥的唯一抗原
D. 对移植物抗宿主反应不重要

120. HLA 疾病关联(　　)。
A. 意味着特定的 HLA 抗原或有关的单元型引起此疾病
B. 在某些情况下可能对诊断有用
C. 意味着每个有那种 HLA 类型的人都将得此病
D. 可能提示在 MHC 位点附近的基因编码对自身抗原特异的 T 细胞抗原受体

121. 在初乳中发现的主要免疫球蛋白类别是(　　)。
A. IgG
B. IgA
C. IgM
D. IgE
E. IgD

122. 在哺乳期乳腺中发现的 B 细胞很可能是由(　　)归巢的。
A. 脾
B. 骨髓
C. 肝
D. 胃肠道
E. 胸腺

123. 在(　　)期间 NK 细胞为数更多。
A. 月经周期的分泌期早期
B. 月经周期的分泌期后期
C. 月经周期的增殖期早期
D. 月经周期的增殖期后期

124. 与老化有关的主要的 T 细胞改变是(　　)。

A. 增加 CD4 细胞数

B. 增加 CD8 细胞数

C. 增加记忆 T 细胞细胞数

D. 增加 B 细胞数

125. 下列各项哪项与老化有关(　　)。

A. 抗体亲和力增加

B. 抗体亲和力降低

C. 对疫苗接种的应答增加

D. 对新抗原的应答增加

答　　案

1. D
2. B
3. C
4. B
5. E
6. E
7. E
8. B
9. C
10. E
11. D
12. D
13. B
14. B
15. B
16. C
17. A
18. C
19. A
20. C
21. C
22. A
23. C
24. E
25. D
26. E
27. B
28. C
29. B
30. E
31. A
32. D
33. B
34. E
35. C
36. D
37. B
38. D
39. D
40. D
41. C
42. C
43. B
44. D
45. C
46. C
47. B
48. A
49. B
50. A
51. C
52. D
53. D
54. C
55. D
56. D
57. C
58. B
59. A
60. C
61. D
62. C
63. B
64. E
65. A
66. D
67. B
68. B
69. D
70. B
71. D
72. D
73. C
74. B
75. D
76. B
77. D
78. B
79. D
80. D
81. D
82. C
83. D
84. B
85. D
86. A
87. C
88. D
89. B
90. D
91. B
92. D
93. B
94. B
95. D
96. A
97. D
98. A
99. D
100. C
101. B
102. C
103. D
104. A
105. B
106. D
107. D
108. A
109. A
110. A
111. C
112. A
113. C
114. D
115. A
116. A
117. C
118. D
119. C
120. B
121. B
122. D
123. B
124. C
125. B

附录Ⅰ 精选的CD分子

CD	细胞分布	功 能
1a、b、c	胸腺细胞、朗格汉斯细胞、DC、B细胞(CD1c)	MHCⅠ类样分子;呈递脂类抗原
2	T细胞、NK细胞	亦称为LFA2;黏附;与CD58(LFA3)结合
3	所有T细胞	与TCR相关的信号分子
4	T细胞亚型	与MHCⅡ类结合;活化;HIV的辅助受体
5	T与B细胞	与CD72结合;负调节B细胞
8	T细胞亚型	与MHCⅠ类结合;用于活化的辅助受体
10	T与B细胞祖代	亦称为CALLA;金属蛋白酶
11a	白细胞	LFA-1的亚单位;与CD18相关;黏附
11b	骨髓与NK细胞	亦称为Mac-1、CR-3;黏附;与CD50、54、102结合
11c	骨髓细胞	亦称为CR-4;黏附;与CD54、C3bi结合
11d	白细胞	与CD18相关;黏附;与CD50结合
14	骨髓细胞	与结合蛋白复合物的LPS/LPS结合;活化
15	G、M	细胞表面上的CHO;与CD62E/L/P结合
16	NK细胞、G、M亚型	IgG的低亲和力FcR(FcγRⅢ);活化和吞噬
18	白细胞	整合蛋白;β亚单位与CD11a、b、c、d联合
19	B细胞	BCR的组成部分;与CD21复合;参与活化
20	B细胞	离子通道?;参与活化
21	B细胞、FDC	亦称为CR2;补体受体
22	静止的B细胞	与唾液酸-共轭物(BL-CAM)结合;活化;负调节
23	B细胞、Act M、eos*、FDC、pt	IgE的低亲和力FcR(FcεRⅡ)
25	act T、B细胞和act M	亦称为TCA;IL-2受体α链
27	thy、T、NK活化的B细胞	结合CD70;T和B细胞活化的共同刺激分子
28	T细胞、act B细胞	与B7.1(CD80)和B7.2(CD86)结合;共同刺激T细胞
29	白细胞	与FN、胶原蛋白结合
30	act T、B和NK细胞、M	结合CD30L;参与活化
31	M、Pt、G、T细胞亚型、End	亦称为PECAM-1;与内皮细胞结合
32	Mac、G、B、Eos*	IgG的FcR(FcγRⅡ)
33	骨髓祖代、M	与唾液酸-共轭物结合
34	造血前体	亦称为My10;与CD62L结合
35	G、M、B、某些T/NK、eryth**	亦称为CR1、C3b/4bR;补体受体;结合C3b、C3bi、C34b;
40	B、DC、Mac	与T细胞CD40L(CD154)结合;B/类别转换的共同刺激;由MAC和DC产生细胞因子
45	白细胞	亦称为LCA;磷酸酶;2个主要的同种型-RA和RO
45RA	白细胞	在T细胞上RA与幼稚细胞相关
45RO	白细胞	在T细胞上RO与接触过抗原的(记忆)细胞相关

* 译注:Eo在表中为eos或Eos。
** 译注:Eryth在表中为eryth。

续表

CD	细胞分布	功 能
46	白细胞	亦称为膜辅因子蛋白(MCP);补体抑制;与C3b和4b结合,以便被因子1降解
49	分布广泛	多家族;与CD29相关的整合蛋白;结合coll与lam(VLA-1、2)、coll与FN(VLA-3、VLA-5)V-CAM-1(VLA-4)与lam(VLA-6)
50	分布广泛	亦称为ICAM-3;结合整合蛋白CD11a/CD18(LEA-1)
52	胸腺细胞、T、B细胞(无PC)M、G	亦称为CAMPATH-1;分子未表示特性
54	分布广泛	亦称为I-CAM-1;结合LFA-1和Mac-1;鼻病毒受体
55	分布广泛	亦称为衰变加速分子(DAF);抑制补体;结合C3b并分解C3/C5转化酶
56	NK细胞、actT细胞	亦称为N-CAM、NKH1
58	分布广泛	亦称为LFA-3;与CD2结合
59	分布广泛	亦称为保护素;抑制补体;阻断膜攻击复合体的装配
62E	END	亦称为ELAM-1和E-选择蛋白;结合唾液酸路易斯寡糖
62L	B、T、M、NK细胞	亦称为LAM-1、L-选择蛋白、LECAM-1;结合CD34
62P	Pt、巨核细胞、End	亦称为P-选择蛋白;结合淋巴细胞、M和N细胞上的CD162
64	M、Mac、act G	IgG的高亲和力FcR(FcγRⅠ)
71	所有增生的细胞	转铁蛋白受体
72	B细胞	与CD5结合;参与活化
79a	B细胞	Igα链;BCR的信号分子
79b	B细胞	Igβ链;BCR的信号分子
80	B细胞、Mac、DC	亦称为B7-1;CD28/CTLA-4的共同刺激分子
86	act B细胞、Mac、DC	亦称为B7-2;CD28/CTLA-4的共同刺激分子
89	M、Mac、G	IgA的FcR(FcαR)
95	分布广泛	亦称为FasL;与Fas结合并参与诱导细胞凋亡
106	End	亦称为VCAM-1;VLA-4的配体
152	act T细胞	亦称为CTLA-4;与CD80、CD86结合
154	act $CD4^+$ T细胞	亦称为CD40L;与B细胞和DC上的CD40结合
158a	NK细胞、T细胞亚型	杀伤抑制受体(KIR)
178	act T细胞、其他细胞	亦称为FasL;与CD95结合

注:CD(cluster of differentation,分化簇)抗原是由能识别来源于白细胞的具有普通分子质量和细胞分布的分子的单克隆抗体群来定义的。屡次组织一系列工作组给不同的CD下定义。

缩略语:act,活化的;B,B细胞;BCR,B细胞受体;CHO,糖类;coll,胶原蛋白;CR,补体受体;DAF,衰变加速因子;DC,树突细胞;End,内皮细胞;Eo②,嗜酸性粒细胞;EPC,上皮细胞;Eryth③,红细胞;FcR,Fc受体;FIB,纤维蛋白原;FN,纤维蛋白;G,粒细胞;HIV,人免疫缺陷病毒;ICAM,胞间黏附分子;LAM,白细胞黏附分子;Lam,层粘连蛋白;LCA,白细胞普通抗原;LFA,白细胞功能抗原;VLA,极迟出现抗原;LPS,脂多糖;MHC,主要组织相容性复合体;M,单核细胞;Mac,巨噬细胞;N,嗜中性粒细胞;NK,自然杀伤细胞;Pt,血小板;T,T细胞;Thy,胸腺细胞;MCP,膜辅因子蛋白;VN,玻连蛋白;VCAM,血管细胞黏附分子。

附录Ⅱ　主要的细胞因子

细胞因子	主要来源	作用
IL1α 和 β	Mac、Epc	激活 T 细胞和 Mac；发热
IL2	T 细胞	T 细胞生长因子，引起 T 细胞增生
IL3	T 细胞	许多细胞类型的生长
IL4	T 细胞、肥大细胞	B 细胞活化；类别转换成 IgE；抑制 Th1 细胞
IL5	T 细胞、肥大细胞	B 细胞生长因子；嗜酸性粒细胞生长
IL6	T 细胞、Mac、End	T 和 B 细胞生长，产生 APP
IL8	T 细胞	趋化因子；吸引 PMN 和单核细胞
IL9	T 细胞	肥大细胞生长因子
IL10	T 细胞、Mac、EBV ACT B 细胞	抑制 Mac 能和产生其他细胞因子
IL11	BM 基质细胞	参与血细胞生成
IL12	APC、Mac、B 细胞	激活 NK 细胞；诱导 Th1 细胞
IL13	T 细胞	B 细胞生长因子；抑制 Th1 和 Mac 炎症细胞因子
IFNα	大多数有核细胞	抗病毒；增强 MHCⅠ类表达
IFNβ	大多数细胞，尤其是成纤维细胞	抗病毒；增强 MHCⅠ类表达
IFNγ	T 细胞、NK 细胞	增强 MHCⅡ类表达；激活 Mac；诱导 IgG 类别转换；抑制 Th2 细胞
TGFβ	T 细胞、单核细胞	抑制细胞生长；抗炎症；诱导 IgA 分泌
TNFα	Mac、T 细胞	促炎症；引起休克和内皮活化
TNFβ(LT)	T 细胞、B 细胞	细胞毒性；活化内皮细胞
G-CSF	单核细胞、成纤维细胞	诱导粒细胞生长
GM-CSF	Mac、T 细胞	诱导骨髓单核细胞谱系（尤其是树突细胞）的分化
M-CSF	BM 基质细胞	干细胞因子（SCF-1）；诱导单核细胞生长和分化

缩略语：ACT，活化的；APC，抗原呈递细胞；APP，急性期蛋白；BM，骨髓；EBV，非洲淋巴瘤病毒；End，内皮细胞；endo，内皮；Epc，上皮细胞；G-CSF，粒细胞集落刺激因子；GM-CSF，粒细胞单核细胞集落刺激因子；IFN，干扰素；IL，白细胞介素；LT，淋巴毒素；M-CSF，单核细胞集落刺激因子；Mac，巨噬细胞；SCF，干细胞因子；TGF，转化生长因子；TNF，肿瘤坏死因子。

术语汇编

主动/被动免疫法(Active/passive immunization)　主动免疫法要求宿主的免疫系统参加抗微生物的保护性免疫应答(如在接种疫苗后),而被动免疫法在将另一个人或动物体内生成的“预先形成的”抗体注射给宿主时发生。

急性期蛋白(Acute phase protein)　开始感染后不久即在血液中发现,它们限制由生物引起的损伤并为修复提供条件;主要由肝脏产生;包括CRP、甘露糖结合的凝集素等。

抗体依赖性细胞毒性(ADCC)　由与附着于靶生物(如寄生虫或肿瘤细胞)表面抗原的抗体结合的效应细胞介导的细胞毒性。

黏附分子(Adhesion molecule)　参与细胞-细胞相互作用的细胞表面分子,如ICAM-1。

佐剂(Adjuvant)　能与抗原裹在一起增强(非特异地)免疫应答的物质(如人类疫苗中的明矾)。

亲和力(Affinity)　单一受体与其配体的结合强度(如一个抗体与一个抗原决定簇结合的结合部位)。

同种异体移植(Allograft)　在同一物种内遗传上不同的个体之间进行的移植。

同种异型(Allotype)　等位基因的产物可被同一物种的另一个成员检测为异质物。

等位基因排斥(Allelic exclusion)　在杂合的个体中,两个等位型中只有一个表达为蛋白;与抗体可变区基因有关,单个B细胞只能表达一种抗体受体。

无反应性(Anergy)　一种涉及对抗原无反应性而不是细胞缺失的耐受状态。

抗原(Antigen)　诱导抗体和T细胞应答的物质。通常指与抗体或T细胞受体特异结合的任何分子。

抗原决定簇(Antigenic determinant)(参见表位)　被抗体(3～5个氨基酸大小)或T细胞受体(8～20个氨基酸大小)识别和结合的抗原部分。因此,即使最小的蛋白也有许多决定簇。

抗原呈递(Antigen presentation)　显示为T细胞识别所需的、在细胞表面与MHC分子结合的肽片段。

抗原加工(Antigen processing)　蛋白质经酶促降解成肽,得以与MHC分子结合,以便为T细胞识别。

细胞凋亡/程序性细胞死亡(Apoptosis/programmed cell death)　在受行将死亡的自身细胞调控的生理条件下发生的细胞死亡(即“细胞自杀”);正常时不引起炎症。

特异反应性、特异反应性的(Atopy、atipic)　由IgE介导的超敏反应(Ⅰ型)或倾向发生此反应。

自身抗原(Autoantigen)　由同一个体获得的抗原;“自己的”抗原。

自体的(Autologous)　由同一个体获得的。

亲合力(Avidity)　在多价抗体(所有抗体至少是二价的)和多决定簇抗原(具有重复抗原的微生物)之间结合的强度。亲合力不同于亲和力,因为它关注抗原-抗体相互作用的效价。

CD(Cluster of Differentation,分化簇)　最初通过单克隆抗体群下定义的分子。

CDR(Complementarity-Determining Region,互补性决定区)抗体和T细胞受体的互补性决定区是分子的最易变区,决定特异性并与抗原进行接触。

中枢耐受(Central tolerance)　通过在初级淋巴器官中消除自身反应的T和B细胞而获得的自身耐受。

趋化因子(Chemokine)　刺激细胞(尤其是淋巴细胞和吞噬细胞)移动和活化的小的趋化细胞因子;在炎症中很重要。

趋化性(Chemotaxis)　细胞向趋化性的因子(如Chemokinc)的高浓度梯度移动。

类别转换(Class switching)　通过基因重排介导的此过程,使B细胞表达新的重链同种型而没有改变所产生抗体的特异性。

克隆选择(Clonal selection)　抗原选择特定的B或T细胞以扩增成克隆。

补体(Complement)　参与调理、炎症和溶胞的一组血清蛋白。

交叉配血(Cross-matching)　用于试验受体是否有预先形成的对供体血型或组织相容性抗原(HLA)的抗体,这类抗体能妨碍成功的移植。

CRP(C-Reactive Protein,C 反应蛋白) C 反应蛋白是一种与许多细菌表面磷酰胆碱结合的急性期蛋白,起调理素作用;血清 CRP 水平被用于检测各种自身免疫病中不断发展的炎症应答。

细胞因子(Cytokine) 影响其他细胞行为的分子;如果它们由淋巴细胞产生则被称为淋巴因子,由单核细胞产生则被称为单核因子等;它们能由同一细胞产生并作用于该同一细胞,即自分泌。

细胞毒性(Cytotoxic) 能杀伤细胞。

DTH(Delayed-Type Hypersensitivity,迟发型超敏反应) Ⅳ型或迟发型超敏反应由 T 细胞介导;之所以称为迟发,是因为它在注入抗原后数小时乃至数天才发生,如结核病(TB)的 Mantoux* 氏(结核菌素)试验。

效应细胞(Effector cell) 介导免疫功能的细胞,如由浆细胞介导抗体分泌,或由 Tc 细胞介导细胞毒性,时常用于把它和记忆细胞区别开来。

ELISA(Enzyme linked immunoabsorbent assay) 酶联免疫吸附测定用于抗原和抗体的定量测定。

表位(Epitope) 与抗体或 T 细胞受体相作用的抗原决定簇或抗原的一小部分。

肠相关淋巴样组织(GALT) 保护机体肠道;参见 MALT。

种系(Germ line) 生殖细胞通过它物种的连续性得以维持;此术语用于遗传的 Ig 和 TCR 基因,而不用于基因重排产生的 Ig 和 TCR 基因。

生发中心(Germinal center) B 细胞在淋巴组织次级滤泡中增殖的部位,涉及抗体亲和力成熟和记忆细胞产生。

单元型(Haplotype) 与单倍体基因组有关的连锁基因组,主要用于描述偶有交换型的 MHC 基因的遗传,并且作为来自每个亲本的一个单元型而遗传下来。

半抗原(Hapten) 一类本身无免疫原性的小分子,但当它与较大的载体分子偶联时,能诱发针对半抗原(如某些药物)的抗体。

HLA(Human Leukocyte Antigen) 人类白细胞抗原是人体中主要的组织相容性抗原,它结合肽并将肽呈递给 T 细胞;它们是高度多态的并起移植抗原的作用。

体液(Humoral) 参考包括血浆和淋巴等液体。"体液免疫"基本上是抗体介导的免疫。

杂交瘤(Hybridoma) 通过 B 淋巴细胞与肿瘤细胞融合获得的"永生的"杂交细胞株,是有用的生产单克隆抗体的技术。

高变区(Hypervariable region) 在免疫球蛋白重链和轻链以及 T 细胞受体的可变区内的可变氨基酸序列,大多数起抗原结合部位的作用。与互补性决定区(CDR)同义。

超敏反应(Hypersensitivity) 对来自植物和动物的无害抗原、微生物抗原和自身抗原提高的免疫应答,时常导致组织损伤;但首次与抗原遭遇时不发生超敏反应。

独特型(Idiotype) 免疫球蛋白或 T 细胞受体可变区的一套独特的抗原决定簇,其他("抗独特型")的 B 细胞或 T 细胞能与之反应。

免疫复合物(Immune-complex) 抗体与抗原以各种比率非共价的结合。能引起超敏反应。

免疫原(Immunogen) 能引起免疫应答的物质。所有免疫原都是抗原,但有些抗原(如半抗原)不是免疫原。有时也用于描述实际上诱发保护性免疫(如抗感染)的抗原。

整合蛋白(Integrin) 黏附分子"家族"中的一员。

白介素(Interleukin,IL) 由白细胞产生的许多细胞因子/趋化因子的总称。

干扰素(Interferon,IFN) 抑制病毒复制的细胞因子,它有三种类型:IFNα 和 IFNβ 由大多数有核细胞产生,而 IFNγ 主要由 NK 和 T 细胞产生。

IR gene(Immune response gene,免疫应答基因) 免疫应答基因是调控免疫应答的遗传多态性基因;它们包括结合特异肽的 HLA 基因和调控细胞因子和细胞因子受体的基因。

同种型(Isotype) 与抗体类别(IgM、IgG、IgA、IgD 和 IgE)是同义的。每个同种型都由物种所有成员共有的分离的免疫球蛋白恒定区基因编码(参看同种异型)。

ITAMS(Immuno Tyrosine Activation Motifis,免疫受体酪氨酸活化模体) 与细胞活化有关的信号分子上特定的酪氨酸磷酸化部位,如 CD79 的胞质尾和与 CD3 结合的 ζ 链。

* 译注:原文 Manteaux 有误,应为 Mantoux。

ITIMS(Immuno Tyrosine Inhibitory Motifis,免疫受体酪氨酸抑制模体) 与细胞发送阴性信号有关的信号分子上特定的酪氨酸磷酸化部位,如B细胞上FcγRⅡ的胞质尾。

KAR(Killer Activation Receptor,杀伤活化受体) NK细胞的细胞表面受体,由这些细胞激活杀伤。

KIR(Killer Inhibitory Receptor,杀伤抑制受体) 机体细胞的细胞表面分子,主要抑制NK细胞活性,如某些HLA分子。

凝集素(Lectin) 时常由植物获得的、与动物细胞膜糖蛋白上存在的特定的糖和低聚糖结合的蛋白质。

配体(Ligand) 与特定受体结合的分子(即与药理学所用同样意义)。

淋巴系统(Lymphatic system) 排出从血液系统获得的组织液的淋巴器官和淋巴管的系统。

膜攻击复合体(Membrane attach complex) 导致形成孔和膜损伤的末端补体成分C5b、C6、C7、C8、C9。

MHC(Major Histocompatibility Complex,主要组织相容性复合体) 此基因座编码HLA(人白细胞抗原)、在小鼠中编码H2抗原,它涉及与肽结合以便将肽呈递给T细胞,又因为该基因是多态的,所以和移植排斥有关。

M细胞(M cell) 在回肠末端将抗原运输到上皮下派尔集合淋巴结中的特异上皮细胞。

模拟(Mimicry) 分子模拟机制。通过此机制具有与宿主耐受的自身抗原相似的抗原的微生物能躲避免疫应答。

单克隆抗体(Monoclonal antibody) 由一个B细胞克隆产生的抗体,因此特异性完全相同。它们被用作标准化实验室试剂(如用于鉴定细胞表面标志、细菌类型的试剂)和用于免疫治疗。

坏死(Necrosis) 细胞通过化学和物理的损伤导致炎症而死亡;与细胞凋亡不同。

机会致病菌(Opportunist) 正常时是无害的、仅在免疫系统遭到损害时(如由HIV或药物)引起严重感染的微生物。

调理素(Opsonin) 与抗原结合并通过被称为调理作用的过程增强其吞噬作用的物质(如抗体或C3b)。

外周耐受(Peripheral tolerance) 在中枢淋巴器官——胸腺和骨髓之外发生的对自身的耐受。

吞噬作用(Phagocytosis) 颗粒物质(如细菌和死细胞)被细胞内在化的过程。

多克隆(Polyclonal) 包含许多不同的淋巴细胞的克隆,或由许多B细胞克隆分泌的抗体。

多态性(Polymorphism) 遗传多态性是在单个基因座有数个等位基因型存在(如血型、MHC)。

血清学(Serology) 用抗体鉴别和测量抗原,如用在感染介质分类上。

体细胞突变(Somatic mutation) 在种系(生殖系)中不发生突变,因此不遗传;在生发中心B细胞免疫球蛋白可变区基因的这一突变型在抗体亲和力成熟方面是很重要的。

超抗原(Superantigen) 这种抗原(时常是细菌)刺激许多T细胞克隆但并不依赖其特异性。超抗原刺激T细胞通过与MHC分子外侧的肽结合槽和特定的T细胞受体V区结合而发生。

同源的(Syngeneic) 同一物种遗传上相同的成员,如同卵双生或来自近交品系的小鼠。

效价(Titer) 抗血清的相对强度。能介导某些可测量的结果(如沉淀和凝集)的抗血清最后稀释度的倒数。

TLR(Toll-Like Receptor,Toll样受体) 一组依照与果蝇分化有关的Toll受体命名的受体。Toll受体主要被固有免疫系统的细胞用于鉴别微生物的成分。

类毒素(Toxoid) 一种经处理在保留其免疫原性的同时消除其毒性的毒素。

转基因的(Transgenic) 一种插入外源基因的动物,以研究该基因在某一特殊的部位或方式表达时的作用。

移植抗原(Transplantation antigen) 这些主要是被没有供体等位基因型的受体识别为外源物的机体有核细胞表达的多态的MHC分子。

蛋白质印迹(Western blotting) 一种通过电泳将印迹转到硝基纤维素上、用酶或放射标记的抗体标记检测混合物中抗原的方法。

异种移植(Xenograft) 在不同物种个体间的移植,如猪的心脏移植给人。

索　引